电子信息与电气工程技术丛书 E&E

ROBOT CONTROL SYSTEM DESIGN
AND MATLAB SIMULATION
THE BASIC DESIGN METHOD

# 机器人控制系统的设计与MATLAB仿真

## 基本设计方法


**刘金琨 著**

Liu Jinkun


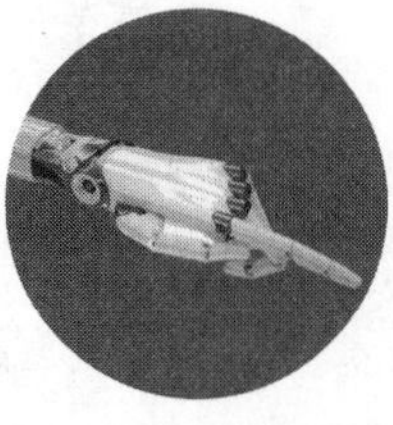




清華大學出版社

北京

## 内容简介

本书系统地介绍了机械手控制的几种先进设计方法，是作者多年来从事机器人控制系统教学和科研工作的结晶，同时融入了国内外同行近年来所取得的最新成果。

本书以机械手的控制为论述对象，共包括10章，分别介绍了先进PID控制、神经网络自适应控制、模糊自适应控制、迭代学习控制、反演控制、滑模控制、自适应鲁棒控制、末端轨迹及力控制、重复控制设计方法。每种方法都给出了算法推导、实例分析和相应的MATLAB仿真设计程序。

本书各部分内容既相互联系又相互独立，读者可根据自己的需要选择学习。本书适用于从事生产过程自动化、计算机应用、机械电子和电气自动化领域工作的工程技术人员阅读，也可作为高等院校工业自动化、自动控制、机械电子、自动化仪表、计算机应用等专业的教学参考书。



**图书在版编目(CIP)数据**

机器人控制系统的设计与MATLAB仿真：基本设计方法/刘金琨著.—北京：清华大学出版社，2016
(电子信息与电气工程技术丛书)
ISBN 978-7-302-45696-4

Ⅰ.①机… Ⅱ.①刘… Ⅲ.①机器人控制－系统设计 ②机器人控制－系统仿真－Matlab软件 Ⅳ.①TP24 ②TP273

中国版本图书馆CIP数据核字(2016)第288810号

**责任编辑**：盛东亮
**封面设计**：李召霞
**责任校对**：时翠兰
**责任印制**：杨　艳

**出版发行**：清华大学出版社
**网　　址**：http://www.tup.com.cn，http://www.wqbook.com
**地　　址**：北京清华大学学研大厦A座　　**邮　　编**：100084
**社 总 机**：010-62770175　　**邮　　购**：010-62786544
**投稿与读者服务**：010-62776969，c-service@tup.tsinghua.edu.cn
**质量反馈**：010-62772015，zhiliang@tup.tsinghua.edu.cn
**课件下载**：http://www.tup.com.cn，010-62795954
**印 刷 者**：北京富博印刷有限公司
**装 订 者**：北京市密云县京文制本装订厂
**经　　销**：全国新华书店
**开　　本**：185mm×260mm　　**印　　张**：20　　**字　　数**：486千字
**版　　次**：2016年12月第1版　　**印　　次**：2016年12月第1次印刷
**印　　数**：1～2500
**定　　价**：69.00元

产品编号：068580-01

# 前言

有关机器人控制理论及其工程应用，近年来已有大量的论文发表。作者多年来一直从事控制理论及应用方面的教学和研究工作，为了促进机器人控制和自动化技术的进步，反映机器人控制设计与应用中的最新研究成果，并使广大研究人员和工程技术人员能了解、掌握和应用这一领域的最新技术，学会用 MATLAB 语言进行各种机器人控制算法的分析和设计，作者编写了这本书，以抛砖引玉，供广大读者学习参考。

本书是在总结作者多年研究成果的基础上，进一步理论化、系统化、规范化、实用化而成的，特点如下：

(1) 控制算法取材新颖，内容先进，重点置于学科交叉部分的前沿研究和介绍一些有潜力的新思想、新方法和新技术，取材着重于基本概念、基本理论和基本方法。

(2) 针对每种控制算法给出了完整的 MATLAB 仿真程序，并给出了程序的说明和仿真结果，具有很强的可读性。

(3) 着重从应用领域角度出发，突出理论联系实际，面向广大工程技术人员，具有很强的工程性和实用性。书中有大量应用实例及结果分析，为读者提供了有益的借鉴。

(4) 所给出的各种控制算法完整，程序设计结构设计力求简单明了，便于自学和进一步开发。

(5) 所介绍的方法不局限于机械手的控制，同时也适合解决运动控制领域其他背景的控制问题。

本书主要以机器人力臂为被控对象，此外，为了介绍一些新的运动控制方法，本书还以机械系统、电机、倒立摆为被控对象来辅助说明。

本书是在原有《机器人控制系统的设计与 MATLAB 仿真》基础上撰写而成的，并增加、修改和删除了部分内容。全书共分为上下册，本书作为上册，共包括 10 章。第 1 章为绪论，介绍机械手的几种控制方法及模型特性；第 2 章介绍机械手 PID 控制的几种基本设计方法，通过仿真和分析进行了说明；第 3 章介绍机械手神经网络自适应控制的几种设计方法；第 4 章介绍基于 LMI 的模糊鲁棒控制方法和几种机械手模糊自适应控制器的设计方法；第 5 章介绍机械手迭代学习控制和重复控制的设计方法；第 6 章介绍机械手反演控制的设计方法；第 7 章介绍机械手滑模控制基本设计方法；第 8 章介绍机械手自适应鲁棒控制方法，包括鲁棒控制器和自适应控制器的设计；第 9 章介绍机械手末端轨迹及力控制设计方法；第 10 章介绍重复控制的基本原理及设计方法。

本书介绍的控制方法有些选自于高水平国际杂志和著作中的经典控制方法，并对其中的一些算法进行了修正或补充。通过对一些典型控制器设计方法进行详细的理论分析和仿真分析，使一些深奥的控制理论易于掌握，为读者的深入研究打下基础。

本书是基于英文版 MATLAB 环境下开发(书中仿真图的图字均为英文)。书中各

# 前言

章节的内容具有很强的独立性，读者可以结合自己的方向深入地进行研究。

作者在研究过程中，东北大学徐心和教授和薛定宇教授在机器人控制及仿真等方面给予作者很多的指点，北京航空航天大学尔联洁教授给予作者在控制理论方面多年的指导，在此深表感谢。

由于作者水平有限，书中难免存在一些不足和错误之处，真诚欢迎广大读者批评指正。若读者有指正或需与作者商讨，或对控制算法及仿真程序有疑问，请通过电子邮件ljk@buaa.edu.cn与作者联系。作者相信，通过与广大同行的交流，可以得到许多有益的建议，从而再版时将本书完善。

刘金琨

2016年12月

于北京航空航天大学

# 仿真程序使用说明

1. 所有仿真算法按章归类，程序名与书中一一对应。
2. 将下载的仿真程序复制到硬盘里 MATLAB 运行的路径中，便可仿真运行。
3. 本书算法在当前 MATLAB 版本下运行成功，并适用于其他更高级版本。
4. 假如您对仿真程序有疑问，请及时通过 E-mail 与本书的编辑或作者本人联系。

编辑 E-mail 地址：shengdl@tup.tsinghua.edu.cn

作者 E-mail 地址：ljk@buaa.edu.cn

5. 程序下载网址：

北京航空航天大学页面：http://shi.buaa.edu.cn/liujinkun

清华大学出版社本书页面：www.tup.tsinghua.edu.cn

# 前言

# 目录

# 目录

# 目录

# 目录

目录

# 目录

# 第1章 绪论

## 1.1 机器人控制方法简介

机器人学科是一门迅速发展的综合性前沿学科，受到工业界和学术界的高度重视。机器人的核心是机器人控制系统，从控制工程的角度来看，机器人是一个非线性和不确定性系统，机器人智能控制是近年来机器人控制领域研究的前沿课题，已取得了相当丰富的成果。

机器人轨迹跟踪控制系统的主要目的是通过给定各关节的驱动力矩，使得机器人的位置、速度等状态变量跟踪给定的理想轨迹。

### 1.1.1 机器人常用的控制方法

常用的机器人控制方法有以下几种。

(1) 基于模型的控制方法：与一般的机械系统一样，当机器人的结构及其机械参数确定后，其动态特性将由动力学方程即数学模型来描述。因此，可以采用自动控制理论所提供的设计方法，通过基于数学模型的方法设计机器人控制器。基于被控对象数学模型的控制方法有前馈补偿控制、计算力矩法、最优控制方法、非线性反馈控制方法等。但在实际工程中，由于机器人是一个非线性和不确定性系统，很难得到机器人精确的数学模型，使这些方法很难得到实际应用。

(2) PID控制：机器人控制常采用PD控制和PID控制，其优点是控制律简单，易于实现，无须建模，但这类方法有两个明显的缺点，一是难以保证受控机器人具有良好的动态和静态品质；二是需要较大的控制能量。

(3) 自适应控制：自适应控制是根据要求的性能指标与实际系统的性能指标相比较所获得的信息来修正控制规律或控制器参数，使系统能够保持最优或次最优工作状态的控制方法。具体地讲，就是控制器能够及时修正自己的特性以适应控制对象和外部扰动的动态特性变化，使整个控制系统始终获得满意的性能，其缺点是在线辨识参数所需的庞大计算，对实时性要求严格、实现比较复杂，特别是存在非参数不确定性时，自适应控制难以保证系统稳定和达到一定的控制性能指标。

(4) 鲁棒控制：是一种保证不确定系统的稳定性以及达到满意控制效果的控制方法。鲁棒控制器的设计仅需知道限制不确定性的最大可能值的边界即可，鲁棒控制可同时补偿结构和非结构不确定性的影响，这也正是鲁棒控制优于自适应控制之处。除此之外，与自适应控制方法相比，鲁棒控制还有实现简单(没有自适应律)，对时变参数以及非结构非线性不确定性的影响有更好的补偿效果，更易于保证稳定性等优点。

(5) 神经网络控制和模糊控制：神经网络和模糊系统具有高度的非线性逼近映射能力，神经网络和模糊系统技术的发展为解决复杂的非线性、不确定及不确知系统的控制开辟了新途径。采用神经网络和模糊系统，可实现对机器人动力学方程中未知部分的在线精确逼近，从而可通过在线建模和前馈补偿，实现机器人的高精度跟踪。

(6) 迭代学习控制：是智能控制中具有严格数学描述的一个分支，适合于解决强非线性、强耦合、建模难、运动具有重复性的对象的高精度控制问题。迭代学习控制方法不依赖于系统的精确数学模型，算法简单。与鲁棒控制一样，迭代学习控制也能处理实际系统中的不确定性，但它能实现完全跟踪，控制器形式更为简单且需要较少的先验知识。机器人轨迹跟踪控制是迭代学习控制应用的典型代表。

(7) 变结构控制：其本质上是一类特殊的非线性控制，其非线性表现为控制的不连续性。由于滑动模态可以进行设计且与对象参数及扰动无关，这就使得变结构控制具有快速响应、对参数变化及扰动不灵敏、无须系统在线辨识、物理实现简单等优点。这种控制方法通过控制量的切换使系统状态沿着滑模面滑动，使系统在受到参数摄动和外干扰的时候具有不变性，正是这种特性使得变结构控制方法在机器人控制中得到广泛的应用。

(8) 反演控制设计方法：其基本思想是将复杂的非线性系统分解成不超过系统阶数的子系统，然后为每个子系统分别设计李雅普诺夫函数和中间虚拟控制量，一直“后退”到整个系统，直到完成整个控制律的设计。利用反演控制技术设计机器人控制器，可以解决系统中的非匹配不确定性。通过在虚拟控制中引入微分阻尼项，可有效地改善系统动态性能；通过在虚拟控制中引入模糊系统或神经网络，可实现无须建模的自适应反演控制；通过在虚拟控制中引入切换函数，可实现具有滑模控制特性的反演控制。

### 1.1.2 不确定机器人系统的控制

机器人控制系统的主要目的是通过给定各关节的驱动力矩，使得机器人的位置、速度等状态变量跟踪给定的理想轨迹。与一般的机械系统一样，当机器人的结构及其机械参数确定以后，其动态特性将由运动方程即数学模型来描述。因此，可以应用自动控制理论所提供的设计方法，基于数学模型来设计机器人的控制器。

在实际工程中要想得到精确的数学模型是十分困难的，因此在建立机器人的数学模型时，需要做合理的近似处理，忽略一些不确定性因素，这些不确定因素包括以下几个方面：

(1) 参数不确定性：例如，负载质量、连杆质量、长度及连杆质心等物理量未知或部分已知。

(2) 非参数不确定性：高频未建模动态，包括驱动器动力学、结构共振模式等；低频未建模动态，包括动/静摩擦力，关节柔性等。

(3) 作业环境干扰、驱动器饱和、测量误差、舍入误差及采样延时等因素。

上述因素的存在可能会引起控制系统质的变化，甚至成为系统不稳定的原因。

应用于不确定性机器人的先进控制策略可分为三大类，即自适应控制、变结构控制和鲁棒控制。通过与自适应控制、变结构控制和鲁棒控制方法相结合，PID 控制、神经网络控制、模糊控制、迭代学习控制和反演控制方法也可以实现对不确定机器人系统的精确控制。

## 1.2 机器人动力学模型及其结构特性

一个典型的多关节机器人如图 1-1 所示。

考虑一个 $n$ 关节机器人，其动态性能可由二阶非线性微分方程描述：

$$\boldsymbol{M}(\boldsymbol{q})\ddot{\boldsymbol{q}}+\boldsymbol{C}(\boldsymbol{q},\dot{\boldsymbol{q}})\dot{\boldsymbol{q}}+\boldsymbol{G}(\boldsymbol{q})+\boldsymbol{F}(\dot{\boldsymbol{q}})+\boldsymbol{\tau}_{\mathrm{d}}=\boldsymbol{\tau} \tag{1.1}$$

其中，$\boldsymbol{q}\in\boldsymbol{R}^n$ 为关节角位移量，$\boldsymbol{M}(\boldsymbol{q})\in\boldsymbol{R}^{n\times n}$ 为机器人的惯性矩阵，$\boldsymbol{C}(\boldsymbol{q},\dot{\boldsymbol{q}})\in\boldsymbol{R}^n$ 表示离心力和哥氏力，$\boldsymbol{G}(\boldsymbol{q})\in\boldsymbol{R}^n$ 为重力项，$\boldsymbol{F}(\dot{\boldsymbol{q}})\in\boldsymbol{R}^n$ 表示摩擦力矩，$\boldsymbol{\tau}\in\boldsymbol{R}^n$ 为控制力矩，$\boldsymbol{\tau}_{\mathrm{d}}\in\boldsymbol{R}^n$ 为外加扰动。

机器人系统的动力学特性如下：

(1) 特性 1，$\dot{\boldsymbol{M}}(\boldsymbol{q})-2\boldsymbol{C}(\boldsymbol{q},\dot{\boldsymbol{q}})$是一个斜对称矩阵，$\boldsymbol{x}^{\mathrm{T}}(\dot{\boldsymbol{M}}(\boldsymbol{q})-2\boldsymbol{C}(\boldsymbol{q},\dot{\boldsymbol{q}}))\boldsymbol{x}=0$；

(2) 特性 2，惯性矩阵 $\boldsymbol{M}(\boldsymbol{q})$是对称正定矩阵，存在正数 $m_1$，$m_2$，满足如下不等式：

$$m_1\|\boldsymbol{x}\|^2\leqslant\boldsymbol{x}^{\mathrm{T}}\boldsymbol{M}(\boldsymbol{q})\boldsymbol{x}\leqslant m_2\|\boldsymbol{x}\|^2 \tag{1.2}$$

(3) 特性 3，存在一个依赖于机械手参数的参数向量，使得 $\boldsymbol{M}(\boldsymbol{q})$，$\boldsymbol{C}(\boldsymbol{q},\dot{\boldsymbol{q}})$，$\boldsymbol{G}(\boldsymbol{q})$，$\boldsymbol{F}(\dot{\boldsymbol{q}})$满足线性关系：

$$\boldsymbol{M}(\boldsymbol{q})\vartheta+\boldsymbol{C}(\boldsymbol{q},\dot{\boldsymbol{q}})\boldsymbol{\rho}+\boldsymbol{G}(\boldsymbol{q})+\boldsymbol{F}(\dot{\boldsymbol{q}})=\boldsymbol{\Phi}(\boldsymbol{q},\dot{\boldsymbol{q}},\boldsymbol{\rho},\vartheta)\boldsymbol{P} \tag{1.3}$$

其中，$\boldsymbol{\Phi}(\boldsymbol{q},\dot{\boldsymbol{q}},\vartheta,\boldsymbol{\rho})\in\boldsymbol{R}^{n\times m}$ 为已知关节变量函数的回归矩阵，它是机器人广义坐标及其各阶导数的已知函数矩阵，$\boldsymbol{P}\in\boldsymbol{R}^n$ 是描述机器人质量特性的未知定常参数向量。

一个典型的双关节刚性机械手示意图如图 1-2 所示。本书中的大多数仿真实例都采用该机械手进行验证。

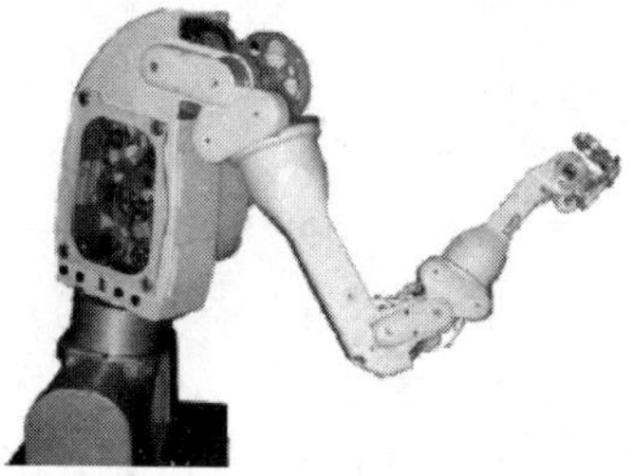

图 1-1 一个 8 关节机器人

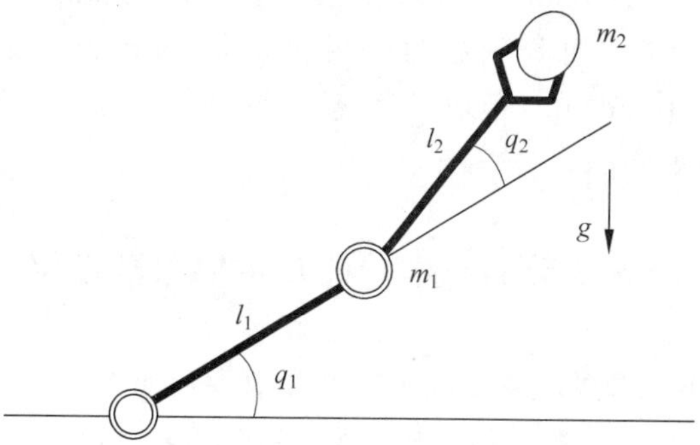


图 1-2 双关节刚性机械手示意图

## 1.3 基于S函数的Simulink仿真

S函数是Simulink的重要部分，它为Simulink环境下的仿真提供了强有力的拓展能力。S函数可以用计算机语言来描述动态系统。在控制系统设计中，S函数可以用来描述控制算法、自适应算法和模型动力学方程。

S函数中使用文本方式输入公式和方程，适合复杂动态系统的数学描述，并且在仿真过程中可以对仿真参数进行更精确的描述。在本书的机器人控制系统的Simulink仿真中，主要使用S函数来实现控制律、自适应律和被控对象的描述。

### 1.3.1 S函数简介

S函数模块是整个Simulink动态系统的核心，也可以说S函数是Simulink最具魅力的地方。

S函数是系统函数(system function)的简称，是指采用非图形化的方式(即计算机语言，区别于Simulink的系统模块)描述的一个功能块。用户可以采用MATLAB代码、C、C++等语言编写S函数。S函数由一种特定的语法构成，用来描述并实现连续系统、离散系统以及复合系统等动态系统，S函数能够接收来自Simulink求解器的相关信息，并对求解器发出的命令做出适当的响应，这种交互作用非常类似于Simulink系统模块与求解器的交互作用。一个结构体系完整的S函数包含了描述动态系统所需的全部能力，所有其他的使用情况都是这个结构体系的特例。

### 1.3.2 S函数使用步骤

一般而言，S函数的使用步骤如下：

(1) 创建S函数源文件。创建S函数源文件有多种方法，Simulink提供了很多S函数模板和例子，用户可以根据自己的需要修改相应的模板或例子即可。

(2) 在动态系统的Simulink模型框图中添加S-function模块，并进行正确的设置。

(3) 在Simulink模型框图中按照定义好的功能连接输入输出端口。

为了方便S函数的使用和编写，Simulink的Functions&Tables模块库还提供了S-functiondemos模块组，该模块组为用户提供了编写S函数的各种例子，以及S函数模板模块。

### 1.3.3 S函数的基本功能及重要参数设定

S函数的基本功能及重要参数设定如下：

(1) S函数功能模块：各种功能模块完成不同的任务，这些功能模块(函数)称为仿真例程或回调函数(call-back functions)，包括初始化(initialization)、导数(mdlDerivative)、输出(mdlOutput)等。

(2) NumContStates 表示 S-函数描述的模块中连续状态的个数。

(3) NumDiscStates 表示离散状态的个数。

(4) NumOutputs 和 NumInputs 分别表示模块输出和输入的个数。

(5) 直接馈通(dirFeedthrough)为输入信号是否在输出端出现的标识,取值为 0 或 1。例如,形如 $y=k\times u$ 的系统需要输入(即直接反馈),其中,$u$ 是输入,$k$ 是增益,$y$ 是输出,形如等式 $y=x,\dot{x}=u$ 的系统不需要输入(即不存在直接反馈),其中,$x$ 是状态,$u$ 是输入,$y$ 为输出。

(6) NumSampleTimes 为模块采样周期的个数,S 函数支持多采样周期的系统。

除了 sys 外,还应设置系统的初始状态变量 $x_0$、说明变量 str 和采样周期变量 $t_s$。$t_s$ 变量为双列矩阵,其中每一行对应一个采样周期。对连续系统和单个采样周期的系统来说,该变量为$[t_1,t_2]$,$t_1$ 为采样周期,$t_1=-1$ 表示继承输入信号的采样周期,$t_2$ 为偏移量,一般取为 0。对连续系统来说,$t_s$ 取为$[-1,0]$。

### 1.3.4 S 函数描述实例

在控制系统设计中,S 函数可以用于控制器、自适应律和模型描述。以模型 $J\ddot{\theta}=u+d(t)$的 S 函数描述为例,其中,$u$ 为控制输入,$d(t)$为加在控制输入端的扰动,模型输出为 $\theta$ 和 $\dot{\theta}$,即转动角度和转动角速度,$J$ 为转动惯量。该模型可描述如下:

$$\dot{x}_1 = x_2$$
$$\dot{x}_2 = \frac{1}{J}(u+d(t))$$

其中 $x_1=\theta,x_2=\dot{\theta}$。

针对该模型的 S 函数描述介绍如下:

1. 模型初始化 Initialization 函数

采用 S 函数来描述动力学方程,可选取 1 输入 2 输出系统,如果角度 $\theta$ 和角速度 $\dot{\theta}$ 的初始值取零,则模型初始化参数写为[0,0],模型初始化 S 函数描述如下:

```
function [sys,x0,str,ts] = mdlInitializeSizes
sizes = simsizes;
sizes.NumContStates   = 2;
sizes.NumDiscStates   = 0;
sizes.NumOutputs      = 2;
sizes.NumInputs       = 1;
sizes.DirFeedthrough  = 0;
sizes.NumSampleTimes  = 1;
sys = simsizes(sizes);
x0  = [0,0];
str = [];
ts  = [0 0];
```

2. 微分方程描述的 mdlDerivative 函数

该函数可用于描述微分方程并实现数值求解。在控制系统中,可采用该函数来描述被控对象和自适应律等，并通过 Simulink 环境下选择数值分析方法（如 ODE 方法）实现模型的数值求解。取 $J=2, d(t)=\sin t$，则采用 S 函数可实现该模型角度 $\theta$ 和角速度 $\dot{\theta}$ 的求解，描述如下：

```
function sys = mdlDerivatives(t,x,u)
J = 2;
dt = sin(t);
ut = u(1);
sys(1) = x(2);
sys(2) = 1/J * (ut + dt);
```

3. 用于输出的 mdlOutput 函数

S 函数的 mdlOutput 函数通常用于描述控制器或模型的输出。采用 S 函数的 mdlOutput 模块来描述模型角度 $\theta$ 和角速度 $\dot{\theta}$ 的输出：

```
function sys = mdlOutputs(t,x,u)
sys(1) = x(1);
sys(2) = x(2);
```

第2章 机械手PID控制

## 2.1 机械手独立PD控制

### 2.1.1 控制律设计

当忽略重力和外加干扰时，采用独立的PD控制，能满足机械手定点控制的要求[1]。

设 $n$ 关节机械手方程为

$$\boldsymbol{D}(\boldsymbol{q})\ddot{\boldsymbol{q}}+\boldsymbol{C}(\boldsymbol{q},\dot{\boldsymbol{q}})\dot{\boldsymbol{q}}=\boldsymbol{\tau} \tag{2.1}$$

其中，$\boldsymbol{D}(\boldsymbol{q})$为 $n\times n$ 阶正定惯性矩阵，$\boldsymbol{C}(\boldsymbol{q},\dot{\boldsymbol{q}})$为 $n\times n$ 阶离心和哥氏力项。

独立的PD控制律为

$$\boldsymbol{\tau}=\boldsymbol{K}_{\mathrm{d}}\dot{\boldsymbol{e}}+\boldsymbol{K}_{\mathrm{p}}\boldsymbol{e} \tag{2.2}$$

取跟踪误差为 $\boldsymbol{e}=\boldsymbol{q}_{\mathrm{d}}-\boldsymbol{q}$，采用定点控制时，$\boldsymbol{q}_{\mathrm{d}}$ 为常值，则 $\dot{\boldsymbol{q}}_{\mathrm{d}}=\ddot{\boldsymbol{q}}_{\mathrm{d}}\equiv 0$。

此时，机械手方程为

$$\boldsymbol{D}(\boldsymbol{q})(\ddot{\boldsymbol{q}}_{\mathrm{d}}-\ddot{\boldsymbol{q}})+\boldsymbol{C}(\boldsymbol{q},\dot{\boldsymbol{q}})(\dot{\boldsymbol{q}}_{\mathrm{d}}-\dot{\boldsymbol{q}})+\boldsymbol{K}_{\mathrm{d}}\dot{\boldsymbol{e}}+\boldsymbol{K}_{\mathrm{p}}\boldsymbol{e}=0$$

亦即

$$\boldsymbol{D}(\boldsymbol{q})\ddot{\boldsymbol{e}}+\boldsymbol{C}(\boldsymbol{q},\dot{\boldsymbol{q}})\dot{\boldsymbol{e}}+\boldsymbol{K}_{\mathrm{p}}\boldsymbol{e}=-\boldsymbol{K}_{\mathrm{d}}\dot{\boldsymbol{e}} \tag{2.3}$$

取Lyapunov(李雅普诺夫)函数为

$$V=\frac{1}{2}\dot{\boldsymbol{e}}^{\mathrm{T}}\boldsymbol{D}(\boldsymbol{q})\dot{\boldsymbol{e}}+\frac{1}{2}\boldsymbol{e}^{\mathrm{T}}\boldsymbol{K}_{\mathrm{P}}\boldsymbol{e}$$

由 $\boldsymbol{D}(\boldsymbol{q})$及 $\boldsymbol{K}_{\mathrm{P}}$ 的正定性知，$V$ 是全局正定的，则

$$\dot{V}=\dot{\boldsymbol{e}}^{\mathrm{T}}\boldsymbol{D}\ddot{\boldsymbol{e}}+\frac{1}{2}\dot{\boldsymbol{e}}^{\mathrm{T}}\dot{\boldsymbol{D}}\dot{\boldsymbol{e}}+\dot{\boldsymbol{e}}^{\mathrm{T}}\boldsymbol{K}_{\mathrm{p}}\boldsymbol{e}$$

利用$\dot{\boldsymbol{D}}-2\boldsymbol{C}$ 的斜对称性知$\dot{\boldsymbol{e}}^{\mathrm{T}}\dot{\boldsymbol{D}}\dot{\boldsymbol{e}}=2\dot{\boldsymbol{e}}^{\mathrm{T}}\boldsymbol{C}\dot{\boldsymbol{e}}$，则

$$\dot{V}=\dot{\boldsymbol{e}}^{\mathrm{T}}\boldsymbol{D}\ddot{\boldsymbol{e}}+\dot{\boldsymbol{e}}^{\mathrm{T}}\boldsymbol{C}\dot{\boldsymbol{e}}+\dot{\boldsymbol{e}}^{\mathrm{T}}\boldsymbol{K}_{\mathrm{p}}\boldsymbol{e}=\dot{\boldsymbol{e}}^{\mathrm{T}}(\boldsymbol{D}\ddot{\boldsymbol{e}}+\boldsymbol{C}\dot{\boldsymbol{e}}+\boldsymbol{K}_{\mathrm{p}}\boldsymbol{e})=-\dot{\boldsymbol{e}}^{\mathrm{T}}\boldsymbol{K}_{\mathrm{d}}\dot{\boldsymbol{e}}\leqslant 0$$

### 2.1.2 收敛性分析

由于$\dot{V}$是半负定的，且 $\boldsymbol{K}_{\mathrm{d}}$ 为正定，当$\dot{V}\equiv 0$ 时，有 $\dot{\boldsymbol{e}}\equiv 0$，从而$\ddot{\boldsymbol{e}}\equiv 0$。

代入方程(2.3)，有 $\boldsymbol{K}_{\mathrm{p}}\boldsymbol{e}=0$，再由 $\boldsymbol{K}_{\mathrm{p}}$ 的可逆性知 $\boldsymbol{e}=0$。由 LaSalle 定理[2]知，$(\boldsymbol{e},\dot{\boldsymbol{e}})=(0,0)$是受控机械手全局渐进稳定的平衡点，即从任意初始条件$(\boldsymbol{q}_0,\dot{\boldsymbol{q}}_0)$出发，当 $t\to\infty$ 时，$\boldsymbol{q}\to\boldsymbol{q}_{\mathrm{d}}$，$\dot{\boldsymbol{q}}\to 0$。

### 2.1.3 仿真实例

针对被控对象式(2.1)，选二关节机械手系统(不考虑重力、摩擦力和干扰)，其动力学模型为

$$\boldsymbol{D}(\boldsymbol{q})\ddot{\boldsymbol{q}}+\boldsymbol{C}(\boldsymbol{q},\dot{\boldsymbol{q}})\dot{\boldsymbol{q}}=\boldsymbol{\tau}$$

其中，

$$\boldsymbol{D}(\boldsymbol{q})=\begin{bmatrix} p_1+p_2+2p_3\cos q_2 & p_2+p_3\cos q_2 \\ p_2+p_3\cos q_2 & p_2 \end{bmatrix}$$

$$\boldsymbol{C}(\boldsymbol{q},\dot{\boldsymbol{q}})=\begin{bmatrix} -p_3\dot{q}_2\sin q_2 & -p_3(\dot{q}_1+\dot{q}_2)\sin q_2 \\ p_3\dot{q}_1\sin q_2 & 0 \end{bmatrix}$$

取 $p=[2.90\quad 0.76\quad 0.87\quad 3.04\quad 0.87]^{\mathrm{T}}$，$\boldsymbol{q}_0=[0.0\quad 0.0]^{\mathrm{T}}$，$\dot{\boldsymbol{q}}_0=[0.0\quad 0.0]^{\mathrm{T}}$。

位置指令为 $\boldsymbol{q}_{\mathrm{d}}(0)=[1.0\quad 1.0]^{\mathrm{T}}$，在控制器式(2.2)中，取 $\boldsymbol{K}_{\mathrm{p}}=\begin{bmatrix}100 & 0\\ 0 & 100\end{bmatrix}$，$\boldsymbol{K}_{\mathrm{d}}=\begin{bmatrix}100 & 0\\ 0 & 100\end{bmatrix}$，仿真结果见图 2-1 和图 2-2 所示。

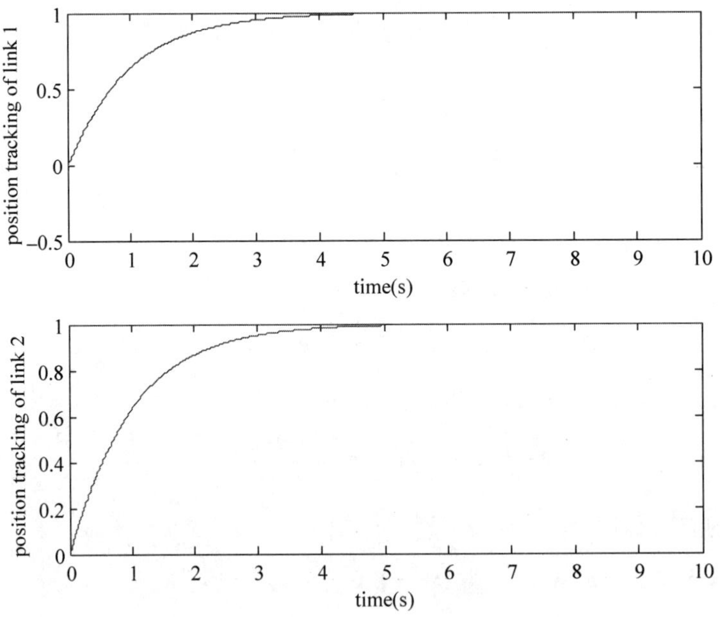


**图 2-1　双力臂的阶跃响应**

仿真中，当改变参数 $\boldsymbol{K}_{\mathrm{p}}$，$\boldsymbol{K}_{\mathrm{d}}$ 时，只要满足 $\boldsymbol{K}_{\mathrm{d}}>0$，$\boldsymbol{K}_{\mathrm{p}}>0$，都能获得比较好的仿真结果。完全不受外力，没有任何干扰的机械手系统是不存在的，独立的 PD 控制只能作为基

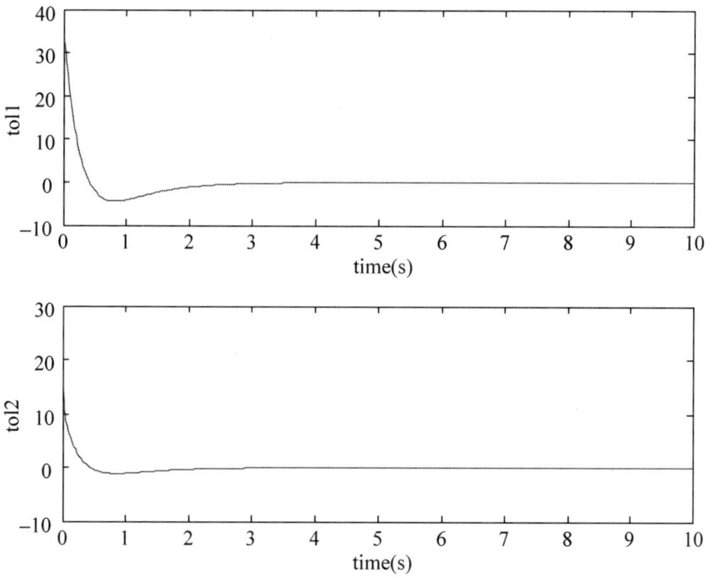


**图 2-2　独立 PD 控制的控制输入**

础来考虑分析，但对它的分析有重要意义。

仿真程序如下：

(1) Simulink 主程序：chap2_1sim.mdl

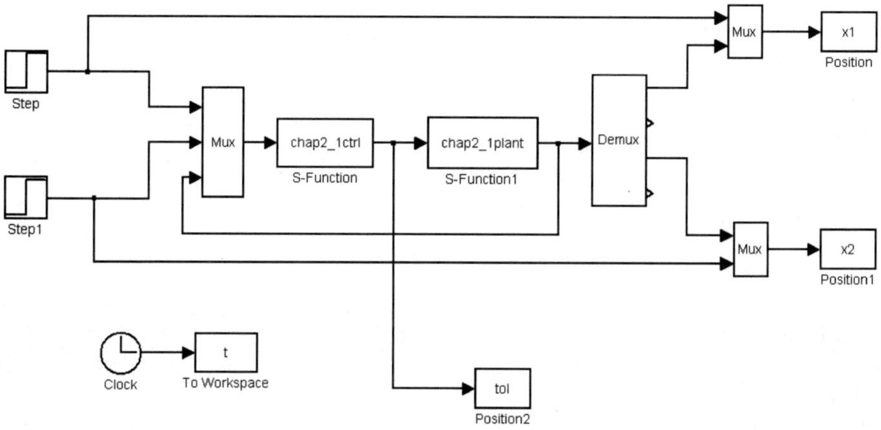


(2) 控制器子程序：chap2_1ctrl.m

```
function [sys,x0,str,ts] = spacemodel(t,x,u,flag)

switch flag,
case 0,
    [sys,x0,str,ts] = mdlInitializeSizes;
case 3,
    sys = mdlOutputs(t,x,u);
case {2,4,9}
    sys = [];
```

```
otherwise
    error(['Unhandled flag = ',num2str(flag)]);
end

function [sys,x0,str,ts] = mdlInitializeSizes
sizes = simsizes;
sizes.NumOutputs      = 2;
sizes.NumInputs       = 6;
sizes.DirFeedthrough  = 1;
sizes.NumSampleTimes  = 1;
sys = simsizes(sizes);
x0  = [];
str = [];
ts  = [0 0];

function sys = mdlOutputs(t,x,u)
R1 = u(1);dr1 = 0;
R2 = u(2);dr2 = 0;

x(1) = u(3);
x(2) = u(4);
x(3) = u(5);
x(4) = u(6);

e1 = R1 - x(1);
e2 = R2 - x(3);
e = [e1;e2];

de1 = dr1 - x(2);
de2 = dr2 - x(4);
de = [de1;de2];

Kp = [30 0;0 30];
Kd = [30 0;0 30];

tol = Kp * e + Kd * de;

sys(1) = tol(1);
sys(2) = tol(2);
```

（3）被控对象子程序：chap2_1plant.m

```
%S - function for continuous state equation
function [sys,x0,str,ts] = s_function(t,x,u,flag)

switch flag,
%Initialization
  case 0,
    [sys,x0,str,ts] = mdlInitializeSizes;
case 1,
    sys = mdlDerivatives(t,x,u);
```

```
 % Outputs
  case 3,
    sys = mdlOutputs(t,x,u);
 % Unhandled flags
  case {2, 4, 9 }
    sys = [];
 % Unexpected flags
  otherwise
    error(['Unhandled flag = ',num2str(flag)]);
end

 % mdlInitializeSizes
function [sys,x0,str,ts] = mdlInitializeSizes
global p g
sizes = simsizes;
sizes.NumContStates  = 4;
sizes.NumDiscStates  = 0;
sizes.NumOutputs     = 4;
sizes.NumInputs      = 2;
sizes.DirFeedthrough = 0;
sizes.NumSampleTimes = 0;
sys = simsizes(sizes);
x0 = [0 0 0 0];
str = [];
ts = [];

p = [2.9 0.76 0.87 3.04 0.87];
g = 9.8;
function sys = mdlDerivatives(t,x,u)
global p g

D0 = [p(1) + p(2) + 2 * p(3) * cos(x(3)) p(2) + p(3) * cos(x(3));
    p(2) + p(3) * cos(x(3)) p(2)];
C0 = [ - p(3) * x(4) * sin(x(3))  - p(3) * (x(2) + x(4)) * sin(x(3));
     p(3) * x(2) * sin(x(3))   0];
tol = u(1:2);
dq = [x(2);x(4)];

S = inv(D0) * (tol - C0 * dq);

sys(1) = x(2);
sys(2) = S(1);
sys(3) = x(4);
sys(4) = S(2);
function sys = mdlOutputs(t,x,u)
sys(1) = x(1);
sys(2) = x(2);
sys(3) = x(3);
sys(4) = x(4);
```

(4) 绘图子程序：chap2_1plot.m

```
close all;

figure(1);
subplot(211);
plot(t,x1(:,1),'r',t,x1(:,2),'b');
xlabel('time(s)');ylabel('position tracking of link 1');
subplot(212);
plot(t,x2(:,1),'r',t,x2(:,2),'b');
xlabel('time(s)');ylabel('position tracking of link 2');

figure(2);
subplot(211);
plot(t,tol(:,1),'r');
xlabel('time(s)');ylabel('tol1');
subplot(212);
plot(t,tol(:,2),'r');
xlabel('time(s)');ylabel('tol2');
```

## 2.2 基于重力补偿的机械手 PD 控制

### 2.2.1 控制律设计

当考虑重力时，采用基于重力补偿的 PD 控制，能满足机械手定点控制的要求[1]。

设 $n$ 关节机械手方程为

$$\boldsymbol{D}(\boldsymbol{q})\ddot{\boldsymbol{q}}+\boldsymbol{C}(\boldsymbol{q},\dot{\boldsymbol{q}})\dot{\boldsymbol{q}}+\boldsymbol{G}(\boldsymbol{q})=\boldsymbol{\tau} \tag{2.4}$$

其中，$\boldsymbol{D}(\boldsymbol{q})$为 $n\times n$ 阶正定惯性矩阵，$\boldsymbol{C}(\boldsymbol{q},\dot{\boldsymbol{q}})$为 $n\times n$ 阶离心和哥氏力项，$\boldsymbol{G}(\boldsymbol{q})$为重力矩向量。

基于重力补偿的 PD 控制律为

$$\boldsymbol{\tau}=\boldsymbol{K}_{\mathrm{d}}\dot{\boldsymbol{e}}+\boldsymbol{K}_{\mathrm{p}}\boldsymbol{e}+\hat{\boldsymbol{G}}(\boldsymbol{q}) \tag{2.5}$$

其中，$\hat{\boldsymbol{G}}(\boldsymbol{q})$为对重力矩的估计值。

取跟踪误差为 $\boldsymbol{e}=\boldsymbol{q}_{\mathrm{d}}-\boldsymbol{q}$，采用定点控制时，$\boldsymbol{q}_{\mathrm{d}}$ 为常值，则$\dot{\boldsymbol{q}}_{\mathrm{d}}=\ddot{\boldsymbol{q}}_{\mathrm{d}}\equiv 0$。

此时，机械手动力学方程为

$$\boldsymbol{D}(\boldsymbol{q})(\ddot{\boldsymbol{q}}_{\mathrm{d}}-\ddot{\boldsymbol{q}})+\boldsymbol{C}(\boldsymbol{q},\dot{\boldsymbol{q}})(\dot{\boldsymbol{q}}_{\mathrm{d}}-\dot{\boldsymbol{q}})+\boldsymbol{K}_{\mathrm{d}}\dot{\boldsymbol{e}}+\boldsymbol{K}_{\mathrm{p}}\boldsymbol{e}+\hat{\boldsymbol{G}}(\boldsymbol{q})-\boldsymbol{G}(\boldsymbol{q})=0$$

### 2.2.2 控制律分析

控制律式(2.5)的实现关键在于对重力矩$\hat{\boldsymbol{G}}(\boldsymbol{q})$的估计，针对重力矩的估计方法有以下两大类。

(1) 当对重力矩的估计值准确时，$\hat{\boldsymbol{G}}(\boldsymbol{q})=\boldsymbol{G}(\boldsymbol{q})$，有

$$\boldsymbol{D}(\boldsymbol{q})\ddot{\boldsymbol{e}}+(\boldsymbol{C}(\boldsymbol{q},\dot{\boldsymbol{q}})+\boldsymbol{K}_{\mathrm{d}})\dot{\boldsymbol{e}}+\boldsymbol{K}_{\mathrm{p}}\boldsymbol{e}=0 \tag{2.6}$$

此时，控制的稳定性和收敛性分析过程同 2.1 节的“机械手独立 PD 控制”。

(2) 当对重力矩的估计值不准确时，需要设计重力补偿算法。目前，有代表性的重力补偿 PD 控制方法有以下两种：

- 在线估计重力补偿的 PD 控制：文献[3]针对双柔性关节机械臂，设计了在线估计重力的自适应算法，实现了基于在线重力补偿的 PD 控制。
- 具有固定重力补偿的 PD 控制：由于在线估计重力补偿项$\hat{\boldsymbol{G}}(\boldsymbol{q})$会加重计算机实时计算的负担，为此，Takegaki 等[4]采用事先计算出的固定重力项作为补偿，采用增加反馈增益来减小稳态误差，并采用系统的 Hamilton 函数作为其李雅普诺夫函数，证明了该方法的稳定性和收敛性。

## 2.3 基于模型补偿的机械手 PD 控制

### 2.3.1 系统描述

双关节机械臂动力学方程可写为

$$\boldsymbol{H}(\boldsymbol{q})\ddot{\boldsymbol{q}}+\boldsymbol{C}(\boldsymbol{q},\dot{\boldsymbol{q}})\dot{\boldsymbol{q}}+\boldsymbol{G}(\boldsymbol{q})=\boldsymbol{\tau} \tag{2.7}$$

其中，$\boldsymbol{q}=[q_1 \quad q_2]^{\mathrm{T}}$，$\boldsymbol{\tau}=[\tau_1 \quad \tau_2]^{\mathrm{T}}$。

### 2.3.2 控制器的设计

定义$\dot{\boldsymbol{q}}_{\mathrm{r}}=\dot{\boldsymbol{q}}_{\mathrm{d}}-\boldsymbol{\Lambda}\tilde{\boldsymbol{q}}$，$\ddot{\boldsymbol{q}}_{\mathrm{r}}=\ddot{\boldsymbol{q}}_{\mathrm{d}}-\boldsymbol{\Lambda}\dot{\tilde{\boldsymbol{q}}}$，设计滑模函数为

$$\boldsymbol{s}=\dot{\tilde{\boldsymbol{q}}}+\boldsymbol{\Lambda}\tilde{\boldsymbol{q}} \tag{2.8}$$

其中，$\boldsymbol{\Lambda}$ 是一个常数阵，$\boldsymbol{\Lambda}>0$。

设计基于模型补偿的 PD 型控制律为

$$\boldsymbol{\tau}=\boldsymbol{H}\ddot{\boldsymbol{q}}_{\mathrm{r}}+C\dot{\boldsymbol{q}}_{\mathrm{r}}+\boldsymbol{G}-\boldsymbol{K}_{\mathrm{D}}\boldsymbol{s} \tag{2.9}$$

构造李雅普诺夫函数

$$V(t)=\frac{1}{2}\boldsymbol{s}^{\mathrm{T}}\boldsymbol{H}\boldsymbol{s}$$

则

$$\begin{aligned}
\dot{V}(t)&=\boldsymbol{s}^{\mathrm{T}}\boldsymbol{H}\dot{\boldsymbol{s}}+\frac{1}{2}\boldsymbol{s}^{\mathrm{T}}\dot{\boldsymbol{H}}\boldsymbol{s}\\
&=\boldsymbol{s}^{\mathrm{T}}(\boldsymbol{H}\ddot{\boldsymbol{q}}-\boldsymbol{H}\ddot{\boldsymbol{q}}_{\mathrm{r}})+\frac{1}{2}\boldsymbol{s}^{\mathrm{T}}\dot{\boldsymbol{H}}\boldsymbol{s}\\
&=\boldsymbol{s}^{\mathrm{T}}(\boldsymbol{\tau}-\boldsymbol{C}\dot{\boldsymbol{q}}-\boldsymbol{G}-\boldsymbol{H}\ddot{\boldsymbol{q}}_{\mathrm{r}})+\frac{1}{2}\boldsymbol{s}^{\mathrm{T}}\dot{\boldsymbol{H}}\boldsymbol{s}\\
&=\boldsymbol{s}^{\mathrm{T}}(\boldsymbol{H}\ddot{\boldsymbol{q}}_{\mathrm{r}}+\boldsymbol{C}\dot{\boldsymbol{q}}_{\mathrm{r}}+\boldsymbol{G}-\boldsymbol{K}_{\mathrm{D}}\boldsymbol{s}-\boldsymbol{C}(\boldsymbol{s}+\dot{\boldsymbol{q}}_{\mathrm{r}})-\boldsymbol{G}-\boldsymbol{H}\ddot{\boldsymbol{q}}_{\mathrm{r}})+\frac{1}{2}\boldsymbol{s}^{\mathrm{T}}\dot{\boldsymbol{H}}\boldsymbol{s}
\end{aligned}$$

$$= \boldsymbol{s}^{\mathrm{T}}(-\boldsymbol{K}_{\mathrm{D}}\boldsymbol{s} - \boldsymbol{C}\boldsymbol{s}) + \frac{1}{2}\boldsymbol{s}^{\mathrm{T}}\dot{\boldsymbol{H}}\boldsymbol{s}$$

$$= -\boldsymbol{K}_{\mathrm{D}}\boldsymbol{s}^{\mathrm{T}}\boldsymbol{s} + \frac{1}{2}\boldsymbol{s}^{\mathrm{T}}(\dot{\boldsymbol{H}} - 2\boldsymbol{C})\boldsymbol{s}$$

$$= -\boldsymbol{K}_{\mathrm{D}}\boldsymbol{s}^{\mathrm{T}}\boldsymbol{s} \leqslant 0$$

由于$\dot{V}$是半负定的，且 $\boldsymbol{K}_{\mathrm{D}}$ 为正定，当$\dot{V} \equiv 0$ 时，有 $\boldsymbol{s} \equiv 0$，从而 $\boldsymbol{e} \equiv 0$，$\dot{\boldsymbol{e}} \equiv 0$。由 LaSalle 定理[2]知，$(\boldsymbol{e}, \dot{\boldsymbol{e}}) = (0,0)$是受控机械手全局渐进稳定的平衡点，即从任意初始条件($\boldsymbol{q}_0$，$\dot{\boldsymbol{q}}_0$)出发，当 $t \to \infty$时，均有 $\boldsymbol{q} \to \boldsymbol{q}_{\mathrm{d}}$，$\dot{\boldsymbol{q}} \to 0$。

### 2.3.3 仿真实例

二关节平面机械臂具有 4 个物理参数[5]，分别为质量 $m_{\mathrm{e}}$，转动惯量 $I_{\mathrm{e}}$，质量中心距第二关节处的距离 $l_{\mathrm{ce}}$，质量中心与第二机械臂的夹角 $\delta_{\mathrm{e}}$，机械臂的实际物理参数见表 2-1。

表 2-1 双机械臂物理参数

| $m_1$ | $l_1$ | $l_{c1}$ | $I_1$ | $m_{\mathrm{e}}$ | $l_{\mathrm{ce}}$ | $I_{\mathrm{e}}$ | $\delta_{\mathrm{e}}$ | $e_1$ | $e_2$ |
|---|---|---|---|---|---|---|---|---|---|
| 1kg | 1m | 1/2m | 1/12kg | 3kg | 1m | 2/5kg | 0 | −7/12 | 9.81 |

被控对象取(2.7)式，两力臂机械手的位置指令分别为 $q_{\mathrm{d1}} = \sin(2\pi t)$，$q_{\mathrm{d2}} = \sin(2\pi t)$。采用控制律(2.9)，$\boldsymbol{K}_{\mathrm{d}} = \begin{bmatrix} 100 & 0 \\ 0 & 100 \end{bmatrix}$，$\boldsymbol{\Lambda} = \begin{bmatrix} 5 & 0 \\ 0 & 5 \end{bmatrix}$，第一关节和第二关节的位置及速度跟踪及控制输入仿真结果如图 2-3～图 2-5 所示。

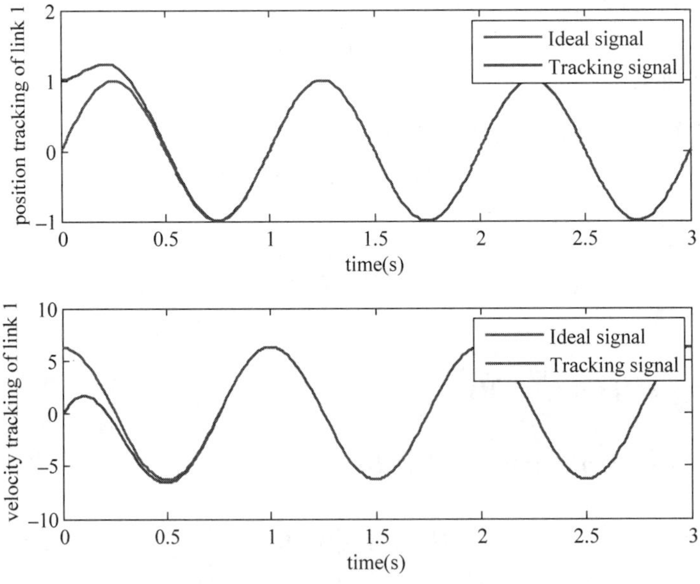


图 2-3 第一关节的位置及速度跟踪

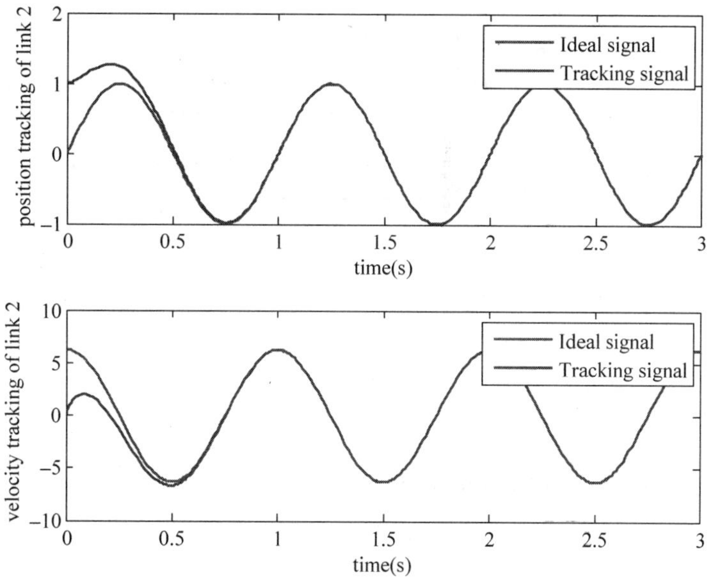


图 2-4　第二关节的位置及速度跟踪

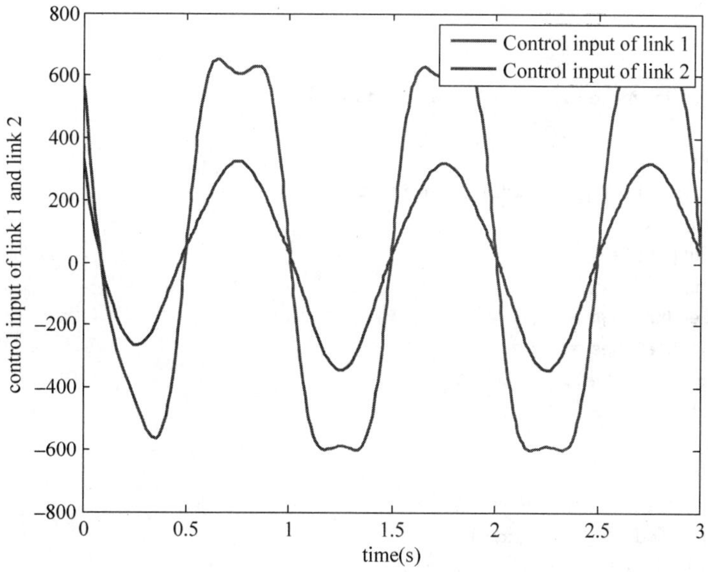


图 2-5　第一和第二关节的控制输入

仿真程序如下：

(1) Simulink 主程序：chap2_2sim. mdl

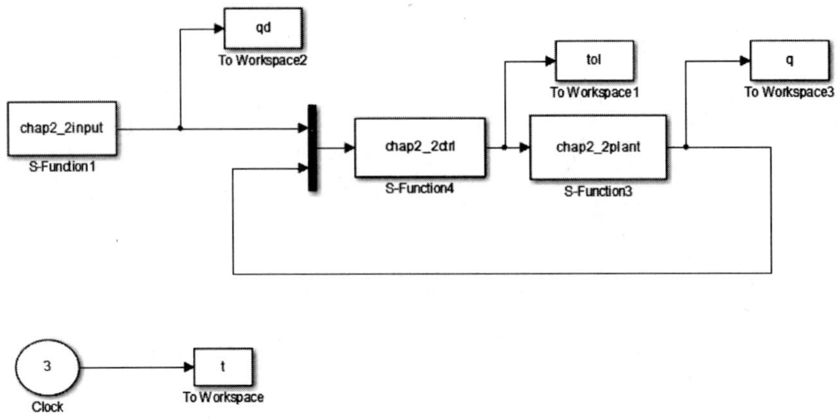


(2) 输入指令程序：chap2_2input. m

```
function [sys,x0,str,ts] = input(t,x,u,flag)

switch flag,
case 0,
    [sys,x0,str,ts] = mdlInitializeSizes;
case 3,
    sys = mdlOutputs(t,x,u);
case {2,4,9}
    sys = [];
otherwise
    error(['Unhandled flag = ',num2str(flag)]);
end

function [sys,x0,str,ts] = mdlInitializeSizes
sizes = simsizes;
sizes.NumOutputs = 6;
sizes.NumInputs = 0;
sizes.DirFeedthrough = 0;
sizes.NumSampleTimes = 0;
sys = simsizes(sizes);
x0  = [];
str = [];
ts  = [];

function sys = mdlOutputs(t,x,u)
q1_d = sin(2*pi*t);
q2_d = sin(2*pi*t);
dq1_d = 2*pi*cos(2*pi*t);
dq2_d = 2*pi*cos(2*pi*t);
ddq1_d = -(2*pi)^2*sin(2*pi*t);
ddq2_d = -(2*pi)^2*sin(2*pi*t);
```

```
sys(1) = q1_d;
sys(2) = dq1_d;
sys(3) = ddq1_d;
sys(4) = q2_d;
sys(5) = dq2_d;
sys(6) = ddq2_d;
```

(3) 控制器程序：chap2_2ctrl.m

```
function [sys,x0,str,ts] = control_strategy(t,x,u,flag)
switch flag,
case 0,
    [sys,x0,str,ts] = mdlInitializeSizes;
case 3,
    sys = mdlOutputs(t,x,u);
case {2,4,9}
    sys = [];
otherwise
    error(['Unhandled flag = ',num2str(flag)]);
end

function [sys,x0,str,ts] = mdlInitializeSizes
sizes = simsizes;
sizes.NumOutputs     = 2;
sizes.NumInputs      = 10;
sizes.DirFeedthrough = 1;
sizes.NumSampleTimes = 0;
sys = simsizes(sizes);
x0  = [];
str = [];
ts  = [];
function sys = mdlOutputs(t,x,u)
alfa = 6.7;beta = 3.4;epc = 3.0;eta = 0;

q1_d = u(1);dq1_d = u(2);ddq1_d = u(3);
q2_d = u(4);dq2_d = u(5);ddq2_d = u(6);
q1 = u(7);dq1 = u(8);
q2 = u(9);dq2 = u(10);

m1 = 1;l1 = 1;
lc1 = 1/2;I1 = 1/12;
g = 9.8;
e1 = m1 * l1 * lc1 - I1 - m1 * l1 ^2;
e2 = g/l1;

dq_d = [dq1_d,dq2_d]';
ddq_d = [ddq1_d,ddq2_d]';

q_error = [q1 - q1_d,q2 - q2_d]';
dq_error = [dq1 - dq1_d,dq2 - dq2_d]';
```

```
H = [alfa + 2 * epc * cos(q2) + 2 * eta * sin(q2),beta + epc * cos(q2) + eta * sin(q2);
     beta + epc * cos(q2) + eta * sin(q2),beta];
C = [( - 2 * epc * sin(q2) + 2 * eta * cos(q2)) * dq2,( - epc * sin(q2) + eta * cos(q2)) * dq2;
     (epc * sin(q2) - eta * cos(q2)) * dq1,0];
G = [epc * e2 * cos(q1 + q2) + eta * e2 * sin(q1 + q2) + (alfa - beta + e1) * e2 * cos(q1);
     epc * e2 * cos(q1 + q2) + eta * e2 * sin(q1 + q2)];

    Fai = 5 * eye(2);
    dqr = dq_d - Fai * q_error;
    ddqr = ddq_d - Fai * dq_error;
    s = Fai * q_error + dq_error;
    Kd = 100 * eye(2);
    tol = H * ddqr + C * dqr + G - Kd * s;
sys(1) = tol(1);
sys(2) = tol(2);
```

（4）被控对象程序：chap2_2plant.m

```
function [sys,x0,str,ts] = s_function(t,x,u,flag)
switch flag,
case 0,
    [sys,x0,str,ts] = mdlInitializeSizes;
case 1,
    sys = mdlDerivatives(t,x,u);
case 3,
    sys = mdlOutputs(t,x,u);
case {2, 4, 9 }
    sys = [];
otherwise
    error(['Unhandled flag = ',num2str(flag)]);
end

function [sys,x0,str,ts] = mdlInitializeSizes
sizes = simsizes;
sizes.NumContStates  = 4;
sizes.NumDiscStates  = 0;
sizes.NumOutputs     = 4;
sizes.NumInputs      = 2;
sizes.DirFeedthrough = 0;
sizes.NumSampleTimes = 0;
sys = simsizes(sizes);
x0 = [1.0,0,1.0,0];
str = [];
ts = [];
function sys = mdlDerivatives(t,x,u)
tol = [u(1);u(2)];
q1 = x(1);
dq1 = x(2);
q2 = x(3);
dq2 = x(4);
```

```
alfa = 6.7;
beta = 3.4;
epc = 3.0;
eta = 0;

m1 = 1;l1 = 1;
lc1 = 1/2;I1 = 1/12;
g = 9.8;
e1 = m1 * l1 * lc1 - I1 - m1 * l1 ^ 2;
e2 = g/l1;

H = [alfa + 2 * epc * cos(q2) + 2 * eta * sin(q2),beta + epc * cos(q2) + eta * sin(q2);
    beta + epc * cos(q2) + eta * sin(q2),beta];
C = [( - 2 * epc * sin(q2) + 2 * eta * cos(q2)) * dq2,( - epc * sin(q2) + eta * cos(q2)) * dq2;
    (epc * sin(q2) - eta * cos(q2)) * dq1,0];
G = [epc * e2 * cos(q1 + q2) + eta * e2 * sin(q1 + q2) + (alfa - beta + e1) * e2 * cos(q1);
    epc * e2 * cos(q1 + q2) + eta * e2 * sin(q1 + q2)];
S = inv(H) * (tol - C * [dq1;dq2] - G);

sys(1) = x(2);
sys(2) = S(1);
sys(3) = x(4);
sys(4) = S(2);
function sys = mdlOutputs(t,x,u)
sys(1) = x(1);
sys(2) = x(2);
sys(3) = x(3);
sys(4) = x(4);
```

(5) 作图程序：chap2_2plot.m

```
close all;

figure(1);
subplot(211);
plot(t,qd(:,1),'r',t,q(:,1),'b','linewidth',2);
xlabel('time(s)');ylabel('position tracking of link 1');
legend('Ideal signal','Tracking signal');
subplot(212);
plot(t,qd(:,2),'r',t,q(:,2),'b','linewidth',2);
xlabel('time(s)');ylabel('velocity tracking of link 1');
legend('Ideal signal','Tracking signal');

figure(2);
subplot(211);
plot(t,qd(:,4),'r',t,q(:,3),'b','linewidth',2);
xlabel('time(s)');ylabel('position tracking of link 2');
legend('Ideal signal','Tracking signal');
subplot(212);
plot(t,qd(:,5),'r',t,q(:,4),'b','linewidth',2);
xlabel('time(s)');ylabel('velocity tracking of link 2');
```

```
legend('Ideal signal','Tracking signal');

figure(3);
plot(t,tol(:,1),'r',t,tol(:,2),'b','linewidth',2);
xlabel('time(s)');ylabel('Control input of link 1 and link 2');
legend('Control input of link 1','Control input of link 2');
```

# 参考文献

[1] 霍伟. 机器人动力学与控制. 北京：高等教育出版社，2005.

[2] LaSalle J, Lefschetz S. Stability by Lyapunov's direct method. New York: Academic Press, 1961.

[3] A. D. Luca, B. Siciliano, L. Zollo, PD control with on-line gravity compensation for robots with elastic joints: Theory and experiments, Automatica, 2005, 41(10): 1809-1819.

[4] Takegaki M., Arimoto S., A New Feedback Method for Dynamic Control of Manipulators, 1981, 102: 119-125.

[5] Slotine J E, Li W P. On the Adaptive Control of Robot Manipulators. The International Journal of Robotics Research, 1987, 6(3): 49-59.

如果被控对象的数学模型已知，滑模控制器可以使系统输出直接跟踪期望指令，但较大的建模不确定性需要较大的切换增益，这就造成抖振，抖振是滑模控制中难以避免的问题。

将滑模控制结合神经网络逼近用于非线性系统的控制中，采用神经网络实现模型未知部分的自适应逼近，可有效地降低模糊增益。神经网络自适应律通过 Lyapunov 方法导出，通过自适应权重的调节保证整个闭环系统的稳定性和收敛性。

RBF 神经网络于 1988 年提出。相比多层前馈 BP 网络，RBF 网络由于具有良好的泛化能力，网络结构简单，避免不必要和冗长的计算而备受关注。关于 RBF 网络的研究表明 RBF 神经网络能在一个紧凑集和任意精度下，逼近任何非线性函数[1]。目前，已经有许多针对非线性系统的 RBF 神经网络控制研究成果发表。

## 3.1 一种简单的 RBF 网络自适应滑模控制

### 3.1.1 问题描述

考虑一种简单的动力学系统：

$$\ddot{\theta} = f(\theta,\dot{\theta}) + u \tag{3.1}$$

其中，$\theta$ 为转动角度，$u$ 为控制输入。

写成状态方程形式为

$$\begin{cases} \dot{x}_1 = x_2 \\ \dot{x}_2 = f(x) + u \end{cases} \tag{3.2}$$

其中，$x_1=\theta$，$x_2=\dot{\theta}$，$f(x)$为未知。

角度指令为 $x_{\mathrm{d}}$，则误差及其导数为

$$e=x_1-x_{\mathrm{d}}, \quad \dot{e}=x_2-\dot{x}_{\mathrm{d}}$$

定义滑模函数

$$s = ce + \dot{e}, \quad c > 0 \tag{3.3}$$

则

$$\dot{s}=c\dot{e}+\ddot{e}=c\dot{e}+\dot{x}_2-\ddot{x}_d=c\dot{e}+f(x)+u-\ddot{x}_d$$

由式(3.3)可见，如果 $s\to 0$，则 $e\to 0$ 且 $\dot{e}\to 0$。

### 3.1.2 RBF网络原理

由于RBF网络具有万能逼近特性[1]，采用RBF神经网络逼近 $f(x)$，网络算法为

$$h_j=\exp\left(\frac{\|\boldsymbol{x}-\boldsymbol{c}_j\|^2}{2b_j^2}\right) \tag{3.4}$$

$$f=\boldsymbol{W}^{*\mathrm{T}}\boldsymbol{h}(\boldsymbol{x})+\varepsilon \tag{3.5}$$

其中，$\boldsymbol{x}$ 为网络的输入，$j$ 为网络隐含层第 $j$ 个节点，$\boldsymbol{h}=[h_j]^{\mathrm{T}}$ 为网络的高斯基函数输出，$\boldsymbol{W}^*$ 为网络的理想权值，$\varepsilon$ 为网络的逼近误差，$\varepsilon\leqslant\varepsilon_{\mathrm{N}}$。

网络输入取 $\boldsymbol{x}=[x_1\quad x_2]^{\mathrm{T}}$，则网络输出为

$$\hat{f}(x)=\hat{\boldsymbol{W}}^{\mathrm{T}}\boldsymbol{h}(x) \tag{3.6}$$

### 3.1.3 控制算法设计与分析

由于 $f(x)-\hat{f}(x)=\boldsymbol{W}^{*\mathrm{T}}\boldsymbol{h}(\boldsymbol{x})+\varepsilon-\hat{\boldsymbol{W}}^{\mathrm{T}}\boldsymbol{h}(\boldsymbol{x})=-\tilde{\boldsymbol{W}}^{\mathrm{T}}\boldsymbol{h}(\boldsymbol{x})+\varepsilon$。

定义Lyapunov函数为

$$V=\frac{1}{2}s^2+\frac{1}{2\gamma}\tilde{\boldsymbol{W}}^{\mathrm{T}}\tilde{\boldsymbol{W}} \tag{3.7}$$

其中，$\gamma>0$，$\tilde{\boldsymbol{W}}=\hat{\boldsymbol{W}}-\boldsymbol{W}^*$。

则

$$\begin{aligned}\dot{V}&=s\dot{s}\,\frac{1}{\gamma}\tilde{\boldsymbol{W}}^{\mathrm{T}}\dot{\hat{\boldsymbol{W}}}\\&=s(c\dot{e}+f(x)+u-\ddot{x}_d)+\frac{1}{\gamma}\tilde{\boldsymbol{W}}^{\mathrm{T}}\dot{\hat{\boldsymbol{W}}}\end{aligned}$$

设计控制律为

$$u=-c\dot{e}-\hat{f}(x)+\ddot{x}_d-\eta\operatorname{sgn}(s) \tag{3.8}$$

则

$$\begin{aligned}\dot{V}&=s(f(x)-\hat{f}(x)-\eta\operatorname{sgn}(s))+\frac{1}{\gamma}\tilde{\boldsymbol{W}}^{\mathrm{T}}\dot{\hat{\boldsymbol{W}}}\\&=s(-\tilde{\boldsymbol{W}}^{\mathrm{T}}\boldsymbol{h}(\boldsymbol{x})+\varepsilon-\eta\operatorname{sgn}(s))+\frac{1}{\gamma}\tilde{\boldsymbol{W}}^{\mathrm{T}}\dot{\hat{\boldsymbol{W}}}\\&=\varepsilon s-\eta|s|+\tilde{\boldsymbol{W}}^{\mathrm{T}}\left(\frac{1}{\gamma}\dot{\hat{\boldsymbol{W}}}-s\boldsymbol{h}(\boldsymbol{x})\right)\end{aligned}$$

取 $\eta>|\varepsilon|_{\max}$，自适应律为

$$\dot{\hat{\boldsymbol{W}}} = \gamma s \boldsymbol{h}(\boldsymbol{x}) \tag{3.9}$$

则$\dot{V}=\varepsilon s-\eta|s|\leqslant 0$。

可见，控制律中的鲁棒项 $\eta \mathrm{sgn}(s)$的作用是克服神经网络的逼近误差，以保证系统稳定。

由于当且仅当 $s=0$ 时，$\dot{V}=0$。即当$\dot{V}\equiv 0$ 时，$s\equiv 0$。根据 LaSalle 不变性原理，闭环系统为渐进稳定，即当 $t\to\infty$时，$s\to 0$。系统的收敛速度取决于 $\eta$。

由于 $V\geqslant 0$，$\dot{V}\leqslant 0$，则当 $t\to\infty$时，$V$ 有界，因此，可以证明$\hat{\boldsymbol{W}}$有界，但无法保证$\hat{\boldsymbol{W}}$收敛于 $\boldsymbol{W}^*$。

### 3.1.4 仿真实例

考虑如下被控对象

$$\begin{cases}\dot{x}_1 = x_2 \\ \dot{x}_2 = f(x)+u\end{cases}$$

其中，$f(x)=10x_1x_2$。

被控对象的初始状态取[0.15 0]，位置指令为 $x_d=\sin t$，控制律采用式(3.8)，自适应律采用式(3.9)，取 $\gamma=1500$，$\eta=1.5$。根据网络输入 $x_1$ 和 $x_2$ 的实际范围来设计高斯基函数的参数[2]，参数 $\boldsymbol{c}_j$ 和 $b_j$ 取值分别为 0.5×[−2 −1 0 1 2]和 3.0。仿真程序中为了避免混淆，将 $s=ce+\dot{e}$ 中的 $c$ 写为 $\lambda$，取 $\lambda=10$。网络权值中各个元素的初始值取 0.10。仿真结果如图 3-1 和图 3-2 所示。

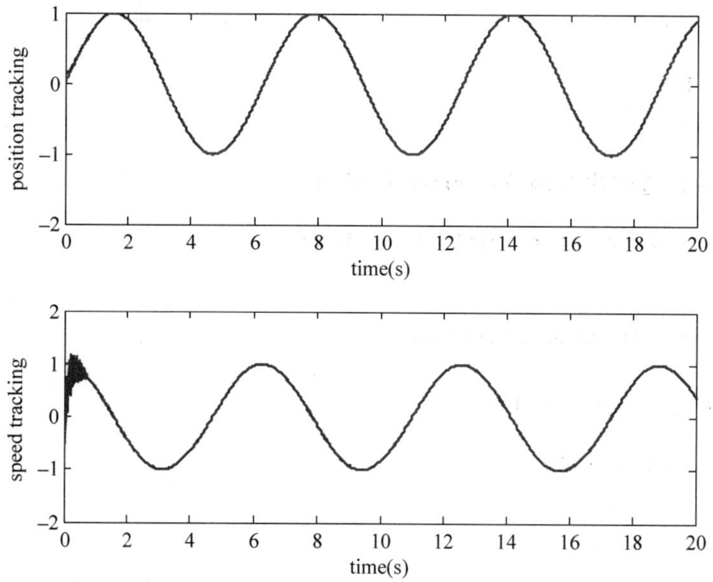


**图 3-1 角度和角速度跟踪**

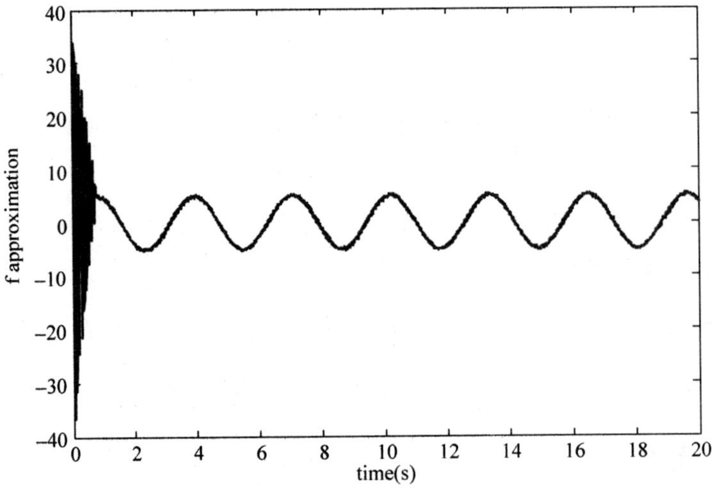


图 3-2　$f(x)$及逼近

仿真程序如下：

(1) Simulink 主程序：chap3_1sim. mdl

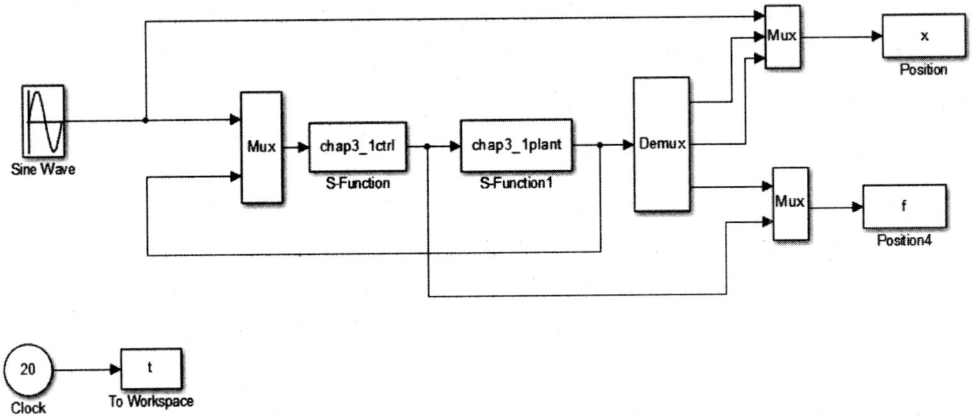


(2) 控制律及自适应律 S 函数：chap3_1ctrl. m

```
function [sys,x0,str,ts] = spacemodel(t,x,u,flag)
switch flag,
case 0,
    [sys,x0,str,ts] = mdlInitializeSizes;
case 1,
    sys = mdlDerivatives(t,x,u);
case 3,
    sys = mdlOutputs(t,x,u);
case {2,4,9}
    sys = [];
otherwise
    error(['Unhandled flag = ',num2str(flag)]);
end
```

```
function [sys,x0,str,ts] = mdlInitializeSizes
global b c lama
sizes = simsizes;
sizes.NumContStates  = 5;
sizes.NumDiscStates  = 0;
sizes.NumOutputs     = 2;
sizes.NumInputs      = 4;
sizes.DirFeedthrough = 1;
sizes.NumSampleTimes = 1;
sys = simsizes(sizes);
x0  = 0.1 * ones(1,5);
str = [];
ts  = [0 0];
c = 0.5 * [ -2 -1 0 1 2;
        -2 -1 0 1 2];
b = 3.0;
lama = 10;
function sys = mdlDerivatives(t,x,u)
global b c lama
xd = sin(t);
dxd = cos(t);

x1 = u(2);
x2 = u(3);
e = x1 - xd;
de = x2 - dxd;
s = lama * e + de;

W = [x(1) x(2) x(3) x(4) x(5)]';
xi = [x1;x2];

h = zeros(5,1);
for j = 1:1:5
    h(j) = exp( - norm(xi - c(:,j))^2/(2 * b^2));
end

gama = 1500;
for i = 1:1:5
    sys(i) = gama * s * h(i);
end

function sys = mdlOutputs(t,x,u)
global b c lama
xd = sin(t);
dxd = cos(t);
ddxd = - sin(t);

x1 = u(2);
x2 = u(3);
e = x1 - xd;
de = x2 - dxd;
```

```
s = lama * e + de;

W = [x(1) x(2) x(3) x(4) x(5)];
xi = [x1;x2];

h = zeros(5,1);
for j = 1:1:5
    h(j) = exp( - norm(xi - c(:,j))^2/(2 * b^2));
end
fn = W * h;
xite = 1.50;

% fn = 10 * x1 + x2;    % Precise f
ut = - lama * de + ddxd - fn - xite * sign(s);

sys(1) = ut;
sys(2) = fn;
```

(3) 被控对象 S 函数：chap3_1plant.m

```
function [sys,x0,str,ts] = s_function(t,x,u,flag)
switch flag,
case 0,
    [sys,x0,str,ts] = mdlInitializeSizes;
case 1,
    sys = mdlDerivatives(t,x,u);
case 3,
    sys = mdlOutputs(t,x,u);
case {2, 4, 9 }
    sys  = [];
otherwise
    error(['Unhandled flag  = ',num2str(flag)]);
end
function [sys,x0,str,ts] = mdlInitializeSizes
sizes  =  simsizes;
sizes.NumContStates   =  2;
sizes.NumDiscStates   =  0;
sizes.NumOutputs      =  3;
sizes.NumInputs       =  2;
sizes.DirFeedthrough  =  0;
sizes.NumSampleTimes  =  0;
sys = simsizes(sizes);
x0 = [0.15;0];
str = [];
ts = [];
function sys = mdlDerivatives(t,x,u)
ut = u(1);

f = 10 * x(1) * x(2);
sys(1) = x(2);
sys(2) = f + ut;
```

```
function sys = mdlOutputs(t,x,u)
f = 10 * x(1) * x(2);

sys(1) = x(1);
sys(2) = x(2);
sys(3) = f;
```

(4) 作图程序：chap3_1plot.m

```
close all;

figure(1);
subplot(211);
plot(t,x(:,1),'r',t,x(:,2),'b','linewidth',2);
xlabel('time(s)');ylabel('position tracking');
subplot(212);
plot(t,cos(t),'r',t,x(:,3),'b','linewidth',2);
xlabel('time(s)');ylabel('speed tracking');

figure(2);
plot(t,f(:,1),'r',t,f(:,3),'b','linewidth',2);
xlabel('time(s)');ylabel('f approximation');
```

## 3.2 基于 RBF 网络逼近的机械手自适应控制

通过对文献[3]的控制方法进行详细推导及仿真分析，研究一类机械臂神经网络自适应控制的设计方法。

### 3.2.1 问题的提出

设 $n$ 关节机械手方程为

$$\boldsymbol{M}(\boldsymbol{q})\ddot{\boldsymbol{q}}+\boldsymbol{C}(\boldsymbol{q},\dot{\boldsymbol{q}})\dot{\boldsymbol{q}}+\boldsymbol{G}(\boldsymbol{q})+\boldsymbol{F}(\dot{\boldsymbol{q}})+\boldsymbol{\tau}_{\mathrm{d}}=\boldsymbol{\tau} \tag{3.10}$$

其中，$\boldsymbol{M}(\boldsymbol{q})$为 $n\times n$ 阶正定惯性矩阵，$\boldsymbol{C}(\boldsymbol{q},\dot{\boldsymbol{q}})$为 $n\times n$ 阶惯性矩阵，其中，$\boldsymbol{G}(\boldsymbol{q})$为 $n\times 1$ 阶惯性向量，$\boldsymbol{F}(\dot{\boldsymbol{q}})$为摩擦力，$\boldsymbol{\tau}_{\mathrm{d}}$ 为未知外加干扰，$\boldsymbol{\tau}$ 为控制输入。

跟踪误差为

$$\boldsymbol{e}(t)=\boldsymbol{q}_{\mathrm{d}}(t)-\boldsymbol{q}(t)$$

定义误差函数为

$$\boldsymbol{r}=\dot{\boldsymbol{e}}+\boldsymbol{\Lambda}\boldsymbol{e} \tag{3.11}$$

其中，$\boldsymbol{\Lambda}=\boldsymbol{\Lambda}^{\mathrm{T}}>0$，则

$$\dot{\boldsymbol{q}}=-\boldsymbol{r}+\dot{\boldsymbol{q}}_{\mathrm{d}}+\boldsymbol{\Lambda}\boldsymbol{e}$$

$$\begin{aligned}\boldsymbol{M}\dot{\boldsymbol{r}}&=\boldsymbol{M}(\ddot{\boldsymbol{q}}_{\mathrm{d}}-\ddot{\boldsymbol{q}}+\boldsymbol{\Lambda}\dot{\boldsymbol{e}})=\boldsymbol{M}(\ddot{\boldsymbol{q}}_{\mathrm{d}}+\boldsymbol{\Lambda}\dot{\boldsymbol{e}})-\boldsymbol{M}\ddot{\boldsymbol{q}}\\&=\boldsymbol{M}(\ddot{\boldsymbol{q}}_{\mathrm{d}}+\boldsymbol{\Lambda}\dot{\boldsymbol{e}})+\boldsymbol{C}\dot{\boldsymbol{q}}+\boldsymbol{G}+\boldsymbol{F}+\boldsymbol{\tau}_{\mathrm{d}}-\boldsymbol{\tau}\\&=\boldsymbol{M}(\ddot{\boldsymbol{q}}_{\mathrm{d}}+\boldsymbol{\Lambda}\dot{\boldsymbol{e}})-\boldsymbol{C}\boldsymbol{r}+\boldsymbol{C}(\dot{\boldsymbol{q}}_{\mathrm{d}}+\boldsymbol{\Lambda}\boldsymbol{e})+\boldsymbol{G}+\boldsymbol{F}+\boldsymbol{\tau}_{\mathrm{d}}-\boldsymbol{\tau}\\&=-\boldsymbol{C}\boldsymbol{r}-\boldsymbol{\tau}+\boldsymbol{f}+\boldsymbol{\tau}_{\mathrm{d}}\end{aligned} \tag{3.12}$$

其中，$\boldsymbol{f}(\boldsymbol{x})=\boldsymbol{M}(\ddot{\boldsymbol{q}}_{\mathrm{d}}+\boldsymbol{\Lambda}\dot{\boldsymbol{e}})+\boldsymbol{C}(\boldsymbol{q}_{\mathrm{d}}+\boldsymbol{\Lambda}\boldsymbol{e})+\boldsymbol{G}+\boldsymbol{F}$。

在实际工程中，模型不确定项 $\boldsymbol{f}$ 为未知，为此，需要对不确定项 $\boldsymbol{f}$ 进行逼近。

采用 RBF 网络逼近 $\boldsymbol{f}$，根据 $\boldsymbol{f}(\boldsymbol{x})$ 的表达式，网络输入取

$$\boldsymbol{x}=[\boldsymbol{e}^{\mathrm{T}} \quad \dot{\boldsymbol{e}}^{\mathrm{T}} \quad \boldsymbol{q}_{\mathrm{d}}^{\mathrm{T}} \quad \dot{\boldsymbol{q}}_{\mathrm{d}}^{\mathrm{T}} \quad \ddot{\boldsymbol{q}}_{\mathrm{d}}^{\mathrm{T}}]$$

设计控制律为

$$\boldsymbol{\tau}=\hat{\boldsymbol{f}}+\boldsymbol{K}_{\mathrm{v}}\boldsymbol{r} \tag{3.13}$$

其中，$\hat{\boldsymbol{f}}(\boldsymbol{x})$ 为 RBF 网络的估计值。

将控制律式(3.13)代入式(3.12)，得

$$\begin{aligned}\boldsymbol{M}\dot{\boldsymbol{r}}&=-\boldsymbol{C}\boldsymbol{r}-\hat{\boldsymbol{f}}-\boldsymbol{K}_{\mathrm{v}}\boldsymbol{r}+\boldsymbol{f}+\boldsymbol{\tau}_{\mathrm{d}}\\&=-(\boldsymbol{K}_{\mathrm{v}}+\boldsymbol{C})\boldsymbol{r}+\tilde{\boldsymbol{f}}+\boldsymbol{\tau}_{\mathrm{d}}=-(\boldsymbol{K}_{\mathrm{v}}+\boldsymbol{C})\boldsymbol{r}+\boldsymbol{\zeta}_0\end{aligned} \tag{3.14}$$

其中，$\tilde{\boldsymbol{f}}=\boldsymbol{f}-\hat{\boldsymbol{f}}$，$\boldsymbol{\zeta}_0=\tilde{\boldsymbol{f}}+\boldsymbol{\tau}_{\mathrm{d}}$。

如果定义 Lyapunov 函数

$$L=\frac{1}{2}\boldsymbol{r}^{\mathrm{T}}\boldsymbol{M}\boldsymbol{r}$$

则

$$\dot{L}=\boldsymbol{r}^{\mathrm{T}}\boldsymbol{M}\dot{\boldsymbol{r}}+\frac{1}{2}\boldsymbol{r}^{\mathrm{T}}\dot{\boldsymbol{M}}\boldsymbol{r}=-\boldsymbol{r}^{\mathrm{T}}\boldsymbol{K}_{\mathrm{v}}\boldsymbol{r}+\frac{1}{2}\boldsymbol{r}^{\mathrm{T}}(\dot{\boldsymbol{M}}-2\boldsymbol{C})\boldsymbol{r}+\boldsymbol{r}^{\mathrm{T}}\boldsymbol{\zeta}_0$$

$$\dot{L}=\boldsymbol{r}^{\mathrm{T}}\boldsymbol{\zeta}_0-\boldsymbol{r}^{\mathrm{T}}\boldsymbol{K}_{\mathrm{v}}\boldsymbol{r}$$

这说明在 $\boldsymbol{K}_{\mathrm{v}}$ 固定条件下，控制系统的稳定依赖于 $\boldsymbol{\zeta}_0$，即 $\hat{\boldsymbol{f}}$ 对 $\boldsymbol{f}$ 的逼近精度及干扰 $\boldsymbol{\tau}_{\mathrm{d}}$ 的大小。

采用 RBF 网络对不确定项 $\boldsymbol{f}$ 进行逼近。理想的 RBF 网络算法为

$$\phi_j=g(\|\boldsymbol{x}-\boldsymbol{c}_i\|^2/b_j^2)$$

$$y=\boldsymbol{W}\boldsymbol{\varphi}(\boldsymbol{x})$$

其中，$\boldsymbol{x}$ 为网络的输入信号，$\boldsymbol{\varphi}=[\phi_1 \quad \phi_2 \quad \cdots \quad \phi_n]$，$j$ 为隐层节点的个数，$i$ 为网络输入的个数。

### 3.2.2 基于 RBF 神经网络逼近的控制器

1. 控制器的设计

采用 RBF 网络逼近 $\boldsymbol{f}$，则 RBF 神经网络的输出为

$$\hat{\boldsymbol{f}}(\boldsymbol{x})=\hat{\boldsymbol{W}}^{\mathrm{T}}\boldsymbol{\varphi}(\boldsymbol{x}) \tag{3.15}$$

取

$$\tilde{\boldsymbol{W}}=\boldsymbol{W}-\hat{\boldsymbol{W}}, \quad \|\boldsymbol{W}\|_{\mathrm{F}}\leqslant W_{\max}$$

设计控制律为

$$\boldsymbol{\tau}=\hat{\boldsymbol{W}}^{\mathrm{T}}\boldsymbol{\varphi}(\boldsymbol{x})+\boldsymbol{K}_{\mathrm{v}}\boldsymbol{r}-\boldsymbol{v} \tag{3.16}$$

其中，$\boldsymbol{v}$ 为用于克服神经网络逼近误差 $\boldsymbol{\varepsilon}$ 的鲁棒项。

将控制律式(3.16)代入式(3.12),得

$$\boldsymbol{M}\dot{\boldsymbol{r}} = -(\boldsymbol{K}_v + \boldsymbol{C})\boldsymbol{r} + \widetilde{\boldsymbol{W}}^{T}\boldsymbol{\varphi}(\boldsymbol{x}) + (\boldsymbol{\varepsilon} + \boldsymbol{\tau}_d) + \boldsymbol{v} = -(\boldsymbol{K}_v + \boldsymbol{C})\boldsymbol{r} + \boldsymbol{\zeta}_1 \tag{3.17}$$

其中,$\boldsymbol{\zeta}_1 = \widetilde{\boldsymbol{W}}^{T}\boldsymbol{\varphi}(\boldsymbol{x}) + (\boldsymbol{\varepsilon} + \boldsymbol{\tau}_d) + \boldsymbol{v}$。

2. 稳定性及收敛性分析

根据控制律式(3.16)中是否有$\boldsymbol{v}(t)$项,$\boldsymbol{\varepsilon}$和$\boldsymbol{\tau}_d$是否存在以及神经网络自适应律设计的不同,系统的收敛性不同。

1) 取$v(t)=0$,存在$\boldsymbol{\varepsilon}$和$\boldsymbol{\tau}_d$的情况

定义 Lyapunov 函数

$$L = \frac{1}{2}\boldsymbol{r}^{T}\boldsymbol{M}\boldsymbol{r} + \frac{1}{2}\mathrm{tr}(\widetilde{\boldsymbol{W}}^{T}\boldsymbol{F}^{-1}\widetilde{\boldsymbol{W}}) \tag{3.18}$$

则

$$\dot{L} = \boldsymbol{r}^{T}\boldsymbol{M}\dot{\boldsymbol{r}} + \frac{1}{2}\boldsymbol{r}^{T}\dot{\boldsymbol{M}}\boldsymbol{r} + \mathrm{tr}(\widetilde{\boldsymbol{W}}^{T}\boldsymbol{F}^{-1}\dot{\widetilde{\boldsymbol{W}}})$$

将式(3.17)代入上式,得

$$\dot{L} = -\boldsymbol{r}^{T}\boldsymbol{K}_v\boldsymbol{r} + \frac{1}{2}\boldsymbol{r}^{T}(\dot{\boldsymbol{M}} - 2\boldsymbol{C})\boldsymbol{r} + \mathrm{tr}\,\widetilde{\boldsymbol{W}}^{T}(\boldsymbol{F}^{-1}\dot{\widetilde{\boldsymbol{W}}} + \boldsymbol{\varphi}\boldsymbol{r}^{T}) + \boldsymbol{r}^{T}(\boldsymbol{\varepsilon} + \boldsymbol{\tau}_d) \tag{3.19}$$

考虑机械手特性,并取

$$\dot{\widetilde{\boldsymbol{W}}} = -\boldsymbol{F}\boldsymbol{\varphi}\boldsymbol{r}^{T}$$

即神经网络自适应律为

$$\dot{\hat{\boldsymbol{W}}} = \boldsymbol{F}\boldsymbol{\varphi}\boldsymbol{r}^{T} \tag{3.20}$$

则

$$\dot{L} = -\boldsymbol{r}^{T}\boldsymbol{K}_v\boldsymbol{r} + \boldsymbol{r}^{T}(\boldsymbol{\varepsilon} + \boldsymbol{\tau}_d) \leqslant -K_{\mathrm{vmin}}\|\boldsymbol{r}\|^{2} + (\varepsilon_N + b_d)\|\boldsymbol{r}\|$$

其中,$\|\varepsilon\| \leqslant \varepsilon_N$,$\|\boldsymbol{\tau}_d\| \leqslant b_d$。

当满足下列收敛条件时,$\dot{L} \leqslant 0$:

$$\|\boldsymbol{r}\| \geqslant (\varepsilon_N + b_d)/K_{\mathrm{vmin}} \tag{3.21}$$

2) 取$v(t)=0$,$\varepsilon=0$,$\boldsymbol{\tau}_d=0$的情况

Lyapunov 函数为

$$L = \frac{1}{2}\boldsymbol{r}^{T}\boldsymbol{M}\boldsymbol{r} + \frac{1}{2}\mathrm{tr}(\widetilde{\boldsymbol{W}}^{T}\boldsymbol{F}^{-1}\widetilde{\boldsymbol{W}}) \tag{3.22}$$

此时控制律和自适应律为

$$\boldsymbol{\tau} = \hat{\boldsymbol{W}}^{T}\boldsymbol{\varphi}(\boldsymbol{x}) + \boldsymbol{K}_v\boldsymbol{r} \tag{3.23}$$

$$\dot{\hat{\boldsymbol{W}}} = \boldsymbol{F}\boldsymbol{\varphi}\boldsymbol{r}^{T} \tag{3.24}$$

由式(3.17)知

$$\boldsymbol{M}\dot{\boldsymbol{r}} = -(\boldsymbol{K}_v + \boldsymbol{C})r + \widetilde{\boldsymbol{W}}^{T}\boldsymbol{\varphi}(\boldsymbol{x})$$

则

$$\dot{L} = \boldsymbol{r}^{T}\boldsymbol{M}\dot{\boldsymbol{r}} + \frac{1}{2}\boldsymbol{r}^{T}\dot{\boldsymbol{M}}\boldsymbol{r} = -\boldsymbol{r}^{T}\boldsymbol{K}_v\boldsymbol{r} \leqslant 0$$

3）取 $v(t)=0$，存在$\boldsymbol{\varepsilon}$ 和$\boldsymbol{\tau}_{\mathrm{d}}$，自适应律采取 UUB 的形式

Lyapunov 函数和控制律取式(3.22)和式(3.23)。

自适应律为

$$\dot{\hat{\boldsymbol{W}}}=\boldsymbol{F}\boldsymbol{\varphi}\boldsymbol{r}^{\mathrm{T}}-k\boldsymbol{F}\|\boldsymbol{r}\|\hat{\boldsymbol{W}} \tag{3.25}$$

则根据式(3.19)，有

$$\dot{L}=-\boldsymbol{r}^{\mathrm{T}}\boldsymbol{K}_{\mathrm{v}}\boldsymbol{r}+\frac{1}{2}\boldsymbol{r}^{\mathrm{T}}(\dot{\boldsymbol{M}}-2\boldsymbol{C})\boldsymbol{r}+\operatorname{tr}\widetilde{\boldsymbol{W}}^{\mathrm{T}}(\boldsymbol{F}^{-1}\dot{\hat{\boldsymbol{W}}}+\boldsymbol{\varphi}\boldsymbol{r}^{\mathrm{T}})+\boldsymbol{r}^{\mathrm{T}}(\boldsymbol{\varepsilon}+\boldsymbol{\tau}_{\mathrm{d}})$$

将式(3.25)代入上式，得

$$\begin{aligned}\dot{L}&=-\boldsymbol{r}^{\mathrm{T}}\boldsymbol{K}_{\mathrm{v}}\boldsymbol{r}+\operatorname{tr}\widetilde{\boldsymbol{W}}^{\mathrm{T}}(-\boldsymbol{\varphi}\boldsymbol{r}^{\mathrm{T}}+k\|\boldsymbol{r}\|\hat{\boldsymbol{W}}+\boldsymbol{\varphi}\boldsymbol{r}^{\mathrm{T}})+\boldsymbol{r}^{\mathrm{T}}(\boldsymbol{\varepsilon}+\boldsymbol{\tau}_{\mathrm{d}})\\&=-\boldsymbol{r}^{\mathrm{T}}\boldsymbol{K}_{\mathrm{v}}\boldsymbol{r}+k\|\boldsymbol{r}\|\operatorname{tr}\widetilde{\boldsymbol{W}}^{\mathrm{T}}(\boldsymbol{W}-\widetilde{\boldsymbol{W}})+\boldsymbol{r}^{\mathrm{T}}(\boldsymbol{\varepsilon}+\boldsymbol{\tau}_{\mathrm{d}})\end{aligned}$$

由于

$$\operatorname{tr}\widetilde{\boldsymbol{W}}^{\mathrm{T}}(\boldsymbol{W}-\widetilde{\boldsymbol{W}})=(\widetilde{\boldsymbol{W}},\boldsymbol{W})_{\mathrm{F}}-\|\boldsymbol{W}\|_{\mathrm{F}}^{2}\leqslant\|\widetilde{\boldsymbol{W}}\|_{\mathrm{F}}\|\boldsymbol{W}\|_{\mathrm{F}}-\|\widetilde{\boldsymbol{W}}\|_{\mathrm{F}}^{2}$$

则

$$\begin{aligned}\dot{L}&\leqslant-K_{\mathrm{vmin}}\|\boldsymbol{r}\|^{2}+k\|\boldsymbol{r}\|\,\|\widetilde{\boldsymbol{W}}\|_{\mathrm{F}}(W_{\max}-\|\widetilde{\boldsymbol{W}}\|_{\mathrm{F}})+(\varepsilon_{\mathrm{N}}+b_{\mathrm{d}})\|\boldsymbol{r}\|\\&=-\|\boldsymbol{r}\|(K_{\mathrm{vmin}}\|\boldsymbol{r}\|+k\|\widetilde{\boldsymbol{W}}\|_{\mathrm{F}}(\|\widetilde{\boldsymbol{W}}\|_{\mathrm{F}}-W_{\max})-(\varepsilon_{\mathrm{N}}+b_{\mathrm{d}}))\end{aligned}$$

由于

$$\begin{aligned}&K_{\mathrm{vmin}}\|\boldsymbol{r}\|+k\|\widetilde{\boldsymbol{W}}\|_{\mathrm{F}}(\|\widetilde{\boldsymbol{W}}\|_{\mathrm{F}}-W_{\max})-(\varepsilon_{\mathrm{N}}+b_{\mathrm{d}})\\&=k(\|\widetilde{\boldsymbol{W}}\|_{\mathrm{F}}-W_{\max}/2)^{2}-kW_{\max}^{2}/4+K_{\mathrm{vmin}}\|\boldsymbol{r}\|-(\varepsilon_{\mathrm{N}}+b_{\mathrm{d}})\end{aligned}$$

则要使$\dot{L}\leqslant0$，需要

$$\|\boldsymbol{r}\|\geqslant\frac{kW_{\max}^{2}/4+(\varepsilon_{\mathrm{N}}+b_{\mathrm{d}})}{K_{\mathrm{vmin}}} \tag{3.26}$$

或

$$\|\widetilde{\boldsymbol{W}}\|_{\mathrm{F}}\geqslant W_{\max}/2+\sqrt{W_{\max}^{2}/4+(\varepsilon_{\mathrm{N}}+b_{\mathrm{d}})/k} \tag{3.27}$$

4）存在 $\varepsilon$ 和$\boldsymbol{\tau}_{\mathrm{d}}$，考虑鲁棒项$\boldsymbol{v}(t)$设计的情况

将鲁棒项$\boldsymbol{v}$设计为

$$\boldsymbol{v}=-(\varepsilon_{\mathrm{N}}+b_{\mathrm{d}})\operatorname{sgn}(\boldsymbol{r}) \tag{3.28}$$

控制律取式(3.16)，神经网络自适应律取式(3.20)。

定义 Lyapunov 函数为

$$L=\frac{1}{2}\boldsymbol{r}^{\mathrm{T}}\boldsymbol{M}\boldsymbol{r}+\frac{1}{2}\operatorname{tr}(\widetilde{\boldsymbol{W}}^{\mathrm{T}}\boldsymbol{F}^{-1}\widetilde{\boldsymbol{W}})$$

则

$$\dot{L}=\boldsymbol{r}^{\mathrm{T}}\boldsymbol{M}\dot{\boldsymbol{r}}+\frac{1}{2}\boldsymbol{r}^{\mathrm{T}}\dot{\boldsymbol{M}}\boldsymbol{r}+\operatorname{tr}(\widetilde{\boldsymbol{W}}^{\mathrm{T}}\boldsymbol{F}^{-1}\dot{\widetilde{\boldsymbol{W}}})$$

将(3.17)式代入上式，得

$$\dot{L}=-\boldsymbol{r}^{\mathrm{T}}\boldsymbol{K}_{\mathrm{v}}\boldsymbol{r}+\frac{1}{2}\boldsymbol{r}^{\mathrm{T}}(\dot{\boldsymbol{M}}-2\boldsymbol{C})\boldsymbol{r}+\operatorname{tr}\widetilde{\boldsymbol{W}}^{\mathrm{T}}(\boldsymbol{F}^{-1}\dot{\hat{\boldsymbol{W}}}+\boldsymbol{\varphi}\boldsymbol{r}^{\mathrm{T}})+\boldsymbol{r}^{\mathrm{T}}(\boldsymbol{\varepsilon}+\boldsymbol{\tau}_{\mathrm{d}}+\boldsymbol{v})$$

则

$$\dot{L}=-\boldsymbol{r}^{\mathrm{T}}\boldsymbol{K}_{\mathrm{v}}\boldsymbol{r}+\boldsymbol{r}^{\mathrm{T}}(\boldsymbol{\varepsilon}+\boldsymbol{\tau}_{\mathrm{d}}+\boldsymbol{v})$$

由于

$$\boldsymbol{r}^{\mathrm{T}}(\boldsymbol{\varepsilon}+\boldsymbol{\tau}_{\mathrm{d}}+\boldsymbol{v})=\boldsymbol{r}^{\mathrm{T}}(\boldsymbol{\varepsilon}+\boldsymbol{\tau}_{\mathrm{d}})+\boldsymbol{r}^{\mathrm{T}}\boldsymbol{v}=\boldsymbol{r}^{\mathrm{T}}(\boldsymbol{\varepsilon}+\boldsymbol{\tau}_{\mathrm{d}})-\|\boldsymbol{r}\|(\boldsymbol{\varepsilon}_{\mathrm{N}}+\boldsymbol{b}_{\mathrm{d}})\leqslant 0$$

则

$$\dot{L}\leqslant 0$$

针对以上 4 种情况，由于当$\dot{L}\equiv 0$ 时，$r\equiv 0$，根据 LaSalle 不变性原理，闭环系统渐近稳定，$t\to\infty$时，$r\to 0$。由于 $L\geqslant 0$，$\dot{L}\leqslant 0$，则 $L$ 有界，从而$\widetilde{W}$有界，但无法保证$\widetilde{W}$收敛于 0。

### 3.2.3 针对 $\boldsymbol{f}(\boldsymbol{x})$中各项分别进行神经网络逼近

控制律为

$$\boldsymbol{\tau}=\hat{\boldsymbol{W}}^{\mathrm{T}}\boldsymbol{\varphi}(\boldsymbol{x})+\boldsymbol{K}_{\mathrm{v}}\boldsymbol{r}-\boldsymbol{v} \tag{3.29}$$

鲁棒项$\boldsymbol{v}$ 取式(3.28)。由式(3.12)知，被控对象中的 $\boldsymbol{f}(\boldsymbol{x})$项可写为

$$\boldsymbol{f}(\boldsymbol{x})=\boldsymbol{M}(\boldsymbol{q})\boldsymbol{\zeta}_1(t)+\boldsymbol{C}(\boldsymbol{q},\dot{\boldsymbol{q}})\boldsymbol{\zeta}_2(t)+\boldsymbol{G}(\boldsymbol{q})+\boldsymbol{F}(\dot{\boldsymbol{q}})$$

其中，$\boldsymbol{\zeta}_1(t)=\ddot{\boldsymbol{q}}_{\mathrm{d}}+\boldsymbol{\Lambda}\dot{\boldsymbol{e}}$，$\boldsymbol{\zeta}_2(t)=\dot{\boldsymbol{q}}_{\mathrm{d}}+\boldsymbol{\Lambda}\boldsymbol{e}$。

采用 RBF 神经网络，可以对 $\boldsymbol{f}(\boldsymbol{x})$中的各项分别进行逼近：

$$\hat{\boldsymbol{M}}(\boldsymbol{q})=\boldsymbol{W}_{\mathrm{M}}^{\mathrm{T}}\boldsymbol{\varphi}_{\mathrm{M}}(\boldsymbol{q})$$

$$\hat{\boldsymbol{C}}(\boldsymbol{q},\dot{\boldsymbol{q}})=\boldsymbol{W}_{\mathrm{V}}^{\mathrm{T}}\boldsymbol{\varphi}_{\mathrm{V}}(\boldsymbol{q},\dot{\boldsymbol{q}})$$

$$\hat{\boldsymbol{G}}(\boldsymbol{q})=\boldsymbol{W}_{\mathrm{G}}^{\mathrm{T}}\boldsymbol{\varphi}_{\mathrm{G}}(\boldsymbol{q})$$

$$\hat{\boldsymbol{F}}(\dot{\boldsymbol{q}})=\boldsymbol{W}_{\mathrm{F}}^{\mathrm{T}}\boldsymbol{\varphi}_{\mathrm{F}}(\dot{\boldsymbol{q}})$$

则

$$\hat{\boldsymbol{f}}(\boldsymbol{x})=\begin{bmatrix}\boldsymbol{W}_{\mathrm{M}}^{\mathrm{T}}\boldsymbol{\zeta}_1(t) & \boldsymbol{W}_{\mathrm{V}}^{\mathrm{T}}\boldsymbol{\zeta}_2(t) & \boldsymbol{W}_{\mathrm{G}}^{\mathrm{T}} & \boldsymbol{W}_{\mathrm{F}}^{\mathrm{T}}\end{bmatrix}\begin{bmatrix}\boldsymbol{\varphi}_{\mathrm{M}}\\ \boldsymbol{\varphi}_{\mathrm{V}}\\ \boldsymbol{\varphi}_{\mathrm{G}}\\ \boldsymbol{\varphi}_{\mathrm{F}}\end{bmatrix} \tag{3.30}$$

其中，$\boldsymbol{\varphi}(x)=\begin{bmatrix}\boldsymbol{\varphi}_{\mathrm{M}}\\ \boldsymbol{\varphi}_{\mathrm{V}}\\ \boldsymbol{\varphi}_{\mathrm{G}}\\ \boldsymbol{\varphi}_{\mathrm{F}}\end{bmatrix}$，$\boldsymbol{W}^{\mathrm{T}}=\begin{bmatrix}\boldsymbol{W}_{\mathrm{M}}^{\mathrm{T}} & \boldsymbol{W}_{\mathrm{V}}^{\mathrm{T}} & \boldsymbol{W}_{\mathrm{G}}^{\mathrm{T}} & \boldsymbol{W}_{\mathrm{F}}^{\mathrm{T}}\end{bmatrix}$。

自适应律为

$$\dot{\hat{\boldsymbol{W}}}_{\mathrm{M}}=\boldsymbol{F}_{\mathrm{M}}\boldsymbol{\varphi}_{\mathrm{M}}\boldsymbol{r}^{\mathrm{T}}-k_{\mathrm{M}}\boldsymbol{F}_{\mathrm{M}}\|\boldsymbol{r}\|\hat{\boldsymbol{W}}_{\mathrm{M}} \tag{3.31}$$

$$\dot{\hat{\boldsymbol{W}}}_{\mathrm{V}}=\boldsymbol{F}_{\mathrm{V}}\boldsymbol{\varphi}_{\mathrm{V}}\boldsymbol{r}^{\mathrm{T}}-k_{\mathrm{V}}\boldsymbol{F}_{\mathrm{V}}\|\boldsymbol{r}\|\hat{\boldsymbol{W}}_{\mathrm{V}} \tag{3.32}$$

$$\dot{\hat{\boldsymbol{W}}}_{\mathrm{G}}=\boldsymbol{F}_{\mathrm{G}}\boldsymbol{\varphi}_{\mathrm{G}}\boldsymbol{r}^{\mathrm{T}}-k_{\mathrm{G}}\boldsymbol{F}_{\mathrm{G}}\|\boldsymbol{r}\|\hat{\boldsymbol{W}}_{\mathrm{G}} \tag{3.33}$$

$$\dot{\hat{\boldsymbol{W}}}_{\mathrm{F}}=\boldsymbol{F}_{\mathrm{F}}\boldsymbol{\varphi}_{\mathrm{F}}\boldsymbol{r}^{\mathrm{T}}-k_{\mathrm{F}}\boldsymbol{F}_{\mathrm{F}}\|\boldsymbol{r}\|\hat{\boldsymbol{W}}_{\mathrm{F}} \tag{3.34}$$

其中，$k_{\mathrm{M}}>0$，$k_{\mathrm{V}}>0$，$k_{\mathrm{G}}>0$，$k_{\mathrm{F}}>0$。

稳定性分析如下：

定义 Lyapunov 函数为

$$L=\frac{1}{2}\boldsymbol{r}^{\mathrm{T}}\boldsymbol{M}\boldsymbol{r}+\frac{1}{2}\mathrm{tr}(\tilde{\boldsymbol{W}}_{\mathrm{M}}^{\mathrm{T}}\boldsymbol{F}_{\mathrm{M}}^{-1}\tilde{\boldsymbol{W}}_{\mathrm{M}})+\frac{1}{2}\mathrm{tr}(\tilde{\boldsymbol{W}}_{\mathrm{V}}^{\mathrm{T}}\boldsymbol{F}_{\mathrm{V}}^{-1}\tilde{\boldsymbol{W}}_{\mathrm{V}})$$
$$+\frac{1}{2}\mathrm{tr}(\tilde{\boldsymbol{W}}_{\mathrm{G}}^{\mathrm{T}}\boldsymbol{F}_{\mathrm{G}}^{-1}\tilde{\boldsymbol{W}}_{\mathrm{G}})+\frac{1}{2}\mathrm{tr}(\tilde{\boldsymbol{W}}_{\mathrm{F}}^{\mathrm{T}}\boldsymbol{F}_{\mathrm{F}}^{-1}\tilde{\boldsymbol{W}}_{\mathrm{F}})$$

则

$$\dot{L}=\boldsymbol{r}^{\mathrm{T}}\boldsymbol{M}\dot{\boldsymbol{r}}+\frac{1}{2}\boldsymbol{r}^{\mathrm{T}}\dot{\boldsymbol{M}}\boldsymbol{r}+\mathrm{tr}(\tilde{\boldsymbol{W}}_{\mathrm{M}}^{\mathrm{T}}\boldsymbol{F}_{\mathrm{M}}^{-1}\dot{\tilde{\boldsymbol{W}}}_{\mathrm{M}})+\mathrm{tr}(\tilde{\boldsymbol{W}}_{\mathrm{V}}^{\mathrm{T}}\boldsymbol{F}_{\mathrm{V}}^{-1}\dot{\tilde{\boldsymbol{W}}}_{\mathrm{V}})$$
$$+\mathrm{tr}(\tilde{\boldsymbol{W}}_{\mathrm{G}}^{\mathrm{T}}\boldsymbol{F}_{\mathrm{G}}^{-1}\dot{\tilde{\boldsymbol{W}}}_{\mathrm{G}})+\mathrm{tr}(\tilde{\boldsymbol{W}}_{\mathrm{F}}^{\mathrm{T}}\boldsymbol{F}_{\mathrm{F}}^{-1}\dot{\tilde{\boldsymbol{W}}}_{\mathrm{F}})$$

将式(3.17)代入上式，得

$$\dot{L}=-\boldsymbol{r}^{\mathrm{T}}\boldsymbol{K}_{\mathrm{v}}\boldsymbol{r}+\frac{1}{2}\boldsymbol{r}^{\mathrm{T}}(\dot{\boldsymbol{M}}-2\boldsymbol{V}_{\mathrm{m}})\boldsymbol{r}+\boldsymbol{r}^{\mathrm{T}}(\boldsymbol{\varepsilon}+\boldsymbol{\tau}_{\mathrm{d}})+\boldsymbol{r}^{\mathrm{T}}\boldsymbol{v}+\mathrm{tr}\,\tilde{\boldsymbol{W}}_{\mathrm{M}}^{\mathrm{T}}(\boldsymbol{F}_{\mathrm{M}}^{-1}\dot{\tilde{\boldsymbol{W}}}_{\mathrm{M}}+\boldsymbol{\varphi}_{\mathrm{M}}\boldsymbol{r}^{\mathrm{T}})$$
$$+\mathrm{tr}\,\tilde{\boldsymbol{W}}_{\mathrm{V}}^{\mathrm{T}}(\boldsymbol{F}_{\mathrm{V}}^{-1}\dot{\tilde{\boldsymbol{W}}}_{\mathrm{V}}+\boldsymbol{\varphi}_{\mathrm{V}}\boldsymbol{r}^{\mathrm{T}})+\mathrm{tr}\,\tilde{\boldsymbol{W}}_{\mathrm{G}}^{\mathrm{T}}(\boldsymbol{F}_{\mathrm{G}}^{-1}\dot{\tilde{\boldsymbol{W}}}_{\mathrm{G}}+\boldsymbol{\varphi}_{M}\boldsymbol{r}^{\mathrm{T}})+\mathrm{tr}\,\tilde{\boldsymbol{W}}_{\mathrm{F}}^{\mathrm{T}}(\boldsymbol{F}_{\mathrm{F}}^{-1}\dot{\tilde{\boldsymbol{W}}}_{\mathrm{F}}+\boldsymbol{\varphi}_{\mathrm{F}}\boldsymbol{r}^{\mathrm{T}}) \tag{3.35}$$

考虑机械手特性，并将神经网络自适应律式(3.31)～式(3.34)代入上式，得

$$\dot{L}=-\boldsymbol{r}^{\mathrm{T}}\boldsymbol{K}_{\mathrm{v}}\boldsymbol{r}+k_{\mathrm{M}}\|\boldsymbol{r}\|\,\mathrm{tr}\,\tilde{\boldsymbol{W}}_{\mathrm{M}}^{\mathrm{T}}(\boldsymbol{W}_{\mathrm{M}}-\tilde{\boldsymbol{W}}_{\mathrm{M}})+k_{\mathrm{V}}\|\boldsymbol{r}\|\,\mathrm{tr}\,\tilde{\boldsymbol{W}}_{\mathrm{V}}^{\mathrm{T}}(\boldsymbol{W}_{\mathrm{V}}-\tilde{\boldsymbol{W}}_{\mathrm{V}})$$
$$+k_{\mathrm{G}}\|\boldsymbol{r}\|\,\mathrm{tr}\,\tilde{\boldsymbol{W}}_{\mathrm{G}}^{\mathrm{T}}(\boldsymbol{W}_{\mathrm{G}}-\tilde{\boldsymbol{W}}_{G})+k_{\mathrm{F}}\|\boldsymbol{r}\|\,\mathrm{tr}\,\tilde{\boldsymbol{W}}_{\mathrm{F}}^{\mathrm{T}}(\boldsymbol{W}_{\mathrm{F}}-\tilde{\boldsymbol{W}}_{\mathrm{F}})+\boldsymbol{r}^{\mathrm{T}}(\boldsymbol{\varepsilon}+\boldsymbol{\tau}_{\mathrm{d}})+\boldsymbol{r}^{\mathrm{T}}\boldsymbol{v}$$

由于

$$\mathrm{tr}\,\tilde{\boldsymbol{W}}^{\mathrm{T}}(\boldsymbol{W}-\tilde{\boldsymbol{W}})=(\tilde{\boldsymbol{W}},\boldsymbol{W})_{\mathrm{F}}-\|\boldsymbol{W}\|_{\mathrm{F}}^{2}\leqslant\|\tilde{\boldsymbol{W}}\|_{\mathrm{F}}\|\boldsymbol{W}\|_{\mathrm{F}}-\|\tilde{\boldsymbol{W}}\|_{\mathrm{F}}^{2}$$

考虑鲁棒项(3.28)，则

$$\dot{L}\leqslant-K_{\mathrm{vmin}}\|\boldsymbol{r}\|^{2}+k_{\mathrm{M}}\|\boldsymbol{r}\|\,\|\tilde{\boldsymbol{W}}_{\mathrm{M}}\|_{\mathrm{F}}(W_{\mathrm{Mmax}}-\|\tilde{\boldsymbol{W}}_{\mathrm{M}}\|_{\mathrm{F}})$$
$$+k_{\mathrm{V}}\|\boldsymbol{r}\|\,\|\tilde{\boldsymbol{W}}_{\mathrm{V}}\|_{\mathrm{F}}(W_{\mathrm{Vmax}}-\|\tilde{\boldsymbol{W}}_{\mathrm{V}}\|_{\mathrm{F}})$$
$$+k_{\mathrm{G}}\|\boldsymbol{r}\|\,\|\tilde{\boldsymbol{W}}_{\mathrm{G}}\|_{\mathrm{F}}(W_{\mathrm{Gmax}}-\|\tilde{\boldsymbol{W}}_{\mathrm{G}}\|_{\mathrm{F}})+k_{\mathrm{M}}\|\boldsymbol{r}\|\,\|\tilde{\boldsymbol{W}}_{\mathrm{F}}\|_{\mathrm{F}}(W_{\mathrm{Fmax}}-\|\tilde{\boldsymbol{W}}_{\mathrm{F}}\|_{\mathrm{F}})$$
$$=-\|\boldsymbol{r}\|[K_{\mathrm{vmin}}\|\boldsymbol{r}\|+k_{\mathrm{M}}\|\tilde{\boldsymbol{W}}_{\mathrm{M}}\|_{\mathrm{F}}(\|\tilde{\boldsymbol{W}}_{\mathrm{M}}\|_{\mathrm{F}}-W_{\mathrm{Mmax}})$$
$$+k_{\mathrm{V}}\|\tilde{\boldsymbol{W}}_{\mathrm{V}}\|_{\mathrm{F}}(\|\tilde{\boldsymbol{W}}_{\mathrm{V}}\|_{\mathrm{F}}-W_{\mathrm{Vmax}})+k_{\mathrm{G}}\|\tilde{\boldsymbol{W}}_{\mathrm{G}}\|_{\mathrm{F}}(\|\tilde{\boldsymbol{W}}_{\mathrm{G}}\|_{\mathrm{F}}-W_{\mathrm{Gmax}})$$
$$+k_{\mathrm{F}}\|\tilde{\boldsymbol{W}}_{\mathrm{F}}\|_{\mathrm{F}}(\|\tilde{\boldsymbol{W}}_{\mathrm{F}}\|_{\mathrm{F}}-W_{\mathrm{Fmax}})]$$

由于

$$k\|\tilde{\boldsymbol{W}}\|_{\mathrm{F}}(\|\tilde{\boldsymbol{W}}\|_{\mathrm{F}}-W_{\max})=k(\|\tilde{\boldsymbol{W}}\|_{\mathrm{F}}-W_{\max}/2)^2-kW_{\max}^2/4$$

要使$\dot{L}\leqslant 0$,需要

$$\|\boldsymbol{r}\|\geqslant\frac{k_{\mathrm{M}}W_{\mathrm{Mmax}}^2/4+k_{\mathrm{V}}W_{\mathrm{Vmax}}^2/4+k_{\mathrm{G}}W_{\mathrm{Gmax}}^2/4+k_{\mathrm{F}}W_{\mathrm{Fmax}}^2/4}{K_{\mathrm{vmin}}} \tag{3.36}$$

或

$$\|\tilde{\boldsymbol{W}}_{\mathrm{M}}\|_{\mathrm{F}}\geqslant W_{\mathrm{Mmax}} \text{ 且 } \|\tilde{\boldsymbol{W}}_{\mathrm{V}}\|_{\mathrm{F}}\geqslant W_{\mathrm{Vmax}} \text{ 且 } \|\tilde{\boldsymbol{W}}_{\mathrm{G}}\|_{\mathrm{F}}\geqslant W_{\mathrm{Gmax}} \text{ 且 } \|\tilde{\boldsymbol{W}}_{\mathrm{F}}\|_{\mathrm{F}}\geqslant W_{\mathrm{Fmax}} \tag{3.37}$$

由式(3.35)可见,由于$\dot{L}\leqslant 0$ 当$\dot{L}\equiv 0$ 时,$r\equiv 0$,根据 LaSalle 不变集原理,当 $t\to\infty$时,$r\to 0$。由于 $L\geqslant 0$,$\dot{L}\leqslant 0$,则 $L$ 有界,从而 $r$ 和$\tilde{W}_{\mathrm{i}}$ 有界,但无法保证$\tilde{W}_{\mathrm{i}}$ 收敛于零。

### 3.2.4 仿真实例

选择二关节机机械臂系统,其动力学模型为

$$\boldsymbol{M}(\boldsymbol{q})\ddot{\boldsymbol{q}}+\boldsymbol{V}(\boldsymbol{q},\dot{\boldsymbol{q}})\dot{\boldsymbol{q}}+\boldsymbol{G}(\boldsymbol{q})+\boldsymbol{F}(\dot{\boldsymbol{q}})+\boldsymbol{\tau}_{\mathrm{d}}=\boldsymbol{\tau}$$

其中,

$$\boldsymbol{M}(\boldsymbol{q})=\begin{bmatrix}p_1+p_2+2p_3\cos q_2 & p_2+p_3\cos q_2\\ p_2+p_3\cos q_2 & p_2\end{bmatrix}$$

$$\boldsymbol{V}(\boldsymbol{q},\dot{\boldsymbol{q}})=\begin{bmatrix}-p_3\dot{q}_2\sin q_2 & -p_3(\dot{q}_1+\dot{q}_2)\sin q_2\\ p_3\dot{q}_1\sin q_2 & 0\end{bmatrix}$$

$$\boldsymbol{G}(\boldsymbol{q})=\begin{bmatrix}p_4 g\cos q_1+p_5 g\cos(q_1+q_2)\\ p_5 g\cos(q_1+q_2)\end{bmatrix}$$

$$\boldsymbol{F}(\dot{\boldsymbol{q}})=0.2\mathrm{sgn}(\dot{\boldsymbol{q}}),\quad \boldsymbol{\tau}_{\mathrm{d}}=[0.1\sin(t)\quad 0.1\sin(t)]^{\mathrm{T}}$$

取 $\boldsymbol{p}=[p_1,p_2,p_3,p_4,p_5]=[2.9,0.76,0.87,3.04,0.87]$。RBF 网络高斯基函数参数的取值对神经网络控制的作用很重要,如果参数取值不合适,将使高斯基函数无法得到有效的映射,从而导致 RBF 网络无效。故 $c$ 按网络输入值的范围取值,取 $b_{\mathrm{j}}=0.20$,$\boldsymbol{c}=0.1\begin{bmatrix}-1.5 & -1 & -0.5 & 0 & 0.5 & 1 & 1.5\\ -1.5 & -1 & -0.5 & 0 & 0.5 & 1 & 1.5\\ -1.5 & -1 & -0.5 & 0 & 0.5 & 1 & 1.5\\ -1.5 & -1 & -0.5 & 0 & 0.5 & 1 & 1.5\\ -1.5 & -1 & -0.5 & 0 & 0.5 & 1 & 1.5\end{bmatrix}$,网络的初始权值取零,网络输入取 $\boldsymbol{z}=[\boldsymbol{e}\quad \dot{\boldsymbol{e}}\quad \boldsymbol{q}_{\mathrm{d}}\quad \dot{\boldsymbol{q}}_{\mathrm{d}}\quad \ddot{\boldsymbol{q}}_{\mathrm{d}}]$。

系统的初始状态为[0.09 0 −0.09 0]，两个关节的角度指令分别为 $q_{1d}=0.1\sin t$，$q_{2d}=0.1\sin t$，控制参数取 $\boldsymbol{K}_v=\text{diag}\{20,20\}$，$F=\text{diag}\{1.5,1.5\}$，$\boldsymbol{\Lambda}=\text{diag}\{5,5\}$，在鲁棒项中，取 $\varepsilon_N=0.20$，$b_d=0.10$。

采用 Simulink 和 S 函数进行控制系统的设计，神经网络权值矩阵中任意元素初值取 0.10。总体逼近控制器子程序 chap3_9ctrl.m，按 3.2.2 节第 4 种情况设计控制律，控制律取式(3.16)，$v$ 取式(3.28)，自适应律取式(3.20)。采用总体逼近控制器，仿真结果如图 3-3～图 3-6 所示。

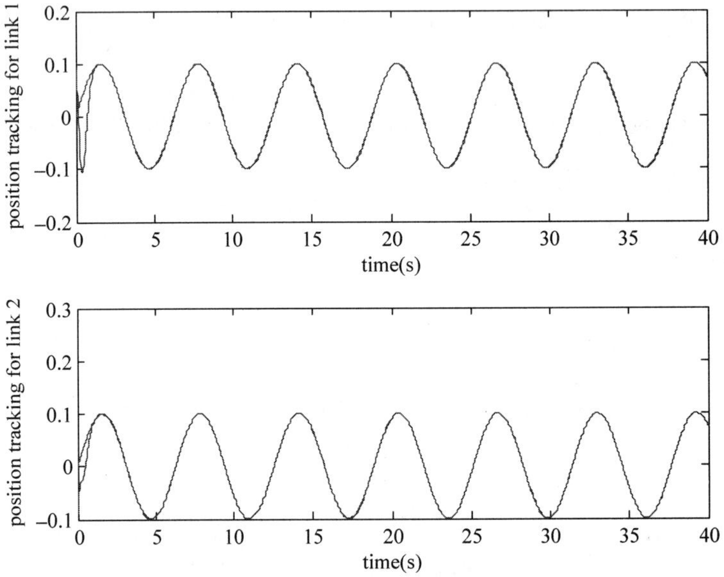


**图 3-3 关节 1 及关节 2 的角度跟踪**

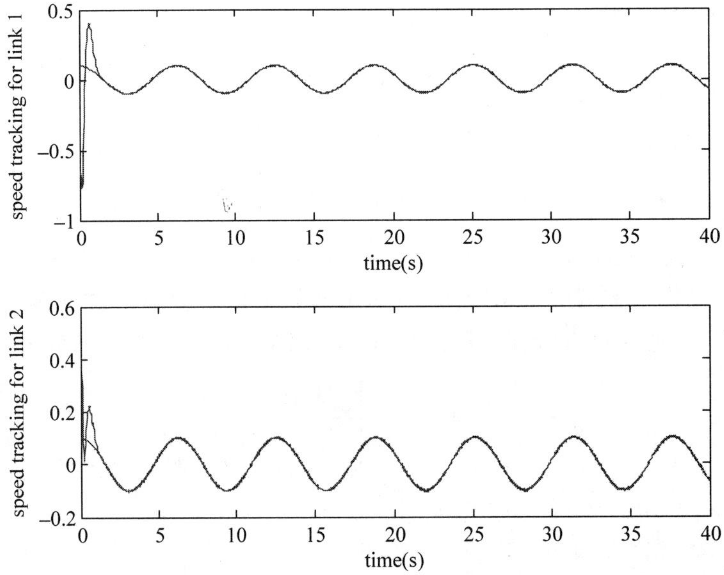


**图 3-4 关节 1 及关节 2 的角速度跟踪**

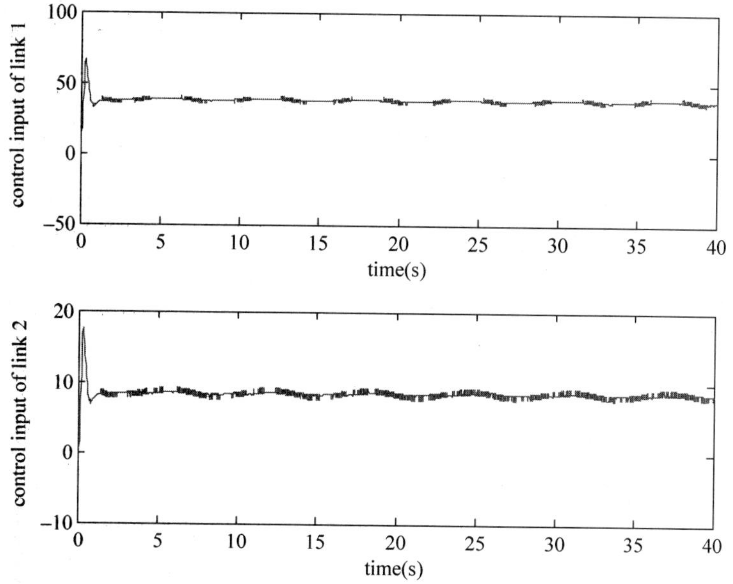


图 3-5 关节 1 及关节 2 的控制输入

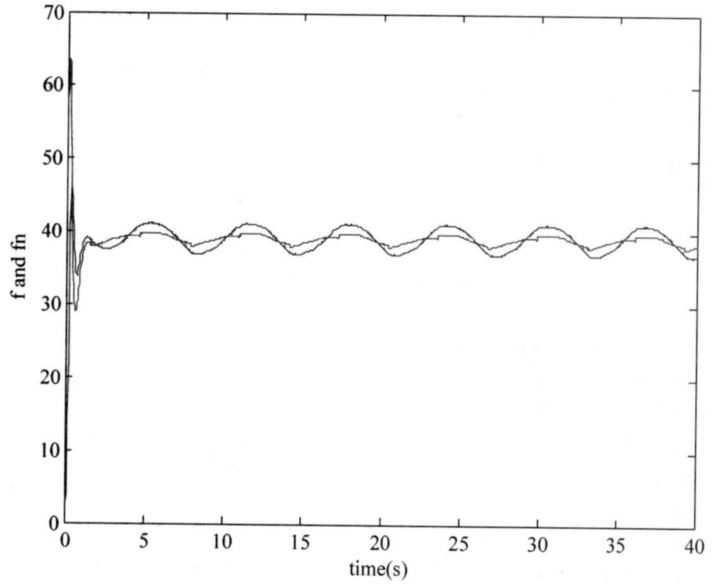


图 3-6 关节 1 及关节 2 的 $\|f(x)\|$ 及其逼近 $\|\hat{f}(x)\|$

仿真程序如下：

(1) Simulink 主程序：chap3_2sim. mdl

(2) 位置指令子程序：chap3_2input. m

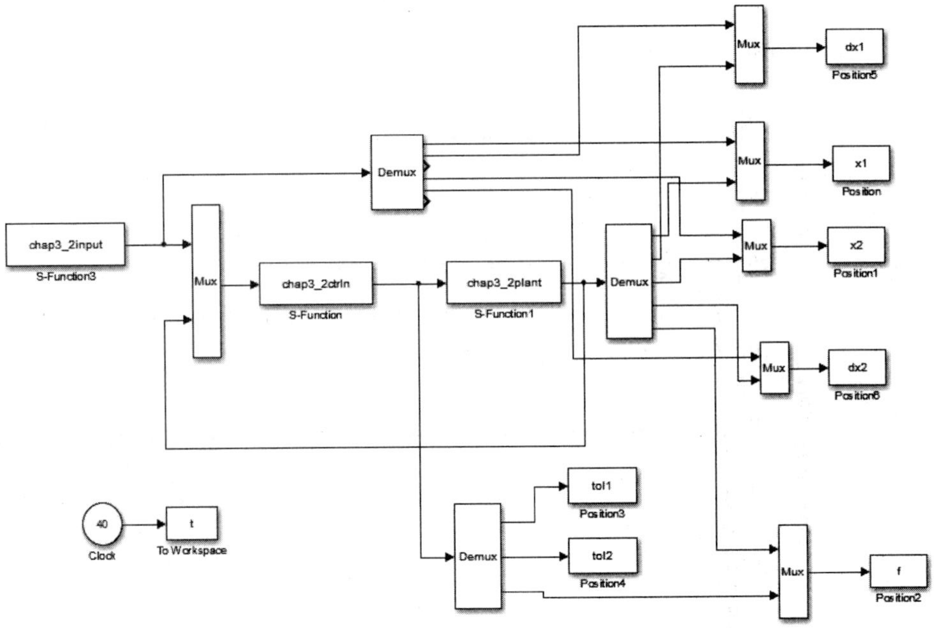


```
function [sys,x0,str,ts] = spacemodel(t,x,u,flag)
switch flag,
case 0,
    [sys,x0,str,ts] = mdlInitializeSizes;
case 1,
    sys = mdlDerivatives(t,x,u);
case 3,
    sys = mdlOutputs(t,x,u);
case {2,4,9}
    sys = [];
otherwise
    error(['Unhandled flag = ',num2str(flag)]);
end
function [sys,x0,str,ts] = mdlInitializeSizes
sizes = simsizes;
sizes.NumContStates  = 0;
sizes.NumDiscStates  = 0;
sizes.NumOutputs     = 6;
sizes.NumInputs      = 0;
sizes.DirFeedthrough = 0;
sizes.NumSampleTimes = 1;
sys = simsizes(sizes);
x0  = [];
str = [];
ts  = [0 0];
function sys = mdlOutputs(t,x,u)
qd1 = 0.1 * sin(t);
d_qd1 = 0.1 * cos(t);
dd_qd1 = - 0.1 * sin(t);
```

```
qd2 = 0.1 * sin(t);
d_qd2 = 0.1 * cos(t);
dd_qd2 = - 0.1 * sin(t);

sys(1) = qd1;
sys(2) = d_qd1;
sys(3) = dd_qd1;
sys(4) = qd2;
sys(5) = d_qd2;
sys(6) = dd_qd2;
```

(3) 总体逼近控制器子程序：chap3_2ctrl.m

```
function [sys,x0,str,ts] = spacemodel(t,x,u,flag)
switch flag,
case 0,
    [sys,x0,str,ts] = mdlInitializeSizes;
case 1,
    sys = mdlDerivatives(t,x,u);
case 3,
    sys = mdlOutputs(t,x,u);
case {2,4,9}
    sys = [];
otherwise
    error(['Unhandled flag = ',num2str(flag)]);
end

function [sys,x0,str,ts] = mdlInitializeSizes
global node c b Fai
node = 7;
c = 0.1 * [ - 1.5  - 1  - 0.5 0 0.5 1 1.5;
          - 1.5  - 1  - 0.5 0 0.5 1 1.5;
          - 1.5  - 1  - 0.5 0 0.5 1 1.5;
          - 1.5  - 1  - 0.5 0 0.5 1 1.5;
          - 1.5  - 1  - 0.5 0 0.5 1 1.5];
b = 10;
Fai = 5 * eye(2);

sizes = simsizes;
sizes.NumContStates   = 2 * node;
sizes.NumDiscStates   = 0;
sizes.NumOutputs      = 3;
sizes.NumInputs       = 11;
sizes.DirFeedthrough  = 1;
sizes.NumSampleTimes  = 0;
sys = simsizes(sizes);
x0   = 0.1 * ones(1,2 * node);
str  = [];
ts   = [];
function sys = mdlDerivatives(t,x,u)
global node c b Fai
```

```
qd1 = u(1);
d_qd1 = u(2);
dd_qd1 = u(3);
qd2 = u(4);
d_qd2 = u(5);
dd_qd2 = u(6);

q1 = u(7);
d_q1 = u(8);
q2 = u(9);
d_q2 = u(10);

q = [q1;q2];

e1 = qd1 - q1;
e2 = qd2 - q2;
de1 = d_qd1 - d_q1;
de2 = d_qd2 - d_q2;
e = [e1;e2];
de = [de1;de2];
r = de + Fai * e;

qd = [qd1;qd2];
dqd = [d_qd1;d_qd2];
dqr = dqd + Fai * e;
ddqd = [dd_qd1;dd_qd2];
ddqr = ddqd + Fai * de;

z1 = [e(1);de(1);qd(1);dqd(1);ddqd(1)];
z2 = [e(2);de(2);qd(2);dqd(2);ddqd(2)];
for j = 1:1:node
    h1(j) = exp( - norm(z1 - c(:,j))^2/(b * b));
    h2(j) = exp( - norm(z2 - c(:,j))^2/(b * b));
end

F = 1.5 * eye(node);

    for i = 1:1:node
        sys(i) = 1.5 * h1(i) * r(1);
        sys(i + node) = 1.5 * h2(i) * r(2);
    end

function sys = mdlOutputs(t,x,u)
global node c b Fai

qd1 = u(1);
d_qd1 = u(2);
dd_qd1 = u(3);
qd2 = u(4);
d_qd2 = u(5);
dd_qd2 = u(6);
```

```
q1 = u(7);
d_q1 = u(8);
q2 = u(9);
d_q2 = u(10);

q = [q1;q2];

e1 = qd1 - q1;
e2 = qd2 - q2;
de1 = d_qd1 - d_q1;
de2 = d_qd2 - d_q2;
e = [e1;e2];
de = [de1;de2];
r = de + Fai * e;

qd = [qd1;qd2];
dqd = [d_qd1;d_qd2];
dqr = dqd + Fai * e;
ddqd = [dd_qd1;dd_qd2];
ddqr = ddqd + Fai * de;

z = [e;de;qd;dqd;ddqd];
W_f1 = [x(1:node)]';
W_f2 = [x(node + 1:node * 2)]';

z1 = [e(1);de(1);qd(1);dqd(1);ddqd(1)];
z2 = [e(2);de(2);qd(2);dqd(2);ddqd(2)];
for j = 1:1:node
    h1(j) = exp( - norm(z1 - c(:,j))^2/(b * b));
    h2(j) = exp( - norm(z2 - c(:,j))^2/(b * b));
end

fn = [W_f1 * h1';
    W_f2 * h2'];
Kv = 20 * eye(2);

    epN = 0.20;
    bd = 0.1;
    v = - (epN + bd) * sign(r);
    tol = fn + Kv * r - v;
fn_norm = norm(fn);

sys(1) = tol(1);
sys(2) = tol(2);
sys(3) = fn_norm;
```

(4) 被控对象子程序：chap3_2plant.m

```
function [sys,x0,str,ts] = s_function(t,x,u,flag)
```

```
switch flag,
case 0,
    [sys,x0,str,ts] = mdlInitializeSizes;
case 1,
    sys = mdlDerivatives(t,x,u);
case 3,
    sys = mdlOutputs(t,x,u);
case {2, 4, 9 }
    sys = [];
otherwise
    error(['Unhandled flag = ',num2str(flag)]);
end
function [sys,x0,str,ts] = mdlInitializeSizes
global p g
sizes = simsizes;
sizes.NumContStates  = 4;
sizes.NumDiscStates  = 0;
sizes.NumOutputs     = 5;
sizes.NumInputs      = 3;
sizes.DirFeedthrough = 0;
sizes.NumSampleTimes = 0;
sys = simsizes(sizes);
x0 = [0.09 0 -0.09 0];
str = [];
ts = [];

p = [2.9 0.76 0.87 3.04 0.87];
g = 9.8;
function sys = mdlDerivatives(t,x,u)      % From Ge book program
global p g

M = [p(1) + p(2) + 2 * p(3) * cos(x(3)) p(2) + p(3) * cos(x(3));
    p(2) + p(3) * cos(x(3)) p(2)];
V = [ - p(3) * x(4) * sin(x(3)) - p(3) * (x(2) + x(4)) * sin(x(3));
     p(3) * x(2) * sin(x(3))  0];
G = [p(4) * g * cos(x(1)) + p(5) * g * cos(x(1) + x(3));
    p(5) * g * cos(x(1) + x(3))];
dq = [x(2);x(4)];
F = 0.2 * sign(dq);
told = [0.1 * sin(t);0.1 * sin(t)];

tol = u(1:2);

S = inv(M) * (tol - V * dq - G - F - told);

sys(1) = x(2);
sys(2) = S(1);
sys(3) = x(4);
sys(4) = S(2);
function sys = mdlOutputs(t,x,u)
global p g
```

```
M = [p(1) + p(2) + 2 * p(3) * cos(x(3)) p(2) + p(3) * cos(x(3));
    p(2) + p(3) * cos(x(3)) p(2)];
V = [ - p(3) * x(4) * sin(x(3))  - p(3) * (x(2) + x(4)) * sin(x(3));
     p(3) * x(2) * sin(x(3))   0];
G = [p(4) * g * cos(x(1)) + p(5) * g * cos(x(1) + x(3));
    p(5) * g * cos(x(1) + x(3))];
dq = [x(2);x(4)];
F = 0.2 * sign(dq);
told = [0.1 * sin(t);0.1 * sin(t)];

qd1 = sin(t);
d_qd1 = cos(t);
dd_qd1 = - sin(t);
qd2 = sin(t);
d_qd2 = cos(t);
dd_qd2 = - sin(t);
qd1 = 0.1 * sin(t);
d_qd1 = 0.1 * cos(t);
dd_qd1 = - 0.1 * sin(t);
qd2 = 0.1 * sin(t);
d_qd2 = 0.1 * cos(t);
dd_qd2 = - 0.1 * sin(t);

q1 = x(1);
d_q1 = dq(1);
q2 = x(3);
d_q2 = dq(2);
q = [q1;q2];
e1 = qd1 - q1;
e2 = qd2 - q2;
de1 = d_qd1 - d_q1;
de2 = d_qd2 - d_q2;
e = [e1;e2];
de = [de1;de2];
Fai = 5 * eye(2);
dqd = [d_qd1;d_qd2];
dqr = dqd + Fai * e;
ddqd = [dd_qd1;dd_qd2];
ddqr = ddqd + Fai * de;
f = M * ddqr + V * dqr + G + F;
f_norm = norm(f);

sys(1) = x(1);
sys(2) = x(2);
sys(3) = x(3);
sys(4) = x(4);
sys(5) = f_norm;
```

(5) 绘图子程序：chap3_2plot.m

```
close all;
```

```
figure(1);
subplot(211);
plot(t,x1(:,1),'r',t,x1(:,2),'b');
xlabel('time(s)');ylabel('position tracking for link 1');
subplot(212);
plot(t,x2(:,1),'r',t,x2(:,2),'b');
xlabel('time(s)');ylabel('position tracking for link 2');

figure(2);
subplot(211);
plot(t,dx1(:,1),'r',t,dx1(:,2),'b');
xlabel('time(s)');ylabel('speed tracking for link 1');
subplot(212);
plot(t,dx2(:,1),'r',t,dx2(:,2),'b');
xlabel('time(s)');ylabel('speed tracking for link 2');

figure(3);
subplot(211);
plot(t,tol1(:,1),'r');
xlabel('time(s)');ylabel('control input of link 1');
subplot(212);
plot(t,tol2(:,1),'r');
xlabel('time(s)');ylabel('control input of link 2');

figure(4);
plot(t,f(:,1),'r',t,f(:,2),'b');
xlabel('time(s)');ylabel('f and fn');
```

## 参考文献


[1] J. Park, I. W. Sandberg. Universal Approximation Using Radial Basis Function Networks[J]. Neural Computation, 1991, 3(2): 246-257.

[2] 刘金琨. RBF神经网络自适应控制MATLAB仿真. 北京：清华大学出版社，2014.

[3] Lewis F L, Liu K, Yesildirek A. Neural Net Robot Controller with Guaranteed Tracking. Performance. IEEE Transactions on Neural Networks, 1995, 6(3): 703-715.

# 第4章 机械手模糊自适应控制

## 4.1 单力臂机械手直接自适应模糊控制

直接模糊自适应控制和间接自适应模糊控制所采用的规则形式不同。间接自适应模糊控制利用的是被控对象的知识，而直接模糊自适应控制采用的是控制知识。

### 4.1.1 问题描述

考虑如下方程所描述的研究对象

$$\begin{cases} x^{(n)} = f(x, \dot{x}, \cdots, x^{(n-1)}) + bu & (4.1) \\ y = x & (4.2) \end{cases}$$

其中，$f$ 为未知函数，$b$ 为未知的正常数。

直接自适应模糊控制采用下面 IF-THEN 模糊规则来描述控制知识：

$$\text{如果 } x_1 \text{ 是 } P_1^r \text{ 且 } \cdots \text{ 且 } x_n \text{ 是 } P_n^r\text{，则 } u \text{ 是 } Q^r \tag{4.3}$$

其中，$P_i^r$，$Q^r$ 为 $\boldsymbol{R}$ 中模糊集合，且 $r=1,2,\cdots,L_n$。

设位置指令为 $y_{\mathrm{m}}$，令

$$e = y_{\mathrm{m}} - y = y_{\mathrm{m}} - x, \quad \boldsymbol{e} = (e, \dot{e}, \cdots, e^{(n-1)})^{\mathrm{T}} \tag{4.4}$$

选择 $\boldsymbol{K}=(k_n,\cdots,k_1)^{\mathrm{T}}$，使多项式 $s^n + k_1 s^{(n-1)} + \cdots + k_n$ 的所有根都在复平面左半平面上。取控制律为

$$u^* = \frac{1}{b}[-f(\boldsymbol{x}) + y_{\mathrm{m}}^{(n)} + \boldsymbol{K}^{\mathrm{T}}\boldsymbol{e}] \tag{4.5}$$

将式(4.5)代入式(4.1)，得到闭环控制系统的方程为

$$e^{(n)} + k_1 e^{(n-1)} + \cdots + k_n e = 0 \tag{4.6}$$

通过 $\boldsymbol{K}$ 的选取，可使当 $t\to\infty$ 时，$e(t)\to 0$，即系统的输出 $y$ 渐进地收敛于理想输出 $y_{\mathrm{m}}$。

直接型模糊自适应控制是基于模糊系统设计一个反馈控制器 $u=u(\boldsymbol{x}|\theta)$ 和一个调整参数向量 $\boldsymbol{\theta}$ 的自适应律，使得系统输出 $y$ 尽可能地跟踪理想输出 $y_{\mathrm{m}}$。

### 4.1.2 模糊控制器的设计

直接自适应模糊控制器为

$$u = u_D(\boldsymbol{x} \mid \boldsymbol{\theta}) \tag{4.7}$$

其中，$u_D$ 是一个模糊系统，$\boldsymbol{\theta}$ 是可调参数集合。

模糊系统 $u_D$ 可由以下两步来构造[1]：

(1) 对变量 $x_i(i=1,2,\cdots,n)$，定义 $m_i$ 个模糊集合 $\boldsymbol{A}_i^{l_i}(l_i=1,2,\cdots,m_i)$；

(2) 用以下 $\prod_{i=1}^{n} m_i$ 条模糊规则来构造模糊系统 $u_D(\boldsymbol{x}|\boldsymbol{\theta})$：

$$\text{IF } x_1 \text{ is } \boldsymbol{A}_1^{l_1} \text{ AND} \cdots \text{AND } \boldsymbol{x}_n \text{ is } \boldsymbol{A}_n^{l_n}, \quad \text{THEN } \boldsymbol{u}_D \text{ is } \boldsymbol{S}^{l_1 \cdots l_n} \tag{4.8}$$

其中，$l_1=1,2,\cdots,m_i$，$i=1,2,\cdots,n$。

采用乘积推理机、单值模糊器和中心平均解模糊器来设计模糊控制器，即

$$u_D(\boldsymbol{x} \mid \boldsymbol{\theta}) = \frac{\sum_{l_1=1}^{m_1} \cdots \sum_{l_n=1}^{m_n} \bar{y}_u^{l_1 \cdots l_n} \left( \prod_{i=1}^{n} \mu_{A_i}^{l_i}(x_i) \right)}{\sum_{l_1=1}^{m_1} \cdots \sum_{l_n=1}^{m_n} \left( \prod_{i=1}^{n} \mu_{A_i}^{l_i}(x_i) \right)} \tag{4.9}$$

令 $\bar{y}_u^{l_1 \cdots l_n}$ 是自由参数，分别放在集合 $\boldsymbol{\theta} \in \boldsymbol{R}^{\prod_{i=1}^{n} m_i}$ 中，则模糊控制器为

$$u = u_D(\boldsymbol{x} \mid \boldsymbol{\theta}) = \boldsymbol{\theta}^{\mathrm{T}} \boldsymbol{\xi}(\boldsymbol{x}) \tag{4.10}$$

其中，$\xi(\boldsymbol{x})$ 为 $\prod_{i=1}^{n} m_i$ 维向量，其第 $l_1,\cdots,l_n$ 个元素为

$$\boldsymbol{\xi}_{l_1 \cdots l_n}(\boldsymbol{x}) = \frac{\prod_{i=1}^{n} \mu_{A_i^{l_i}}(x_i)}{\sum_{l_1=1}^{m_1} \cdots \sum_{l_n=1}^{m_n} \left( \prod_{i=1}^{n} \mu_{A_i^{l_i}}(x_i) \right)}$$

模糊控制规则式(4.3)是通过设置其初始参数而被嵌入到模糊控制器中的。

采用模糊系统实现 $u^*$ 的逼近，控制律为

$$u_D = u^* + w$$

其中 $w$ 为逼近误差。

则

$$u = u_D = u^* + (u_D - u^*) \tag{4.11}$$

### 4.1.3 自适应律的设计

将式(4.5)、式(4.7)代入式(4.1)，并整理得

$$e^{(n)} = -\boldsymbol{K}^{\mathrm{T}} \boldsymbol{e} + \boldsymbol{b}[u^* - u_D(\boldsymbol{x} \mid \boldsymbol{\theta})] \tag{4.12}$$

令

$$\boldsymbol{\Lambda}=\begin{bmatrix}0&1&0&0&\cdots&0&0\\0&0&1&0&\cdots&0&0\\\vdots&\vdots&\vdots&\vdots&\ddots&\vdots&\vdots\\0&0&0&0&\cdots&0&1\\-k_n&-k_{n-1}&&&\cdots&&-k_1\end{bmatrix},\quad \boldsymbol{b}=\begin{bmatrix}0\\0\\\vdots\\0\\b\end{bmatrix} \tag{4.13}$$

则闭环系统动态方程式(4.12)可写成向量形式

$$\dot{\boldsymbol{e}}=\boldsymbol{\Lambda e}+\boldsymbol{b}[u^*-u_{\mathrm{D}}(\boldsymbol{x}\mid\boldsymbol{\theta})] \tag{4.14}$$

定义最优参数为

$$\boldsymbol{\theta}^*=\arg\min_{\theta\in \boldsymbol{R}^{\prod_{i=1}^{n} m_i}}\left[\sup_{x\in\boldsymbol{R}^n}\left|u_{\mathrm{D}}(\boldsymbol{x}\mid\boldsymbol{\theta})-u^*\right|\right] \tag{4.15}$$

定义最小逼近误差为

$$w=u_{\mathrm{D}}(\boldsymbol{x}\mid\boldsymbol{\theta}^*)-u^* \tag{4.16}$$

由式(4.14)可得

$$\dot{\boldsymbol{e}}=\boldsymbol{\Lambda e}+\boldsymbol{b}(u_{\mathrm{D}}(\boldsymbol{x}\mid\boldsymbol{\theta}^*)-u_{\mathrm{D}}(\boldsymbol{x}\mid\boldsymbol{\theta}))-\boldsymbol{b}(u_{\mathrm{D}}(\boldsymbol{x}\mid\boldsymbol{\theta}^*)-u^*) \tag{4.17}$$

由式(4.10),可将误差方程式(4.17)改写为

$$\dot{\boldsymbol{e}}=\boldsymbol{\Lambda e}+\boldsymbol{b}(\boldsymbol{\theta}^*-\boldsymbol{\theta})^{\mathrm{T}}\boldsymbol{\xi}(\boldsymbol{x})-\boldsymbol{b}w \tag{4.18}$$

定义 Lyapunov 函数为

$$V=\frac{1}{2}\boldsymbol{e}^{\mathrm{T}}\boldsymbol{Pe}+\frac{b}{2\gamma}(\boldsymbol{\theta}^*-\boldsymbol{\theta})^{\mathrm{T}}(\boldsymbol{\theta}^*-\boldsymbol{\theta}) \tag{4.19}$$

其中,参数 $\gamma$ 是正的常数。

$\boldsymbol{P}$ 为一个正定矩阵且满足 Lyapunov 方程

$$\boldsymbol{\Lambda}^{\mathrm{T}}\boldsymbol{P}+\boldsymbol{P\Lambda}=-\boldsymbol{Q} \tag{4.20}$$

其中,$\boldsymbol{Q}$ 是一个任意的 $n\times n$ 正定矩阵,$\boldsymbol{\Lambda}$ 由式(4.13)给出。

取 $V_1=\frac{1}{2}\boldsymbol{e}^{\mathrm{T}}\boldsymbol{Pe}$,$V_2=\frac{b}{2\gamma}(\boldsymbol{\theta}^*-\boldsymbol{\theta})^{\mathrm{T}}(\boldsymbol{\theta}^*-\boldsymbol{\theta})$,令 $\boldsymbol{M}=\boldsymbol{b}(\boldsymbol{\theta}^*-\boldsymbol{\theta})^{\mathrm{T}}\boldsymbol{\xi}(\boldsymbol{x})-\boldsymbol{b}w$,则式(4.18)变为

$$\dot{\boldsymbol{e}}=\boldsymbol{\Lambda e}+\boldsymbol{M}$$

$$\begin{aligned}\dot{V}_1&=\frac{1}{2}\dot{\boldsymbol{e}}^{\mathrm{T}}\boldsymbol{Pe}+\frac{1}{2}\boldsymbol{e}^{\mathrm{T}}\boldsymbol{P}\dot{\boldsymbol{e}}=\frac{1}{2}(\boldsymbol{e}^{\mathrm{T}}\boldsymbol{\Lambda}^{\mathrm{T}}+\boldsymbol{M}^{\mathrm{T}})\boldsymbol{Pe}+\frac{1}{2}\boldsymbol{e}^{\mathrm{T}}\boldsymbol{P}(\boldsymbol{\Lambda e}+\boldsymbol{M})\\&=\frac{1}{2}\boldsymbol{e}^{\mathrm{T}}(\boldsymbol{\Lambda}^{\mathrm{T}}\boldsymbol{P}+\boldsymbol{P\Lambda})\boldsymbol{e}+\frac{1}{2}\boldsymbol{M}^{\mathrm{T}}\boldsymbol{Pe}+\frac{1}{2}\boldsymbol{e}^{\mathrm{T}}\boldsymbol{PM}\\&=-\frac{1}{2}\boldsymbol{e}^{\mathrm{T}}\boldsymbol{Qe}+\frac{1}{2}(\boldsymbol{M}^{\mathrm{T}}\boldsymbol{Pe}+\boldsymbol{e}^{\mathrm{T}}\boldsymbol{PM})=-\frac{1}{2}\boldsymbol{e}^{\mathrm{T}}\boldsymbol{Qe}+\boldsymbol{e}^{\mathrm{T}}\boldsymbol{PM}\end{aligned}$$

即

$$\dot{V}_1=-\frac{1}{2}\boldsymbol{e}^{\mathrm{T}}\boldsymbol{Qe}+\boldsymbol{e}^{\mathrm{T}}\boldsymbol{Pb}((\boldsymbol{\theta}^*-\boldsymbol{\theta})^{\mathrm{T}}\boldsymbol{\xi}(\boldsymbol{x})-w)$$

$$\dot{V}_2=-\frac{b}{\gamma}(\boldsymbol{\theta}^*-\boldsymbol{\theta})^{\mathrm{T}}\dot{\boldsymbol{\theta}}$$

$V$ 的导数为

$$\dot{V}=-\frac{1}{2}\boldsymbol{e}^{\mathrm{T}}\boldsymbol{Qe}+\boldsymbol{e}^{\mathrm{T}}\boldsymbol{Pb}[(\boldsymbol{\theta}^*-\boldsymbol{\theta})^{\mathrm{T}}\boldsymbol{\xi}(\boldsymbol{x})-w]-\frac{b}{\gamma}(\boldsymbol{\theta}^*-\boldsymbol{\theta})^{\mathrm{T}}\dot{\boldsymbol{\theta}} \tag{4.21}$$

令 $\boldsymbol{p}_n$ 为 $\boldsymbol{P}$ 的最后一列，由 $\boldsymbol{b}=[0,\ \cdots,\ 0,\ b]^{\mathrm{T}}$ 可知 $\boldsymbol{e}^{\mathrm{T}}\boldsymbol{P}\boldsymbol{b}=\boldsymbol{e}^{\mathrm{T}}\boldsymbol{p}_n b$。则式(4.21)变为

$$\dot{V}=-\frac{1}{2}\boldsymbol{e}^{\mathrm{T}}\boldsymbol{Q}\boldsymbol{e}+\frac{b}{\gamma}(\boldsymbol{\theta}^{*}-\boldsymbol{\theta})^{\mathrm{T}}[\gamma\boldsymbol{e}^{\mathrm{T}}\boldsymbol{p}_n\boldsymbol{\xi}(\boldsymbol{x})-\dot{\boldsymbol{\theta}}]-\boldsymbol{e}^{\mathrm{T}}\boldsymbol{p}_n b w \tag{4.22}$$

取自适应律

$$\dot{\boldsymbol{\theta}}=\gamma\boldsymbol{e}^{\mathrm{T}}\boldsymbol{p}_n\boldsymbol{\xi}(\boldsymbol{x}) \tag{4.23}$$

则

$$\dot{V}=-\frac{1}{2}\boldsymbol{e}^{\mathrm{T}}\boldsymbol{Q}\boldsymbol{e}-\boldsymbol{e}^{\mathrm{T}}\boldsymbol{p}_n b w \tag{4.24}$$

由于 $\boldsymbol{Q}>0$，$w$ 是最小逼近误差，通过设计足够多规则的模糊系统 $u_{\mathrm{D}}(\boldsymbol{x}|\boldsymbol{\theta})$，可使 $w$ 充分小，并满足 $|\boldsymbol{e}^{\mathrm{T}}\boldsymbol{p}_n b w|\leqslant\frac{1}{2}\boldsymbol{e}^{\mathrm{T}}\boldsymbol{Q}\boldsymbol{e}$，从而使得 $\dot{V}\leqslant 0$，闭环系统为渐进稳定。

根据 LaSalle 不变性原理，当 $\dot{V}\equiv 0$ 时，$-\frac{1}{2}\boldsymbol{e}^{\mathrm{T}}\boldsymbol{Q}\boldsymbol{e}-\boldsymbol{e}^{\mathrm{T}}\boldsymbol{p}_n b w\equiv 0$，当 $w$ 充分小，$t\to\infty$ 时，$\boldsymbol{e}\to 0$。系统的收敛速度取决于 $\boldsymbol{Q}$。

由于 $V\geqslant 0$，$\dot{V}\leqslant 0$，则 $V$ 有界，因此 $\boldsymbol{e}$ 和 $\boldsymbol{\theta}$ 有界，但无法保证 $\boldsymbol{\theta}$ 收敛于 $\boldsymbol{\theta}^{*}$。

直接型自适应模糊控制系统的结构如图 4-1 所示。

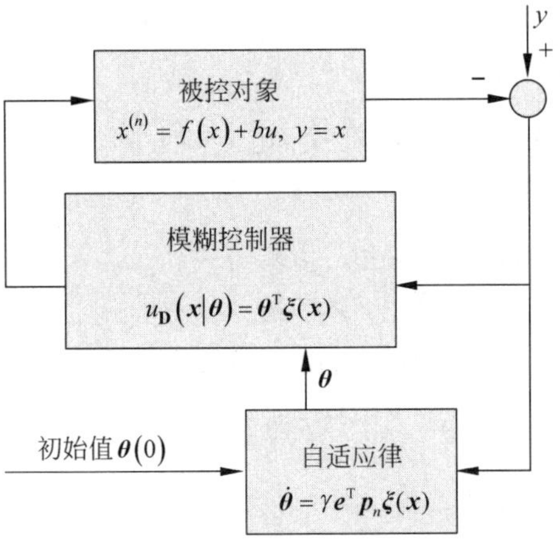


**图 4-1　直接型自适应模糊控制系统**

### 4.1.4　仿真实例

被控对象为一单力臂机械手：

$$\ddot{\theta}=-\frac{1}{I}(d\dot{\theta}+mgl\cos\theta)+\frac{1}{I}(\tau-\tau_{\mathrm{d}})$$

其中，$\tau_{\mathrm{d}}$ 为摩擦模型。

摩擦模型为库仑摩擦＋粘性摩擦模型，即

$$\tau_{\mathrm{d}}=\mathrm{sgn}(\dot{\theta}(t))(k_1|\dot{\theta}(t)|+k_2)$$

其中，$k_1$ 和 $k_2$ 为正的常数。

位置指令为 $x_{\mathrm{d}}(t)=\sin(\pi t)$。取以下 6 种隶属函数：$\mu_{\mathrm{N3}}(x)=1/(1+\exp(5(x+2)))$，$\mu_{\mathrm{N2}}(x)=\exp(-(x+1.5)^2)$，$\mu_{\mathrm{N1}}(x)=\exp(-(x+0.5)^2)$，$\mu_{\mathrm{P1}}(x)=\exp(-(x-$

$0.5)^2)$，$\mu_{P2}(x)=\exp(-(x-1.5)^2)$，$\mu_{P3}(x)=1/(1+\exp(-5(x-2)))$。

系统摆初始状态为[1,0]，$\theta$ 的初始值取 0，采用控制律(4.10)、自适应律取式(4.23)，按式(4.20)求 $P$，取 $\boldsymbol{Q}=\begin{bmatrix}50 & 0\\0 & 50\end{bmatrix}$，$k_1=1$，$k_2=10$，自适应参数取 $\gamma=100$。

根据隶属函数设计程序，可得到隶属函数图，如图 4-2 所示。在控制系统仿真程序中，分别用 $FS_2$、$FS_1$ 和 FS 表示模糊系统 $\xi(x)$的分子、分母及 $\xi(\boldsymbol{x})$，仿真结果如图 4-3 和图 4-4 所示。

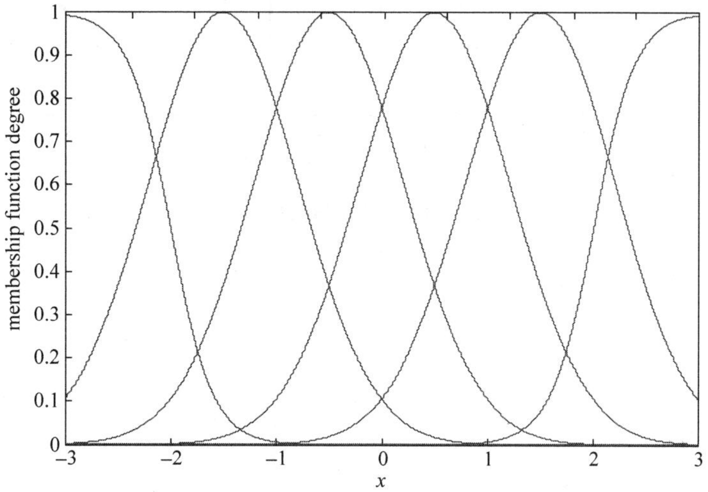


**图 4-2　x 的隶属函数**

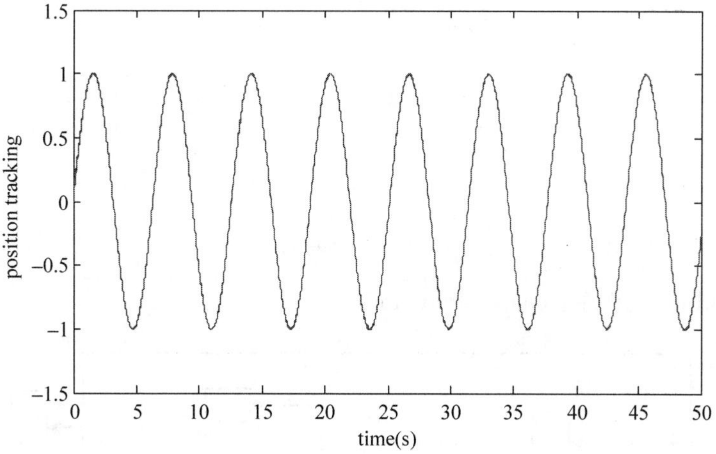


**图 4-3　位置跟踪**

仿真程序如下：

(1) 隶属函数设计：chap4_1mf.m

```
clear all;
close all;

L1 = -3;
```

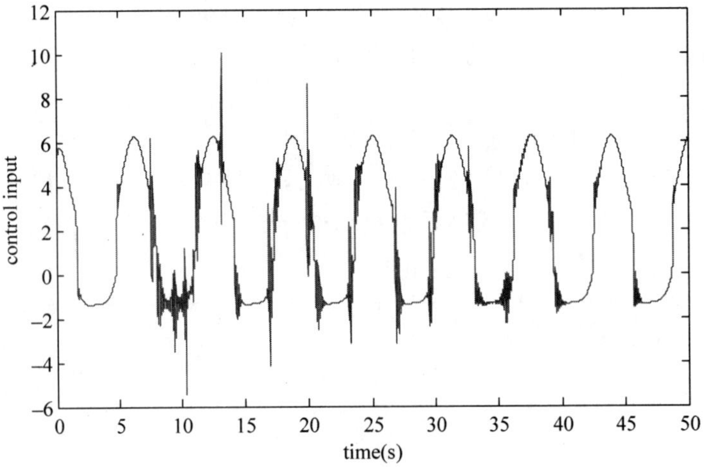


图 4-4　控制输入信号

```
L2 = 3;
L = L2 - L1;

T = 0.001;

x = L1:T:L2;
figure(1);
for i = 1:1:6
   if i == 1
      u = 1./(1 + exp(5 * (x + 2)));
   elseif i == 6
      u = 1./(1 + exp( - 5 * (x - 2)));
   else
   u = exp( - (x + 2.5 - (i - 1)).^2);
end
    hold on;
    plot(x,u);
end
xlabel('x');ylabel('Membership function degree');
```

（2）Simulink 主程序：chap4_1sim. mdl

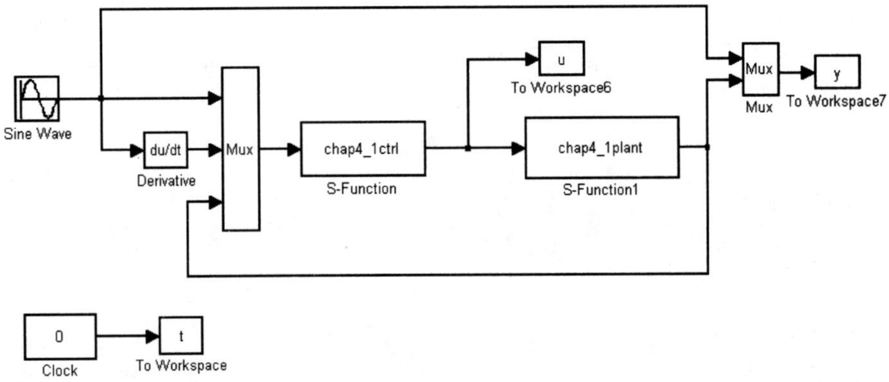

（3）控制器 S 函数：chap4_1ctrl. m

```
function [sys,x0,str,ts] = spacemodel(t,x,u,flag)
switch flag,
case 0,
    [sys,x0,str,ts] = mdlInitializeSizes;
case 1,
    sys = mdlDerivatives(t,x,u);
case 3,
    sys = mdlOutputs(t,x,u);
case {2,4,9}
    sys = [];
otherwise
    error(['Unhandled flag = ',num2str(flag)]);
end
function [sys,x0,str,ts] = mdlInitializeSizes
sizes = simsizes;
sizes.NumContStates  = 36;
sizes.NumDiscStates  = 0;
sizes.NumOutputs     = 1;
sizes.NumInputs      = 4;
sizes.DirFeedthrough = 1;
sizes.NumSampleTimes = 0;
sys = simsizes(sizes);
x0  = [zeros(36,1)];
str = [];
ts  = [];
function sys = mdlDerivatives(t,x,u)
r = u(1);
dr = u(2);
xi(1) = u(3);
xi(2) = u(4);

e = r - xi(1);
de = dr - xi(2);

gama = 100;

k2 = 1;
k1 = 10;
E = [e,de]';
A = [0  -k2;
   1  -k1];
Q = [150 0;0 150];
P = lyap(A,Q);
%%%%%%%%%%%%%%%%%%%%%%%%%%%%%%%%%
FS1 = 0;

u1(1) = 1/(1 + exp(5 * (xi(1) + 2)));
u1(6) = 1/(1 + exp( - 5 * (xi(1) - 2)));
for i = 2:1:5
    u1(i) = exp( - (xi(1) + 1.5 - (i - 2))^2);
end
```

```
u2(1) = 1/(1 + exp(5 * (xi(2) + 2)));
u2(6) = 1/(1 + exp( - 5 * (xi(2) - 2)));
for i = 2:1:5
    u2(i) = exp( - (xi(2) + 1.5 - (i - 2))^2);
end

for i = 1:1:6
  for j = 1:1:6
    FS2(6 * (i - 1) + j) = u1(i) * u2(j);
    FS1 = FS1 + u1(i) * u2(j);
  end
end
FS = FS2/FS1;

b = [0;1];
S = gama * E' * P(:,2) * FS;

for i = 1:1:36
    sys(i) = S(i);
end

function sys = mdlOutputs(t,x,u)

r = u(1);
dr = u(2);
xi(1) = u(3);
xi(2) = u(4);

for i = 1:1:36
    thtau(i,1) = x(i);
end

FS1 = 0;
u1(1) = 1/(1 + exp(5 * (xi(1) + 2)));
u1(6) = 1/(1 + exp( - 5 * (xi(1) - 2)));
for i = 2:1:5
    u1(i) = exp( - (xi(1) + 1.5 - (i - 2))^2);
end

u2(1) = 1/(1 + exp(5 * (xi(2) + 2)));
u2(6) = 1/(1 + exp( - 5 * (xi(2) - 2)));
for i = 2:1:5
    u2(i) = exp( - (xi(2) + 1.5 - (i - 2))^2);
end

for i = 1:1:6
  for j = 1:1:6
    FS2(6 * (i - 1) + j) = u1(i) * u2(j);
    FS1 = FS1 + u1(i) * u2(j);
  end
end
```

```
FS = FS2/FS1;

ut = thtau' * FS';
sys(1) = ut;
```

(4) 被控对象 S 函数：chap4_1plant.m

```
%S-function for continuous state equation
function [sys,x0,str,ts] = s_function(t,x,u,flag)

switch flag,
%Initialization
  case 0,
    [sys,x0,str,ts] = mdlInitializeSizes;
case 1,
    sys = mdlDerivatives(t,x,u);
%Outputs
  case 3,
    sys = mdlOutputs(t,x,u);
%Unhandled flags
  case {2, 4, 9 }
    sys = [];
%Unexpected flags
  otherwise
    error(['Unhandled flag = ',num2str(flag)]);
end

function [sys,x0,str,ts] = mdlInitializeSizes
sizes = simsizes;
sizes.NumContStates  = 2;
sizes.NumDiscStates  = 0;
sizes.NumOutputs     = 2;
sizes.NumInputs      = 1;
sizes.DirFeedthrough = 0;
sizes.NumSampleTimes = 0;

sys = simsizes(sizes);
x0 = [0.15 0];
str = [];
ts = [];
function sys = mdlDerivatives(t,x,u)
g = 9.8;
m = 1;
l = 0.25;
d = 2.0;
I = 4/3 * m * l^2;

tol = u;
k1 = 0.30;
k2 = 1.5;
told = sign(x(2)) * (k1 * abs(x(2)) + k2);
```

```
fx = 1/I * ( - d * x(2) - m * g * l * cos(x(1)));
gx = 1/I;

sys(1) = x(2);
sys(2) = fx + gx * (tol - told);
function sys = mdlOutputs(t,x,u)
sys(1) = x(1);
sys(2) = x(2);
```

（5）作图程序：chap4_1plot

```
close all;

figure(1);
plot(t,y(:,1),'r',t,y(:,2),'b');
xlabel('time(s)');ylabel('Position tracking');

figure(2);
plot(t,y(:,1) - y(:,2),'r');
xlabel('time(s)');ylabel('Position tracking error');

figure(3);
plot(t,u(:,1),'r');
xlabel('time(s)');ylabel('Control input');
```

## 4.2 单力臂机械手间接自适应模糊控制

模糊控制器的设计不依靠被控对象的模型，但它却非常依靠控制专家或操作者的经验知识。模糊控制的突出优点是能够比较容易地将人的控制经验融入控制器中，但若缺乏这样的控制经验，很难设计出高水平的模糊控制器。而且，由于模糊控制器采用了IF-THEN控制规则，不便于控制参数的学习和调整，使得构造具有自适应的模糊控制器较困难。

自适应模糊控制有两种不同的形式：一种是直接自适应模糊控制，即根据实际系统性能与理想性能之间的偏差，通过一定的方法来直接调整控制器的参数；另一种是间接自适应模糊控制，即通过在线辨识获得控制对象的模型，然后根据所得模型在线设计模糊控制器。

### 4.2.1 问题描述

考虑如下 $n$ 阶非线性系统：

$$\boldsymbol{x}^{(n)} = f(\boldsymbol{x},\dot{\boldsymbol{x}},\cdots,\boldsymbol{x}^{(n-1)}) + g(\boldsymbol{x},\dot{\boldsymbol{x}},\cdots,\boldsymbol{x}^{(n-1)})u \tag{4.25}$$

其中，$f$ 和 $g$ 为未知非线性函数，$u\in\boldsymbol{R}^n$ 和 $y\in\boldsymbol{R}^n$ 分别为系统的输入和输出。

设位置指令为 $y_{\mathrm{m}}$，令

$$e = y_{\mathrm{m}} - y = y_{\mathrm{m}} - x,\quad \boldsymbol{e} = (e,\quad \dot{e},\quad \cdots,\quad e^{(n-1)})^{\mathrm{T}} \tag{4.26}$$

选择 $\boldsymbol{K}=(k_n,\cdots,k_1)^{\mathrm{T}}$，使多项式 $s^n+k_1s^{(n-1)}+\cdots+k_n$ 的所有根部都在复平面左半平面上。

取控制律为

$$u^*=\frac{1}{g(\boldsymbol{x})}[-f(\boldsymbol{x})+y_{\mathrm{m}}^{(n)}+\boldsymbol{K}^{\mathrm{T}}\boldsymbol{e}] \tag{4.27}$$

将式(4.27)代入式(4.25)，得到闭环控制系统的方程

$$e^{(n)}+k_1e^{(n-1)}+\cdots+k_ne=0 \tag{4.28}$$

由 $\boldsymbol{K}$ 的选取，可得 $t\to\infty$ 时 $e(t)\to 0$，即系统的输出 $y$ 渐进地收敛于理想输出 $y_{\mathrm{m}}$。

如果非线性函数 $f(\boldsymbol{x})$ 和 $g(\boldsymbol{x})$ 是已知的，则可以选择控制 $u$ 来消除其非线性的性质，然后再根据线性控制理论设计控制器。

### 4.2.2 自适应模糊滑模控制器设计

如果 $f(\boldsymbol{x})$ 和 $g(\boldsymbol{x})$ 未知，控制律式(4.27)很难实现。可采用模糊系统 $\hat{f}(\boldsymbol{x})$ 和 $\hat{g}(\boldsymbol{x})$ 代替 $f(\boldsymbol{x})$ 和 $g(\boldsymbol{x})$，实现自适应模糊控制。

1. 基本的模糊系统

以 $\hat{f}(\boldsymbol{x}|\boldsymbol{\theta}_{\mathrm{f}})$ 来逼近 $f(\boldsymbol{x})$ 为例，可用以下两步构造模糊系统 $\hat{f}(\boldsymbol{x}|\boldsymbol{\theta}_{\mathrm{f}})$[1]：

(1) 对变量 $x_i(i=1,2,\cdots,n)$，定义 $p_i$ 个模糊集合 $A_i^{l_i}(l_i=1,2,\cdots,p_i)$；

(2) 采用以下 $\prod_{i=1}^{n}p_i$ 条模糊规则来构造模糊系统 $\hat{f}(\boldsymbol{x}|\boldsymbol{\theta}_{\mathrm{f}})$：

$$\mathrm{R}^{(j)}:\ \text{IF } x_1 \text{ is } A_1^{l_1} \text{ and } \cdots \text{ and } x_n \text{ is } A_1^{l_n} \text{ THEN } \hat{f} \text{ is } E^{l_1\cdots l_n} \tag{4.29}$$

其中，$l_i=1,2,\cdots,p_i$，$i=1,2,\cdots,n$。

采用乘积推理机、单值模糊器和中心平均解模糊器，则模糊系统的输出为

$$\hat{f}(\boldsymbol{x}\mid\boldsymbol{\theta}_{\mathrm{f}})=\frac{\sum_{l_1=1}^{p_1}\cdots\sum_{l_n=1}^{p_n}\bar{\boldsymbol{y}}_{\mathrm{f}}^{l_1\cdots l_n}\left(\prod_{i=1}^{n}\mu_{A_i^{l_i}}(x_i)\right)}{\sum_{l_1=1}^{p_1}\cdots\sum_{l_n=1}^{p_n}\left(\prod_{i=1}^{n}\mu_{A_i^{l_i}}(x_i)\right)} \tag{4.30}$$

其中，$\mu_{A_i^j}(x_i)$ 为 $x_i$ 的隶属函数。

令 $\bar{y}_f^{l_1\cdots l_n}$ 是自由参数，放在集合 $\boldsymbol{\theta}_{\mathrm{f}}\in R^{\prod_{i=1}^{n}p_i}$ 中。引入向量 $\boldsymbol{\xi}(\boldsymbol{x})$，式(4.30)变为

$$\hat{f}(\boldsymbol{x}\mid\boldsymbol{\theta}_{\mathrm{f}})=\boldsymbol{\theta}_{\mathrm{f}}^{\mathrm{T}}\boldsymbol{\xi}(\boldsymbol{x}) \tag{4.31}$$

其中，$\boldsymbol{\xi}(\boldsymbol{x})$ 为 $\prod_{i=1}^{n}p_i$ 维向量，其第 $l_1,\cdots,l_n$ 个元素为

$$\boldsymbol{\xi}_{l_1\cdots l_n}(x)=\frac{\prod_{i=1}^{n}\mu_{A_i^{l_i}}(x_i)}{\sum_{l_1=1}^{p_1}\cdots\sum_{l_n=1}^{p_n}\left(\prod_{i=1}^{n}\mu_{A_i^{l_i}}(x_i)\right)} \tag{4.32}$$

2. 自适应模糊滑模控制器的设计

采用模糊系统逼近 $f$ 和 $g$，则控制律式(4.27)变为

$$u=\frac{1}{\hat{g}(\boldsymbol{x}\mid\boldsymbol{\theta}_{\mathrm{g}})}[-\hat{f}(\boldsymbol{x}\mid\boldsymbol{\theta}_{\mathrm{f}})+y_{\mathrm{m}}^{(n)}+\boldsymbol{K}^{\mathrm{T}}\boldsymbol{e}] \tag{4.33}$$

$$\hat{f}(\boldsymbol{x}\mid\boldsymbol{\theta}_{\mathrm{f}})=\boldsymbol{\theta}_{\mathrm{f}}^{\mathrm{T}}\boldsymbol{\xi}(\boldsymbol{x}),\quad \hat{g}(\boldsymbol{x}\mid\boldsymbol{\theta}_{\mathrm{g}})=\boldsymbol{\theta}_{\mathrm{g}}^{\mathrm{T}}\boldsymbol{\eta}(\boldsymbol{x}) \tag{4.34}$$

其中，$\boldsymbol{\xi}(\boldsymbol{x})$为模糊向量，参数$\boldsymbol{\theta}_{\mathrm{f}}^{\mathrm{T}}$ 和$\boldsymbol{\theta}_{\mathrm{g}}^{\mathrm{T}}$ 根据自适应律而变化。

设计自适应律为

$$\dot{\boldsymbol{\theta}}_{\mathrm{f}}=-\gamma_1\boldsymbol{e}^{\mathrm{T}}\boldsymbol{P}\boldsymbol{b}\boldsymbol{\xi}(\boldsymbol{x}) \tag{4.35}$$

$$\dot{\boldsymbol{\theta}}_{\mathrm{g}}=-\gamma_2\boldsymbol{e}^{\mathrm{T}}\boldsymbol{P}\boldsymbol{b}\boldsymbol{\eta}(\boldsymbol{x})u \tag{4.36}$$

其中，$\boldsymbol{\eta}(\boldsymbol{x})$为用于逼近 $g$ 的模糊向量。

自适应模糊控制系统如图 4-5 所示。

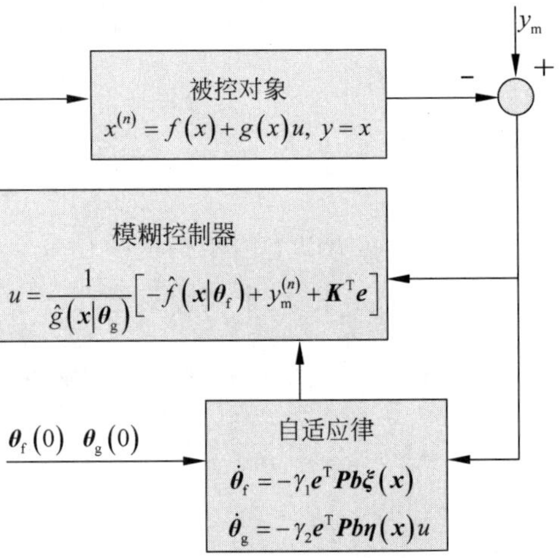


**图 4-5　自适应模糊控制系统**

### 4.2.3　稳定性分析

由式(4.33)代入式(4.25)可得如下模糊控制系统的闭环动态

$$\boldsymbol{e}^{(n)}=-\boldsymbol{K}^{\mathrm{T}}\boldsymbol{e}+[\hat{f}(\boldsymbol{x}\mid\boldsymbol{\theta}_{\mathrm{f}})-f(\boldsymbol{x})]+[\hat{g}(\boldsymbol{x}\mid\boldsymbol{\theta}_{\mathrm{g}})-g(\boldsymbol{x})]u \tag{4.37}$$

令

$$\boldsymbol{\Lambda}=\begin{bmatrix}0&1&0&0&\cdots&0&0\\0&0&1&0&\cdots&0&0\\\vdots&\vdots&\vdots&\vdots&\ddots&\vdots&\vdots\\0&0&0&0&\cdots&0&1\\-k_n&-k_{n-1}&&&\cdots&&-k_1\end{bmatrix},\quad \boldsymbol{b}=\begin{bmatrix}0\\0\\\vdots\\0\\1\end{bmatrix} \tag{4.38}$$

则动态方程式(4.37)可写为向量形式

$$\dot{\boldsymbol{e}}=\boldsymbol{\Lambda}\boldsymbol{e}+\boldsymbol{b}\{(\hat{f}(\boldsymbol{x}\mid\boldsymbol{\theta}_{\mathrm{f}})-f(\boldsymbol{x}))+(\hat{g}(\boldsymbol{x}\mid\boldsymbol{\theta}_{\mathrm{g}})-g(\boldsymbol{x}))u\} \tag{4.39}$$

设最优参数为

$$\boldsymbol{\theta}_{\mathrm{f}}^{*}=\arg\min_{\boldsymbol{\theta}_{\mathrm{f}}\in\boldsymbol{\Omega}_{\mathrm{f}}}\left[\sup_{x\in\boldsymbol{R}^{n}}\left|\hat{f}(\boldsymbol{x}\mid\boldsymbol{\theta}_{\mathrm{f}})-f(\boldsymbol{x})\right|\right]\tag{4.40}$$

$$\boldsymbol{\theta}_{\mathrm{g}}^{*}=\arg\min_{\boldsymbol{\theta}_{\mathrm{g}}\in\boldsymbol{\Omega}_{\mathrm{g}}}\left[\sup_{x\in\boldsymbol{R}^{n}}\left|\hat{g}(\boldsymbol{x}\mid\boldsymbol{\theta}_{\mathrm{g}})-g(\boldsymbol{x})\right|\right]\tag{4.41}$$

其中，$\boldsymbol{\Omega}_{\mathrm{f}}$ 和 $\boldsymbol{\Omega}_{\mathrm{g}}$ 分别为 $\boldsymbol{\theta}_{\mathrm{f}}$ 和 $\boldsymbol{\theta}_{\mathrm{g}}$ 的集合。

定义最小逼近误差为

$$w=\hat{f}(\boldsymbol{x}\mid\boldsymbol{\theta}_{\mathrm{f}}^{*})-f(\boldsymbol{x})+(\hat{g}(\boldsymbol{x}\mid\boldsymbol{\theta}_{\mathrm{g}}^{*})-g(\boldsymbol{x}))u\tag{4.42}$$

式(4.39)可写为

$$\dot{\boldsymbol{e}}=\boldsymbol{\Lambda}\boldsymbol{e}+\boldsymbol{b}\{[\hat{f}(\boldsymbol{x}\mid\boldsymbol{\theta}_{\mathrm{f}})-\hat{f}(\boldsymbol{x}\mid\boldsymbol{\theta}_{\mathrm{f}}^{*})]+[\hat{g}(\boldsymbol{x}\mid\boldsymbol{\theta}_{\mathrm{g}})-\hat{g}(\boldsymbol{x}\mid\boldsymbol{\theta}_{\mathrm{g}}^{*})]u+w\}\tag{4.43}$$

将式(4.34)代入式(4.43)，可得闭环动态方程

$$\dot{\boldsymbol{e}}=\boldsymbol{\Lambda}\boldsymbol{e}+\boldsymbol{b}[(\boldsymbol{\theta}_{\mathrm{f}}-\boldsymbol{\theta}_{\mathrm{f}}^{*})^{\mathrm{T}}\boldsymbol{\xi}(\boldsymbol{x})+(\boldsymbol{\theta}_{\mathrm{g}}-\boldsymbol{\theta}_{\mathrm{g}}^{*})^{\mathrm{T}}\boldsymbol{\eta}(\boldsymbol{x})u+w]\tag{4.44}$$

该方程清晰地描述了跟踪误差和控制参数 $\boldsymbol{\theta}_{\mathrm{f}}$ 和 $\boldsymbol{\theta}_{\mathrm{g}}$ 之间的关系。自适应律的任务是为 $\boldsymbol{\theta}_{\mathrm{f}}$ 和 $\boldsymbol{\theta}_{\mathrm{g}}$ 确定一个调节机理，使得跟踪误差 $\boldsymbol{e}$ 和参数误差 $\boldsymbol{\theta}_{\mathrm{f}}-\boldsymbol{\theta}_{\mathrm{f}}^{*}$ 和 $\boldsymbol{\theta}_{\mathrm{g}}-\boldsymbol{\theta}_{\mathrm{g}}^{*}$ 达到最小。

定义 Lyapunov 函数为

$$V=\frac{1}{2}\boldsymbol{e}^{\mathrm{T}}\boldsymbol{P}\boldsymbol{e}+\frac{1}{2\gamma_1}(\boldsymbol{\theta}_{\mathrm{f}}-\boldsymbol{\theta}_{\mathrm{f}}^{*})^{\mathrm{T}}(\boldsymbol{\theta}_{\mathrm{f}}-\boldsymbol{\theta}_{\mathrm{f}}^{*})+\frac{1}{2\gamma_2}(\boldsymbol{\theta}_{\mathrm{g}}-\boldsymbol{\theta}_{\mathrm{g}}^{*})^{\mathrm{T}}(\boldsymbol{\theta}_{\mathrm{g}}-\boldsymbol{\theta}_{\mathrm{g}}^{*})\tag{4.45}$$

其中，$\gamma_1,\gamma_2$ 是正常数，$\boldsymbol{P}$ 为一个正定矩阵且满足 Lyapunov 方程

$$\boldsymbol{\Lambda}^{\mathrm{T}}\boldsymbol{P}+\boldsymbol{P}\boldsymbol{\Lambda}=-\boldsymbol{Q}\tag{4.46}$$

其中，$\boldsymbol{Q}$ 是一个任意的 $n\times n$ 正定矩阵，$\boldsymbol{\Lambda}$ 由式(4.38)给出。

取 $V_1=\frac{1}{2}\boldsymbol{e}^{\mathrm{T}}\boldsymbol{P}\boldsymbol{e}$，$V_2=\frac{1}{2\gamma_1}(\boldsymbol{\theta}_{\mathrm{f}}-\boldsymbol{\theta}_{\mathrm{f}}^{*})^{\mathrm{T}}(\boldsymbol{\theta}_{\mathrm{f}}-\boldsymbol{\theta}_{\mathrm{f}}^{*})$，$V_3=\frac{1}{2\gamma_2}(\boldsymbol{\theta}_{\mathrm{g}}-\boldsymbol{\theta}_{\mathrm{g}}^{*})^{\mathrm{T}}(\boldsymbol{\theta}_{\mathrm{g}}-\boldsymbol{\theta}_{\mathrm{g}}^{*})$。

令 $\boldsymbol{M}=\boldsymbol{b}[(\boldsymbol{\theta}_{\mathrm{f}}-\boldsymbol{\theta}_{\mathrm{f}}^{*})^{\mathrm{T}}\boldsymbol{\xi}(\boldsymbol{x})+(\boldsymbol{\theta}_{\mathrm{g}}-\boldsymbol{\theta}_{\mathrm{g}}^{*})^{\mathrm{T}}\boldsymbol{\eta}(\boldsymbol{x})u+w]$，则式(4.44)变为

$$\dot{\boldsymbol{e}}=\boldsymbol{\Lambda}\boldsymbol{e}+\boldsymbol{M}$$

$$\begin{aligned}\dot{V}_1&=\frac{1}{2}\dot{\boldsymbol{e}}^{\mathrm{T}}\boldsymbol{P}\boldsymbol{e}+\frac{1}{2}\boldsymbol{e}^{\mathrm{T}}\boldsymbol{P}\dot{\boldsymbol{e}}=\frac{1}{2}(\boldsymbol{e}^{\mathrm{T}}\boldsymbol{\Lambda}^{\mathrm{T}}+\boldsymbol{M}^{\mathrm{T}})\boldsymbol{P}\boldsymbol{e}+\frac{1}{2}\boldsymbol{e}^{\mathrm{T}}\boldsymbol{P}(\boldsymbol{\Lambda}\boldsymbol{e}+\boldsymbol{M})\\&=\frac{1}{2}\boldsymbol{e}^{\mathrm{T}}(\boldsymbol{\Lambda}^{\mathrm{T}}\boldsymbol{P}+\boldsymbol{P}\boldsymbol{\Lambda})\boldsymbol{e}+\frac{1}{2}\boldsymbol{M}^{\mathrm{T}}\boldsymbol{P}\boldsymbol{e}+\frac{1}{2}\boldsymbol{e}^{\mathrm{T}}\boldsymbol{P}\boldsymbol{M}\\&=-\frac{1}{2}\boldsymbol{e}^{\mathrm{T}}\boldsymbol{Q}\boldsymbol{e}+\frac{1}{2}(\boldsymbol{M}^{\mathrm{T}}\boldsymbol{P}\boldsymbol{e}+\boldsymbol{e}^{\mathrm{T}}\boldsymbol{P}\boldsymbol{M})=-\frac{1}{2}\boldsymbol{e}^{\mathrm{T}}\boldsymbol{Q}\boldsymbol{e}+\boldsymbol{e}^{\mathrm{T}}\boldsymbol{P}\boldsymbol{M}\end{aligned}$$

即

$$\dot{V}_1=-\frac{1}{2}\boldsymbol{e}^{\mathrm{T}}\boldsymbol{Q}\boldsymbol{e}+\boldsymbol{e}^{\mathrm{T}}\boldsymbol{P}\boldsymbol{b}w+(\boldsymbol{\theta}_{\mathrm{f}}-\boldsymbol{\theta}_{\mathrm{f}}^{*})^{\mathrm{T}}\boldsymbol{e}^{\mathrm{T}}\boldsymbol{P}\boldsymbol{b}\boldsymbol{\xi}(\boldsymbol{x})+(\boldsymbol{\theta}_{\mathrm{g}}-\boldsymbol{\theta}_{\mathrm{g}}^{*})^{\mathrm{T}}\boldsymbol{e}^{\mathrm{T}}\boldsymbol{P}\boldsymbol{b}\boldsymbol{\eta}(\boldsymbol{x})u$$

$$\dot{V}_2=\frac{1}{\gamma_1}(\boldsymbol{\theta}_{\mathrm{f}}-\boldsymbol{\theta}_{\mathrm{f}}^{*})^{\mathrm{T}}\dot{\boldsymbol{\theta}}_{\mathrm{f}}$$

$$\dot{V}_3=\frac{1}{\gamma_2}(\boldsymbol{\theta}_{\mathrm{g}}-\boldsymbol{\theta}_{\mathrm{g}}^{*})^{\mathrm{T}}\dot{\boldsymbol{\theta}}_{\mathrm{g}}$$

$V$ 的导数为

$$\dot{V}=\dot{V}_1+\dot{V}_2+\dot{V}_3=-\frac{1}{2}\boldsymbol{e}^{\mathrm{T}}\boldsymbol{Q}\boldsymbol{e}+\boldsymbol{e}^{\mathrm{T}}\boldsymbol{P}\boldsymbol{b}w+\frac{1}{\gamma_1}(\boldsymbol{\theta}_{\mathrm{f}}-\boldsymbol{\theta}_{\mathrm{f}}^{*})^{\mathrm{T}}[\dot{\boldsymbol{\theta}}_{\mathrm{f}}+\gamma_1\boldsymbol{e}^{\mathrm{T}}\boldsymbol{P}\boldsymbol{b}\boldsymbol{\xi}(\boldsymbol{x})]$$

$$+\frac{1}{\gamma_2}(\boldsymbol{\theta}_g-\boldsymbol{\theta}_g^*)^{\mathrm{T}}[\dot{\boldsymbol{\theta}}_g+\gamma_2\boldsymbol{e}^{\mathrm{T}}\boldsymbol{P}\boldsymbol{b}\boldsymbol{\eta}(\boldsymbol{x})u] \tag{4.47}$$

将自适应律式(4.35)和式(4.36)代入上式,得

$$\dot{V}=-\frac{1}{2}\boldsymbol{e}^{\mathrm{T}}\boldsymbol{Q}\boldsymbol{e}+\boldsymbol{e}^{\mathrm{T}}\boldsymbol{P}\boldsymbol{b}w \tag{4.48}$$

由于$-\frac{1}{2}\boldsymbol{e}^{\mathrm{T}}\boldsymbol{Q}\boldsymbol{e}\leqslant 0$,通过选取最小逼近误差 $w$ 非常小的模糊系统,可实现$\dot{V}\leqslant 0$。

由于$\boldsymbol{Q}>0$,$w$ 是最小逼近误差,通过设计足够多规则的模糊系统,可使 $w$ 充分小,并满足$|\boldsymbol{e}^{\mathrm{T}}\boldsymbol{P}\boldsymbol{b}w|\leqslant\frac{1}{2}\boldsymbol{e}^{\mathrm{T}}\boldsymbol{Q}\boldsymbol{e}$,从而使得$\dot{V}\leqslant 0$,闭环系统为渐进稳定。

根据 LaSalle 不变性原理,当$\dot{V}\equiv 0$ 时,$-\frac{1}{2}\boldsymbol{e}^{\mathrm{T}}\boldsymbol{Q}\boldsymbol{e}+\boldsymbol{e}^{\mathrm{T}}\boldsymbol{P}\boldsymbol{b}w\equiv 0$,当 $w$ 充分小,$t\to\infty$时,$\boldsymbol{e}\to 0$。系统的收敛速度取决于 $\boldsymbol{Q}$。

由于 $V\geqslant 0$,$\dot{V}\leqslant 0$,则 $V$ 有界,因此 $e$、$\boldsymbol{\theta}_f$ 和$\boldsymbol{\theta}_g$ 有界,但无法保证$\boldsymbol{\theta}_f$ 和$\boldsymbol{\theta}_g$ 收敛于$\boldsymbol{\theta}_f^*$ 和$\boldsymbol{\theta}_g^*$ 即无法保证 $f(x)$和 $g(x)$的逼近。

### 4.2.4 仿真实例

被控对象为一单力臂机械手:

$$\ddot{\theta}=-\frac{1}{I}(d\dot{\theta}+mgl\cos\theta)+\frac{1}{I}(1.0+\theta+\dot{\theta})\tau$$

其中,$\tau_d$ 为摩擦模型。

取 $m=1$,$l=0.25$,$d=2.0$,$I=\frac{4}{3}ml^2$。位置指令为 $y_m(t)=0.1\sin(t)$。针对 $\xi(x)$和 $\eta(x)$,取以下 5 种隶属函数: $\mu_{NM}(x_i)=\exp[-((x_i+\pi/6)/(\pi/24))^2]$, $\mu_{NS}(x_i)=\exp[-((x_i+\pi/12)/(\pi/24))^2]$, $\mu_Z(x_i)=\exp[-(x_i/(\pi/24))^2]$, $\mu_{PS}(x_i)=\exp[-((x_i-\pi/12)/(\pi/24))^2]$, $\mu_{PM}(x_i)=\exp[-((x_i-\pi/6)/(\pi/24))^2]$。则用于逼近 $f$ 和 $g$ 的模糊规则分别有 25 条。

根据隶属函数设计程序,可得到隶属函数图,如图 4-6 所示。

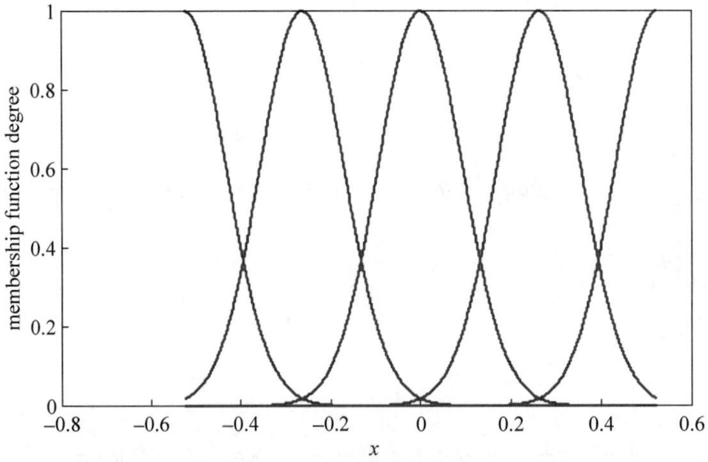


图 4-6 $x_i$ 的隶属函数

机械手初始状态为[0.15,0]，$\boldsymbol{\theta}_f$ 和$\boldsymbol{\theta}_g$ 的初始值取 0.10，采用控制律式(4.33)，按式(4.46)求 $P$，取 $\boldsymbol{Q}=\begin{bmatrix}10 & 0\\0 & 10\end{bmatrix}$，$k_1=2$，$k_2=1$，自适应参数取 $\gamma_1=10$，$\gamma_2=1$，自适应律取式(4.35)和式(4.36)。

在程序中，分别用 $FS_2$、$FS_1$ 和 FS 表示模糊系统$\boldsymbol{\xi}(\boldsymbol{x})$的分子、分母及$\boldsymbol{\xi}(\boldsymbol{x})$，仿真结果如图 4-7～图 4-10 所示。

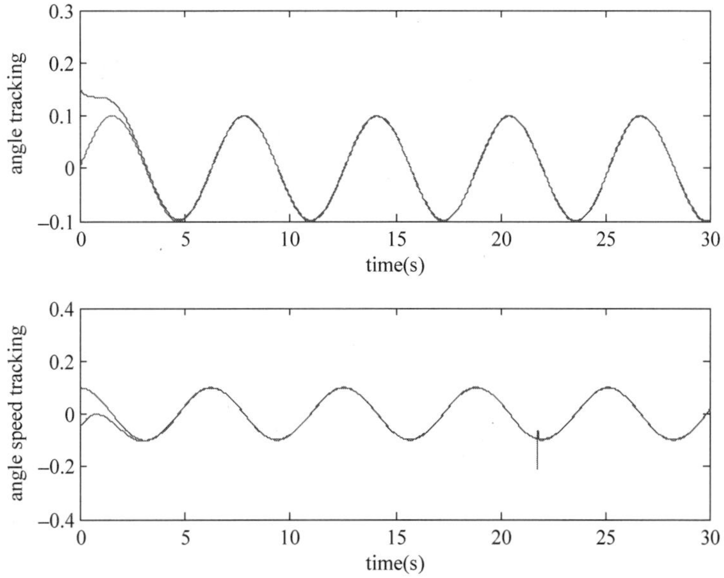


**图 4-7　角度及角速度跟踪**

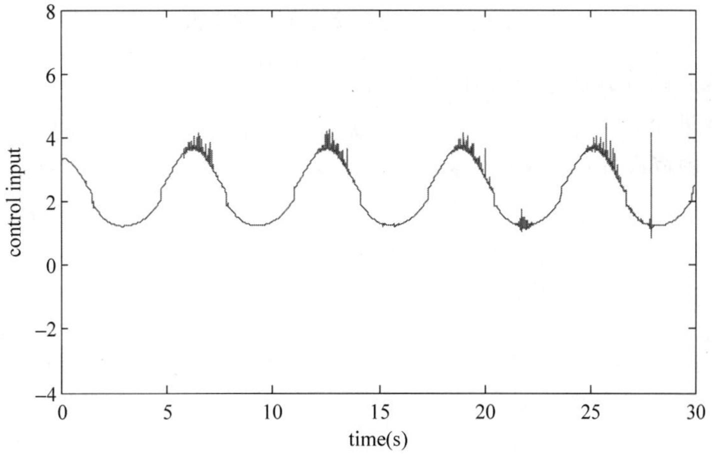


**图 4-8　控制输入信号**

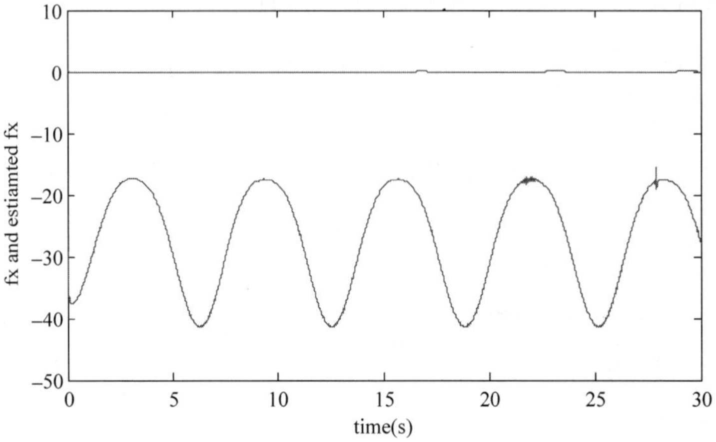


图 4-9　$f(x,t)$ 及 $\hat{f}(x,t)$ 的变化

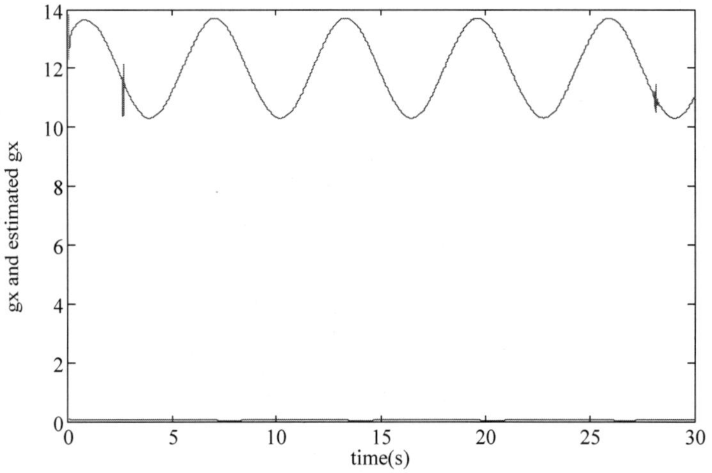


图 4-10　$g(x,t)$ 及 $\hat{g}(x,t)$ 的变化

间接模糊自适应控制仿真程序有 5 个。

仿真程序如下：

(1) 隶属函数设计：chap4_2mf. m

```
clear all;
close all;

L1 = - pi/6;
L2 = pi/6;
L = L2 - L1;

T = L * 1/1000;

x = L1:T:L2;
figure(1);
for i = 1:1:5
    gs = - [(x + pi/6 - (i - 1) * pi/12)/(pi/24)].^2;
```

```
    u = exp(gs);
    hold on;
    plot(x,u);
end
xlabel('x');ylabel('Membership function degree');
```

(2) Simulink 主程序：chap4_2sim.mdl

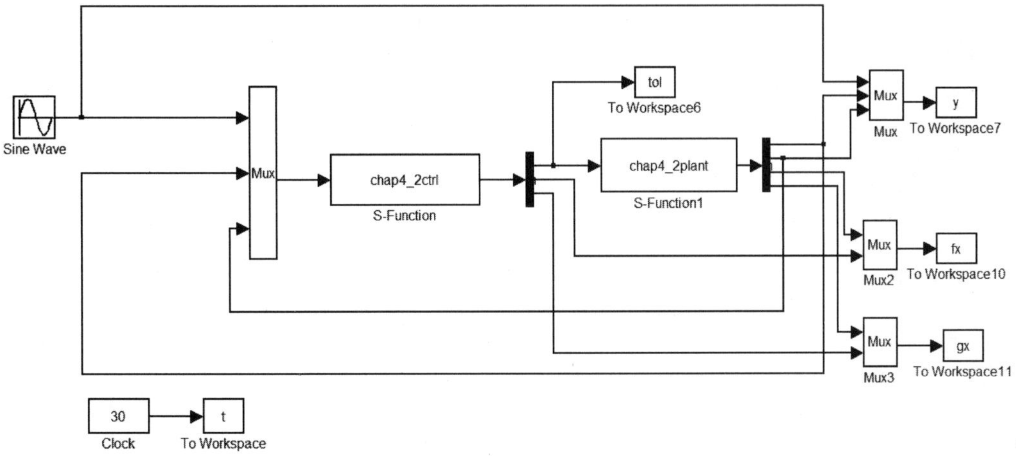


(3) 控制器 S 函数：chap4_2ctrl.m

```
function [sys,x0,str,ts] = spacemodel(t,x,u,flag)

switch flag,
case 0,
    [sys,x0,str,ts] = mdlInitializeSizes;
case 1,
    sys = mdlDerivatives(t,x,u);
case 3,
    sys = mdlOutputs(t,x,u);
case {2,4,9}
    sys = [];
otherwise
    error(['Unhandled flag = ',num2str(flag)]);
end

function [sys,x0,str,ts] = mdlInitializeSizes
sizes = simsizes;
sizes.NumContStates   = 50;
sizes.NumDiscStates   = 0;
sizes.NumOutputs      = 3;
sizes.NumInputs       = 3;
sizes.DirFeedthrough  = 1;
sizes.NumSampleTimes  = 0;
sys = simsizes(sizes);
x0  = [0.1 * ones(50,1)];
str = [];
```

```
ts = [];

function sys = mdlDerivatives(t,x,u)
gama1 = 10;
gama2 = 1;

ym = u(1); dym = 0.1 × cos(t); ddym = - 0.1 × sin(t);
x1 = u(2); x2 = u(3);
e = ym - x1; de = ym - x2;

k1 = 2;
k2 = 1;
k = [k2;k1];
E = [e,de]';

for i = 1:1:25
    thtaf(i,1) = x(i);
end
for i = 1:1:25
    thtag(i,1) = x(i + 25);
end
%%%%%%%%%%%%%%%%%%%%%%%%%%%%%%%%
A = [0  - k2;
   1  - k1];
Q = [10 0;0 10];
P = lyap(A,Q);
%%%%%%%%%%%%%%%%%%%%%%%%%%%%%%%
FS1 = 0;
for l1 = 1:1:5
    gs1 = - [(x1 + pi/6 - (l1 - 1) * pi/12)/(pi/24)]^2;
    u1(l1) = exp(gs1);
end

for l2 = 1:1:5
    gs2 = - [(x2 + pi/6 - (l2 - 1) * pi/12)/(pi/24)]^2;
    u2(l2) = exp(gs2);
end

for l1 = 1:1:5
    for l2 = 1:1:5
        FS2(5 * (l1 - 1) + l2) = u1(l1) * u2(l2);
        FS1 = FS1 + u1(l1) * u2(l2);
    end
end

FS = FS2/(FS1 + 0.001);

fx1 = thtaf' * FS';
gx1 = thtag' * FS' + 0.001;

ut = 1/gx1 * ( - fx1 + ddym + k' * E);
```

```
b = [0;1];
S1 = - gama1 * E' * P * b * FS;
S2 = - gama2 * E' * P * b * FS * ut;

for i = 1:1:25
    sys(i) = S1(i);
end
for j = 26:1:50
    sys(j) = S2(j - 25);
end

function sys = mdlOutputs(t,x,u)
ym = u(1);
dym = 0.1 * cos(t); ddym = - 0.1 * sin(t);
x1 = u(2); x2 = u(3);
e = ym - x1; de = dym - x2;

k1 = 2;
k2 = 1;
k = [k2;k1];
E = [e,de]';

for i = 1:1:25
    thtaf(i,1) = x(i);
end
for i = 1:1:25
    thtag(i,1) = x(i + 25);
end

FS1 = 0;
for l1 = 1:1:5
    gs1 = - [(x1 + pi/6 - (l1 - 1) * pi/12)/(pi/24)]^2;
    u1(l1) = exp(gs1);
end

for l2 = 1:1:5
    gs2 = - [(x2 + pi/6 - (l2 - 1) * pi/12)/(pi/24)]^2;
    u2(l2) = exp(gs2);
end

for l1 = 1:1:5
    for l2 = 1:1:5
        FS2(5 * (l1 - 1) + l2) = u1(l1) * u2(l2);
        FS1 = FS1 + u1(l1) * u2(l2);
    end
end
FS = FS2/(FS1 + 0.001);

fx1 = thtaf' * FS';
gx1 = thtag' * FS' + 0.001;
```

```
ut = 1/gx1 * ( - fx1 + ddym + k' * E);

sys(1) = ut;
sys(2) = fx1;
sys(3) = gx1;
```

(4) 被控对象 S 函数：chap4_2plant. m

```
% S - function for continuous state equation
function [sys,x0,str,ts] = s_function(t,x,u,flag)

switch flag,
% Initialization
  case 0,
    [sys,x0,str,ts] = mdlInitializeSizes;
case 1,
    sys = mdlDerivatives(t,x,u);
% Outputs
  case 3,
    sys = mdlOutputs(t,x,u);
% Unhandled flags
  case {2, 4, 9 }
    sys = [];
% Unexpected flags
  otherwise
    error(['Unhandled flag = ',num2str(flag)]);
end

function [sys,x0,str,ts] = mdlInitializeSizes
sizes = simsizes;
sizes.NumContStates  = 2;
sizes.NumDiscStates  = 0;
sizes.NumOutputs     = 4;
sizes.NumInputs      = 1;
sizes.DirFeedthrough = 0;
sizes.NumSampleTimes = 0;

sys = simsizes(sizes);
x0 = [0.15 0];
str = [];
ts = [];
function sys = mdlDerivatives(t,x,u)
g = 9.8;
m = 1;
l = 0.25;
d = 2.0;
I = 4/3 * m * l ^2;

tol = u(1);

fx = 1/I * ( - d * x(2) - m * g * l * cos(x(1)));
```

```
gx = (1 + x(1) + x(2))/I;

sys(1) = x(2);
sys(2) = fx + gx * (tol - told);
function sys = mdlOutputs(t,x,u)
g = 9.8;
m = 1;
l = 0.25;
d = 2.0;
I = 4/3 * m * l^2;

tol = u(1);

fx = 1/I * ( - d * x(2) - m * g * l * cos(x(1)));
gx = (1 + x(1) + x(2))/I;

sys(1) = x(1);
sys(2) = x(2)
sys(3) = fx;
sys(4) = gx;
```

(5) 作图程序：chap4_2plot

```
close all;

figure(1);
subplot(211);
plot(t,y(:,1),'r',t,y(:,2),'b');
xlabel('time(s)');ylabel('Angle tracking');

subplot(212);
plot(t,0.1 * cos(t),'r',t,y(:,3),'b');
xlable('time(s)');ylabel('Angle speed tracking');

figure(2);
plot(t,tol(:,1),'r');
xlabel('time(s)');ylabel('Control input');

figure(3);
plot(t,fx(:,1),'r',t,fx(:,2),'b');
xlabel('time(s)');ylabel('fx and estiamted fx');

figure(4);
plot(t,gx(:,1),'r',t,gx(:,2),'b');
xlabel('time(s)');ylabel('gx and estimated gx');
```

## 4.3 单级倒立摆的监督模糊控制

倒立摆仿真或实物控制实验是控制领域中用来检验某种控制理论或方法的典型方案。倒立摆系统是行走机器人等许多控制对象的最简单的模型，是一个复杂的非线性的、不确定的高阶系统，系统中的参数也具有不确定性，因此倒立摆控制器的设计应保证有良好的鲁棒稳定性。

### 4.3.1 模糊系统的设计

设二维模糊系统为集合$U=[\alpha_1,\ \beta_1]\times[\alpha_2,\ \beta_2]\subset R^2$上的一个函数，其解析式形式未知。假设对任意一个$x\in U$，则可设计一个模糊系统。模糊系统可由以下两步来构造：

(1) 在$[\alpha_i,\ \beta_i]$上定义$N_i(i=1,2)$个标准的、一致的和完备的模糊集$A_i^1$，$A_i^2$，…，$A_i^{N_i}$。

(2) 组建$M=N_1\times N_2$条模糊集IF-THEN规则，第$i_1i_2$条规则表示为：

$$\mathrm{R}_u^{i_1i_2}:\text{IF } x_1 \text{ is } A_1^{i_1} \text{ AND } x_2 \text{ is } A_2^{i_2}, \text{THEN } y \text{ is } B^{i_1i_2}$$

其中，$i_1=1,2,\cdots,N_1$，$i_2=1,2,\cdots,N_2$，将模糊集$B^{i_1i_2}$的中心（用$\bar{y}^{i_1i_2}$表示）选择为

$$\bar{y}^{i_1i_2}=g(e_1^{i_1},\ e_2^{i_2}) \tag{4.49}$$

采用乘积推理机、单值模糊器和中心平均解模糊器，根据$M=N_1\times N_2$条规则来构造模糊系统$f(x)$，$f(x)$具体表示如下：

$$u_{\text{fuzz}}(x)=\frac{\sum_{i_1=1}^{N_1}\sum_{i_2=1}^{N_2}\bar{y}^{i_1i_2}(\mu_{A_1}^{i_1}(x_1)\mu_{A_2}^{i_2}(x_2))}{\sum_{i_1=1}^{N_1}\sum_{i_2=1}^{N_2}(\mu_{A_1}^{i_1}(x_1)\mu_{A_2}^{i_2}(x_2))} \tag{4.50}$$

### 4.3.2 模糊监督控制器的设计

从概念上讲，至少有两种不同的方法确保模糊控制系统的稳定性：第一种方法是为模糊控制器选择特殊的结构和参数，使带有模糊控制器的闭环系统稳定；第二种方法是设计模糊控制器时先不考虑稳定性，而是将另一个非模糊控制器添加到模糊控制器上以满足稳定性需要。第二种方法中模糊控制器的设计有很大的自由度和灵活性，所以用此方法设计的模糊控制系统可获得更好的性能。

第二种方法的关键是设计添加的第二层非模糊控制器，使稳定性得到保证。模糊控制器执行主要控制操作，是主控制器，第二层控制器执行监督功能，如果模糊控制器运行良好，则第二层控制器停止工作，如果模糊控制系统趋于不稳定，则第二层控制器开始工作，以确保稳定性。第二层控制器称为监督控制器。

考虑如下非线性系统：

$$x^{(n)}=f(x,\dot{x},\cdots,x^{(n-1)})+g(x,\dot{x},\cdots,x^{(n-1)}) \tag{4.51}$$

其中，$x\in\boldsymbol{R}$是系统输出，$u\in\boldsymbol{R}$为控制输入，$x=(x,\dot{x},\cdots,x^{(n-1)})^{\mathrm{T}}$是系统状态向量，$f$和$g$为未知非线性函数，并假设$g>0$。

在系统(4.51)中，假设$|f(\boldsymbol{x})|$的上界和$g(\boldsymbol{x})$的下界已知，即存在可确定函数$f^{\mathrm{U}}(\boldsymbol{x})$和$g_{\mathrm{L}}(\boldsymbol{x})$，使得$|f(\boldsymbol{x})|\leqslant f^{\mathrm{U}}(\boldsymbol{x})$，$0<g_{\mathrm{L}}(\boldsymbol{x})\leqslant g(\boldsymbol{x})$。

主模糊控制器设计为

$$u = u_{\text{fuzz}}(\boldsymbol{x}) \tag{4.52}$$

为了确保闭环系统的稳定性，需要设计一个控制器，且要求带有此控制器的闭环系统是全局稳定的。在模糊控制器 $u_{\text{fuzz}}(\boldsymbol{x})$ 上添加一个监督控制器 $u_s(\boldsymbol{x})$，$u_s(\boldsymbol{x})$ 只是在状态变量达到约束集 $\{\boldsymbol{x}: |\boldsymbol{x}| \leqslant M_x\}$ 的边界时才不为零，其中 $M_x$ 为设计者给定的大于零的实数。

监督控制器设计为

$$u = u_{\text{fuzz}}(\boldsymbol{x}) + I^* u_s(\boldsymbol{x}) \tag{4.53}$$

其中，$I^*$ 为指示函数。

控制的主要任务仍然由模糊控制器 $u_{\text{fuzz}}(\boldsymbol{x})$ 承担，通过设计监督控制器 $u_s$，使对所有的 $t>0$，有 $\|\boldsymbol{x}\| \leqslant M_x$。监督控制器式(4.53)的控制策略为

(1) 当 $\|\boldsymbol{x}\| \geqslant M_x$ 时，$I^*=1$；

(2) 当 $\|\boldsymbol{x}\| \leqslant M_x$ 时，$I^*=0$。

将式(4.53)代入式(4.51)中，得

$$\boldsymbol{x}^{(n)} = f(\boldsymbol{x}) + g(\boldsymbol{x})(u_{\text{fuzz}}(\boldsymbol{x}) + I^* u_s(\boldsymbol{x})) \tag{4.54}$$

为了证明稳定性，需要将闭环系统的方程写成向量形式。

由被控对象式(4.51)的表达形式，可定义使闭环系统稳定的理想控制器为

$$u^* = \frac{1}{g(\boldsymbol{x})}(-f(\boldsymbol{x}) - \boldsymbol{k}^{\mathrm{T}}\boldsymbol{x}) \tag{4.55}$$

其中，$\boldsymbol{k}=(k_n,\cdots,k_1)^{\mathrm{T}} \in R^n$，使得多项式 $s^{(n)}+k_1 s^{(n-1)}+\cdots+k_n$ 的所有根都在复平面的左半平面上。

将式(4.55)代入式(4.54)，得

$$\begin{aligned}\boldsymbol{x}^{(n)} &= f(\boldsymbol{x}) + g(\boldsymbol{x})u^* - g(\boldsymbol{x})u^* + g(\boldsymbol{x})[u_{\text{fuzz}}(\boldsymbol{x}) + I^* u_s(\boldsymbol{x})] \\ &= -\boldsymbol{k}^{\mathrm{T}}\boldsymbol{x} + g(\boldsymbol{x})[u_{\text{fuzz}}(\boldsymbol{x}) - u^* + I^* u_s]\end{aligned} \tag{4.56}$$

定义

$$\boldsymbol{\Lambda} = \begin{bmatrix} 0 & 1 & 0 & 0 & \cdots & 0 & 0 \\ 0 & 0 & 1 & 0 & \cdots & 0 & 0 \\ \vdots & \vdots & \vdots & \vdots & \ddots & \vdots & \vdots \\ 0 & 0 & 0 & 0 & \cdots & 0 & 1 \\ -k_n & -k_{n-1} & & & \cdots & & -k_1 \end{bmatrix}, \quad \boldsymbol{b} = \begin{bmatrix} 0 \\ \vdots \\ 0 \\ g(\boldsymbol{x}) \end{bmatrix} \tag{4.57}$$

则式(4.56)可以写成向量形式

$$\dot{\boldsymbol{x}} = \boldsymbol{\Lambda X} + \boldsymbol{b}[u_{\text{fuzz}}(\boldsymbol{x}) - u^* + I^* u_s] \tag{4.58}$$

### 4.3.3 稳定性分析

定义 Lyapunov 函数为

$$V = \frac{1}{2}\boldsymbol{x}^{\mathrm{T}}\boldsymbol{P}\boldsymbol{x} \tag{4.59}$$

其中，$\boldsymbol{P}$ 是满足 Lyapunov 方程的正定对称矩阵，且满足

$$\boldsymbol{\Lambda}^{\mathrm{T}}\boldsymbol{P}+\boldsymbol{P}\boldsymbol{\Lambda}=-\boldsymbol{Q} \tag{4.60}$$

其中，$\boldsymbol{Q}>0$ 由设计者给定。因为$\boldsymbol{\Lambda}$是稳定的，所以这样的 $\boldsymbol{P}$ 总是存在的。

利用式(4.58)和式(4.60)，并考虑到 $\|\boldsymbol{x}\|\geqslant M_x$ 时，$I^*=1$，得

$$\begin{aligned}\dot{V}&=\frac{1}{2}\dot{\boldsymbol{x}}^{\mathrm{T}}\boldsymbol{P}\boldsymbol{x}+\frac{1}{2}\boldsymbol{x}^{\mathrm{T}}\boldsymbol{P}\dot{\boldsymbol{x}}\\&=\frac{1}{2}(\boldsymbol{\Lambda}\boldsymbol{x}+\boldsymbol{b}(u_{\mathrm{fuzz}}-u^*+u_{\mathrm{s}}))^{\mathrm{T}}\boldsymbol{P}\boldsymbol{x}+\frac{1}{2}\boldsymbol{x}^{\mathrm{T}}\boldsymbol{P}(\boldsymbol{\Lambda}\boldsymbol{x}+\boldsymbol{b}(u_{\mathrm{fuzz}}-u^*+u_{\mathrm{s}}))\\&=\frac{1}{2}\boldsymbol{x}^{\mathrm{T}}(\boldsymbol{\Lambda}^{\mathrm{T}}\boldsymbol{P}+\boldsymbol{P}\boldsymbol{\Lambda})\boldsymbol{x}+\frac{1}{2}\boldsymbol{b}^{\mathrm{T}}\boldsymbol{P}\boldsymbol{x}(u_{\mathrm{fuzz}}-u^*+u_{\mathrm{s}})+\frac{1}{2}\boldsymbol{x}^{\mathrm{T}}\boldsymbol{P}\boldsymbol{b}(u_{\mathrm{fuzz}}-u^*+u_{\mathrm{s}})\\&=-\frac{1}{2}\boldsymbol{x}^{\mathrm{T}}\boldsymbol{Q}\boldsymbol{x}+\boldsymbol{x}^{\mathrm{T}}\boldsymbol{P}\boldsymbol{b}(u_{\mathrm{fuzz}}-u^*+u_{\mathrm{s}})\end{aligned}$$

可得

$$\dot{V}\leqslant-\frac{1}{2}\boldsymbol{x}^{\mathrm{T}}\boldsymbol{Q}\boldsymbol{x}+|\boldsymbol{x}^{\mathrm{T}}\boldsymbol{P}\boldsymbol{b}|(|u_{\mathrm{fuzz}}|+|u^*|)+\boldsymbol{x}^{\mathrm{T}}\boldsymbol{P}\boldsymbol{b}u_{\mathrm{s}}$$

为保证$\dot{V}\leqslant 0$，设计监督控制项 $u_{\mathrm{s}}$ 为

$$u_{\mathrm{s}}(\boldsymbol{x})=-\operatorname{sgn}(\boldsymbol{x}^{\mathrm{T}}\boldsymbol{P}\boldsymbol{b})\left(\frac{1}{g_{\mathrm{L}}}(f^{\mathrm{U}}+|\boldsymbol{k}^{\mathrm{T}}\boldsymbol{x}|)+|u_{\mathrm{fuzz}}|\right) \tag{4.61}$$

则

$$\begin{aligned}\dot{V}&\leqslant-\frac{1}{2}\boldsymbol{x}^{\mathrm{T}}\boldsymbol{Q}\boldsymbol{x}+|\boldsymbol{x}^{\mathrm{T}}\boldsymbol{P}\boldsymbol{b}|(|u_{\mathrm{fuzz}}|+|u^*|)-|\boldsymbol{x}^{\mathrm{T}}\boldsymbol{P}\boldsymbol{b}|\left(\frac{1}{g_{\mathrm{L}}}(f^{\mathrm{U}}+|\boldsymbol{k}^{\mathrm{T}}\boldsymbol{x}|)+|u_{\mathrm{fuzz}}|\right)\\&\leqslant-\frac{1}{2}\boldsymbol{x}^{\mathrm{T}}\boldsymbol{Q}\boldsymbol{x}\leqslant 0\end{aligned} \tag{4.62}$$

式(4.53)中的 $I^*$ 是一个阶跃函数，每到 $\boldsymbol{x}$ 碰到边界 $\|\boldsymbol{x}\|=M_x$ 时，监督控制器就开始工作，每当 $\boldsymbol{x}$ 回到约束条件 $\|\boldsymbol{x}\|=M_x$ 的内部时，监督控制器就停止工作，因此系统在跨越边界时将受到冲击。克服这种“振荡”的一个办法就是，令 $I^*$ 在 0～1 之间连续变化。可以选择如下：

$$I^*=\begin{cases}0 & \|\boldsymbol{x}\|<a\\ \dfrac{\|\boldsymbol{x}\|-a}{M_x-a} & a\leqslant\|\boldsymbol{x}\|<M_x\\ 1 & \|\boldsymbol{x}\|\geqslant M_x\end{cases} \tag{4.63}$$

其中，$a\in(0,M_x)$为设计者给定的一个常数。$I^*$ 形如式(4.51)，则当 $\boldsymbol{x}$ 从 $a$ 变到 $M_x$ 时，监督控制器 $u_{\mathrm{s}}$ 将从停止状态连续变化到“最大值”1。

通过上述分析可知，通过设计监督控制器 $u_{\mathrm{s}}$，可以保证 $\|\boldsymbol{x}\|\leqslant M_x$。

根据 LaSalle 不变性原理，由式(4.62)可知，当$\dot{V}\equiv 0$ 时，$\boldsymbol{x}\equiv 0$，则 $t\to\infty$时，$\boldsymbol{x}\to 0$。系统的收敛速度取决于 $\boldsymbol{Q}$。

### 4.3.4 仿真实例

被控对象取单级倒立摆，如图 4-11 所示，其控制目标为使摆直立，并保证静止。单级倒立摆动态方程为

$$\begin{cases}\dot{x}_1 = x_2 \\ \dot{x}_2 = \dfrac{g\sin x_1 - \dfrac{mlx_2^2\cos x_1\sin x_1}{m_c+m}}{l\left(\dfrac{4}{3}-\dfrac{m\cos^2 x_1}{m_c+m}\right)} + \dfrac{\dfrac{\cos x_1}{m_c+m}}{l\left(\dfrac{4}{3}-\dfrac{m\cos^2 x_1}{m_c+m}\right)}u\end{cases}$$

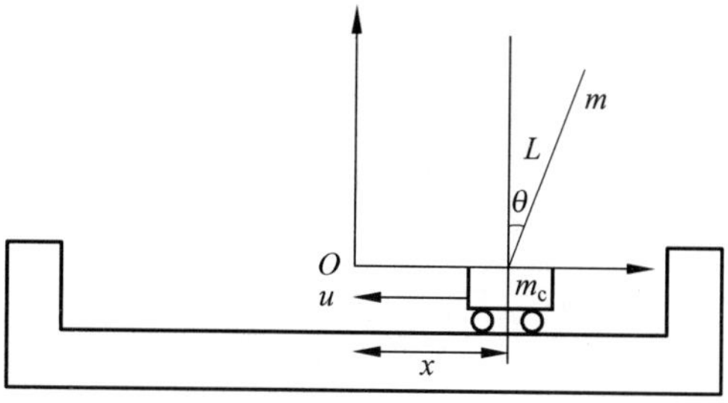


图 4-11　单级倒立摆系统示意图

其中，$x_1$ 和 $x_2$ 分别为摆角和摆速，$g=9.8$，$m_c=1$ 为小车质量，$m$ 为摆杆质量，$m=0.1$，$l$ 为摆长的一半，$l=\frac{1}{2}L$，$l=0.5$，$u$ 为控制输入。

模糊控制 $u_{fuzz}$是依据以下 4 条模糊规则设计的：

(1) 如果 $x_1$ 是正且 $x_2$ 是正，则 $u$ 是负最大值；

(2) 如果 $x_1$ 是正且 $x_2$ 是负，则 $u$ 是零；

(3) 如果 $x_1$ 是负且 $x_2$ 是正，则 $u$ 是零；

(4) 如果 $x_1$ 是负且 $x_2$ 是负，则 $u$ 是正最大值。

模糊集“正”“负”“负最大值”“零”和“正最大值”的隶属函数分别为 $\mu_{正}(x)=\frac{1}{1+e^{-30x}}$，$\mu_{负}(x)=\frac{1}{1+e^{30x}}$，$\mu_{负最大值}(u)=e^{-(u+5)^2}$，$\mu_{零}(u)=e^{-u^2}$，$\mu_{正最大值}(u)=e^{-(u-5)^2}$。

要设计监督控制器，首先要确定边界 $f^U$ 和 $g_L$。对本系统，如果要求 $|x_1|\leqslant\pi/9$，则有

$$|f(x_1,x_2)| = \left|\frac{g\sin x_1 - \dfrac{mlx_2^2\cos x_1\sin x_1}{m_c+m}}{l\left(\dfrac{4}{3}-\dfrac{m\cos^2 x_1}{m_c+m}\right)}\right| \leqslant \frac{9.8+\dfrac{0.1\times0.5\times0.5\sin(2x_1)}{1+0.1}x_2^2}{0.5\times\left(\dfrac{4}{3}-\dfrac{0.1\cos^2 x_1}{1+0.1}\right)}$$

$$\leqslant \frac{9.8+\dfrac{0.025}{1.1}x_2^2}{\dfrac{2}{3}-\dfrac{0.05}{1.1}}$$

$$=15.78+0.0366x_2^2 = f^U(x_1,x_2)$$

$$|g(x_1,x_2)| = \frac{\dfrac{\cos x_1}{m_c+m}}{l\left(\dfrac{4}{3}-\dfrac{m\cos^2 x_1}{m_c+m}\right)} = \frac{\dfrac{\cos(\pi/9)}{0.1+1}}{0.5\times\left(\dfrac{4}{3}-\dfrac{0.1}{1.1}\cos^2 x_1\right)}$$

$$\geqslant \frac{\cos(\pi/9)}{1.1\times\left(\dfrac{2}{3}+\dfrac{0.05}{1.1}\cos^2\pi\right)} = 1.1 = g_L(x_1,x_2)$$

控制的目标是能将任意初始角度 $x_1 \in [-\pi/9, \pi/9]$ 的倒立摆控制到平衡点，并同时保证 $\|(x_1, x_2)\|_2 \leqslant \pi/9 = M_x$。

采用乘积推理机，单值模糊器和中心平均解模糊器，根据 $M = N_1 \times N_2 (N_1 = 2, N_2 = 2)$ 条规则来构造模糊控制器 $u_{\text{fuzz}}$。由四条规则的结论可知：$\bar{y}^{11} = -5, \bar{y}^{12} = 0, \bar{y}^{21} = 0, \bar{y}^{22} = 5$，则由式(4.50)得模糊控制器为

$$u_{\text{fuzz}} = \frac{\bar{y}^{11}\mu_{\text{正}}(x_1)\mu_{\text{正}}(x_2) + \bar{y}^{21}\mu_{\text{负}}(x_1)\mu_{\text{正}}(x_2) + \bar{y}^{12}\mu_{\text{正}}(x_1)\mu_{\text{负}}(x_2) + \bar{y}^{22}\mu_{\text{负}}(x_1)\mu_{\text{负}}(x_2)}{\mu_{\text{正}}(x_1)\mu_{\text{正}}(x_2) + \mu_{\text{负}}(x_1)\mu_{\text{正}}(x_2) + \mu_{\text{正}}(x_1)\mu_{\text{负}}(x_2) + \mu_{\text{负}}(x_1)\mu_{\text{负}}(x_2)}$$

$$= \frac{-5\mu_{\text{正}}(x_1)\mu_{\text{正}}(x_2) + 5\mu_{\text{负}}(x_1)\mu_{\text{负}}(x_2)}{\mu_{\text{正}}(x_1)\mu_{\text{正}}(x_2) + \mu_{\text{负}}(x_1)\mu_{\text{正}}(x_2) + \mu_{\text{正}}(x_1)\mu_{\text{负}}(x_2) + \mu_{\text{负}}(x_1)\mu_{\text{负}}(x_2)}$$

$$= \frac{-5\dfrac{1}{1+\mathrm{e}^{-30x}}\dfrac{1}{1+\mathrm{e}^{-30x}} + 5\dfrac{1}{1+\mathrm{e}^{30x}}\dfrac{1}{1+\mathrm{e}^{30x}}}{\dfrac{1}{1+\mathrm{e}^{-30x}}\dfrac{1}{1+\mathrm{e}^{-30x}} + \dfrac{1}{1+\mathrm{e}^{30x}}\dfrac{1}{1+\mathrm{e}^{-30x}} + \dfrac{1}{1+\mathrm{e}^{-30x}}\dfrac{1}{1+\mathrm{e}^{30x}} + \dfrac{1}{1+\mathrm{e}^{30x}}\dfrac{1}{1+\mathrm{e}^{30x}}}$$

根据隶属函数设计程序，可得到隶属函数图，如图 4-12 和图 4-13 所示。倒立摆初始状态为$[\pi/60, 0]$，采用控制律式(4.51)。取 $\boldsymbol{Q} = \begin{bmatrix} 10 & 0 \\ 0 & 10 \end{bmatrix}$，$k_1 = 2, k_2 = 1$，则求解 Lyapunov 方程式(4.60)得：$\boldsymbol{P} = \begin{bmatrix} 15 & 5 \\ 5 & 5 \end{bmatrix}$。由于 $M_x = \pi/9$，取 $a = \pi/18$，仿真结果如图 4-14～图 4-16 所示。

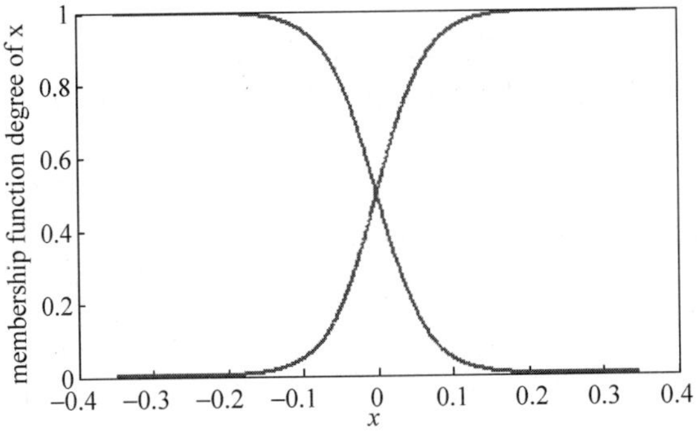


**图 4-12　角度 $x_1$ 的隶属函数**

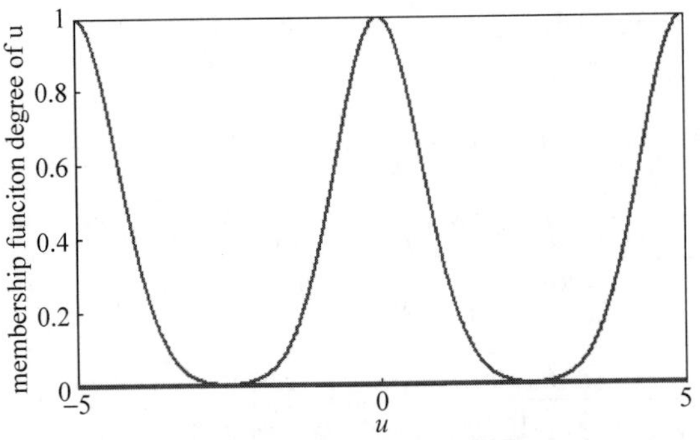


**图 4-13　控制输入 $u$ 的隶属函数**

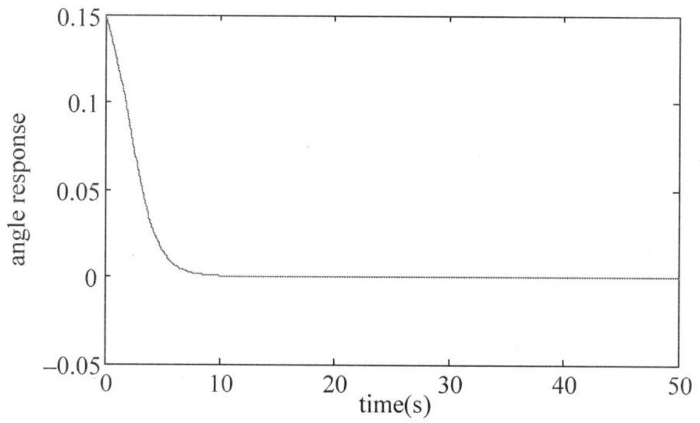


图 4-14 角度响应

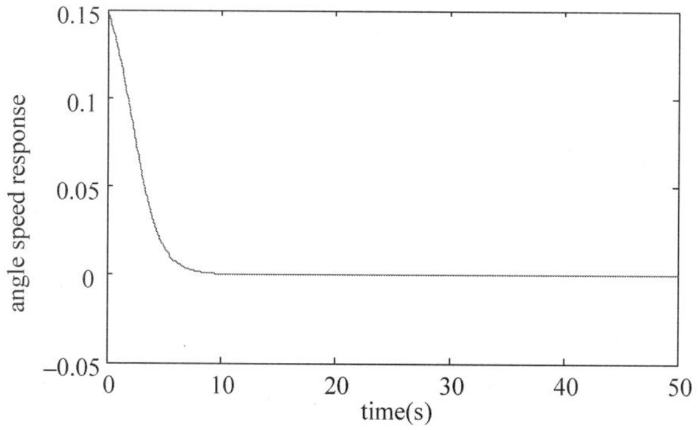


图 4-15 角速度度响应

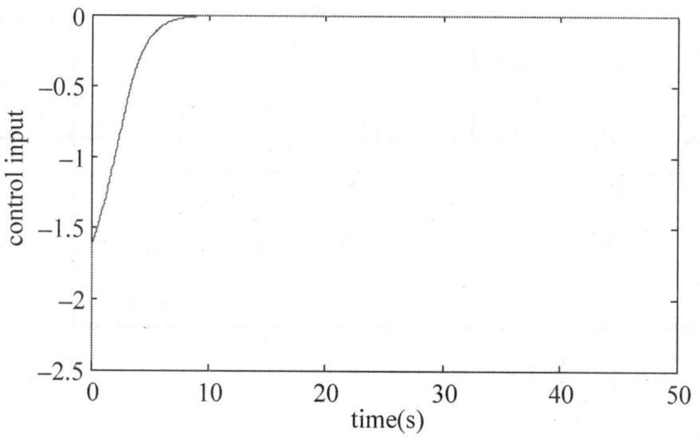


图 4-16 控制输入信号 $u$

仿真程序如下：

(1) 隶属函数设计程序：chap4_3mf.m

```
clear all;
close all;
T = 0.001;

x = - pi/9:T:pi/9;
figure(1);
```

```
for i = 1:1:2
    if i == 1
       niux = 1./(1 + exp( - 30 * x));
    elseif i == 2
       niux = 1./(1 + exp(30 * x));
    end
    hold on;
    plot(x,niux);
end
xlabel('x');ylabel('Membership function degree of x');

u = - 5:T:5;
figure(2);
for i = 1:1:3
    if i == 1
       niuu = exp( - (u + 5).^2);
    elseif i == 2
       niuu = exp( - u.^2);
    elseif i == 3
       niuu = exp( - (u - 5).^2);
    end
    hold on;
    plot(u,niuu);
end
xlabel('u');ylabel('Membership function degree of u');
```

(2) Simulink 主程序：chap4_3sim.mdl

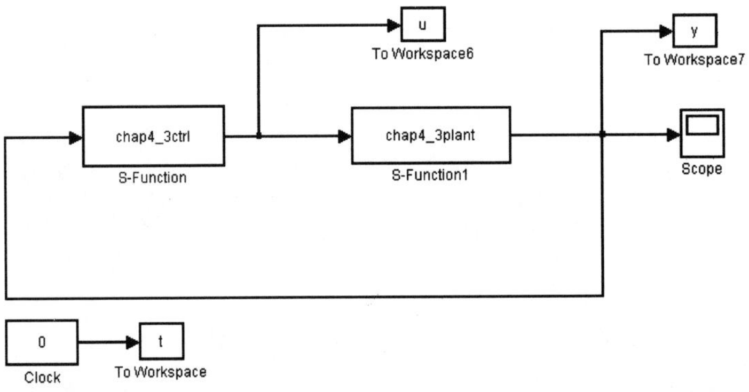


(3) 控制器 S 函数：chap4_3ctrl.m

```
function [sys,x0,str,ts] = spacemodel(t,x,u,flag)
switch flag,
case 0,
    [sys,x0,str,ts] = mdlInitializeSizes;
case 3,
    sys = mdlOutputs(t,x,u);
case {2,4,9}
    sys = [];
otherwise
```

```
    error(['Unhandled flag = ',num2str(flag)]);
end
function [sys,x0,str,ts] = mdlInitializeSizes
sizes = simsizes;
sizes.NumContStates  = 0;
sizes.NumDiscStates  = 0;
sizes.NumOutputs     = 3;
sizes.NumInputs      = 2;
sizes.DirFeedthrough = 1;
sizes.NumSampleTimes = 0;
sys = simsizes(sizes);
x0  = [];
str = [];
ts  = [];
function sys = mdlOutputs(t,x,u)
x1 = u(1);
x2 = u(2);

k1 = 2;k2 = 1;
k = [k2;k1];
%%%%%%%%%%%%%%%%%%%%%%%%%%%%%%%%%%%
u1_1 = 1/(1 + exp( - 30 * x1));
u1_2 = 1/(1 + exp(30 * x1));

u2_1 = 1/(1 + exp( - 30 * x2));
u2_2 = 1/(1 + exp(30 * x2));

Fnum = - 5 * u1_1 * u2_1 + 5 * u1_2 * u2_2;
Fden = u1_1 * u2_1 + u1_2 * u2_1 + u1_1 * u2_2 + u1_2 * u2_2;
ufuzz = Fnum/Fden;
%%%%%%%%%%%%%%%%%%%%%%%%%%%%%%%%%%%
A = [0  - k2;
   1  - k1];
Q = [10 0;0 10];
P = lyap(A,Q);

b = [0;1];
x = [x1;x2];

gL = 1.1;
fU = 15.78 + 0.0366 * x2 ^ 2;
us = - sign(x' * P * b) * (1/gL * (fU + abs(k' * x)) + abs(ufuzz));

a = pi/18;
Mx = pi/9;

S = 1;
if S == 1
    if norm(x)> = Mx
        I = 1;
    else
```

```
        I = 0;
    end
elseif S == 2
    if norm(x)< a
        I = 0;
    elseif norm(x)< Mx&norm(x)> = a
        I = (norm(x) - a)/(Mx - a);
    else
        I = 1;
    end
end
ut = ufuzz + I * us;
sys(1) = ufuzz;
sys(2) = us;
sys(3) = ut;
```

(4) 被控对象 S 函数：chap4_3plant. m

```
function [sys,x0,str,ts] = s_function(t,x,u,flag)
switch flag,
case 0,
    [sys,x0,str,ts] = mdlInitializeSizes;
case 1,
    sys = mdlDerivatives(t,x,u);
case 3,
    sys = mdlOutputs(t,x,u);
case {2, 4, 9 }
    sys = [];
otherwise
    error(['Unhandled flag = ',num2str(flag)]);
end
function [sys,x0,str,ts] = mdlInitializeSizes
sizes = simsizes;
sizes.NumContStates  = 2;
sizes.NumDiscStates  = 0;
sizes.NumOutputs     = 2;
sizes.NumInputs      = 3;
sizes.DirFeedthrough = 0;
sizes.NumSampleTimes = 0;
sys = simsizes(sizes);
x0 = [pi/60 0];
str = [];
ts = [];
function sys = mdlDerivatives(t,x,u)
g = 9.8;
mc = 1.0;
m = 0.1;
l = 0.5;

S = l * (4/3 - m * (cos(x(1)))^2/(mc + m));
```

```
fx = g * sin(x(1)) - m * l * x(2)^2 * cos(x(1)) * sin(x(1))/(mc + m);
fx = fx/S;
gx = cos(x(1))/(mc + m);
gx = gx/S;

ut = u(3);
sys(1) = x(2);
sys(2) = fx + gx * ut;
function sys = mdlOutputs(t,x,u)
sys(1) = x(1);
sys(2) = x(2);
```

(5) 作图程序：chap4_3plot.m

```
close all;

figure(1);
plot(t,y(:,1),'r');
xlabel('time(s)');ylabel('Angle response');
figure(2);
plot(t,y(:,1),'r');
xlabel('time(s)');ylabel('Angle speed response');
figure(3);
subplot(311);
plot(t,u(:,1),'r');
xlabel('time(s)');ylabel('Control input ufuzz');
subplot(312);
plot(t,u(:,2),'r');
xlabel('time(s)');ylabel('Control input us');
subplot(313);
plot(t,u(:,3),'r');
xlabel('time(s)');ylabel('Control input ut');
```

## 4.4 基于模糊补偿的机械手自适应模糊控制

通过对文献[2]的部分控制方法进行详细推导及仿真分析，研究一类基于模糊补偿的机械手控制的设计方法。由于传统的模糊自适应控制方法对于存在较大扰动等外界因素时，控制效果较差。为了减弱这些外界干扰因素的影响，可以采用模糊补偿器，同时为了减少模糊逼近的计算量，提高运算效率，采用对不同的扰动补偿项加以区分、分别逼近的方法。仿真试验表明这种改进的带模糊补偿器的自适应模糊控制方法可以很好地抑制摩擦、扰动、负载变化等因素影响。

### 4.4.1 系统描述

机械手的动态方程为

$$\boldsymbol{D}(\boldsymbol{q})\ddot{\boldsymbol{q}}+\boldsymbol{C}(\boldsymbol{q},\dot{\boldsymbol{q}})\dot{\boldsymbol{q}}+\boldsymbol{G}(\boldsymbol{q})+\boldsymbol{F}(\boldsymbol{q},\dot{\boldsymbol{q}},\ddot{\boldsymbol{q}})=\boldsymbol{\tau} \tag{4.64}$$

其中，$\boldsymbol{D}(\boldsymbol{q})$为惯性力矩，$\boldsymbol{C}(\boldsymbol{q},\dot{\boldsymbol{q}})$是向心力和哥氏力矩，$\boldsymbol{G}(\boldsymbol{q})$是重力项，$\boldsymbol{F}(\boldsymbol{q},\dot{\boldsymbol{q}},\ddot{\boldsymbol{q}})$是由摩擦$\boldsymbol{F}_{\mathrm{r}}$、扰动$\boldsymbol{\tau}_{\mathrm{d}}$、负载变化的不确定项组成，$\boldsymbol{q}$为关节角度。

## 4.4.2 基于传统模糊补偿的控制

假设$\boldsymbol{D}(\boldsymbol{q})$、$\boldsymbol{C}(\boldsymbol{q},\dot{\boldsymbol{q}})$和$\boldsymbol{G}(\boldsymbol{q})$已知，且所有状态变量可测得。

定义滑模函数为

$$\boldsymbol{s}=\dot{\tilde{\boldsymbol{q}}}+\boldsymbol{\Lambda}\tilde{\boldsymbol{q}} \tag{4.65}$$

其中，$\boldsymbol{\Lambda}$为正定阵，$\tilde{\boldsymbol{q}}(t)$为跟踪误差，$\tilde{\boldsymbol{q}}=\boldsymbol{q}-\boldsymbol{q}_{\mathrm{d}}$，$\boldsymbol{q}_{\mathrm{d}}$为理想角度。

定义

$$\dot{\boldsymbol{q}}_{\mathrm{r}}(t)=\dot{\boldsymbol{q}}_{\mathrm{d}}(t)-\boldsymbol{\Lambda}\tilde{\boldsymbol{q}}(t) \tag{4.66}$$

定义 Lyapunov 函数

$$V(t)=\frac{1}{2}\left(\boldsymbol{s}^{\mathrm{T}}\boldsymbol{D}\boldsymbol{s}+\sum_{i=1}^{n}\tilde{\boldsymbol{\Theta}}_i^{\mathrm{T}}\boldsymbol{\Gamma}_i\tilde{\boldsymbol{\Theta}}_i\right) \tag{4.67}$$

其中，$\tilde{\boldsymbol{\Theta}}_i=\boldsymbol{\Theta}_i^*-\boldsymbol{\Theta}_i$，$\boldsymbol{\Theta}_i^*$为理想参数，$\Gamma_i>0$。

由于$\boldsymbol{s}=\dot{\tilde{\boldsymbol{q}}}+\boldsymbol{\Lambda}\tilde{\boldsymbol{q}}=\dot{\boldsymbol{q}}-\dot{\boldsymbol{q}}_{\mathrm{d}}+\boldsymbol{\Lambda}\tilde{\boldsymbol{q}}=\dot{\boldsymbol{q}}-\dot{\boldsymbol{q}}_{\mathrm{r}}$，则

$$\boldsymbol{s}=\dot{\tilde{\boldsymbol{q}}}+\boldsymbol{\Lambda}\tilde{\boldsymbol{q}}=\dot{\boldsymbol{q}}-\dot{\boldsymbol{q}}_{\mathrm{d}}+\boldsymbol{\Lambda}\tilde{\boldsymbol{q}}=\dot{\boldsymbol{q}}-\dot{\boldsymbol{q}}_{\mathrm{r}}$$

$$\boldsymbol{D}\dot{\boldsymbol{s}}=\boldsymbol{D}\ddot{\boldsymbol{q}}-\boldsymbol{D}\ddot{\boldsymbol{q}}_{\mathrm{r}}=\boldsymbol{\tau}-\boldsymbol{C}\dot{\boldsymbol{q}}-\boldsymbol{G}-\boldsymbol{F}-\boldsymbol{D}\ddot{\boldsymbol{q}}_{\mathrm{r}}$$

于是

$$\begin{aligned}\dot{V}(t)&=\boldsymbol{s}^{\mathrm{T}}\boldsymbol{D}\dot{\boldsymbol{s}}+\frac{1}{2}\boldsymbol{s}^{\mathrm{T}}\dot{\boldsymbol{D}}\boldsymbol{s}+\sum_{i=1}^{n}\tilde{\boldsymbol{\Theta}}_i^{\mathrm{T}}\Gamma_i\dot{\tilde{\boldsymbol{\Theta}}}_i\\&=-\boldsymbol{s}^{\mathrm{T}}(-\boldsymbol{\tau}+\boldsymbol{C}\dot{\boldsymbol{q}}+\boldsymbol{G}+\boldsymbol{F}+\boldsymbol{D}\ddot{\boldsymbol{q}}_{\mathrm{r}}-\boldsymbol{C}\boldsymbol{s})+\sum_{i=1}^{n}\tilde{\boldsymbol{\Theta}}_i^{\mathrm{T}}\Gamma_i\dot{\tilde{\boldsymbol{\Theta}}}_i\\&=-\boldsymbol{s}^{\mathrm{T}}(\boldsymbol{D}\ddot{\boldsymbol{q}}_{\mathrm{r}}+\boldsymbol{C}\dot{\boldsymbol{q}}_{\mathrm{r}}+\boldsymbol{G}+\boldsymbol{F}-\boldsymbol{\tau})+\sum_{i=1}^{n}\tilde{\boldsymbol{\Theta}}_i^{\mathrm{T}}\Gamma_i\dot{\tilde{\boldsymbol{\Theta}}}_i\end{aligned} \tag{4.68}$$

其中，$\boldsymbol{F}(\boldsymbol{q},\dot{\boldsymbol{q}},\ddot{\boldsymbol{q}})$为未知非线性函数，采用基于 MIMO 的模糊系统$\hat{\boldsymbol{F}}(\boldsymbol{q},\dot{\boldsymbol{q}},\ddot{\boldsymbol{q}}\mid\boldsymbol{\Theta})$来逼近$\boldsymbol{F}(\boldsymbol{q},\dot{\boldsymbol{q}},\ddot{\boldsymbol{q}})$。

下面设计两种基于模糊补偿的自适应控制律。

### 1. 自适应控制律的设计

设计控制律为

$$\boldsymbol{\tau}=\boldsymbol{D}(\boldsymbol{q})\ddot{\boldsymbol{q}}_{\mathrm{r}}+\boldsymbol{C}(\boldsymbol{q},\dot{\boldsymbol{q}})\dot{\boldsymbol{q}}_{\mathrm{r}}+\boldsymbol{G}(\boldsymbol{q})+\hat{\boldsymbol{F}}(\boldsymbol{q},\dot{\boldsymbol{q}},\ddot{\boldsymbol{q}}\mid\boldsymbol{\Theta})-\boldsymbol{K}_{\mathrm{D}}\boldsymbol{s} \tag{4.69}$$

其中，$\boldsymbol{K}_{\mathrm{D}}=\mathrm{diag}(K_i)$，$K_i>0$，$i=1,2,\cdots,n$，且

$$\hat{\boldsymbol{F}}(\boldsymbol{q},\dot{\boldsymbol{q}},\ddot{\boldsymbol{q}}\mid\boldsymbol{\Theta})=\begin{bmatrix}\hat{F}_1(\boldsymbol{q},\dot{\boldsymbol{q}},\ddot{\boldsymbol{q}}\mid\boldsymbol{\Theta}_1)\\\hat{F}_2(\boldsymbol{q},\dot{\boldsymbol{q}},\ddot{\boldsymbol{q}}\mid\boldsymbol{\Theta}_2)\\\vdots\\\hat{F}_n(\boldsymbol{q},\dot{\boldsymbol{q}},\ddot{\boldsymbol{q}}\mid\boldsymbol{\Theta}_n)\end{bmatrix}=\begin{bmatrix}\boldsymbol{\Theta}_1^{\mathrm{T}}\boldsymbol{\xi}(\boldsymbol{q},\dot{\boldsymbol{q}},\ddot{\boldsymbol{q}})\\\boldsymbol{\Theta}_2^{\mathrm{T}}\boldsymbol{\xi}(\boldsymbol{q},\dot{\boldsymbol{q}},\ddot{\boldsymbol{q}})\\\vdots\\\boldsymbol{\Theta}_n^{\mathrm{T}}\boldsymbol{\xi}(\boldsymbol{q},\dot{\boldsymbol{q}},\ddot{\boldsymbol{q}})\end{bmatrix} \tag{4.70}$$

模糊逼近误差为

$$w = \boldsymbol{F}(\boldsymbol{q},\dot{\boldsymbol{q}},\ddot{\boldsymbol{q}}) - \hat{\boldsymbol{F}}(\boldsymbol{q},\dot{\boldsymbol{q}},\ddot{\boldsymbol{q}} \mid \boldsymbol{\Theta}^*) \tag{4.71}$$

将控制律式(4.69)代入式(4.68),得

$$\begin{aligned}
\dot{V}(t) &= -\boldsymbol{s}^{\mathrm{T}}(\boldsymbol{F}(\boldsymbol{q},\dot{\boldsymbol{q}},\ddot{\boldsymbol{q}}) - \hat{\boldsymbol{F}}(\boldsymbol{q},\dot{\boldsymbol{q}},\ddot{\boldsymbol{q}} \mid \boldsymbol{\Theta}) + \boldsymbol{K}_{\mathrm{D}}\boldsymbol{s}) + \sum_{i=1}^{n} \tilde{\boldsymbol{\Theta}}_i^{\mathrm{T}} \Gamma_i \dot{\tilde{\boldsymbol{\Theta}}}_i \\
&= -\boldsymbol{s}^{\mathrm{T}}(\boldsymbol{F}(\boldsymbol{q},\dot{\boldsymbol{q}},\ddot{\boldsymbol{q}}) - \hat{\boldsymbol{F}}(\boldsymbol{q},\dot{\boldsymbol{q}},\ddot{\boldsymbol{q}} \mid \boldsymbol{\Theta}) + \hat{\boldsymbol{F}}(\boldsymbol{q},\dot{\boldsymbol{q}},\ddot{\boldsymbol{q}} \mid \boldsymbol{\Theta}^*) \\
&\quad - \hat{\boldsymbol{F}}(\boldsymbol{q},\dot{\boldsymbol{q}},\ddot{\boldsymbol{q}} \mid \boldsymbol{\Theta}^*) + \boldsymbol{K}_{\mathrm{D}}\boldsymbol{s}) + \sum_{i=1}^{n} \tilde{\boldsymbol{\Theta}}_i^{\mathrm{T}} \Gamma_i \dot{\tilde{\boldsymbol{\Theta}}}_i \\
&= -\boldsymbol{s}^{\mathrm{T}}(\tilde{\boldsymbol{\Theta}}^{\mathrm{T}} \boldsymbol{\xi}(\boldsymbol{q},\dot{\boldsymbol{q}},\ddot{\boldsymbol{q}}) + w + \boldsymbol{K}_{\mathrm{D}}\boldsymbol{s}) + \sum_{i=1}^{n} \tilde{\boldsymbol{\Theta}}_i^{\mathrm{T}} \Gamma_i \dot{\tilde{\boldsymbol{\Theta}}}_i \\
&= -\boldsymbol{s}^{\mathrm{T}}\boldsymbol{K}_{\mathrm{D}}\boldsymbol{s} - \boldsymbol{s}^{\mathrm{T}}w + \sum_{i=1}^{n} (\tilde{\boldsymbol{\Theta}}_i^{\mathrm{T}} \Gamma_i \dot{\tilde{\boldsymbol{\Theta}}}_i - s_i \tilde{\boldsymbol{\Theta}}_i^{\mathrm{T}} \boldsymbol{\xi}(\boldsymbol{q},\dot{\boldsymbol{q}},\ddot{\boldsymbol{q}}))
\end{aligned}$$

其中,$\tilde{\boldsymbol{\Theta}} = \boldsymbol{\Theta}^* - \boldsymbol{\Theta}$,$\boldsymbol{\xi}(\boldsymbol{q},\dot{\boldsymbol{q}},\ddot{\boldsymbol{q}})$为模糊系统。

自适应律为

$$\dot{\boldsymbol{\Theta}}_i = -\Gamma_i^{-1} s_i \boldsymbol{\xi}(\boldsymbol{q},\dot{\boldsymbol{q}},\ddot{\boldsymbol{q}}), \quad i = 1,2,\cdots,n \tag{4.72}$$

则

$$\dot{V}(t) = -\boldsymbol{s}^{\mathrm{T}}\boldsymbol{K}_{\mathrm{D}}\boldsymbol{s} - \boldsymbol{s}^{\mathrm{T}}w$$

只要将 $\boldsymbol{K}_{\mathrm{D}}$ 设计足够大,可保证$\dot{V} \leqslant 0$。当$\dot{V} \equiv 0$ 时,$\boldsymbol{s} \equiv 0$,根据 LaSalle 不变性原理,$t \to \infty$ 时,$\boldsymbol{s} \to 0$。系统的收敛速度取决于 $\boldsymbol{K}_{\mathrm{D}}$。由于 $V \geqslant 0$,$\dot{V} \leqslant 0$,则 $V$ 有界,因此 $\boldsymbol{s}$ 和$\tilde{\boldsymbol{\Theta}}_i$ 有界,但无法保证$\tilde{\boldsymbol{\Theta}}_i$ 收敛于零。

2. 鲁棒自适应控制律

为了消除逼近误差造成的影响,保证系统稳定,在控制律中采用了鲁棒项。设计鲁棒自适应律为

$$\boldsymbol{\tau} = \boldsymbol{D}(\boldsymbol{q})\ddot{\boldsymbol{q}}_{\mathrm{r}} + \boldsymbol{C}(\boldsymbol{q},\dot{\boldsymbol{q}})\dot{\boldsymbol{q}}_{\mathrm{r}} + \boldsymbol{G}(\boldsymbol{q}) + \hat{\boldsymbol{F}}(\boldsymbol{q},\dot{\boldsymbol{q}},\ddot{\boldsymbol{q}} \mid \boldsymbol{\Theta}) - \boldsymbol{K}_{\mathrm{D}}\boldsymbol{s} - \boldsymbol{W}\mathrm{sgn}(\boldsymbol{s}) \tag{4.73}$$

其中,$\boldsymbol{W} = \mathrm{diag}[w_{\mathrm{M}_1},\cdots,w_{\mathrm{M}_n}]$,$w_{\mathrm{M}_i} \geqslant |w_i|$,$i=1,2,\cdots,n$。

将控制律式(4.73)代入式(4.68),得

$$\dot{V}(t) = -\boldsymbol{s}^{\mathrm{T}}\boldsymbol{K}_{\mathrm{D}}\boldsymbol{s} \leqslant 0$$

收敛性分析同上面第 1 部分。

**分析**:假设机械手关节个数为 $n$ 个,如果采用基于 MIMO 的模糊系统$\hat{\boldsymbol{F}}(\boldsymbol{q},\dot{\boldsymbol{q}},\ddot{\boldsymbol{q}} | \boldsymbol{\Theta})$来逼近 $\boldsymbol{F}(\boldsymbol{q},\dot{\boldsymbol{q}},\ddot{\boldsymbol{q}})$,则对每个关节来说,输入变量个数为 3。如果针对 $n$ 个关节机械手,对每个输入变量设计 $k$ 个隶属函数,则规则总数为 $k^{3n}$。

例如,机械手关节个数为 2,每个关节输入变量个数为 3,每个输入变量设计 5 个隶属函数,则规则总数为 $5^{3\times 2} = 5^6 = 15625$,如此多的模糊规则会导致计算量过大。为了减少模糊规则的个数,应针对 $\boldsymbol{F}(\boldsymbol{q},\dot{\boldsymbol{q}},\ddot{\boldsymbol{q}},t)$的具体表达形式分别进行设计。

### 4.4.3 基于模型信息已知的模糊补偿控制

假设 $\boldsymbol{D}(\boldsymbol{q})$、$\boldsymbol{C}(\boldsymbol{q},\dot{\boldsymbol{q}})$和 $\boldsymbol{G}(\boldsymbol{q})$为已知，且所有状态变量可测得。

1. 基于摩擦的模糊补偿控制

只考虑针对摩擦进行模糊逼近的模糊补偿控制，由于摩擦力只与速度信号有关，则用于逼近摩擦的模糊系统可表示为$\hat{\boldsymbol{F}}(\dot{\boldsymbol{q}}\mid\boldsymbol{\theta})$，可根据基于传统模糊补偿的控制器设计方法，即式(4.69)、式(4.72)和式(4.73)来设计控制律。

模糊自适应控制律设计为

$$\boldsymbol{\tau}=\boldsymbol{D}(\boldsymbol{q})\ddot{\boldsymbol{q}}_{\mathrm{r}}+\boldsymbol{C}(\boldsymbol{q},\dot{\boldsymbol{q}})\dot{\boldsymbol{q}}_{\mathrm{r}}+\boldsymbol{G}(\boldsymbol{q})+\hat{\boldsymbol{F}}(\dot{\boldsymbol{q}}\mid\boldsymbol{\theta})-\boldsymbol{K}_{\mathrm{D}}\boldsymbol{s} \tag{4.74}$$

鲁棒模糊自适应控制律设计为

$$\boldsymbol{\tau}=\boldsymbol{D}(\boldsymbol{q})\ddot{\boldsymbol{q}}_{\mathrm{r}}+\boldsymbol{C}(\boldsymbol{q},\dot{\boldsymbol{q}})\dot{\boldsymbol{q}}_{\mathrm{r}}+\boldsymbol{G}(\boldsymbol{q})+\hat{\boldsymbol{F}}(\dot{\boldsymbol{q}}\mid\boldsymbol{\theta})-\boldsymbol{K}_{\mathrm{D}}\boldsymbol{s}-\boldsymbol{W}\mathrm{sgn}(\boldsymbol{s}) \tag{4.75}$$

自适应律设计为

$$\dot{\boldsymbol{\theta}}_i=-\boldsymbol{\Gamma}_i^{-1}s_i\boldsymbol{\xi}(\dot{\boldsymbol{q}}),\quad i=1,2,\cdots,n \tag{4.76}$$

模糊系统设计为

$$\hat{\boldsymbol{F}}(\dot{\boldsymbol{q}}\mid\boldsymbol{\theta})=\begin{bmatrix}\hat{F}_1(\dot{\boldsymbol{q}}_1)\\ \hat{F}_2(\dot{\boldsymbol{q}}_2)\\ \vdots\\ \hat{F}_n(\dot{\boldsymbol{q}}_n)\end{bmatrix}=\begin{bmatrix}\boldsymbol{\theta}_1^{\mathrm{T}}\boldsymbol{\xi}^1(\dot{\boldsymbol{q}}_1)\\ \boldsymbol{\theta}_2^{\mathrm{T}}\boldsymbol{\xi}^2(\dot{\boldsymbol{q}}_2)\\ \vdots\\ \boldsymbol{\theta}_n^{\mathrm{T}}\boldsymbol{\xi}^n(\dot{\boldsymbol{q}}_n)\end{bmatrix}$$

2. 基于外加干扰的模糊补偿控制

只考虑针对外加干扰进行模糊逼近的模糊补偿控制，由于外加干扰与角度和角速度信号有关，则用于逼近外加干扰的模糊系统可表示为$\hat{\boldsymbol{F}}(\boldsymbol{q},\dot{\boldsymbol{q}}\mid\boldsymbol{\Theta})$，可根据基于传统模糊补偿的控制器设计方法，即式(4.69)、式(4.72)和式(4.73)来设计控制律。

模糊自适应控制律设计为

$$\boldsymbol{\tau}=\boldsymbol{D}(\boldsymbol{q})\ddot{\boldsymbol{q}}_{\mathrm{r}}+\boldsymbol{C}(\boldsymbol{q},\dot{\boldsymbol{q}})\dot{\boldsymbol{q}}_{\mathrm{r}}+\boldsymbol{G}(\boldsymbol{q})+\hat{\boldsymbol{F}}(\boldsymbol{q},\dot{\boldsymbol{q}}\mid\boldsymbol{\Theta})-\boldsymbol{K}_{\mathrm{D}}\boldsymbol{s} \tag{4.77}$$

鲁棒模糊自适应控制律设计为

$$\boldsymbol{\tau}=\boldsymbol{D}(\boldsymbol{q})\ddot{\boldsymbol{q}}_{\mathrm{r}}+\boldsymbol{C}(\boldsymbol{q},\dot{\boldsymbol{q}})\dot{\boldsymbol{q}}_{\mathrm{r}}+\boldsymbol{G}(\boldsymbol{q})+\hat{\boldsymbol{F}}(\boldsymbol{q},\dot{\boldsymbol{q}}\mid\boldsymbol{\Theta})-\boldsymbol{K}_{\mathrm{D}}\boldsymbol{s}-\boldsymbol{W}\mathrm{sgn}(\boldsymbol{s}) \tag{4.78}$$

自适应律设计为

$$\dot{\boldsymbol{\Theta}}_i=-\boldsymbol{\Gamma}_i^{-1}\boldsymbol{s}_i\boldsymbol{\xi}(\boldsymbol{q},\dot{\boldsymbol{q}}),\quad i=1,2,\cdots,n \tag{4.79}$$

模糊系统设计为

$$\hat{\boldsymbol{F}}(\boldsymbol{q},\dot{\boldsymbol{q}}\mid\boldsymbol{\Theta})=\begin{bmatrix}\hat{F}_1(\boldsymbol{q},\dot{\boldsymbol{q}}\mid\boldsymbol{\Theta}_1)\\ \hat{F}_2(\boldsymbol{q},\dot{\boldsymbol{q}}\mid\boldsymbol{\Theta}_2)\\ \vdots\\ \hat{F}_n(\boldsymbol{q},\dot{\boldsymbol{q}}\mid\boldsymbol{\Theta}_n)\end{bmatrix}=\begin{bmatrix}\boldsymbol{\Theta}_1^{\mathrm{T}}\xi(\boldsymbol{q},\dot{\boldsymbol{q}})\\ \boldsymbol{\Theta}_2^{\mathrm{T}}\boldsymbol{\xi}(\boldsymbol{q},\dot{\boldsymbol{q}})\\ \vdots\\ \boldsymbol{\Theta}_n^{\mathrm{T}}\boldsymbol{\xi}(\boldsymbol{q},\dot{\boldsymbol{q}})\end{bmatrix}$$

3. 基于摩擦、外加干扰和负载变化的模糊补偿控制

考虑机械手不确定部分同时包括摩擦、外加干扰和负载变化的情况，由于负载变化与加速度有关，则用于逼近外加干扰的模糊系统可表示为$\hat{\boldsymbol{F}}(\boldsymbol{q},\dot{\boldsymbol{q}},\ddot{\boldsymbol{q}}|\boldsymbol{\Theta})$，为了减少模糊规则的数量，将不确定项$\boldsymbol{F}(\boldsymbol{q},\dot{\boldsymbol{q}},\ddot{\boldsymbol{q}}|\boldsymbol{\Theta})$进行分解，并根据基于传统模糊补偿的控制器设计方法，即式(4.69)、式(4.72)和式(4.73)来设计控制律。

机械手动态方程为

$$\boldsymbol{D}(\boldsymbol{q})\ddot{\boldsymbol{q}}+\boldsymbol{C}(\boldsymbol{q},\dot{\boldsymbol{q}})\dot{\boldsymbol{q}}+\boldsymbol{G}(\boldsymbol{q})+\boldsymbol{e}(\boldsymbol{q},\dot{\boldsymbol{q}},\ddot{\boldsymbol{q}},t)+\boldsymbol{F}_{\mathrm{r}}(\dot{\boldsymbol{q}})+\boldsymbol{\tau}_{\mathrm{d}}=\boldsymbol{\tau}\tag{4.80}$$

其中

$$\begin{aligned}&\boldsymbol{D}(\boldsymbol{q})=\boldsymbol{D}(m_{\mathrm{n}},\boldsymbol{q})\\&\boldsymbol{C}(\boldsymbol{q},\dot{\boldsymbol{q}})=\boldsymbol{C}(m_{\mathrm{n}},\boldsymbol{q},\dot{\boldsymbol{q}})\\&\boldsymbol{G}(\boldsymbol{q})=\boldsymbol{G}(m_{\mathrm{n}},\boldsymbol{q})\\&\boldsymbol{e}(\boldsymbol{q},\dot{\boldsymbol{q}},\ddot{\boldsymbol{q}},t)=\boldsymbol{e}_{\mathrm{D}}[\boldsymbol{D}(\boldsymbol{q})\ddot{\boldsymbol{q}}]+\boldsymbol{e}_{\mathrm{C}}[\boldsymbol{C}(\boldsymbol{q},\dot{\boldsymbol{q}})\dot{\boldsymbol{q}}]+\boldsymbol{e}_{\mathrm{G}}[\boldsymbol{G}(\boldsymbol{q})]\end{aligned}$$

而且

$$\begin{aligned}&\boldsymbol{e}_{\mathrm{D}}=\boldsymbol{D}(m_{\mathrm{nc}},\boldsymbol{q})\ddot{\boldsymbol{q}}-\boldsymbol{D}(m_{\mathrm{n}},\boldsymbol{q})\ddot{\boldsymbol{q}}\\&\boldsymbol{e}_{\mathrm{C}}=\boldsymbol{C}(m_{\mathrm{nc}},\boldsymbol{q},\dot{\boldsymbol{q}})\dot{\boldsymbol{q}}-\boldsymbol{C}(m_{\mathrm{n}},\boldsymbol{q},\dot{\boldsymbol{q}})\dot{\boldsymbol{q}}\\&\boldsymbol{e}_{\mathrm{G}}=\boldsymbol{G}(m_{\mathrm{nc}},\boldsymbol{q})-\boldsymbol{G}(m_{\mathrm{n}},\boldsymbol{q})\\&\boldsymbol{e}(\boldsymbol{q},\dot{\boldsymbol{q}},\ddot{\boldsymbol{q}})=\boldsymbol{e}_{\mathrm{D}}[\boldsymbol{D}(\boldsymbol{q})\ddot{\boldsymbol{q}}]+\boldsymbol{e}_{\mathrm{C}}[\boldsymbol{C}(\boldsymbol{q},\dot{\boldsymbol{q}})\dot{\boldsymbol{q}}]+\boldsymbol{e}_{\mathrm{G}}[\boldsymbol{G}(\boldsymbol{q})]\end{aligned}$$

$m_{\mathrm{n}}$为已知的名义值，$m_{\mathrm{nc}}$为实际值。

不确定部分可表示为

$$\boldsymbol{F}(\boldsymbol{q},\dot{\boldsymbol{q}},\ddot{\boldsymbol{q}})=\boldsymbol{e}(\boldsymbol{q},\dot{\boldsymbol{q}},\ddot{\boldsymbol{q}},t)+\boldsymbol{F}_{\mathrm{r}}(\dot{\boldsymbol{q}})+\boldsymbol{\tau}_{\mathrm{d}}\tag{4.81}$$

上式可分解为

$$\boldsymbol{F}(\boldsymbol{q},\dot{\boldsymbol{q}},\ddot{\boldsymbol{q}})=\boldsymbol{F}^1(\boldsymbol{q},\dot{\boldsymbol{q}})+\boldsymbol{F}^2(\boldsymbol{q},\ddot{\boldsymbol{q}})\tag{4.82}$$

其中，

$$\begin{aligned}&\boldsymbol{F}^1(\boldsymbol{q},\dot{\boldsymbol{q}})=\boldsymbol{e}_{\mathrm{C}}[\boldsymbol{C}(\boldsymbol{q},\dot{\boldsymbol{q}})\dot{\boldsymbol{q}}]+\boldsymbol{e}_{\mathrm{C}}[\boldsymbol{G}(\boldsymbol{q})]+\boldsymbol{F}_{\mathrm{r}}(\dot{\boldsymbol{q}})+\boldsymbol{\tau}_{\mathrm{d}}\\&\boldsymbol{F}^2(\boldsymbol{q},\ddot{\boldsymbol{q}})=\boldsymbol{e}_{\mathrm{D}}[\boldsymbol{D}(\boldsymbol{q})\ddot{\boldsymbol{q}}]\end{aligned}$$

模糊自适应控制律设计为

$$\boldsymbol{\tau}=\boldsymbol{D}(\boldsymbol{q})\ddot{\boldsymbol{q}}_{\mathrm{r}}+\boldsymbol{C}(\boldsymbol{q},\dot{\boldsymbol{q}})\dot{\boldsymbol{q}}_{\mathrm{r}}+\boldsymbol{G}(\boldsymbol{q})+\hat{\boldsymbol{F}}^1(\boldsymbol{q},\dot{\boldsymbol{q}}\mid\boldsymbol{\Theta}^1)+\hat{\boldsymbol{F}}^2(\boldsymbol{q},\dot{\boldsymbol{q}}\mid\boldsymbol{\Theta}^2)-\boldsymbol{K}_{\mathrm{D}}\boldsymbol{s}\tag{4.83}$$

自适应律设计为

$$\dot{\boldsymbol{\Theta}}_i^1=-\boldsymbol{\Gamma}_{1i}^{-1}s_i\boldsymbol{\xi}^1(\boldsymbol{q},\dot{\boldsymbol{q}}),\quad i=1,2,\cdots,n\tag{4.84}$$

$$\dot{\boldsymbol{\Theta}}_i^2=-\boldsymbol{\Gamma}_{2i}^{-1}s_i\boldsymbol{\xi}^2(\boldsymbol{q},\ddot{\boldsymbol{q}}),\quad i=1,2,\cdots,n\tag{4.85}$$

定义 Lyapunov 函数为

$$V(t)=\frac{1}{2}\left(\boldsymbol{s}^{\mathrm{T}}\boldsymbol{D}\boldsymbol{s}+\sum_{i=1}^{n}\tilde{\boldsymbol{\Theta}}_i^{1\mathrm{T}}\boldsymbol{\Gamma}_{1i}\tilde{\boldsymbol{\Theta}}_i^1+\sum_{i=1}^{n}\tilde{\boldsymbol{\Theta}}_i^{2\mathrm{T}}\Gamma_{2i}\tilde{\boldsymbol{\Theta}}_i^2\right)$$

则

$$\dot{V}(t)=-\boldsymbol{s}^{\mathrm{T}}(\boldsymbol{D}\ddot{\boldsymbol{q}}_{\mathrm{r}}+\boldsymbol{C}\dot{\boldsymbol{q}}_{\mathrm{r}}+\boldsymbol{G}+\boldsymbol{F}-\boldsymbol{\tau})+\sum_{i=1}^{n}\tilde{\boldsymbol{\Theta}}_i^{1\mathrm{T}}\boldsymbol{\Gamma}_{1i}\dot{\tilde{\boldsymbol{\Theta}}}_i^{1}+\sum_{i=1}^{n}\tilde{\boldsymbol{\Theta}}_i^{2\mathrm{T}}\boldsymbol{\Gamma}_{2i}\dot{\tilde{\boldsymbol{\Theta}}}_i^{2}$$

模糊逼近误差分别为

$$\boldsymbol{w}^1=\boldsymbol{F}^1(\boldsymbol{q},\dot{\boldsymbol{q}})-\hat{\boldsymbol{F}}^1(\boldsymbol{q},\dot{\boldsymbol{q}}\mid\Theta^{1*})$$

$$\boldsymbol{w}^2=\boldsymbol{F}^2(\boldsymbol{q},\ddot{\boldsymbol{q}})-\hat{\boldsymbol{F}}^2(\boldsymbol{q},\ddot{\boldsymbol{q}}\mid\boldsymbol{\Theta}^{2*})$$

则

$$\begin{aligned}\dot{V}(t)=&-\boldsymbol{s}^{\mathrm{T}}\boldsymbol{K}_{\mathrm{D}}\boldsymbol{s}-\boldsymbol{s}^{\mathrm{T}}(\boldsymbol{w}^1+\boldsymbol{w}^2)+\sum_{i=1}^{n}(\tilde{\boldsymbol{\Theta}}_i^{1\mathrm{T}}\boldsymbol{\Gamma}_{1i}\dot{\tilde{\boldsymbol{\Theta}}}_i^{1}-s_i\tilde{\boldsymbol{\Theta}}_i^{1\mathrm{T}}\boldsymbol{\xi}^1(\boldsymbol{q},\dot{\boldsymbol{q}}))\\&+\sum_{i=1}^{n}(\tilde{\boldsymbol{\Theta}}_i^{2\mathrm{T}}\boldsymbol{\Gamma}_{2i}\dot{\tilde{\boldsymbol{\Theta}}}_i^{2}-s_i\tilde{\boldsymbol{\Theta}}_i^{2\mathrm{T}}\boldsymbol{\xi}^2(\boldsymbol{q},\ddot{\boldsymbol{q}}))\\=&-\boldsymbol{s}^{\mathrm{T}}\boldsymbol{K}_{\mathrm{D}}\boldsymbol{s}-\boldsymbol{s}^{\mathrm{T}}(\boldsymbol{w}^1+\boldsymbol{w}^2)\end{aligned}$$

当$\dot{V}\equiv 0$时，$\boldsymbol{s}\equiv 0$，根据 LaSalle 不变性原理，$t\to\infty$时，$\boldsymbol{s}\to 0$。系统的收敛速度取决于$\boldsymbol{K}_{\mathrm{D}}$。由于$V\geqslant 0,\dot{V}\leqslant 0$，则$V$有界，因此$\tilde{\boldsymbol{\Theta}}_i^{1\mathrm{T}}$和$\tilde{\boldsymbol{\Theta}}_i^{2\mathrm{T}}$有界，但无法保证$\tilde{\boldsymbol{\Theta}}_i^{1\mathrm{T}}$和$\tilde{\boldsymbol{\Theta}}_i^{2\mathrm{T}}$收敛于零。

为了消除逼近误差造成的影响，设计鲁棒自适应律为

$$\boldsymbol{\tau}=\boldsymbol{D}(\boldsymbol{q})\ddot{\boldsymbol{q}}_{\mathrm{r}}+\boldsymbol{C}(\boldsymbol{q},\dot{\boldsymbol{q}})\dot{\boldsymbol{q}}_{\mathrm{r}}+\boldsymbol{G}(\boldsymbol{q})+\hat{\boldsymbol{F}}^1(\boldsymbol{q},\dot{\boldsymbol{q}}\mid\boldsymbol{\Theta}^1)+\hat{\boldsymbol{F}}^2(\boldsymbol{q},\dot{\boldsymbol{q}}\mid\boldsymbol{\Theta}^2)-\boldsymbol{K}_{\mathrm{D}}\boldsymbol{s}-\boldsymbol{W}\mathrm{sgn}(\boldsymbol{s}) \tag{4.86}$$

其中，$\boldsymbol{W}=\mathrm{diag}[w_{\mathrm{M}_1},\cdots,w_{\mathrm{M}_n}]$，$w_{\mathrm{M}_i}\geqslant|w_i^1|+|w_i^2|$，$i=1,2,\cdots,n$。

模糊系统设计为

$$\hat{\boldsymbol{F}}(\boldsymbol{q},\dot{\boldsymbol{q}},\ddot{\boldsymbol{q}}\mid\boldsymbol{\Theta})=\begin{bmatrix}\hat{\boldsymbol{F}}_1^1(\boldsymbol{q},\dot{\boldsymbol{q}}\mid\boldsymbol{\Theta}_1^1)+\hat{\boldsymbol{F}}_1^2(\boldsymbol{q},\ddot{\boldsymbol{q}}\mid\boldsymbol{\Theta}_1^2)\\\hat{\boldsymbol{F}}_2^1(\boldsymbol{q},\dot{\boldsymbol{q}}\mid\boldsymbol{\Theta}_2^1)+\hat{\boldsymbol{F}}_2^2(\boldsymbol{q},\ddot{\boldsymbol{q}}\mid\boldsymbol{\Theta}_2^2)\\\vdots\\\hat{\boldsymbol{F}}_n^1(\boldsymbol{q},\dot{\boldsymbol{q}}\mid\boldsymbol{\Theta}_n^1)+\hat{\boldsymbol{F}}_n^2(\boldsymbol{q},\ddot{\boldsymbol{q}}\mid\boldsymbol{\Theta}_n^2)\end{bmatrix}$$

关于基于模型信息未知的模糊补偿控制的设计及其推导过程，详见文献[2]，其仿真设计可参考以下的仿真实例。

### 4.4.4 仿真实例

针对双关节刚性机械手，其动力学方程为(4.64)，具体表达如下：

$$\begin{bmatrix}D_{11}(q_2)&D_{12}(q_2)\\D_{21}(q_2)&D_{22}(q_2)\end{bmatrix}\begin{bmatrix}\ddot{q}_1\\\ddot{q}_2\end{bmatrix}+\begin{bmatrix}-C_{12}(q_2)\dot{q}_2&-C_{12}(q_2)(\dot{q}_1+\dot{q}_2)\\C_{12}(q_2)\dot{q}_1&0\end{bmatrix}\begin{bmatrix}g_1(q_1+q_2)g\\g_2(q_1+q_2)g\end{bmatrix}+F(q,\dot{q},\ddot{q})=\begin{bmatrix}\tau_1\\\tau_2\end{bmatrix}$$

其中

$$D_{11}(q_2)=(m_1+m_2)r_1^2+m_2r_2^2+2m_2r_1r_2\cos(q_2)$$

$$D_{12}(q_2)=D_{21}(q_2)=m_2r_2^2+m_2r_1r_2\cos(q_2)$$

$$D_{22}(q_2)=m_2r_2^2$$

$$C_{12}(q_2)=m_2r_1r_2\sin(q_2)$$

令 $\boldsymbol{y}=[q_1,q_2]^{\mathrm{T}}$，$\boldsymbol{\tau}=[\tau_1,\tau_2]^{\mathrm{T}}$，$\boldsymbol{x}=[q_1,\dot{q}_1,q_2,\dot{q}_2]^{\mathrm{T}}$。取系统参数为 $r_1=1\mathrm{m}$，$r_2=0.8\mathrm{m}$，$m_1=1\mathrm{kg}$，$m_2=1.5\mathrm{kg}$。

控制目标是使双关节的输出 $q_1$、$q_2$ 分别跟踪期望轨迹 $q_{\mathrm{d1}}=0.3\sin t$ 和 $q_{\mathrm{d2}}=0.3\sin t$。

定义隶属函数为

$$\mu_{A_i^l}(x_i)=\exp\left(-\left(\frac{x_i-\bar{x}_i^l}{\pi/24}\right)^2\right)$$

其中，$\bar{x}_i^l$ 分别为 $-\pi/6,-\pi/12,0,\pi/12,\pi/6$；$i=1,2,3,4,5$；$A_i$ 分别为 NB，NS，ZO，PS，PB。

**仿真实例(1)**：针对带有摩擦的情况，采用基于摩擦模糊补偿的机械手控制，取控制器设计参数为 $\lambda_1=10$，$\lambda_2=10$，$\boldsymbol{K}_{\mathrm{D}}=20\boldsymbol{I}$，$\Gamma_1=\Gamma_2=0.0001$。取系统初始状态为 $q_1(0)=q_2(0)=\dot{q}_1(0)=\dot{q}_2(0)=0$，取摩擦项为 $\boldsymbol{F}(\dot{\boldsymbol{q}})=\begin{bmatrix}10\dot{q}_1+3\mathrm{sgn}(\dot{q}_1)\\10\dot{q}_2+3\mathrm{sgn}(\dot{q}_2)\end{bmatrix}$。在鲁棒控制律中，取 $\boldsymbol{W}=\mathrm{diag}[2,2]$，模糊系统权值中每个元素初值取 0.1。

取 $M=1$ 和 $M=2$，采用控制律式(4.74)、鲁棒控制律式(4.75)及自适应律式(4.76)。取 $M=1$，仿真结果见图 4-17～图 4-19。

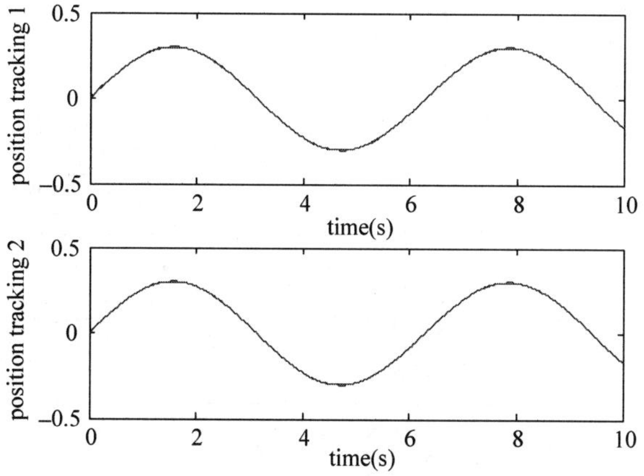


图 4-17 双关节角度跟踪

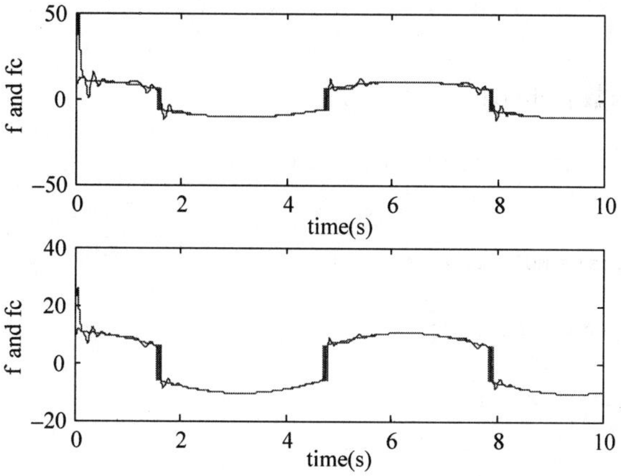


图 4-18 双关节摩擦及其补偿

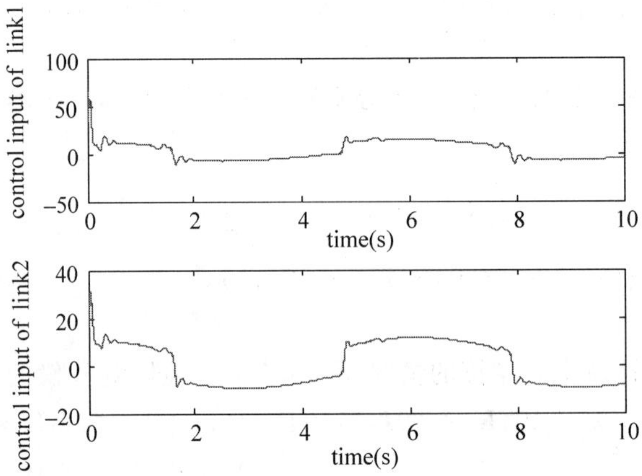


**图 4-19　双关节控制输入**

基于摩擦模糊补偿的机械手控制的仿真程序如下：

(1) Simulink 主程序：chap4_4sim.mdl

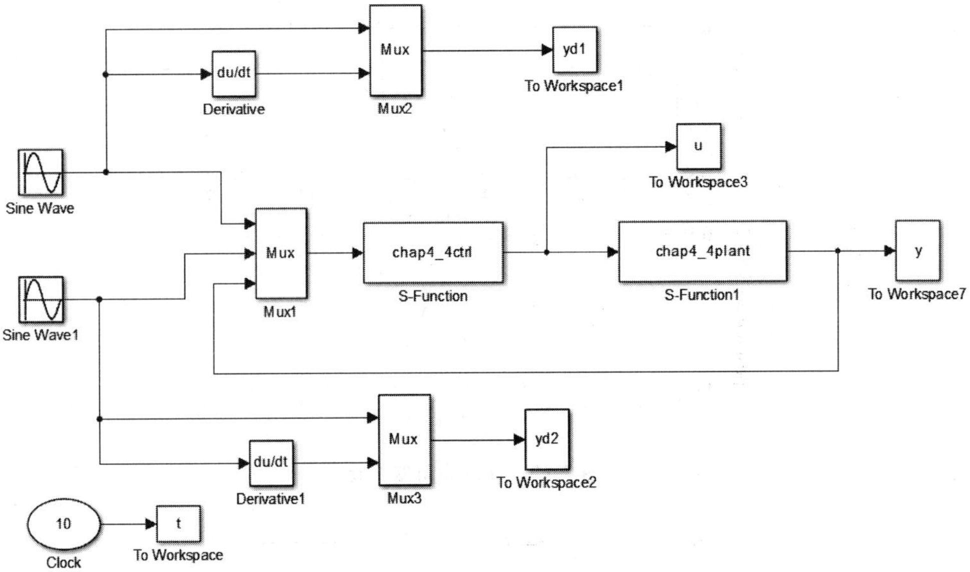


(2) 控制器 S 函数：chap4_4ctrl.m

```
function [sys,x0,str,ts] = MIMO_Tong_s(t,x,u,flag)
switch flag,
case 0,
    [sys,x0,str,ts]=mdlInitializeSizes;
case 1,
    sys=mdlDerivatives(t,x,u);
case 3,
    sys=mdlOutputs(t,x,u);
case {2,4,9}
    sys=[];
otherwise
```

```
    error(['Unhandled flag = ',num2str(flag)]);
end
function [sys,x0,str,ts] = mdlInitializeSizes
global nmn1 nmn2 Fai
nmn1 = 10;nmn2 = 10;
Fai = [nmn1 0;0 nmn2];
sizes = simsizes;
sizes.NumContStates  = 10;
sizes.NumDiscStates  = 0;
sizes.NumOutputs     = 4;
sizes.NumInputs      = 8;
sizes.DirFeedthrough = 1;
sizes.NumSampleTimes = 0;
sys = simsizes(sizes);
x0  = [0.1 * ones(10,1)];
str = [];
ts  = [];
function sys = mdlDerivatives(t,x,u)
global nmn1 nmn2 Fai
qd1 = u(1);
qd2 = u(2);
dqd1 = 0.3 * cos(t);
dqd2 = 0.3 * cos(t);
dqd = [dqd1 dqd2]';

ddqd1 = - 0.3 * sin(t);
ddqd2 = - 0.3 * sin(t);
ddqd = [ddqd1 ddqd2]';

q1 = u(3);dq1 = u(4);
q2 = u(5);dq2 = u(6);
%%%%%%%%%%%%%%%%%%%%%%%%%%%%%%%%%%%%%%%%%%%%%%%%%%%%
fsd1 = 0;
for l1 = 1:1:5
    gs1 = - [(dq1 + pi/6 - (l1 - 1) * pi/12)/(pi/24)]^2;
    u1(l1) = exp(gs1);
end
fsd2 = 0;
for l2 = 1:1:5
    gs2 = - [(dq2 + pi/6 - (l2 - 1) * pi/12)/(pi/24)]^2;
    u2(l2) = exp(gs2);
end
for l1 = 1:1:5
    fsu1(l1) = u1(l1);
    fsd1 = fsd1 + u1(l1);
end
for l2 = 1:1:5
    fsu2(l2) = u2(l2);
    fsd2 = fsd2 + u2(l2);
end
fs1 = fsu1/(fsd1 + 0.001);
fs2 = fsu2/(fsd2 + 0.001);
%%%%%%%%%%%%%%%%%%%%%%%%%%%%%%%%%%%%%%%%%%%%%%%%%%%%
e1 = q1 - qd1;
```

```
e2 = q2 - qd2;
e = [e1 e2]';
de1 = dq1 - dqd1;
de2 = dq2 - dqd2;
de = [de1 de2]';

s = de + Fai * e;
Gama1 = 0.0001;Gama2 = 0.0001;

S1 = - 1/Gama1 * s(1) * fs1;
S2 = - 1/Gama2 * s(2) * fs2;
for i = 1:1:5
    sys(i) = S1(i);
end
for j = 6:1:10
    sys(j) = S2(j - 5);
end

function sys = mdlOutputs(t,x,u)
global nmn1 nmn2 Fai
q1 = u(3);dq1 = u(4);
q2 = u(5);dq2 = u(6);

r1 = 1;r2 = 0.8;
m1 = 1;m2 = 1.5;

D11 = (m1 + m2) * r1 ^2 + m2 * r2 ^2 + 2 * m2 * r1 * r2 * cos(q2);
D22 = m2 * r2 ^2;
D21 = m2 * r2 ^2 + m2 * r1 * r2 * cos(q2);
D12 = D21;
D = [D11 D12;D21 D22];

C12 = m2 * r1 * sin(q2);
C = [ - C12 * dq2  - C12 * (dq1 + dq2);C12 * q1 0];

g1 = (m1 + m2) * r1 * cos(q2) + m2 * r2 * cos(q1 + q2);
g2 = m2 * r2 * cos(q1 + q2);
G = [g1;g2];

qd1 = u(1);
qd2 = u(2);
dqd1 = 0.3 * cos(t);
dqd2 = 0.3 * cos(t);
dqd = [dqd1 dqd2]';

ddqd1 = - 0.3 * sin(t);
ddqd2 = - 0.3 * sin(t);
ddqd = [ddqd1 ddqd2]';

e1 = q1 - qd1;
e2 = q2 - qd2;
e = [e1 e2]';
de1 = dq1 - dqd1;
de2 = dq2 - dqd2;
```

```
de = [de1 de2]';

s = de + Fai * e;

dqr = dqd - Fai * e;
ddqr = ddqd - Fai * de;

for i = 1:1:5
    thta1(i,1) = x(i);
end
for i = 1:1:5
    thta2(i,1) = x(i + 5);
end

fsd1 = 0;
for l1 = 1:1:5
    gs1 = - [(dq1 + pi/6 - (l1 - 1) * pi/12)/(pi/24)]^2;
    u1(l1) = exp(gs1);
end
fsd2 = 0;
for l2 = 1:1:5
    gs2 = - [(dq2 + pi/6 - (l2 - 1) * pi/12)/(pi/24)]^2;
    u2(l2) = exp(gs2);
end

for l1 = 1:1:5
    fsu1(l1) = u1(l1);
    fsd1 = fsd1 + u1(l1);
end
for l2 = 1:1:5
    fsu2(l2) = u2(l2);
    fsd2 = fsd2 + u2(l2);
end
fs1 = fsu1/(fsd1 + 0.001);
fs2 = fsu2/(fsd2 + 0.001);

Fp(1) = thta1' * fs1';
Fp(2) = thta2' * fs2';

KD = 20 * eye(2);
W = [2 0;0 2];

M = 1;
if M == 1
    tol = D * ddqr + C * dqr + G + 1 * Fp' - KD * s;                  %(4.74)
elseif M == 2
    tol = D * ddqr + C * dqr + G + 1 * Fp' - KD * s - W * sign(s);   %(4.75)
end

sys(1) = tol(1);
sys(2) = tol(2);
sys(3) = Fp(1);
```

```
sys(4) = Fp(2);
```

(3) 被控对象 S 函数：chap4_4plant.m

```
function [sys,x0,str,ts] = MIMO_Tong_plant(t,x,u,flag)
switch flag,
case 0,
    [sys,x0,str,ts] = mdlInitializeSizes;
case 1,
    sys = mdlDerivatives(t,x,u);
case 3,
    sys = mdlOutputs(t,x,u);
case {2, 4, 9 }
    sys = [];
otherwise
    error(['Unhandled flag = ',num2str(flag)]);
end
function [sys,x0,str,ts] = mdlInitializeSizes
sizes = simsizes;
sizes.NumContStates  = 4;
sizes.NumDiscStates  = 0;
sizes.NumOutputs     = 6;
sizes.NumInputs      = 4;
sizes.DirFeedthrough = 0;
sizes.NumSampleTimes = 0;
sys = simsizes(sizes);
x0 = [0 0 0 0];
str = [];
ts = [];
function sys = mdlDerivatives(t,x,u)
r1 = 1;r2 = 0.8;
m1 = 1;m2 = 1.5;

D11 = (m1 + m2) * r1^2 + m2 * r2^2 + 2 * m2 * r1 * r2 * cos(x(3));
D22 = m2 * r2^2;
D21 = m2 * r2^2 + m2 * r1 * r2 * cos(x(3));
D12 = D21;
D = [D11 D12;D21 D22];

C12 = m2 * r1 * sin(x(3));
C = [ - C12 * x(4)  - C12 * (x(2) + x(4));C12 * x(1) 0];

g1 = (m1 + m2) * r1 * cos(x(3)) + m2 * r2 * cos(x(1) + x(3));
g2 = m2 * r2 * cos(x(1) + x(3));
G = [g1;g2];

Fr = [10 * x(2) + 3 * sign(x(2));10 * x(4) + 3 * sign(x(4))];

tol = [u(1) u(2)]';
S = inv(D) * (tol - C * [x(2);x(4)] - G - Fr);
```

```
sys(1) = x(2);
sys(2) = S(1);
sys(3) = x(4);
sys(4) = S(2);
function sys = mdlOutputs(t,x,u)
Fr = [10 * x(2) + 3 * sign(x(2));10 * x(4) + 3 * sign(x(4))];

sys(1) = x(1);
sys(2) = x(2);
sys(3) = x(3);
sys(4) = x(4);
sys(5) = Fr(1);
sys(6) = Fr(2);
```

(4) 作图程序：chap4_4plot.m

```
close all;

figure(1);
subplot(211);
plot(t,yd1(:,1),'r',t,y(:,1),'b');
xlabel('time(s)');ylabel('Position tracking 1');
subplot(212);
plot(t,yd2(:,1),'r',t,y(:,3),'b');
xlabel('time(s)');ylabel('Position tracking 2');

figure(2);
subplot(211);
plot(t,y(:,5),'r',t,u(:,3),'b');
xlabel('time(s)');ylabel('F and Fc');
subplot(212);
plot(t,y(:,6),'r',t,u(:,4),'b');
xlabel('time(s)');ylabel('F and Fc');

figure(3);
subplot(211);
plot(t,u(:,1),'r');
xlabel('time(s)');ylabel('Control input of Link1');
subplot(212);
plot(t,u(:,2),'r');
xlabel('time(s)');ylabel('Control input of Link2');
```

**仿真实例(2)**：针对带有干扰的情况，取干扰项为$\boldsymbol{\tau}_{\mathrm{d}}=\begin{bmatrix}0.25 & \sin 2t\\ 0.25 & \sin 2t\end{bmatrix}$，采用基于干扰模糊补偿的机械手控制，取 $M=1$ 和 $M=2$，采用控制律式(4.77)、鲁棒控制律式(4.78)及自适应律式(4.79)。取 $M=1$，取 $\boldsymbol{k}_D=\begin{bmatrix}10 & 0\\ 0 & 10\end{bmatrix}$，$\boldsymbol{W}=\begin{bmatrix}0.2 & 0\\ 0 & 0.2\end{bmatrix}$，仿真结果见图 4-20～图 4-23。

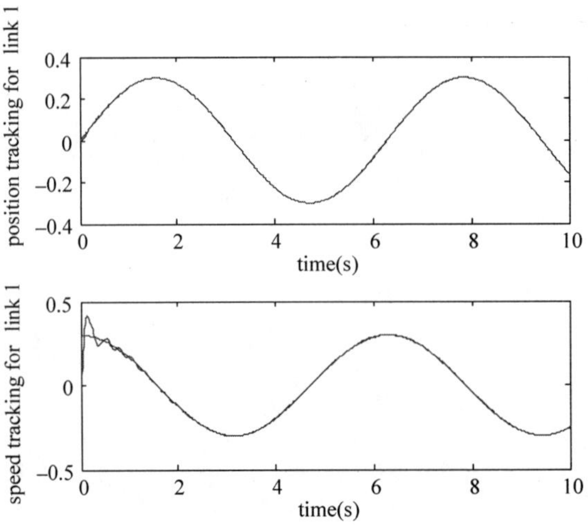


**图 4-20　关节 1 的角度和角速度跟踪**

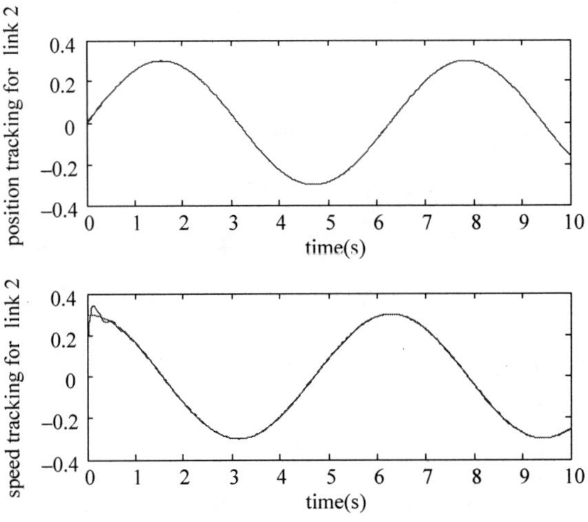


**图 4-21　关节 2 的角度和角速度跟踪**

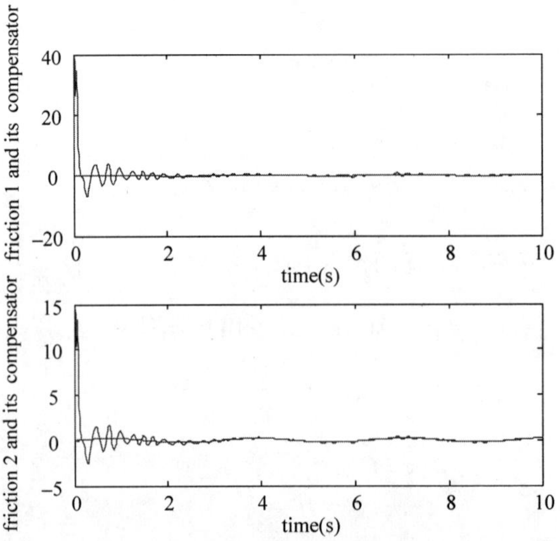


**图 4-22　双关节摩擦及其补偿**

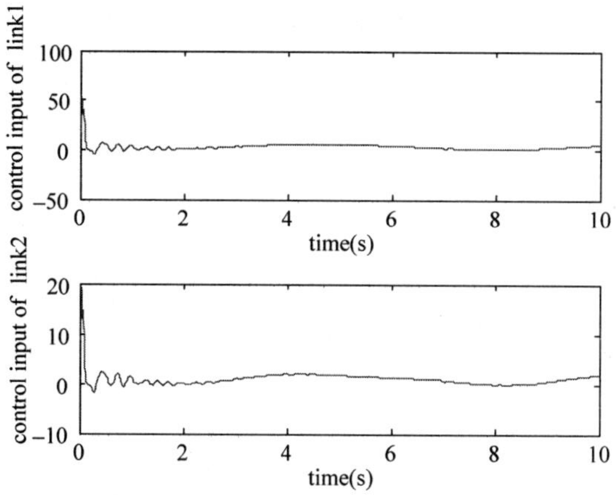


图 4-23 双关节控制输入

基于外加干扰模糊补偿的机械手控制的仿真程序如下：

(1) Simulink 主程序：chap4_5sim. mdl

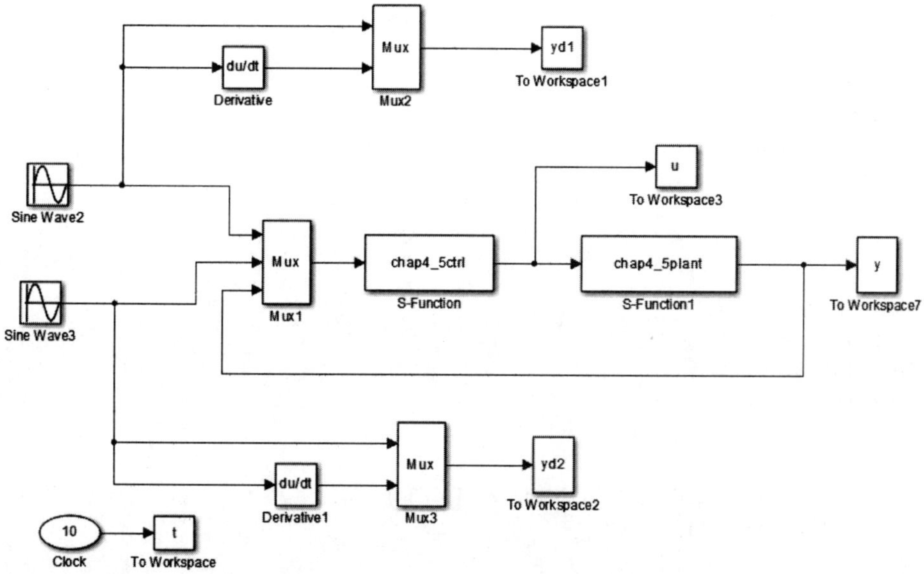


(2) 控制器 S 函数：chap4_5ctrl. m

```
function [sys,x0,str,ts] = MIMO_Tong_s(t,x,u,flag)
switch flag,
case 0,
    [sys,x0,str,ts] = mdlInitializeSizes;
case 1,
    sys = mdlDerivatives(t,x,u);
case 3,
    sys = mdlOutputs(t,x,u);
case {2,4,9}
    sys = [];
otherwise
```

```
    error(['Unhandled flag = ',num2str(flag)]);
end

function [sys,x0,str,ts] = mdlInitializeSizes
global nmn1 nmn2 Fai
nmn1 = 5;nmn2 = 5;
Fai = [nmn1 0;0 nmn2];
sizes = simsizes;
sizes.NumContStates   = 2 * 5 ^ 4;
sizes.NumDiscStates   = 0;
sizes.NumOutputs      = 4;
sizes.NumInputs       = 8;
sizes.DirFeedthrough  = 1;
sizes.NumSampleTimes  = 0;
sys = simsizes(sizes);
x0  = [0.1 * ones(2 * 5 ^ 4,1)];
str = [];
ts  = [];
function sys = mdlDerivatives(t,x,u)
global nmn1 nmn2 Fai
qd1 = u(1);
qd2 = u(2);
dqd1 = 0.3 * cos(t);
dqd2 = 0.3 * cos(t);
dqd = [dqd1 dqd2]';

ddqd1 = - 0.3 * sin(t);
ddqd2 = - 0.3 * sin(t);
ddqd = [ddqd1 ddqd2]';

q1 = u(3);dq1 = u(4);
q2 = u(5);dq2 = u(6);

for l1 = 1:1:5
    gs1 = - [(q1 + pi/6 - (l1 - 1) * pi/12)/(pi/24)]^2;
    u1(l1) = exp(gs1);
end
for l2 = 1:1:5
    gs2 = - [(dq1 + pi/6 - (l2 - 1) * pi/12)/(pi/24)]^2;
    u2(l2) = exp(gs2);
end
for l3 = 1:1:5
    gs3 = - [(q2 + pi/6 - (l3 - 1) * pi/12)/(pi/24)]^2;
    u3(l3) = exp(gs3);
end
for l4 = 1:1:5
    gs4 = - [(dq2 + pi/6 - (l4 - 1) * pi/12)/(pi/24)]^2;
    u4(l4) = exp(gs4);
end

fsd = 0;
```

```
fsu = zeros(5 ^ 4,1);
for l1 = 1:5
    for l2 = 1:5
        for l3 = 1:5
            for l4 = 1:5
fsu(5 ^ 3 * (l1 - 1) + 5 ^ 2 * (l2 - 1) + 5 * (l3 - 1) + l4) = u1(l1) * u2(l2) * u3(l3) * u4(l4);
                fsd = fsd + u1(l1) * u2(l2) * u3(l3) * u4(l4);
            end
        end
    end
end
fs = fsu/(fsd + 0.001);

e1 = q1 - qd1;
e2 = q2 - qd2;
e = [e1 e2]';
de1 = dq1 - dqd1;
de2 = dq2 - dqd2;
de = [de1 de2]';

s = de + Fai * e;
Gama1 = 0.0001;
Gama2 = 0.0001;

S1 = - 1/Gama1 * s(1) * fs;
S2 = - 1/Gama2 * s(2) * fs;
for i = 1:1:5 ^ 4
    sys(i) = S1(i);
end
for j = 5 ^ 4 + 1:1:2 * 5 ^ 4
    sys(j) = S2(j - 5 ^ 4);
end

function sys = mdlOutputs(t,x,u)
global nmn1 nmn2 Fai

q1 = u(3);dq1 = u(4);
q2 = u(5);dq2 = u(6);

r1 = 1;r2 = 0.8;
m1 = 1;m2 = 1.5;

D11 = (m1 + m2) * r1 ^ 2 + m2 * r2 ^ 2 + 2 * m2 * r1 * r2 * cos(q2);
D22 = m2 * r2 ^ 2;
D21 = m2 * r2 ^ 2 + m2 * r1 * r2 * cos(q2);
D12 = D21;
D = [D11 D12;D21 D22];

C12 = m2 * r1 * sin(q2);
C = [ - C12 * dq2  - C12 * (dq1 + dq2);C12 * q1 0];
```

```
g1 = (m1 + m2) * r1 * cos(q2) + m2 * r2 * cos(q1 + q2);
g2 = m2 * r2 * cos(q1 + q2);
G = [g1;g2];

qd1 = u(1);
qd2 = u(2);
dqd1 = 0.3 * cos(t);
dqd2 = 0.3 * cos(t);
dqd = [dqd1 dqd2]';

ddqd1 = - 0.3 * sin(t);
ddqd2 = - 0.3 * sin(t);
ddqd = [ddqd1 ddqd2]';

e1 = q1 - qd1;
e2 = q2 - qd2;
e = [e1 e2]';
de1 = dq1 - dqd1;
de2 = dq2 - dqd2;
de = [de1 de2]';

s = de + Fai * e;
dqr = dqd - Fai * e;
ddqr = ddqd - Fai * de;

for i = 1:1:5 ^ 4
    thta1(i,1) = x(i);
end
for i = 1:1:5 ^ 4
    thta2(i,1) = x(i + 5 ^ 4);
end

for l1 = 1:1:5
    gs1 = - [(q1 + pi/6 - (l1 - 1) * pi/12)/(pi/24)]^2;
    u1(l1) = exp(gs1);
end
for l2 = 1:1:5
    gs2 = - [(dq1 + pi/6 - (l2 - 1) * pi/12)/(pi/24)]^2;
    u2(l2) = exp(gs2);
end
for l3 = 1:1:5
    gs3 = - [(q2 + pi/6 - (l3 - 1) * pi/12)/(pi/24)]^2;
    u3(l3) = exp(gs3);
end
for l4 = 1:1:5
    gs4 = - [(dq2 + pi/6 - (l4 - 1) * pi/12)/(pi/24)]^2;
    u4(l4) = exp(gs4);
end

fsd = 0;
fsu = zeros(5 ^ 4,1);
```

```
for l1 = 1:5
    for l2 = 1:5
        for l3 = 1:5
            for l4 = 1:5
fsu(5^3*(l1-1)+5^2*(l2-1)+5*(l3-1)+l4) = u1(l1)*u2(l2)*u3(l3)*u4(l4);
                fsd = fsd + u1(l1)*u2(l2)*u3(l3)*u4(l4);
            end
        end
    end
end
fs = fsu/(fsd + 0.001);

Fp(1) = thta1'*fs;
Fp(2) = thta2'*fs;

KD = 10*eye(2);
W = [0.2 0;0 0.2];

M = 1;
if M == 1
    tol = D*ddqr + C*dqr + G + 1*Fp' - KD*s;          % (4.77)
elseif M == 2
    tol = D*ddqr + C*dqr + G + Fp' - KD*s - W*sign(s);  % (4.78)
end
sys(1) = tol(1);
sys(2) = tol(2);
sys(3) = Fp(1);
sys(4) = Fp(2);
```

(3) 被控对象 S 函数：chap4_5plant.m

```
function [sys,x0,str,ts] = MIMO_Tong_plant(t,x,u,flag)
switch flag,
case 0,
    [sys,x0,str,ts] = mdlInitializeSizes;
case 1,
    sys = mdlDerivatives(t,x,u);
case 3,
    sys = mdlOutputs(t,x,u);
case {2, 4, 9 }
    sys = [];
otherwise
    error(['Unhandled flag = ',num2str(flag)]);
end
function [sys,x0,str,ts] = mdlInitializeSizes
sizes = simsizes;
sizes.NumContStates  = 4;
sizes.NumDiscStates  = 0;
sizes.NumOutputs     = 6;
sizes.NumInputs      = 4;
sizes.DirFeedthrough = 0;
```

```
sizes.NumSampleTimes  = 0;
sys = simsizes(sizes);
x0 = [0 0 0 0];
str = [];
ts = [];
function sys = mdlDerivatives(t,x,u)
r1 = 1;r2 = 0.8;
m1 = 1;m2 = 1.5;

D11 = (m1 + m2) * r1 ^2 + m2 * r2 ^2 + 2 * m2 * r1 * r2 * cos(x(3));
D22 = m2 * r2 ^2;
D21 = m2 * r2 ^2 + m2 * r1 * r2 * cos(x(3));
D12 = D21;
D = [D11 D12;D21 D22];

C12 = m2 * r1 * sin(x(3));
C = [ - C12 * x(4)  - C12 * (x(2) + x(4));C12 * x(1) 0];

g1 = (m1 + m2) * r1 * cos(x(3)) + m2 * r2 * cos(x(1) + x(3));
g2 = m2 * r2 * cos(x(1) + x(3));
G = [g1;g2];

told = [0.25 * sin(2 * t);0.25 * sin(2 * t)];
F = told;

tol = [u(1) u(2)]';
S = inv(D) * (tol - C * [x(2);x(4)] - G - told);

sys(1) = x(2);
sys(2) = S(1);
sys(3) = x(4);
sys(4) = S(2);
function sys = mdlOutputs(t,x,u)
told = [0.25 * sin(2 * t);0.25 * sin(2 * t)];
F = told;

sys(1) = x(1);
sys(2) = x(2);
sys(3) = x(3);
sys(4) = x(4);
sys(5) = F(1);
sys(6) = F(2);
```

(4) 作图程序：chap4_5plot.m

```
close all;

figure(1);
subplot(211);
plot(t,yd1(:,1),'r',t,y(:,1),'b');
xlabel('time(s)');ylabel('Position tracking for Link 1');
```

```
subplot(212);
plot(t,yd1(:,2),'r',t,y(:,2),'b');
xlabel('time(s)');ylabel('Speed tracking for Link 1');

figure(2);
subplot(211);
plot(t,yd2(:,1),'r',t,y(:,3),'b');
xlabel('time(s)');ylabel('Position tracking for Link 2');
subplot(212);
plot(t,yd2(:,2),'r',t,y(:,4),'b');
xlabel('time(s)');ylabel('Speed tracking for Link 2');

figure(3);
subplot(211);
plot(t,u(:,1),'r');
xlabel('time(s)');ylabel('Control input of Link1');
subplot(212);
plot(t,u(:,2),'r');
xlabel('time(s)');ylabel('Control input of Link2');

figure(4);
subplot(211);
plot(t,y(:,5),'r',t,u(:,3),'b');
xlabel('time(s)');ylabel('Friction 1 and its Compensator');
subplot(212);
plot(t,y(:,6),'r',t,u(:,4),'b');
xlabel('time(s)');ylabel('Friction 2 and its Compensator');
```

**仿真实例(3)**：针对带有基于摩擦、外加干扰模糊补偿的机械手控制的情况，采用基于模糊补偿的机械手控制，取 $M=1$ 和 $M=2$，采用控制律式(4.83)、自适应律式(4.84)、式(4.85)及鲁棒控制律式(4.86)。取 $M=1$，摩擦项为 $\boldsymbol{F}(\dot{\boldsymbol{q}})=\begin{bmatrix}3\dot{q}_1+0.2\operatorname{sgn}\dot{q}_1\\2\dot{q}_2+0.2\operatorname{sgn}\dot{q}_2\end{bmatrix}$，干扰项为 $\boldsymbol{\tau}_{\mathrm{d}}=\begin{bmatrix}0.05 & \sin 20t\\0.1 & \sin 20t\end{bmatrix}$，取 $\boldsymbol{k}_{\mathrm{D}}=\begin{bmatrix}10 & 0\\0 & 10\end{bmatrix}$，$\boldsymbol{W}=\begin{bmatrix}2 & 0\\0 & 2\end{bmatrix}$。采用控制律式(4.83)，仿真结果见图 4-24～图 4-26。

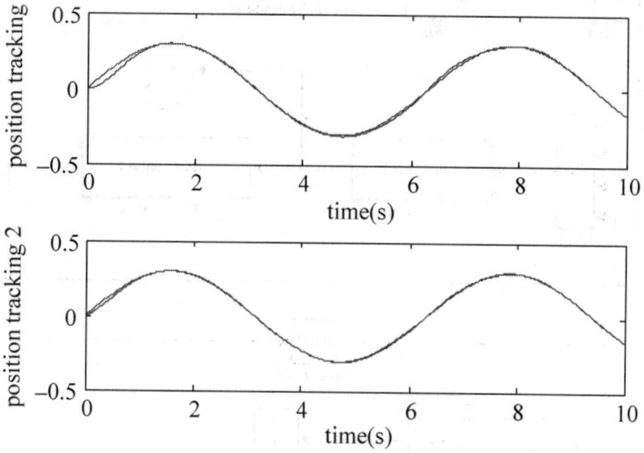


图 4-24　双关节角度跟踪

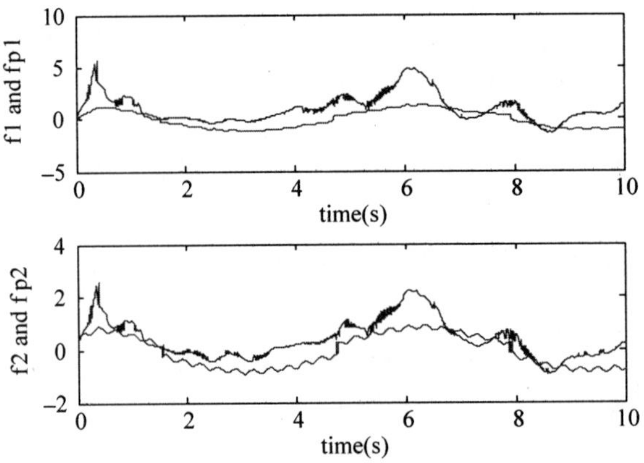


图 4-25　双关节摩擦及其补偿

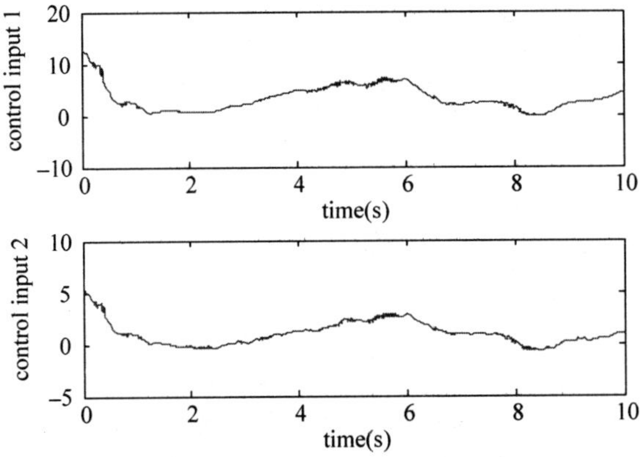


图 4-26　双关节控制输入

基于摩擦、外加干扰和负载变化模糊补偿的机械手控制的仿真程序如下：

（1）Simulink 主程序：chap4_6sim. mdl

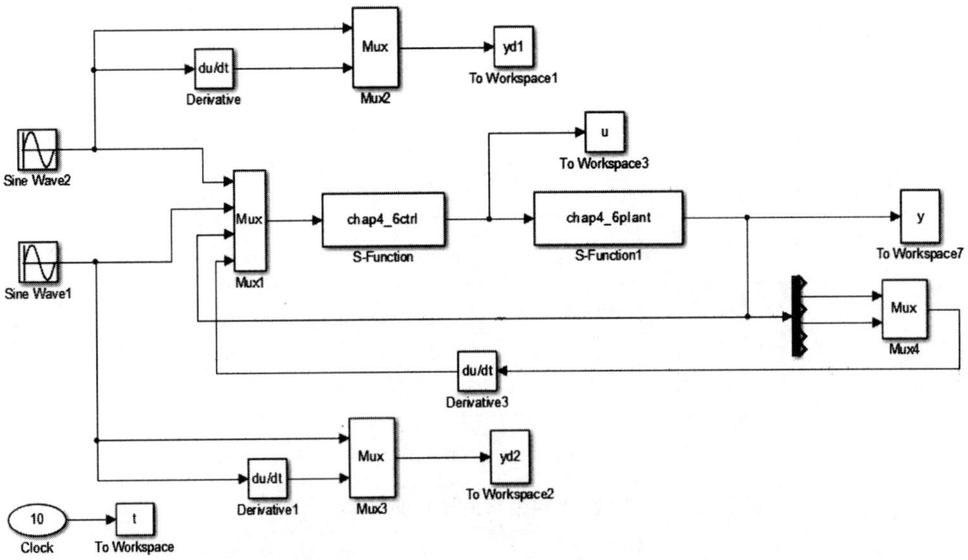

(2) 控制器S函数：chap4_6ctrl.m

```
function [sys,x0,str,ts] = MIMO_Tong_s(t,x,u,flag)
switch flag,
case 0,
    [sys,x0,str,ts] = mdlInitializeSizes;
case 1,
    sys = mdlDerivatives(t,x,u);
case 3,
    sys = mdlOutputs(t,x,u);
case {2,4,9}
    sys = [];
otherwise
    error(['Unhandled flag = ',num2str(flag)]);
end

function [sys,x0,str,ts] = mdlInitializeSizes
global nmn1 nmn2 Fai
nmn1 = 5;nmn2 = 5;
Fai = [nmn1 0;0 nmn2];
sizes = simsizes;
sizes.NumContStates  = 4 * 5 ^4;
sizes.NumDiscStates  = 0;
sizes.NumOutputs     = 4;
sizes.NumInputs      = 10;
sizes.DirFeedthrough = 1;
sizes.NumSampleTimes = 0;
sys = simsizes(sizes);
x0  = [0.1 * ones(4 * 5 ^4,1)];
str = [];
ts  = [];
function sys = mdlDerivatives(t,x,u)
global nmn1 nmn2 Fai
qd1 = u(1);
qd2 = u(2);
dqd1 = 0.3 * cos(t);
dqd2 = 0.3 * cos(t);
dqd = [dqd1 dqd2]';

ddqd1 = - 0.3 * sin(t);
ddqd2 = - 0.3 * sin(t);
ddqd = [ddqd1 ddqd2]';

q1 = u(3);dq1 = u(4);
q2 = u(5);dq2 = u(6);
ddq1 = u(9);ddq2 = u(10);

for l1 = 1:1:5
    gs1 = - [(q1 + pi/6 - (l1 - 1) * pi/12)/(pi/24)]^2;
    u1(l1) = exp(gs1);
end
```

```
for l2 = 1:1:5
    gs2 = -[(dq1 + pi/6 - (l2 - 1) * pi/12)/(pi/24)]^2;
    u2(l2) = exp(gs2);
end
for l3 = 1:1:5
    gs3 = -[(q2 + pi/6 - (l3 - 1) * pi/12)/(pi/24)]^2;
    u3(l3) = exp(gs3);
end
for l4 = 1:1:5
    gs4 = -[(dq2 + pi/6 - (l4 - 1) * pi/12)/(pi/24)]^2;
    u4(l4) = exp(gs4);
end

for l5 = 1:1:5
    gs5 = -[(ddq1 + pi/6 - (l5 - 1) * pi/12)/(pi/24)]^2;
    u5(l5) = exp(gs5);
end
for l6 = 1:1:5
    gs6 = -[(ddq2 + pi/6 - (l6 - 1) * pi/12)/(pi/24)]^2;
    u6(l6) = exp(gs6);
end

fsd = 0;
fsu = zeros(5^4,1);
for l1 = 1:5
    for l2 = 1:5
        for l3 = 1:5
            for l4 = 1:5
fsu(5^3 * (l1 - 1) + 5^2 * (l2 - 1) + 5 * (l3 - 1) + l4) = u1(l1) * u2(l2) * u3(l3) * u4(l4);
                fsd = fsd + u1(l1) * u2(l2) * u3(l3) * u4(l4);
            end
        end
    end
end
fs = fsu/(fsd + 0.001);

fsd1 = 0;
fsu1 = zeros(5^4,1);
for l1 = 1:5
    for l2 = 1:5
        for l5 = 1:5
            for l6 = 1:5
fsu1(5^3 * (l1 - 1) + 5^2 * (l2 - 1) + 5 * (l5 - 1) + l6) = u1(l1) * u2(l2) * u5(l5) * u6(l6);
                fsd1 = fsd1 + u1(l1) * u2(l2) * u5(l5) * u6(l6);
            end
        end
    end
end
fs1 = fsu1/(fsd1 + 0.001);

e1 = q1 - qd1;
```

```
e2 = q2 - qd2;
e = [e1 e2]';
de1 = dq1 - dqd1;
de2 = dq2 - dqd2;
de = [de1 de2]';

s = de + Fai * e;
Gama11 = 0.01;Gama12 = 0.01;
Gama21 = 0.01;Gama22 = 0.01;

S11 = - 1/Gama11 * s(1) * fs;
S12 = - 1/Gama12 * s(2) * fs;
S21 = - 1/Gama21 * s(1) * fs1;
S22 = - 1/Gama22 * s(2) * fs1;
for i = 1:1:5 ^4
    sys(i) = S11(i);
end
for j = 5 ^4 + 1:1:2 * 5 ^4
    sys(j) = S12(j - 5 ^4);
end
for j = 2 * 5 ^4 + 1:1:3 * 5 ^4
    sys(j) = S21(j - 2 * 5 ^4);
end
for j = 3 * 5 ^4 + 1:1:4 * 5 ^4
    sys(j) = S22(j - 3 * 5 ^4);
end

function sys = mdlOutputs(t,x,u)
global nmn1 nmn2 Fai
qd1 = u(1);
qd2 = u(2);
dqd1 = 0.3 * cos(t);
dqd2 = 0.3 * cos(t);
dqd = [dqd1 dqd2]';

ddqd1 = - 0.3 * sin(t);
ddqd2 = - 0.3 * sin(t);
ddqd = [ddqd1 ddqd2]';

q1 = u(3);dq1 = u(4);
q2 = u(5);dq2 = u(6);
ddq1 = u(9);ddq2 = u(10);

for l1 = 1:1:5
    gs1 = - [(q1 + pi/6 - (l1 - 1) * pi/12)/(pi/24)]^2;
    u1(l1) = exp(gs1);
end
for l2 = 1:1:5
    gs2 = - [(dq1 + pi/6 - (l2 - 1) * pi/12)/(pi/24)]^2;
    u2(l2) = exp(gs2);
end
```

```
for l3 = 1:1:5
    gs3 = -[(q2 + pi/6 - (l3 - 1) * pi/12)/(pi/24)]^2;
    u3(l3) = exp(gs3);
end
for l4 = 1:1:5
    gs4 = -[(dq2 + pi/6 - (l4 - 1) * pi/12)/(pi/24)]^2;
    u4(l4) = exp(gs4);
end

for l5 = 1:1:5
    gs5 = -[(ddq1 + pi/6 - (l5 - 1) * pi/12)/(pi/24)]^2;
    u5(l5) = exp(gs5);
end
for l6 = 1:1:5
    gs6 = -[(ddq2 + pi/6 - (l6 - 1) * pi/12)/(pi/24)]^2;
    u6(l6) = exp(gs6);
end

fsd = 0;
fsu = zeros(5^4,1);
for l1 = 1:5
    for l2 = 1:5
        for l3 = 1:5
            for l4 = 1:5
fsu(5^3 * (l1 - 1) + 5^2 * (l2 - 1) + 5 * (l3 - 1) + l4) = u1(l1) * u2(l2) * u3(l3) * u4(l4);
                fsd = fsd + u1(l1) * u2(l2) * u3(l3) * u4(l4);
            end
        end
    end
end
fs = fsu/(fsd + 0.001);

fsd1 = 0;
fsu1 = zeros(5^4,1);
for l1 = 1:5
    for l2 = 1:5
        for l5 = 1:5
            for l6 = 1:5
fsu1(5^3 * (l1 - 1) + 5^2 * (l2 - 1) + 5 * (l5 - 1) + l6) = u1(l1) * u2(l2) * u5(l5) * u6(l6);
                fsd1 = fsd1 + u1(l1) * u2(l2) * u5(l5) * u6(l6);
            end
        end
    end
end
fs1 = fsu1/(fsd1 + 0.001);

e1 = q1 - qd1;
e2 = q2 - qd2;
e = [e1 e2]';
de1 = dq1 - dqd1;
de2 = dq2 - dqd2;
```

```
de = [de1 de2]';

s = de + Fai * e;
dqr = dqd - Fai * e;
ddqr = ddqd - Fai * de;

for i = 1:1:5 ^4
    thta1(i,1) = x(i);
end
for i = 1:1:5 ^4
    thta2(i,1) = x(i + 5 ^4);
end
for i = 1:1:5 ^4
    thta3(i,1) = x(i + 2 * 5 ^4);
end
for i = 1:1:5 ^4
    thta4(i,1) = x(i + 3 * 5 ^4);
end
%////////////////////////
r1 = 1;r2 = 0.8;
m1 = 1;m2 = 0.8;

D11 = (m1 + m2) * r1 ^2 + m2 * r2 ^2 + 2 * m2 * r1 * r2 * cos(q2);
D22 = m2 * r2 ^2;
D21 = m2 * r2 ^2 + m2 * r1 * r2 * cos(q2);
D12 = D21;
D = [D11 D12;D21 D22];

C12 = m2 * r1 * sin(q2);
C = [ - C12 * dq2  - C12 * (dq1 + dq2);C12 * q1 0];

g1 = (m1 + m2) * r1 * cos(q2) + m2 * r2 * cos(q1 + q2);
g2 = m2 * r2 * cos(q1 + q2);
G = [g1;g2];

Fp11 = thta1' * fs;
Fp12 = thta2' * fs;
Fp21 = thta3' * fs1;
Fp22 = thta4' * fs1;

Fp1 = [Fp11 Fp12]';
Fp2 = [Fp21 Fp22]';

KD = 10 * eye(2);
W = [2 0;0 2];

M = 1;
if M == 1
    tol = D * ddqr + C * dqr + G + Fp1 + Fp2 - KD * s;                 % (4.83)
elseif M == 2
    tol = D * ddqr + C * dqr + G + Fp1 + Fp2 - KD * s - W * sign(s);   % (4.86)
```

```
end
sys(1) = tol(1);
sys(2) = tol(2);
sys(3) = Fp1(1) + Fp2(1);
sys(4) = Fp1(2) + Fp2(2);
```

(3) 被控对象 S 函数：chap4_6plant.m

```
function [sys,x0,str,ts] = MIMO_Tong_plant(t,x,u,flag)
switch flag,
case 0,
    [sys,x0,str,ts] = mdlInitializeSizes;
case 1,
    sys = mdlDerivatives(t,x,u);
case 3,
    sys = mdlOutputs(t,x,u);
case {2, 4, 9 }
    sys = [];
otherwise
    error(['Unhandled flag = ',num2str(flag)]);
end
function [sys,x0,str,ts] = mdlInitializeSizes
sizes = simsizes;
sizes.NumContStates  = 4;
sizes.NumDiscStates  = 0;
sizes.NumOutputs     = 6;
sizes.NumInputs      = 4;
sizes.DirFeedthrough = 0;
sizes.NumSampleTimes = 0;
sys = simsizes(sizes);
x0 = [0 0 0 0];
str = [];
ts = [];
function sys = mdlDerivatives(t,x,u)
r1 = 1;r2 = 0.8;
m1 = 1;m2 = 1.5;

D11 = (m1 + m2) * r1 ^2 + m2 * r2 ^2 + 2 * m2 * r1 * r2 * cos(x(3));
D22 = m2 * r2 ^2;
D21 = m2 * r2 ^2 + m2 * r1 * r2 * cos(x(3));
D12 = D21;
D = [D11 D12;D21 D22];

C12 = m2 * r1 * sin(x(3));
C = [ - C12 * x(4)  - C12 * (x(2) + x(4));C12 * x(1) 0];

g1 = (m1 + m2) * r1 * cos(x(3)) + m2 * r2 * cos(x(1) + x(3));
g2 = m2 * r2 * cos(x(1) + x(3));
G = [g1;g2];

Fr = [3 * x(2) + 0.2 * sign(x(2));2 * x(4) + 0.2 * sign(x(4))];
```

```
told = [0.05 * sin(20 * t);0.1 * sin(20 * t)];
F = told + Fr;

tol = [u(1) u(2)]';
S = inv(D) * (tol - C * [x(2);x(4)] - G - F);

sys(1) = x(2);
sys(2) = S(1);
sys(3) = x(4);
sys(4) = S(2);
function sys = mdlOutputs(t,x,u)
Fr = [3 * x(2) + 0.2 * sign(x(2));2 * x(4) + 0.2 * sign(x(4))];
told = [0.05 * sin(20 * t);0.1 * sin(20 * t)];
F = told + Fr;

sys(1) = x(1);
sys(2) = x(2);
sys(3) = x(3);
sys(4) = x(4);
sys(5) = F(1);
sys(6) = F(2);
```

(4) 作图程序：chap4_6plot.m

```
close all;

figure(1);
subplot(211);
plot(t,yd1(:,1),'r',t,y(:,1),'b');
xlabel('time(s)');ylabel('Position tracking 1');
subplot(212);
plot(t,yd2(:,1),'r',t,y(:,3),'b');
xlabel('time(s)');ylabel('Position tracking 2');

figure(4);
subplot(211);
plot(t,y(:,5),'r',t,u(:,3),'b');
xlabel('time(s)');ylabel('F1 and Fp1');
subplot(212);
plot(t,y(:,6),'r',t,u(:,4),'b');
xlabel('time(s)');ylabel('F2 and Fp2');

figure(3);
subplot(211);
plot(t,u(:,1),'r');
xlabel('time(s)');ylabel('Control input 1');
subplot(212);
plot(t,u(:,2),'r');
xlabel('time(s)');ylabel('Control input 2');
```

## 4.5 基于线性矩阵不等式的单级倒立摆 T-S 模糊控制

单级倒立摆系统是一种特殊的单力臂机器人被控对象,是一个复杂的非线性的、不确定系统,其控制器的设计应保证有良好的鲁棒稳定性。

线性矩阵不等式(Linear Matrix Inequality,LMI)是控制领域的一个强有力的设计工具。许多控制理论及分析与综合问题都可简化为相应的 LMI 问题,通过构造有效的计算机算法求解。

随着控制技术的迅速发展,在反馈控制系统的设计中,常需要考虑许多系统的约束条件,例如,系统的不确定性约束等。在处理系统鲁棒控制问题以及其他控制理论引起的许多控制问题时,都可将所控制问题转化为一个线性矩阵不等式或带有线性矩阵不等式约束的最优化问题。目前线性矩阵不等式技术已成为控制工程、系统辨识、结构设计等领域的有效工具。利用线性矩阵不等式技术来求解一些控制问题,是目前和今后控制理论发展的一个重要方向。

采用 T-S 模糊系统进行非线性系统建模的研究是近年来控制理论的研究热点之一。实践证明,具有线性的 Takagi-Sugeno 模糊模型以模糊规则的形式充分利用系统局部信息和专家控制经验,可任意精度逼近实际被控对象。T-S 模糊系统的稳定性条件可表述成线性矩阵不等式的形式,基于 T-S 模糊模型的非线性系统鲁棒稳定和自适应控制的研究是控制理论研究的热点。

### 4.5.1 基于 LMI 的 T-S 型模糊系统控制器设计

针对 $n$ 个状态变量、$m$ 个控制输入的连续非线性系统,其 T-S 型模糊模型可描述为以下 $r$ 条模糊规则:

规则 $i$:

$$\begin{aligned}&\text{If } x_1(t) \text{ is } M_1^i \text{ and } x_2(t) \text{ is } M_2^i \text{ and } \cdots\ x_n(t) \text{ is } M_n^i \\ &\text{Then } \dot{\boldsymbol{x}}(t) = \boldsymbol{A}_i\boldsymbol{x}(t) + \boldsymbol{B}_i\boldsymbol{u}(t), \quad i = 1,2,\cdots,r\end{aligned} \tag{4.87}$$

其中,$x_j$ 为系统的第 $j$ 个状态变量,$M_j^i$ 为第 $i$ 条规则的第 $j$ 个隶属函数,$\boldsymbol{x}(t)$ 为状态向量,$\boldsymbol{x}(t)=[x_1(t) \quad \cdots \quad x_n(t)]^{\mathrm{T}}\in R^n$,$\boldsymbol{u}(t)$ 为控制输入向量,$\boldsymbol{u}(t)=[u_1(t) \quad \cdots \quad u_m(t)]^{\mathrm{T}}\in \boldsymbol{R}^m$,$\boldsymbol{A}_i\in \boldsymbol{R}^{n\times n}$,$\boldsymbol{B}_i\in \boldsymbol{R}^{n\times m}$。

根据模糊系统的反模糊化定义,由模糊规则(4.87)构成的模糊模型总的输出为

$$\dot{\boldsymbol{x}}(t) = \frac{\sum_{i=1}^{r} w_i[A_i x(t) + B_i u(t)]}{\sum_{i=1}^{r} w_i} \tag{4.88}$$

其中,$w_i$ 为规则$i$ 的隶属函数,$w_i = \prod_{k=1}^{n} M_k^i(x_k(t))$,以 4 条规则为例,规则前提为 $x_1$,$k=1$,$i=1,2,3,4$,则 $w_1=M_1^1(x_1)$,$w_2=M_1^2(x_1)$,$w_3=M_1^3(x_1)$,$w_4=M_1^4(x_1)$。

针对每条 T-S 模糊规则,采用状态反馈方法,可设计以下 $r$ 条模糊控制规则:

控制规则 $i$：

$$\text{If } x_1(t) \text{ is } M_1^i \text{ and } x_2(t) \text{ is } M_2^i \text{ and} \cdots x_n(t) \text{ is } M_n^i \tag{4.89}$$

$$\text{Then } u(t) = \boldsymbol{K}_i\boldsymbol{x}(t), \quad i = 1,2,\cdots,r$$

并行分布补偿(Parallel Distributed Compensation，PDC)方法是由 Sugeno 等[3]提出的一种基于模型的模糊控制器设计方法，该方法的稳定性分析由文献[4]给出，适用于解决基于 T-S 模糊建模的非线性系统控制问题[5]。

关于利用 LMI 方法设计基于 T-S 模糊建模的非线性系统控制问题，文献[6,7]有许多描述。根据模糊系统的反模糊化定义，针对连续非线性系统式(4.87)，根据模糊控制按规则式(4.89)，采用 PDC 方法设计 T-S 型模糊控制器为

$$\boldsymbol{u}(t) = \frac{\sum_{j=1}^{r} w_j K_j x(t)}{\sum_{j=1}^{r} w_j} \tag{4.90}$$

### 4.5.2 LMI 不等式的设计及分析

**定理 4.1**[8]：存在正定阵 $\boldsymbol{Q}$，当满足下面条件时，T-S 模糊系统(4.87)渐进稳定。

$$\boldsymbol{Q}\boldsymbol{A}_i^{\mathrm{T}} + \boldsymbol{A}_i\boldsymbol{Q} + \boldsymbol{V}_i^{\mathrm{T}}\boldsymbol{B}_i^{\mathrm{T}} + \boldsymbol{B}_i\boldsymbol{V}_i < 0, \quad i = 1,2,\cdots,r$$

$$\boldsymbol{Q}\boldsymbol{A}_i^{\mathrm{T}} + \boldsymbol{A}_i\boldsymbol{Q} + \boldsymbol{Q}\boldsymbol{A}_j^{\mathrm{T}} + \boldsymbol{A}_j\boldsymbol{Q} + \boldsymbol{V}_j^{\mathrm{T}}\boldsymbol{B}_i^{\mathrm{T}} + \boldsymbol{B}_i\boldsymbol{V}_j + \boldsymbol{V}_i^{\mathrm{T}}\boldsymbol{B}_j^{\mathrm{T}} + \boldsymbol{B}_j\boldsymbol{V}_i < 0, \quad i < j \leqslant r \tag{4.91}$$

$$\boldsymbol{Q} = \boldsymbol{P}^{-1} > 0$$

其中，$\boldsymbol{V}_i = \boldsymbol{K}_i\boldsymbol{Q}$，即 $\boldsymbol{K}_i = \boldsymbol{V}_i\boldsymbol{Q}^{-1} = \boldsymbol{V}_i\boldsymbol{P}$，$\boldsymbol{V}_j = \boldsymbol{K}_j\boldsymbol{Q}$，即 $\boldsymbol{K}_j = \boldsymbol{V}_j\boldsymbol{Q}^{-1} = \boldsymbol{V}_j\boldsymbol{P}$。

定理 4.1 的给出见文献[8]。根据式(4.91)，利用 LMI 方法可求出控制器式(4.90)的增益 $K_i$。下面给出定理 4.1 的具体分析过程。

取 Lyapunov 函数

$$\boldsymbol{V}(t) = \frac{1}{2}\boldsymbol{x}^{\mathrm{T}}\boldsymbol{P}\boldsymbol{x}$$

其中，矩阵 $\boldsymbol{P}$ 为正定对称矩阵。

则有

$$\begin{aligned}\dot{\boldsymbol{V}}(t) &= \frac{1}{2}(\dot{\boldsymbol{x}}^{\mathrm{T}}\boldsymbol{P}\boldsymbol{x} + \boldsymbol{x}^{\mathrm{T}}\boldsymbol{P}\dot{\boldsymbol{x}}) = \frac{1}{2}\dot{\boldsymbol{x}}^{\mathrm{T}}\boldsymbol{P}\boldsymbol{x} + \frac{1}{2}\boldsymbol{x}^{\mathrm{T}}\boldsymbol{P}\dot{\boldsymbol{x}} \\ &= \frac{1}{2}\left\{\frac{\sum_{i=1}^{r} w_i[\boldsymbol{A}_i\boldsymbol{x} + \boldsymbol{B}_i\boldsymbol{u}]}{\sum_{i=1}^{r} w_i}\right\}^{\mathrm{T}}\boldsymbol{P}\boldsymbol{x} + \frac{1}{2}\boldsymbol{x}^{\mathrm{T}}\boldsymbol{P}\left\{\frac{\sum_{i=1}^{r} w_i[\boldsymbol{A}_i\boldsymbol{x} + \boldsymbol{B}_i\boldsymbol{u}]}{\sum_{i=1}^{r} w_i}\right\}\end{aligned}$$

将控制律式(4.90)代入上式，可得

$$\dot{\boldsymbol{V}}(t) = \frac{1}{2}\left\{\frac{\sum_{i=1}^{r} w_i\left[\boldsymbol{A}_i\boldsymbol{x} + \boldsymbol{B}_i\dfrac{\sum_{j=1}^{r} w_j\boldsymbol{K}_j\boldsymbol{x}}{\sum_{j=1}^{r} w_j}\right]}{\sum_{i=1}^{r} w_i}\right\}^{\mathrm{T}}\boldsymbol{P}\boldsymbol{x} + \frac{1}{2}\boldsymbol{x}^{\mathrm{T}}\boldsymbol{P}\left\{\frac{\sum_{i=1}^{r} w_i\left[\boldsymbol{A}_i x + \boldsymbol{B}_i\dfrac{\sum_{j=1}^{r} w_j\boldsymbol{K}_j\boldsymbol{x}}{\sum_{j=1}^{r} w_j}\right]}{\sum_{i=1}^{r} w_i}\right\}$$

$$=\frac{1}{2}\left\{\frac{\sum_{i=1}^{r}w_i\left[\sum_{j=1}^{r}w_j\boldsymbol{A}_i x+\boldsymbol{B}_i\sum_{j=1}^{r}w_j\boldsymbol{K}_j\boldsymbol{x}\right]}{\sum_{i=1}^{r}w_i\sum_{j=1}^{r}w_j}\right\}^{\mathrm{T}}\boldsymbol{P}\boldsymbol{x}+\frac{1}{2}\boldsymbol{x}^{\mathrm{T}}\boldsymbol{P}\left\{\frac{\sum_{i=1}^{r}w_i\left[\sum_{j=1}^{r}w_j\boldsymbol{A}_i\boldsymbol{x}+\boldsymbol{B}_i\sum_{j=1}^{r}w_j\boldsymbol{K}_j\boldsymbol{x}\right]}{\sum_{i=1}^{r}w_i\sum_{j=1}^{r}w_j}\right\}$$

$$=\frac{1}{2}\left[\frac{\sum_{i=1}^{r}w_i\sum_{j=1}^{r}w_j(\boldsymbol{A}_i\boldsymbol{x}+\boldsymbol{B}_i\boldsymbol{K}_j\boldsymbol{x})}{\sum_{i=1}^{r}\sum_{j=1}^{r}w_iw_j}\right]^{\mathrm{T}}\boldsymbol{P}\boldsymbol{x}+\frac{1}{2}\boldsymbol{x}^{\mathrm{T}}\boldsymbol{P}\left[\frac{\sum_{i=1}^{r}w_i\sum_{j=1}^{r}w_j(\boldsymbol{A}_i x+\boldsymbol{B}_i\boldsymbol{K}_j\boldsymbol{x})}{\sum_{i=1}^{r}\sum_{j=1}^{r}w_iw_j}\right]$$

$$=\frac{1}{2}\frac{\sum_{i=1}^{r}\sum_{j=1}^{r}w_iw_j\boldsymbol{x}^{\mathrm{T}}(\boldsymbol{A}_i+\boldsymbol{B}_i\boldsymbol{K}_j)^{\mathrm{T}}}{\sum_{i=1}^{r}\sum_{j=1}^{r}w_iw_j}\boldsymbol{P}\boldsymbol{x}+\frac{1}{2}\boldsymbol{x}^{\mathrm{T}}\boldsymbol{P}\frac{\sum_{i=1}^{r}\sum_{j=1}^{r}w_iw_j(\boldsymbol{A}_i+\boldsymbol{B}_i\boldsymbol{K}_j)\boldsymbol{x}}{\sum_{i=1}^{r}\sum_{j=1}^{r}w_iw_j}$$

$$=\frac{1}{2}\boldsymbol{x}^{\mathrm{T}}\frac{\sum_{i=1}^{r}\sum_{j=1}^{r}w_iw_j(\boldsymbol{A}_i+\boldsymbol{B}_i\boldsymbol{K}_j)^{\mathrm{T}}}{\sum_{i=1}^{r}\sum_{j=1}^{r}w_iw_j}\boldsymbol{P}\boldsymbol{x}+\frac{1}{2}\boldsymbol{x}^{\mathrm{T}}\boldsymbol{P}\frac{\sum_{i=1}^{r}\sum_{j=1}^{r}w_iw_j(\boldsymbol{A}_i+\boldsymbol{B}_i\boldsymbol{K}_j)}{\sum_{i=1}^{r}\sum_{j=1}^{r}w_iw_j}\boldsymbol{x}$$

$$=\frac{1}{2}\boldsymbol{x}^{\mathrm{T}}\left\{\frac{\sum_{i=1}^{r}\sum_{j=1}^{r}w_iw_j[(\boldsymbol{A}_i+\boldsymbol{B}_i\boldsymbol{K}_j)^{\mathrm{T}}\boldsymbol{P}+\boldsymbol{P}(\boldsymbol{A}_i+\boldsymbol{B}_i\boldsymbol{K}_j)]}{\sum_{i=1}^{r}\sum_{j=1}^{r}w_iw_j}\right\}\boldsymbol{x}$$

因此，当满足如下不等式

$$(\boldsymbol{A}_i+\boldsymbol{B}_i\boldsymbol{K}_j)^{\mathrm{T}}\boldsymbol{P}+\boldsymbol{P}(\boldsymbol{A}_i+\boldsymbol{B}_i\boldsymbol{K}_j)<0$$

时，$\dot{\boldsymbol{V}}(t)\leqslant 0$，其中，$i=1,2,\cdots,r$，$j=1,2,\cdots,r$。

考虑 $i=j$ 和 $i\neq j$ 两种情况，将式$\dot{\boldsymbol{V}}(t)$展开，得

$$\dot{\boldsymbol{V}}(t)=\frac{1}{2}\boldsymbol{x}^{\mathrm{T}}\left\{\frac{\sum_{i=1}^{r}\sum_{j=1}^{r}w_iw_j[(\boldsymbol{A}_i+\boldsymbol{B}_i\boldsymbol{K}_j)^{\mathrm{T}}\boldsymbol{P}+\boldsymbol{P}(\boldsymbol{A}_i+\boldsymbol{B}_i\boldsymbol{K}_j)]}{\sum_{i=1}^{r}\sum_{j=1}^{r}w_iw_j}\right\}\boldsymbol{x}$$

$$=\frac{1}{2}\boldsymbol{x}^{\mathrm{T}}\frac{1}{\sum_{i=1}^{r}\sum_{j=1}^{r}w_iw_j}\sum_{i=1}^{r}w_iw_i[(\boldsymbol{A}_i+\boldsymbol{B}_i\boldsymbol{K}_i)^{\mathrm{T}}\boldsymbol{P}+\boldsymbol{P}(\boldsymbol{A}_i+\boldsymbol{B}_i\boldsymbol{K}_i)]\boldsymbol{x}$$

$$+\frac{1}{2}\boldsymbol{x}^{\mathrm{T}}\frac{1}{\sum_{i=1}^{r}\sum_{j=1}^{r}w_iw_j}\sum_{i<j}^{r}w_iw_j[\boldsymbol{G}_{ij}^{\mathrm{T}}\boldsymbol{P}+\boldsymbol{P}\boldsymbol{G}_{ij}]\boldsymbol{x}\tag{4.92}$$

其中，$\boldsymbol{G}_{ij}=(\boldsymbol{A}_i+\boldsymbol{B}_i\boldsymbol{K}_j)+(\boldsymbol{A}_j+\boldsymbol{B}_j\boldsymbol{K}_i)$。

则当满足如下不等式

$$\begin{cases}(\boldsymbol{A}_i+\boldsymbol{B}_i\boldsymbol{K}_i)^{\mathrm{T}}\boldsymbol{P}+\boldsymbol{P}(\boldsymbol{A}_i+\boldsymbol{B}_i\boldsymbol{K}_i)<0, & i=j=1,2,\cdots,r\\ \boldsymbol{G}_{ij}^{\mathrm{T}}\boldsymbol{P}+\boldsymbol{P}\boldsymbol{G}_{ij}<0, & i<j\leqslant r\end{cases}$$

有$\dot{\boldsymbol{V}}(t)\leqslant 0$。

由式(4.92)可见，当$\dot{V}\equiv 0$时，$\boldsymbol{x}\equiv 0$，根据 LaSalle 不变性原理，$t\to\infty$时，$\boldsymbol{x}\to 0$。

### 4.5.3 不等式的转换

首先考虑$(\boldsymbol{A}_i+\boldsymbol{B}_i\boldsymbol{K}_i)^{\mathrm{T}}\boldsymbol{P}+\boldsymbol{P}(\boldsymbol{A}_i+\boldsymbol{B}_i\boldsymbol{K}_i)<0$，$i=j=1,2,\cdots,r$。取$\boldsymbol{Q}=\boldsymbol{P}^{-1}$，则$\boldsymbol{Q}$也是正定对称矩阵，令$\boldsymbol{V}_i=\boldsymbol{K}_i\boldsymbol{Q}$，则

$$\boldsymbol{A}_i^{\mathrm{T}}\boldsymbol{P}+\boldsymbol{K}_i^{\mathrm{T}}\boldsymbol{B}_i^{\mathrm{T}}\boldsymbol{P}+\boldsymbol{P}\boldsymbol{A}_i+\boldsymbol{P}\boldsymbol{B}_i\boldsymbol{K}_i<0$$

上式中的每个式子两边分别乘以$\boldsymbol{P}^{-1}$，得

$$\boldsymbol{P}^{-1}\boldsymbol{A}_i^{\mathrm{T}}+\boldsymbol{P}^{-1}\boldsymbol{K}_i^{\mathrm{T}}\boldsymbol{B}_i^{\mathrm{T}}+\boldsymbol{A}_i\boldsymbol{P}^{-1}+\boldsymbol{B}_i\boldsymbol{K}_i\boldsymbol{P}^{-1}<0$$

即

$$\boldsymbol{Q}\boldsymbol{A}_i^{\mathrm{T}}+\boldsymbol{V}_i^{\mathrm{T}}\boldsymbol{B}_i^{\mathrm{T}}+\boldsymbol{A}_i\boldsymbol{Q}+\boldsymbol{B}_i\boldsymbol{V}_i<0$$

即

$$\boldsymbol{Q}\boldsymbol{A}_i^{\mathrm{T}}+\boldsymbol{A}_i\boldsymbol{Q}+\boldsymbol{V}_i^{\mathrm{T}}\boldsymbol{B}_i^{\mathrm{T}}+\boldsymbol{B}_i\boldsymbol{V}_i<0$$

然后考虑$\boldsymbol{G}_{ij}^{\mathrm{T}}\boldsymbol{P}+\boldsymbol{P}\boldsymbol{G}_{ij}<0$，$\boldsymbol{G}_{ij}=(\boldsymbol{A}_i+\boldsymbol{B}_i\boldsymbol{K}_j)+(\boldsymbol{A}_j+\boldsymbol{B}_j\boldsymbol{K}_i)$，$i<j\leqslant r$。取$\boldsymbol{Q}=\boldsymbol{P}^{-1}$，则$\boldsymbol{Q}$也是正定对称矩阵。令$\boldsymbol{V}_i=\boldsymbol{K}_i\boldsymbol{Q}$，$\boldsymbol{V}_j=\boldsymbol{K}_j\boldsymbol{Q}$，即

$$((\boldsymbol{A}_i+\boldsymbol{B}_i\boldsymbol{K}_j)+(\boldsymbol{A}_j+\boldsymbol{B}_j\boldsymbol{K}_i))^{\mathrm{T}}\boldsymbol{P}+\boldsymbol{P}((\boldsymbol{A}_i+\boldsymbol{B}_i\boldsymbol{K}_j)+(\boldsymbol{A}_j+\boldsymbol{B}_j\boldsymbol{K}_i))<0$$

上式中的每个式子两边分别乘以$\boldsymbol{P}^{-1}$，并考虑$\boldsymbol{Q}=\boldsymbol{Q}^{\mathrm{T}}$，得

$$\boldsymbol{Q}^{\mathrm{T}}((\boldsymbol{A}_i+\boldsymbol{B}_i\boldsymbol{K}_j)+(\boldsymbol{A}_j+\boldsymbol{B}_j\boldsymbol{K}_i))^{\mathrm{T}}+((\boldsymbol{A}_i+\boldsymbol{B}_i\boldsymbol{K}_j)+(\boldsymbol{A}_j+\boldsymbol{B}_j\boldsymbol{K}_i))\boldsymbol{Q}<0$$

即

$$(\boldsymbol{A}_i\boldsymbol{Q}+\boldsymbol{B}_i\boldsymbol{K}_j\boldsymbol{Q}+\boldsymbol{A}_j\boldsymbol{Q}+\boldsymbol{B}_j\boldsymbol{K}_i\boldsymbol{Q})^{\mathrm{T}}+\boldsymbol{A}_i\boldsymbol{Q}+\boldsymbol{B}_i\boldsymbol{K}_j\boldsymbol{Q}+\boldsymbol{A}_j\boldsymbol{Q}+\boldsymbol{B}_j\boldsymbol{K}_i\boldsymbol{Q}<0$$

从而得

$$(\boldsymbol{A}_i\boldsymbol{Q}+\boldsymbol{B}_i\boldsymbol{V}_j+\boldsymbol{A}_j\boldsymbol{Q}+\boldsymbol{B}_j\boldsymbol{V}_i)^{\mathrm{T}}+\boldsymbol{A}_i\boldsymbol{Q}+\boldsymbol{B}_i\boldsymbol{V}_j+\boldsymbol{A}_j\boldsymbol{Q}+\boldsymbol{B}_j\boldsymbol{V}_i<0$$

即

$$\boldsymbol{Q}\boldsymbol{A}_i^{\mathrm{T}}+\boldsymbol{A}_i\boldsymbol{Q}+\boldsymbol{Q}\boldsymbol{A}_j^{\mathrm{T}}+\boldsymbol{A}_j\boldsymbol{Q}+\boldsymbol{V}_j^{\mathrm{T}}\boldsymbol{B}_i^{\mathrm{T}}+\boldsymbol{B}_i\boldsymbol{V}_j+\boldsymbol{V}_i^{\mathrm{T}}\boldsymbol{B}_j^{\mathrm{T}}+\boldsymbol{B}_j\boldsymbol{V}_i<0$$

### 4.5.4 LMI 设计实例说明

**实例 1**：如模糊系统由 2 条模糊规则，$r=2$，有$i=1,2$，则 LMI 不等式如下：

$$\boldsymbol{Q}\boldsymbol{A}_1^{\mathrm{T}}+\boldsymbol{A}_1\boldsymbol{Q}+\boldsymbol{V}_1^{\mathrm{T}}\boldsymbol{B}_1^{\mathrm{T}}+\boldsymbol{B}_1\boldsymbol{V}_1<0$$

$$\boldsymbol{Q}\boldsymbol{A}_2^{\mathrm{T}}+\boldsymbol{A}_2\boldsymbol{Q}+\boldsymbol{V}_2^{\mathrm{T}}\boldsymbol{B}_2^{\mathrm{T}}+\boldsymbol{B}_2\boldsymbol{V}_2<0$$

针对$i<j\leqslant r$，有$i=1$，$j=2$，2 条规则隶属函数相互作用，则 LMI 不等式如下：

$$\boldsymbol{Q}\boldsymbol{A}_1^{\mathrm{T}}+\boldsymbol{A}_1\boldsymbol{Q}+\boldsymbol{Q}\boldsymbol{A}_2^{\mathrm{T}}+\boldsymbol{A}_2\boldsymbol{Q}+\boldsymbol{V}_2^{\mathrm{T}}\boldsymbol{B}_1^{\mathrm{T}}+\boldsymbol{B}_1\boldsymbol{V}_2+\boldsymbol{V}_1^{\mathrm{T}}\boldsymbol{B}_2^{\mathrm{T}}+\boldsymbol{B}_2\boldsymbol{V}_1<0$$

写成 MATLAB 程序如下：

```
L1 = Q * A1' + A1 * Q + V1' * B1' + B1 * V1;
L2 = Q * A2' + A2 * Q + V2' * B2' + B2 * V2;
L3 = Q * A1' + A1 * Q + Q * A2' + A2 * Q + V2' * B1' + B1 * V2 + V1' * B2' + B2 * V1;
```

**实例 2**：如模糊系统由 4 条模糊规则，$r=4$。

考虑单条规则，有$i=1,2,3,4$，则可构造 4 条 LMI 不等式如下：

$$\boldsymbol{Q}\boldsymbol{A}_1^{\mathrm{T}}+\boldsymbol{A}_1\boldsymbol{Q}+\boldsymbol{V}_1^{\mathrm{T}}\boldsymbol{B}_1^{\mathrm{T}}+\boldsymbol{B}_1\boldsymbol{V}_1<0$$

$$\boldsymbol{QA}_2^{\mathrm{T}}+\boldsymbol{A}_2\boldsymbol{Q}+\boldsymbol{V}_2^{\mathrm{T}}\boldsymbol{B}_2^{\mathrm{T}}+\boldsymbol{B}_2\boldsymbol{V}_2<0$$
$$\boldsymbol{QA}_3^{\mathrm{T}}+\boldsymbol{A}_3\boldsymbol{Q}+\boldsymbol{V}_3^{\mathrm{T}}\boldsymbol{B}_3^{\mathrm{T}}+\boldsymbol{B}_3\boldsymbol{V}_3<0$$
$$\boldsymbol{QA}_4^{\mathrm{T}}+\boldsymbol{A}_4\boldsymbol{Q}+\boldsymbol{V}_4^{\mathrm{T}}\boldsymbol{B}_4^{\mathrm{T}}+\boldsymbol{B}_4\boldsymbol{V}_4<0$$

写成 MATLAB 程序如下：

```
L1 = Q * A1' + A1 * Q + V1' * B1' + B1 * V1;
L2 = Q * A2' + A2 * Q + V2' * B2' + B2 * V2;
L3 = Q * A3' + A3 * Q + V3' * B3' + B3 * V3;
L4 = Q * A4' + A4 * Q + V4' * B4' + B4 * V4;
```

针对 $i<j\leqslant r$，则可构造如下 LMI 不等式。根据 $\boldsymbol{QA}_i^{\mathrm{T}}+\boldsymbol{A}_i\boldsymbol{Q}+\boldsymbol{QA}_j^{\mathrm{T}}+\boldsymbol{A}_j\boldsymbol{Q}+\boldsymbol{V}_j^{\mathrm{T}}\boldsymbol{B}_i^{\mathrm{T}}+\boldsymbol{B}_i\boldsymbol{V}_j+\boldsymbol{V}_i^{\mathrm{T}}\boldsymbol{B}_j^{\mathrm{T}}+\boldsymbol{B}_j\boldsymbol{V}_i<0$，可能存在的不等式如下：$i=1,j=2,i=1,j=3,i=1,j=4$；$i=2,j=3,i=2,j=4$；$i=3,j=4$。设计 LMI 不等式时，应考虑隶属函数 $i$ 和隶属函数 $j$ 是否有隶属函数相互作用。

考虑第 3 条规则的隶属函数和第 4 条规则的隶属函数相互作用，即 $i=3,j=4$，所对应的 LMI 不等式如下：

$$\boldsymbol{QA}_3^{\mathrm{T}}+\boldsymbol{A}_3\boldsymbol{Q}+\boldsymbol{QA}_4^{\mathrm{T}}+\boldsymbol{A}_4\boldsymbol{Q}+\boldsymbol{V}_4^{\mathrm{T}}\boldsymbol{B}_3^{\mathrm{T}}+\boldsymbol{B}_3\boldsymbol{V}_4+\boldsymbol{V}_3^{\mathrm{T}}\boldsymbol{B}_4^{\mathrm{T}}+\boldsymbol{B}_4\boldsymbol{V}_3<0$$

写成 MATLAB 程序如下：

```
L = Q * A3' + A3 * Q + Q * A4' + A4 * Q + V4' * B3' + B3 * V4 + V3' * B4' + B4 * V3;
```

### 4.5.5 单级倒立摆的 T-S 模型模糊控制

倒立摆系统的控制问题一直是控制研究中的一个典型问题。控制的目标是通过给小车底座施加一个力 $u$（控制量），使小车停留在预定的位置，并使摆不倒下，即不超过预先定义好的垂直偏离角度范围。

单级倒立摆模型为

$$\begin{cases}\dot{x}_1=x_2\\ \dot{x}_2=\dfrac{g\sin x_1-amlx_2^2\sin(2x_1)/2-au\cos x_1}{4l/3-aml\cos^2x_1}\end{cases}\tag{4.93}$$

其中，$x_1$ 为摆的角度，$x_2$ 为摆的角速度，$2l$ 为摆长，$u$ 为加在小车上的控制输入，$a=\dfrac{1}{M+m}$，$M$ 和 $m$ 分别为小车和摆的质量。

1. 基于 2 条模糊规则的设计

根据倒立摆模型式(4.93)可知，当 $x_1\to 0$ 时，$\sin x_1\to x_1$，$\cos x_1\to 1$；$x_1\to\pm\dfrac{\pi}{2}$时，$\sin x_1\to\pm 1\to\dfrac{2}{\pi}x_1$，由此可得以下两条 T-S 型模糊规则：

规则 1：IF $x_1(t)$ is about 0，THEN $\dot{\boldsymbol{x}}(t)=\boldsymbol{A}_1\boldsymbol{x}(t)+\boldsymbol{B}_1u(t)$；

规则 2：IF $x_1(t)$ is about $\pm\dfrac{\pi}{2}\left(|x_1|<\dfrac{\pi}{2}\right)$，THEN $\dot{\boldsymbol{x}}(t)=\boldsymbol{A}_2\boldsymbol{x}(t)+\boldsymbol{B}_2\boldsymbol{u}(t)$。

其中，$\boldsymbol{A}_1=\begin{bmatrix}0 & 1\\ \dfrac{g}{4l/3-aml} & 0\end{bmatrix}$，$\boldsymbol{B}_1=\begin{bmatrix}0\\ -\dfrac{\alpha}{4l/3-aml}\end{bmatrix}$，$\boldsymbol{A}_2=\begin{bmatrix}0 & 1\\ \dfrac{2g}{\pi(4l/3-aml\beta^2)} & 0\end{bmatrix}$，

$\boldsymbol{B}_2=\begin{bmatrix}0\\ -\dfrac{\alpha\beta}{4l/3-aml\beta^2}\end{bmatrix}$，$\beta=\cos(88°)$。

根据4.5.4节实例1，倒立摆的线性矩阵不等式可表示为

$$\boldsymbol{QA}_1^{\mathrm{T}}+\boldsymbol{A}_1\boldsymbol{Q}+\boldsymbol{V}_1^{\mathrm{T}}\boldsymbol{B}_1^{\mathrm{T}}+\boldsymbol{B}_1\boldsymbol{V}_1<0,$$

$$\boldsymbol{QA}_2^{\mathrm{T}}+\boldsymbol{A}_2\boldsymbol{Q}+\boldsymbol{V}_2^{\mathrm{T}}\boldsymbol{B}_2^{\mathrm{T}}+\boldsymbol{B}_2\boldsymbol{V}_2<0,$$

$$\boldsymbol{QA}_1^{\mathrm{T}}+\boldsymbol{A}_1\boldsymbol{Q}+\boldsymbol{QA}_2^{\mathrm{T}}+\boldsymbol{A}_2\boldsymbol{Q}+\boldsymbol{V}_2^{\mathrm{T}}\boldsymbol{B}_1^{\mathrm{T}}+\boldsymbol{B}_1\boldsymbol{V}_2+\boldsymbol{V}_1^{\mathrm{T}}\boldsymbol{B}_2^{\mathrm{T}}+\boldsymbol{B}_2\boldsymbol{V}_1<0$$

$$\boldsymbol{Q}=\boldsymbol{P}^{-1}>0$$

其中，$\boldsymbol{K}_1=\boldsymbol{V}_1\boldsymbol{P}$，$\boldsymbol{K}_2=\boldsymbol{V}_2\boldsymbol{P}$，$i=1,2$。

针对上述线性矩阵不等式，可采用MATLAB的LMI工具箱进行求解。针对倒立摆模型，取$g=9.8\mathrm{m/s^2}$，摆的质量$m=2.0\mathrm{kg}$，小车质量$M=8.0\mathrm{kg}$，$2l=1.0\mathrm{m}$。

根据倒立摆的运动情况，设计2条模糊控制规则：

规则1： If $x_1(t)$ is about 0 then $u=\boldsymbol{K}_1\boldsymbol{x}(t)$

规则2： If $x_1(t)$ is about $\pm\dfrac{\pi}{2}\left(|x_1(t)|<\dfrac{\pi}{2}\right)$ then $u=\boldsymbol{K}_2\boldsymbol{x}(t)$

采用PDC方法，根据式(4.90)，设计基于T-S型的模糊控制器为

$$u=w_1(x_1)\boldsymbol{K}_1\boldsymbol{x}(t)+w_2(x_1)\boldsymbol{K}_2\boldsymbol{x}(t)$$

其中，$w_1+w_2=1$。

根据倒立摆的两条T-S模糊模型规则，隶属函数应按图1进行设计。仿真中采用三角形隶属函数实现摆角度$x_1(t)$的模糊化。摆角初始状态为$\begin{bmatrix}\dfrac{\pi}{3} & 0\end{bmatrix}$。

采用LMI求解工具箱-YALMIP工具箱（见附录介绍），控制器增益的LMI求解程序为chap4_7LMI_design.m，求解线性矩阵不等式，求得$\boldsymbol{Q}$，$\boldsymbol{V}_1$，$\boldsymbol{V}_2$，从而得到状态反馈增益：$\boldsymbol{K}_1=[2400.8\quad 692.3]$，$\boldsymbol{K}_2=[5171.6\quad 1515.3]$。然后运行Simulink主程序chap4_7sim.mdl，仿真结果如图4-29和图4-30所示。

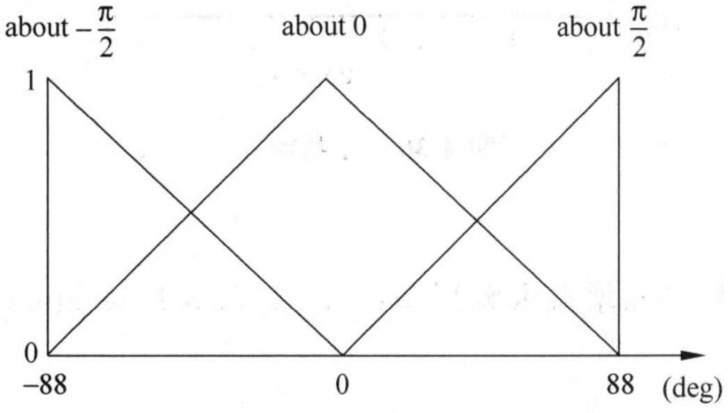


**图4-27 模糊隶属度函数示意图**

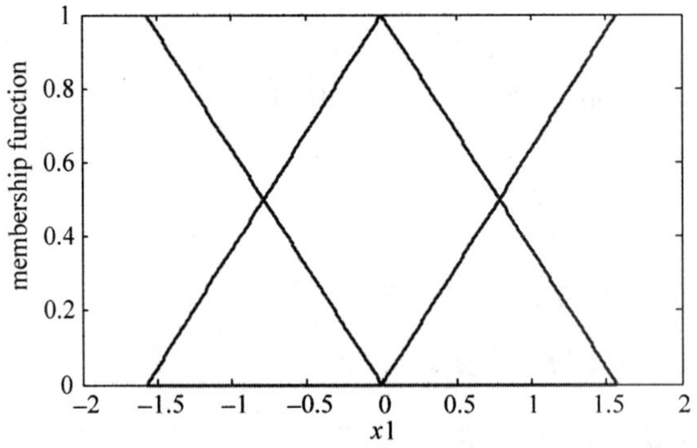


图 4-28 仿真中的模糊隶属度函数

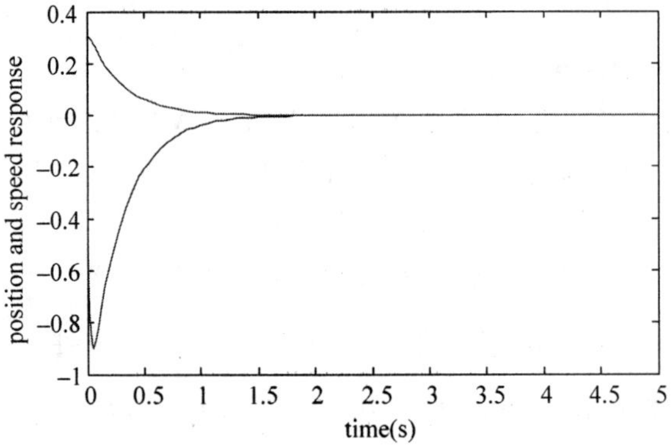


图 4-29 角度和角速度响应

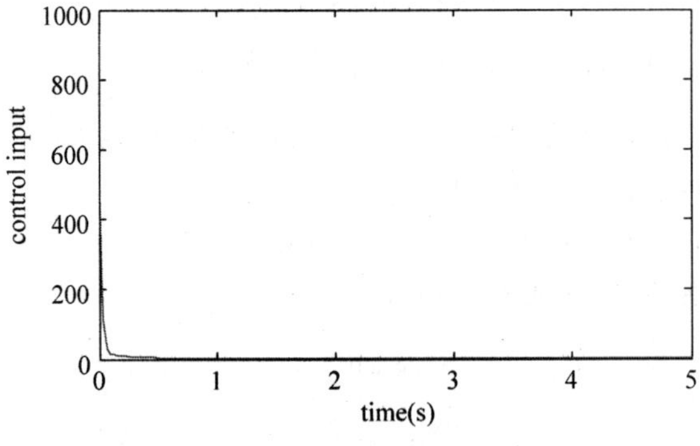


图 4-30 控制输入

仿真程序如下：

(1) 基于 LMI 的控制器增益求解程序：chap4_7LMI_design. m

```
clear all;
close all;

g = 9.8;m = 2.0;M = 8.0;l = 0.5;
```

```
a = l/(m + M);beta = cos(88 * pi/180);

a1 = 4 * l/3 - a * m * l;
A1 = [0 1;g/a1 0];
B1 = [0 ; - a/a1];
a2 = 4 * l/3 - a * m * l * beta ^2;
A2 = [0 1;2 * g/(pi * a2) 0];
B2 = [0; - a * beta/a2];

Q = sdpvar(2,2);
V1 = sdpvar(1,2);
V2 = sdpvar(1,2);

L1 = Q * A1' + A1 * Q + V1' * B1' + B1 * V1;
L2 = Q * A2' + A2 * Q + V2' * B2' + B2 * V2;
L3 = Q * A1' + A1 * Q + Q * A2' + A2 * Q + V2' * B1' + B1 * V2 + V1' * B2' + B2 * V1;

  F = set(L1 < 0) + set(L2 < 0) + set(L3 < 0) + set(Q > 0);
  solvesdp(F);                                  % To get Q, V1, V2


  Q = double(Q);
  V1 = double(V1);
  V2 = double(V2);

  P = inv(Q);
   K1 = V1 * P
   K2 = V2 * P
save K_file K1 K2;
```

(2) 隶属函数设计程序：chap4_7mf. m

```
clear all;
close all;
L1 = - pi/2;L2 = pi/2;
L = L2 - L1;

h = pi/2;
N = L/h;
T = 0.01;

x = L1:T:L2;
for i = 1:N + 1
    e(i) = L1 + L/N * (i - 1);
end
u = trimf(x,[e(1),e(2),e(3)]);                  % The middle MF
plot(x,u,'r','linewidth',2);
```

```
for j = 1:N
   if j == 1
        u = trimf(x,[e(1),e(1),e(2)]);          % The first MF
   elseif j == N
        u = trimf(x,[e(N),e(N+1),e(N+1)]); % The last MF
   end
   hold on;
   plot(x,u,'b','linewidth',2);
end
xlabel('x');ylabel('Membership function');
legend('First Rule','Second rule');
```

(3) Simulink 主程序：chap4_7sim. mdl

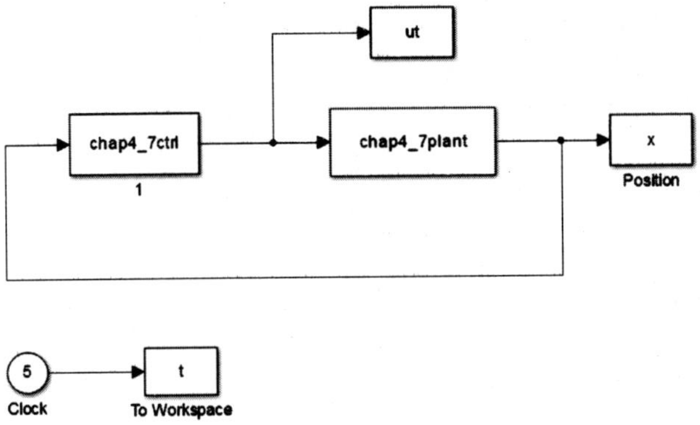


(4) 模糊控制 S 函数：chap4_7ctrl. m

```
function [sys,x0,str,ts] = spacemodel(t,x,u,flag)
switch flag,
case 0,
    [sys,x0,str,ts] = mdlInitializeSizes;
case 3,
    sys = mdlOutputs(t,x,u);
case {2,4,9}
    sys = [];
otherwise
    error(['Unhandled flag = ',num2str(flag)]);
end
function [sys,x0,str,ts] = mdlInitializeSizes
sizes = simsizes;
sizes.NumContStates   = 0;
sizes.NumDiscStates   = 0;
sizes.NumOutputs      = 1;
sizes.NumInputs       = 2;
sizes.DirFeedthrough  = 1;
sizes.NumSampleTimes  = 1;
sys = simsizes(sizes);
```

```
x0   = [];
str  = [];
ts   = [0 0];
function sys = mdlOutputs(t,x,u)
x = [u(1);u(2)];

load K_file;
ut1 = K1 * x;
ut2 = K2 * x;

L1 = - pi/2;L2 = pi/2;
L = L2 - L1;

N = 2;
for i = 1:N + 1
    e(i) = L1 + L/N * (i - 1);
end

h1 = trimf(x(1),[e(1),e(2),e(3)]);                    % The middle
if x(1)<= 0
   h2 = trimf(x(1),[e(1),e(1),e(2)]);                  % The first
else
   h2 = trimf(x(1),[e(2),e(3),e(3)]);                  % The last
end
% h1 + h2
ut = (h1 * ut1 + h2 * ut2)/(h1 + h2);
sys(1) = ut;
```

(5) 作图程序：chap4_7plot.m

```
close all;

figure(1);
plot(t,x(:,1),'r',t,x(:,2),'b');
xlabel('time(s)');ylabel('angle and angle speed response');

figure(2);
plot(t,ut(:,1),'r');
xlabel('time(s)');ylabel('control input');
```

### 2. 基于4条模糊规则的设计

为了能在大范围的初始角度下进行控制，在上述2条规则的基础上，需要增加模糊规则数量。

根据倒立摆模型式(4.93)可知，$x_1 \to \pm\frac{\pi}{2}\left(|x_1|>\frac{\pi}{2}\right)$时，$\sin x_1 \to \pm 1 \to \frac{2}{\pi}x_1$，由于$\beta=\cos(88^\circ)$，则$\cos(x_1)=\cos(180^\circ-88^\circ)=-\cos(88^\circ)=-\beta$；当$x_1\to\pi$时，$\sin x_1\to 0$，$\cos x_1\to -1$，则近似有$\dot{x}_2=\frac{au}{4l/3-aml}$。由此可得以下另外两条T-S型模糊规则：

规则 3：IF $x_1(t)$ is about $\pm\frac{\pi}{2}\left(|x_1|>\frac{\pi}{2}\right)$，THEN $\dot{\boldsymbol{x}}(t)=\boldsymbol{A}_3\boldsymbol{x}(t)+\boldsymbol{B}_3u(t)$；

规则 4：IF $x_1(t)$ is about $\pm\pi$，THEN $\dot{\boldsymbol{x}}(t)=\boldsymbol{A}_4\boldsymbol{x}(t)+\boldsymbol{B}_4u(t)$。

其中，$\boldsymbol{A}_3=\begin{bmatrix}0 & 1\\ \dfrac{2g}{\pi(4l/3-aml\beta^2)} & 0\end{bmatrix}$，$\boldsymbol{B}_3=\begin{bmatrix}0\\ \dfrac{\alpha\beta}{4l/3-aml\beta^2}\end{bmatrix}$，$\boldsymbol{A}_4=\begin{bmatrix}0 & 1\\ 0 & 0\end{bmatrix}$，$\boldsymbol{B}_4=\begin{bmatrix}0\\ \dfrac{\alpha}{4l/3-aml}\end{bmatrix}$。

根据倒立摆的运动情况，设计上述两条模糊控制规则：

规则 3：If $x_1(t)$ is about$\pm\frac{\pi}{2}\left(|x_1|>\frac{\pi}{2}\right)$then $u=\boldsymbol{K}_3\boldsymbol{x}(t)$；

规则 4：If $x_1(t)$ is about$\pm\pi$ then $u=\boldsymbol{K}_4\boldsymbol{x}(t)$。

如图 4-31 所示，为具有 4 条规则的隶属函数示意图，隶属函数有交集的规则分别是规则 1 和 2，规则 3 和 4，带有交点的规则才能构成一个不等式。故针对 $i<j\leqslant r$，只能构造 2 个 LMI，根据上一节的实例 2，所对应的 LMI 不等式如下：

$$\boldsymbol{Q}\boldsymbol{A}_1^{\mathrm{T}}+\boldsymbol{A}_1\boldsymbol{Q}+\boldsymbol{Q}\boldsymbol{A}_2^{\mathrm{T}}+\boldsymbol{A}_2\boldsymbol{Q}+\boldsymbol{V}_2^{\mathrm{T}}\boldsymbol{B}_1^{\mathrm{T}}+\boldsymbol{B}_1\boldsymbol{V}_2+\boldsymbol{V}_1^{\mathrm{T}}\boldsymbol{B}_2^{\mathrm{T}}+\boldsymbol{B}_2\boldsymbol{V}_1<0$$

$$\boldsymbol{Q}\boldsymbol{A}_3^{\mathrm{T}}+\boldsymbol{A}_3\boldsymbol{Q}+\boldsymbol{Q}\boldsymbol{A}_4^{\mathrm{T}}+\boldsymbol{A}_4\boldsymbol{Q}+\boldsymbol{V}_4^{\mathrm{T}}\boldsymbol{B}_3^{\mathrm{T}}+\boldsymbol{B}_3\boldsymbol{V}_4+\boldsymbol{V}_3^{\mathrm{T}}\boldsymbol{B}_4^{\mathrm{T}}+\boldsymbol{B}_4\boldsymbol{V}_3<0$$

写成 MATLAB 程序如下：

```
L5 = Q * A1' + A1 * Q + Q * A2' + A2 * Q + V2' * B1' + B1 * V2 + V1' * B2' + B2 * V1;
L6 = Q * A3' + A3 * Q + Q * A4' + A4 * Q + V4' * B3' + B3 * V4 + V3' * B4' + B4 * V3;
```

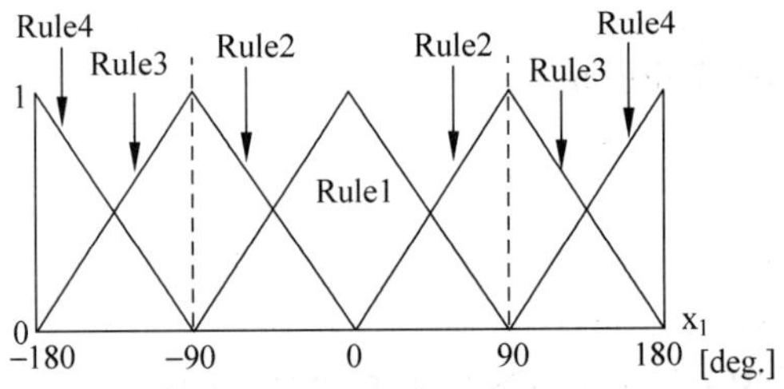


图 4-31　模糊隶属度函数示意图

采用 PDC 方法，根据式(4.90)，设计基于 T-S 型的模糊控制器为

$$u=w_1(x_1)\boldsymbol{K}_1\boldsymbol{x}(t)+w_2(x_1)\boldsymbol{K}_2\boldsymbol{x}(t)+w_3(x_1)\boldsymbol{K}_3\boldsymbol{x}(t)+w_4(x_1)\boldsymbol{K}_4\boldsymbol{x}(t)$$

根据倒立摆的两条 T-S 模糊模型规则，隶属函数应按图 4-32 进行设计。仿真中采用三角形隶属函数实现摆角度 $x_1(t)$的模糊化。摆角初始状态为[π　0]。

采用 LMI 求解工具箱—YALMIP 工具箱（见附录介绍），控制器增益的 LMI 求解程序为 chap4_8LMI_design. m，求解线性矩阵不等式，求得 $\boldsymbol{Q}$，$\boldsymbol{V}_1$，$\boldsymbol{V}_2$，$\boldsymbol{V}_3$，$\boldsymbol{V}_4$，从而得到状态反馈增益：$\boldsymbol{K}_1$=[3301.3　969.9]，$\boldsymbol{K}_2$=[6366.3　1879.7]，$\boldsymbol{K}_3$=[−6189.6　−1883.7]，$\boldsymbol{K}_4$=[−3105.2　−969.9]。然后运行 Simulink 主程序 chap4_8sim. mdl，仿真结果如图 4-33 和图 4-34 所示。

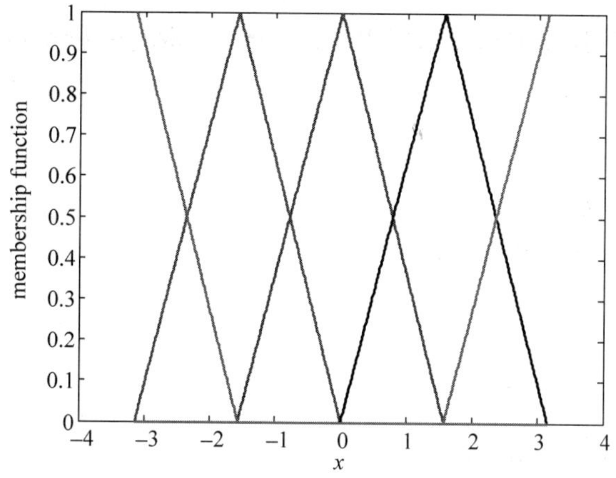


图 4-32 模糊隶属度函数

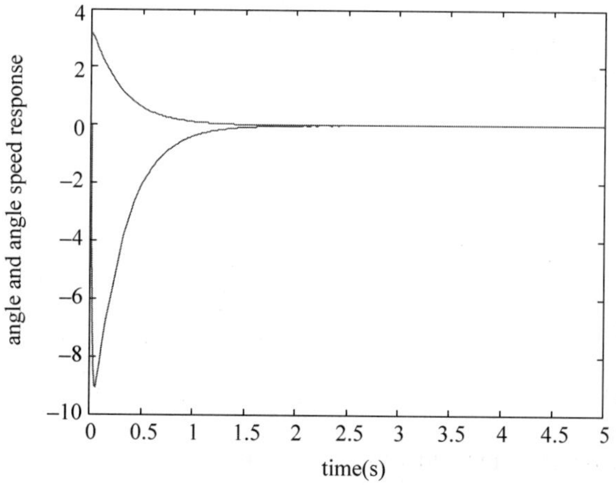


图 4-33 角度和角速度响应

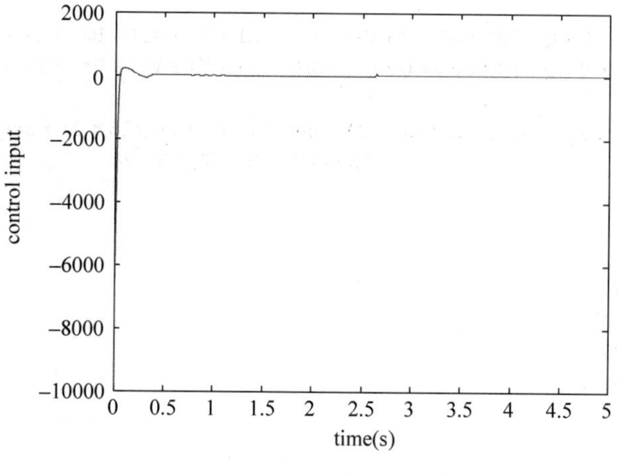


图 4-34 控制输入

仿真程序如下：

(1) 基于 LMI 的控制器增益求解程序：chap4_8LMI_design. m

```
clear all;
close all;

g = 9.8;m = 2.0;M = 8.0;l = 0.5;
a = l/(m + M);beta = cos(88 * pi/180);

a1 = 4 * l/3 - a * m * l;
A1 = [0 1;g/a1 0];
B1 = [0 ; - a/a1];

a2 = 4 * l/3 - a * m * l * beta ^2;

A2 = [0 1;2 * g/(pi * a2) 0];
B2 = [0; - a * beta/a2];

A3 = [0 1;2 * g/(pi * a2) 0];
B3 = [0;a * beta/a2];

A4 = [0 1;0 0];
B4 = [0;a/a1];

 Q = sdpvar(2,2);
 V1 = sdpvar(1,2);
 V2 = sdpvar(1,2);
 V3 = sdpvar(1,2);
 V4 = sdpvar(1,2);

L1 = Q * A1' + A1 * Q + V1' * B1' + B1 * V1;
L2 = Q * A2' + A2 * Q + V2' * B2' + B2 * V2;
L3 = Q * A3' + A3 * Q + V3' * B3' + B3 * V3;
L4 = Q * A4' + A4 * Q + V4' * B4' + B4 * V4;

L5 = Q * A1' + A1 * Q + Q * A2' + A2 * Q + V2' * B1' + B1 * V2 + V1' * B2' + B2 * V1;  % from R1 and R2
L6 = Q * A3' + A3 * Q + Q * A4' + A4 * Q + V4' * B3' + B3 * V4 + V3' * B4' + B4 * V3;  % from R3 and R4

F = set(L1 < 0) + set(L2 < 0) + set(L3 < 0) + set(L4 < 0) + set(L5 < 0) + set(L6 < 0) + set(Q > 0);
  solvesdp(F);                    % To get Q, V1, V2, V3, V4


  Q = double(Q);
  V1 = double(V1);
  V2 = double(V2);
  V3 = double(V3);
  V4 = double(V4);


  P = inv(Q);
   K1 = V1 * P
   K2 = V2 * P
```

```
    K3 = V3 * P
    K4 = V4 * P

save K_file K1 K2 K3 K4;
```

(2) 隶属函数设计程序：chap4_8mf.m

```
clear all;
close all;
L1 = -pi;L2 = pi;
L = L2 - L1;

h = pi/2;
N = L/h;
T = 0.01;

x = L1:T:L2;
for i = 1:N + 1
    e(i) = L1 + L/N * (i - 1);
end
figure(2);
% h1
h1 = trimf(x,[e(2),e(3),e(4)]);    % Rule 1:x1 is to zero
plot(x,h1,'r','linewidth',2);
% h2, Rule 2: x1 is about +- pi/2,but smaller
% if x<=0
   h2 = trimf(x,[e(2),e(2),e(3)]);
hold on
plot(x,h2,'b','linewidth',2);
% else
   h2 = trimf(x,[e(3),e(4),e(4)]);
hold on
plot(x,h2,'b','linewidth',2);
% end

% h3, Rule 3: x1 is about +- pi/2,but bigger
% if x<0
    h3 = trimf(x,[e(1),e(2),e(2)]);
hold on;
plot(x,h3,'g','linewidth',2);
% else
    h3 = trimf(x,[e(4),e(4),e(5)]);
hold on;
plot(x,h3,'g','linewidth',2);
% end

% h4, Rule 4: x1 is about +- pi
% if x<0
    h4 = trimf(x,[e(1),e(1),e(2)]);
    hold on;
    plot(x,h4,'k','linewidth',2);
% else
    h4 = trimf(x,[e(4),e(5),e(5)]);
    hold on;
```

```
plot(x,h4,'k','linewidth',2);
% end
```

(3) Simulink 主程序：chap4_8sim. mdl

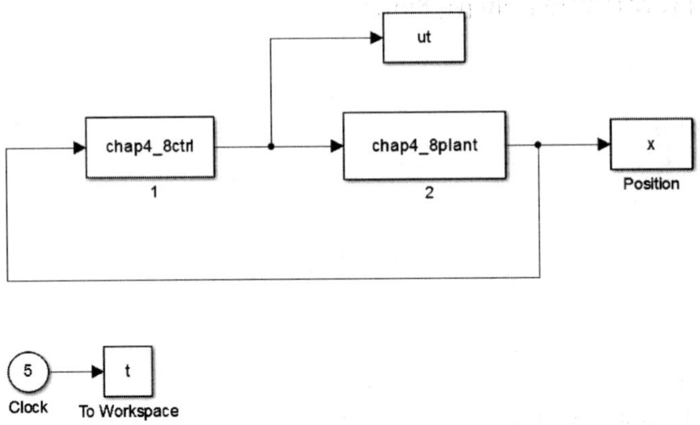


(4) 模糊控制 S 函数：chap4_8ctrl. m

```
function [sys,x0,str,ts] = spacemodel(t,x,u,flag)
switch flag,
case 0,
    [sys,x0,str,ts] = mdlInitializeSizes;
case 3,
    sys = mdlOutputs(t,x,u);
case {2,4,9}
    sys = [];
otherwise
    error(['Unhandled flag = ',num2str(flag)]);
end
function [sys,x0,str,ts] = mdlInitializeSizes
sizes = simsizes;
sizes.NumContStates  = 0;
sizes.NumDiscStates  = 0;
sizes.NumOutputs     = 1;
sizes.NumInputs      = 2;
sizes.DirFeedthrough = 1;
sizes.NumSampleTimes = 1;
sys = simsizes(sizes);
x0  = [];
str = [];
ts  = [0 0];
function sys = mdlOutputs(t,x,u)
x = [u(1);u(2)];

load K_file;
ut1 = K1 * x;
ut2 = K2 * x;
ut3 = K3 * x;
```

```
ut4 = K4 * x;

L1 = - pi;L2 = pi;
L = L2 - L1;

h = pi/2;
N = L/h;

for i = 1:N + 1
    e(i) = L1 + L/N * (i - 1);
end

% h1
h1 = trimf(x(1),[e(2),e(3),e(4)]);              % Rule 1:x1 is to zero

% h2, Rule 2: x1 is about +- pi/2,but smaller
if x(1)<= 0
   h2 = trimf(x(1),[e(2),e(2),e(3)]);
else
   h2 = trimf(x(1),[e(3),e(4),e(4)]);
end

% h3, Rule 3: x1 is about +- pi/2,but bigger
if x(1)< 0
    h3 = trimf(x(1),[e(1),e(2),e(2)]);
else
    h3 = trimf(x(1),[e(4),e(4),e(5)]);
end

% h4, Rule 4: x1 is about +- pi
if x(1)< 0
   h4 = trimf(x(1),[e(1),e(1),e(2)]);
else
   h4 = trimf(x(1),[e(4),e(5),e(5)]);
end
h1 + h2 + h3 + h4;
ut = (h1 * ut1 + h2 * ut2 + h3 * ut3 + h4 * ut4)/(h1 + h2 + h3 + h4);
sys(1) = ut;
```

（5）作图程序：chap4_8plot. m

```
close all;

figure(1);
plot(t,x(:,1),'r',t,x(:,2),'b');
xlabel('time(s)');ylabel('angle and angle speed response');

figure(2);
plot(t,ut(:,1),'r');
```

```
xlabel('time(s)');ylabel('control input');
```

# 附录　新的LMI求解工具箱-YALMIP工具箱

线性矩阵不等式(Linear Matrix Inequality,LMI)是控制领域的一个强有力的设计工具。许多控制理论及分析与综合问题都可简化为相应的LMI问题,通过构造有效的计算机算法求解。

随着控制技术的迅速发展,在反馈控制系统的设计中,常需要考虑许多系统的约束条件,例如,系统的不确定性约束等。在处理系统鲁棒控制问题以及其他控制理论引起的许多控制问题时,都可将所控制问题转化为一个线性矩阵不等式或带有线性矩阵不等式约束的最优化问题。目前线性矩阵不等式(LMI)技术已成为控制工程、系统辨识、结构设计等领域的有效工具。利用线性矩阵不等式技术来求解一些控制问题,是目前和今后控制理论发展的一个重要方向。

YALMIP是MATLAB的一个独立的工具箱,具有很强的优化求解能力,该工具箱具有以下3个特点[①]:

(1) 是基于符号运算工具箱编写的工具箱;

(2) 是一种定义和求解高级优化问题的模化语言;

(3) 该工具箱用于求解线性规划、整数规划、非线性规划、混合规划等标准优化问题以及LMI问题。

采用YALMIP工具箱求解LMI问题,通过set指令可以很容易描述LMI约束条件,不需具体说明不等式中各项的位置和内容,运行的结果可以用double语句查看。

使用工具箱中的集成命令,只需直接写出不等式的表达式,就可很容易地求解不等式了。YALMIP工具箱的关键集成命令有以下4种:

(1) 实型变量sdpvar是YALMIP的一种核心对象,它所代表的是优化问题中的实型决策变量;

(2) 约束条件set是YALMIP的另外一种关键对象,用它来囊括优化问题的所有约束条件;

(3) 求解函数solvesdp用来求解优化问题;

(4) 求解未知量x完成后,用x=double(x)提取解矩阵。

YALMIP工具箱可从网络上免费下载,工具箱名字为“yalmip.rar”。工具箱安装方法如下:①先把rar文件解压到MATLAB安装目录下的Toolbox子文件夹;②然后在MATLAB界面下File→set path单击add with subfolders,然后找到解压文件目录。这样MATLAB就能自动找到工具箱里的命令了。

例如,求解下列LMI问题:LMI不等式为

$$\boldsymbol{A}^{\mathrm{T}}\boldsymbol{P}+\boldsymbol{F}^{\mathrm{T}}\boldsymbol{B}^{\mathrm{T}}\boldsymbol{P}+\boldsymbol{P}\boldsymbol{A}+\boldsymbol{P}\boldsymbol{B}\boldsymbol{F}<0$$

已知矩阵$\boldsymbol{A}$、$\boldsymbol{B}$、$\boldsymbol{P}$,求矩阵$\boldsymbol{F}$。

---

① 见东北大学王琪撰写的《YALMIP工具箱简介》。

具体的一个求解实例如下：

取

$$A=\begin{bmatrix} -2.548 & 9.1 & 0 \\ 1 & -1 & 0 \\ 0 & -14.2 & 0 \end{bmatrix}$$

$$B=\begin{bmatrix} 1 & 0 & 0 \\ 0 & 1 & 0 \\ 0 & 0 & 1 \end{bmatrix}$$

$$P=\begin{bmatrix} 1000000 & 0 & 0 \\ 0 & 1000000 & 0 \\ 0 & 0 & 1000000 \end{bmatrix}$$

解该 LMI 式，可得

$$F=\begin{bmatrix} -492.4768 & -5.05 & 0 \\ -5.05 & -494.0248 & 6.6 \\ 0 & 6.6 & -495.0248 \end{bmatrix}$$

仿真程序：chap4_9.m

```
clear all;
close all;

% First example
A = [ - 2.548 9.1 0;1  - 1 1;0  - 14.2 0];
B = [1 0 0;0 1 0;0 0 1];
F = sdpvar(3,3);
P = 1000000 * eye(3);

FAI = (A' + F' * B') * P + P * (A + B * F);

% LMI description
L = set(FAI < 0);
solvesdp(L);
F = double(F)
```

## 参考文献


[1] 王立新，模糊系统与模糊控制教程. 北京：清华大学出版社，2003.

[2] Yoo B K, Ham W C. Adaptive Control of Robot Manipulator Using Fuzzy Compensator. IEEE Transactions on Fuzzy Systems, 2000, 8(2): 186-199.

[3] Sugeno M, Kang G T. Fuzzy modeling and control of multilayer incinerator. Fuzzy Sets Systems, 1986, 18: 329-346.

[4] Tanaka K, Sugeno M. Stability analysis and design of fuzzy control systems. Fuzzy Sets Systems, 1992, 45(2): 135-156.

[5] Wang H O, Tanaka K, Griffin M F. Parallel distributed compensation of nonlinear systems by Takagi-Sugeno fuzzy model. Proc. Fuzz-IEEE/IFES' 95,1995, 531-538.

[6] Farinwata S, Filev D, Langari R. Fuzzy Control: Synthesis and Analysis. John Wiley & Sons, Ltd, 2000.

[7] Tanaka K, Wang H O. Fuzzy Control Systems Design and Analysis,: A Linear Matrix Inequality Approach. John Wiley & Sons, Inc, 2000.

[8] Wang H O, Tanaka K, Griffin M. An analytical framework of fuzzy modeling and control of nonlinear systems: stability and design issues,American Control Conference, 1995. Proceedings of the. IEEE, 1995, 3: 2272-2276.

# 第5章 机械手迭代学习控制及重复控制

## 5.1 迭代学习控制的数学基础

迭代学习控制是通过迭代修正达到某种控制目标的改善，它的算法较为简单，且能在给定的时间范围内实现未知对象实际运行轨迹以高精度跟踪给定期望轨迹，且不依赖系统的精确数学模型，因而一经推出，就在控制领域得到了广泛的运用。下面介绍学习控制的稳定性和收敛性分析时用到的基本数学知识[1,2]。

### 5.1.1 矩阵的迹及初等性质

**定义**：设 $\boldsymbol{A}$ 是 $n$ 阶方阵，则称 $\boldsymbol{A}$ 的主对角元素的和为 $\boldsymbol{A}$ 的迹，记作 $\mathrm{tr}(\boldsymbol{A})$。即若

$$\boldsymbol{A}=\begin{bmatrix} a_{11} & a_{12} & \cdots & a_{1n} \\ a_{21} & a_{22} & \cdots & a_{2n} \\ \vdots & \vdots & \ddots & \vdots \\ a_{i1} & a_{i2} & a_{ii} & a_{in} \\ \vdots & \vdots & \ddots & \vdots \\ a_{n1} & a_{n2} & \cdots & a_{nn} \end{bmatrix} \tag{5.1}$$

则

$$\mathrm{tr}(\boldsymbol{A})=\sum_{i=1}^{n} a_{ii} \tag{5.2}$$

设 $\boldsymbol{A}$、$\boldsymbol{B}$ 都是 $n$ 阶方阵，$\lambda$、$\mu$ 为任意复数，则矩阵的迹具有如下性质：

(1) $\mathrm{tr}(\lambda\boldsymbol{A}+\mu\boldsymbol{B})=\lambda\mathrm{tr}(\boldsymbol{A})+\mu\mathrm{tr}(\boldsymbol{B})$；

(2) $\mathrm{tr}(\boldsymbol{A})=\mathrm{tr}(\boldsymbol{A}^{\mathrm{T}})$；

(3) 若 $\boldsymbol{A}\in\boldsymbol{C}^{m\times n}$，$\boldsymbol{B}\in\boldsymbol{C}^{n\times m}$，则 $\mathrm{tr}(\boldsymbol{AB})=\mathrm{tr}(\boldsymbol{BA})$。

### 5.1.2 向量范数和矩阵范数

1. 向量范数

任取 $\boldsymbol{x}\in\boldsymbol{C}^{n}$，且 $\boldsymbol{x}=(\xi_1 \quad \xi_2 \quad \cdots \quad \xi_n)^{\mathrm{T}}$，可定义

$$\| \boldsymbol{x} \|_1 = \sum_{i=1}^{n} |\xi_i| \tag{5.3}$$

$$\| \boldsymbol{x} \|_2 = \left( \sum_{i=1}^{n} |\xi_i|^2 \right)^{1/2} \tag{5.4}$$

$$\| \boldsymbol{x} \|_\infty = \max_{1 \leqslant i \leqslant n} |\xi_i| \tag{5.5}$$

上述三个范数都是 $\boldsymbol{C}^n$ 中的向量范数，分别称为 1-范数，2-范数和∞-范数，这三个范数实际上都是 $p$-范数的特殊情形。

$p$-范数定义如下：

$$\| \boldsymbol{x} \|_p = \left( \sum_{i=1}^{n} |\xi_i|^p \right)^{1/p}, \quad 1 \leqslant p < +\infty \tag{5.6}$$

2. 矩阵范数

**定义**：若对任意矩阵 $\boldsymbol{A} \in \boldsymbol{C}^{m\times n}$，都有实数 $\|\boldsymbol{A}\|$ 与之对应，且满足下面的范数公理：

(1) 正定性：$\|\boldsymbol{A}\| \geqslant 0$，当且仅当 $\boldsymbol{A}=0$ 时 $\|\boldsymbol{A}\|=0$；

(2) 齐次性：对任何 $\lambda \in \boldsymbol{C}$，$\|\lambda \boldsymbol{A}\| = |\lambda| \, \|\boldsymbol{A}\|$；

(3) 三角不等式：对任何 $\boldsymbol{A}, \boldsymbol{B} \in \boldsymbol{C}^{m\times n}$，有

$$\|\boldsymbol{A}+\boldsymbol{B}\| \leqslant \|\boldsymbol{A}\| + \|\boldsymbol{B}\|$$

则称这个实数 $\|\boldsymbol{A}\|$ 为矩阵 $\boldsymbol{A}$ 的范数。

$$\|\boldsymbol{A}\|_{\mathrm{V1}} \stackrel{\mathrm{def}}{=} \sum_{j=1}^{m} \sum_{i=1}^{n} |a_{ij}| \tag{5.7}$$

$$\|\boldsymbol{A}\|_{\mathrm{V}_\infty} \stackrel{\mathrm{def}}{=} \max_{i,j} |a_{ij}|, \quad \text{（契比雪夫范数）} \tag{5.8}$$

$$\|\boldsymbol{A}\|_{\mathrm{V_p}} \stackrel{\mathrm{def}}{=} \left( \sum_{j=1}^{m} \sum_{i=1}^{n} |a_{ij}|^p \right)^{1/p}, \quad 1 \leqslant p \leqslant +\infty \tag{5.9}$$

当 $p=2$ 时，称 $\|\boldsymbol{A}\|_{\mathrm{V}_2} = \|\boldsymbol{A}\|_{\mathrm{F}} \stackrel{\mathrm{def}}{=} \left( \sum_{j=1}^{m} \sum_{i=1}^{n} |a_{ij}|^2 \right)^{1/2}$ 为 $\boldsymbol{A}$ 的 Frobenius 范数，简称 F-范数，是最常用的范数之一。它就是酉矩阵 $\boldsymbol{C}^{m\times n}$ 中的内积 $\boldsymbol{A}|\boldsymbol{B} = \mathrm{tr}(\boldsymbol{B}^H\boldsymbol{A})$ 所诱导的范数：

$$\|\boldsymbol{A}\|_{\mathrm{F}}^2 = (\boldsymbol{A} \mid \boldsymbol{A}) = \mathrm{tr}(\boldsymbol{A}^H\boldsymbol{A}) = \sum_{j=1}^{m} \sum_{i=1}^{n} |a_{ij}|^2 \tag{5.10}$$

F-范数具有下列良好的性质：

**性质 1**：设 $\boldsymbol{A} \in \boldsymbol{C}^{m\times n}$，对酉矩阵 $\boldsymbol{U} \in \boldsymbol{C}^{m\times m}$，$\boldsymbol{V} \in \boldsymbol{C}^{n\times n}$，恒有

$$\|\boldsymbol{A}\|_{\mathrm{F}} = \|\boldsymbol{UA}\|_{\mathrm{F}} = \|\boldsymbol{AV}\|_{\mathrm{F}} = \|\boldsymbol{UAV}\|_{\mathrm{F}} \tag{5.11}$$

**性质 2**：设 $\boldsymbol{A} \in \boldsymbol{C}^{m\times n}$，$\boldsymbol{B} \in \boldsymbol{C}^{n\times l}$，则有

$$\|\boldsymbol{A}\|_{\mathrm{F}} \leqslant \|\boldsymbol{A}\|_{\mathrm{F}} \|\boldsymbol{B}\|_{\mathrm{F}} \tag{5.12}$$

**性质 3**：在矩阵空间 $\boldsymbol{C}^{n\times n}$ 上的任意实函数，记为 $\|\cdot\|$，如果对所有的 $\boldsymbol{A}, \boldsymbol{B} \in \boldsymbol{C}^{n\times n}$，$\lambda \in \boldsymbol{C}$，都满足以下 4 个条件：

(1) $\|\boldsymbol{A}\| \geqslant 0$，当且仅当 $\boldsymbol{A}=\boldsymbol{0}$ 时，有 $\|\boldsymbol{A}\|=0$；

(2) $\|\lambda \boldsymbol{A}\| = |\lambda| \, \|\boldsymbol{A}\|$；

(3) $\|\boldsymbol{A}+\boldsymbol{B}\| \leqslant \|\boldsymbol{A}\| + \|\boldsymbol{B}\|$；

(4) $\|\boldsymbol{AB}\| \leqslant \|\boldsymbol{A}\| \ \|\boldsymbol{B}\|$。

则称 $\|\cdot\|$ 为相容的矩阵范数，或简称矩阵范数。显然，矩阵的 F-范数是一种相容的矩阵范数。

## 5.2 迭代学习控制方法介绍

迭代学习控制(iterative learning control，ILC)是智能控制中具有严格数学描述的一个分支。1984 年，Arimoto[1] 等人提出了迭代学习控制的概念，该控制方法适合于具有重复运动性质的被控对象，它不依赖于系统的精确数学模型，能以非常简单的方式处理不确定度相当高的非线性强耦合动态系统。目前，迭代学习控制在学习算法、收敛性、鲁棒性、学习速度及工程应用研究上取得了巨大的进展。

近年来，迭代学习控制理论和应用在国外得到快速发展，取得了许多成果。在国内，迭代学习控制理论也得到广泛的重视，有许多重要著作出版[2~5]，发表了许多综述性论文[6~9]。

### 5.2.1 迭代学习控制基本原理

设被控对象的动态过程为

$$\dot{\boldsymbol{x}}(t) = f(\boldsymbol{x}(t), \boldsymbol{u}(t), t), \quad \boldsymbol{y}(t) = g(\boldsymbol{x}(t), \boldsymbol{u}(t), t) \tag{5.13}$$

其中，$\boldsymbol{x} \in \boldsymbol{R}^n$、$\boldsymbol{y} \in \boldsymbol{R}^m$、$u \in \boldsymbol{R}^r$ 分别为系统的状态、输出和输入变量，$f(\cdot)$、$g(\cdot)$ 为适当维数的向量函数，其结构与参数均未知。若期望控制 $\boldsymbol{u}_{\mathrm{d}}(t)$ 存在，则迭代学习控制的目标为：给定期望输出 $\boldsymbol{y}_{\mathrm{d}}(t)$ 和每次运行的初始状态 $\boldsymbol{x}_k(0)$，要求在给定的时间 $t \in [0, T]$ 内，按照一定的学习控制算法通过多次重复的运行，使控制输入 $\boldsymbol{u}_k(t) \to \boldsymbol{u}_{\mathrm{d}}(t)$，而系统输出 $\boldsymbol{y}_k(t) \to \boldsymbol{y}_{\mathrm{d}}(t)$。第 $k$ 次运行时，式(5.13) 表示为

$$\dot{\boldsymbol{x}}_k(t) = f(\boldsymbol{x}_k(t), \boldsymbol{u}_k(t), t), \quad \boldsymbol{y}_k(t) = g(\boldsymbol{x}_k(t), \boldsymbol{u}_k(t), t) \tag{5.14}$$

跟踪误差为

$$\boldsymbol{e}_k(t) = \boldsymbol{y}_{\mathrm{d}}(t) - \boldsymbol{y}_k(t) \tag{5.15}$$

迭代学习控制可分为以下开环学习和闭环学习两种方法：

(1) 开环学习控制的方法是：第 $k+1$ 次的控制等于第 $k$ 次控制再加上第 $k$ 次输出误差的校正项，即

$$\boldsymbol{u}_{k+1}(t) = \mathrm{L}(\boldsymbol{u}_k(t), \boldsymbol{e}_k(t)) \tag{5.16}$$

(2) 闭环学习控制的方法是：取第 $k+1$ 次运行的误差作为学习的修正项，即

$$\boldsymbol{u}_{k+1}(t) = \mathrm{L}(\boldsymbol{u}_k(t), \boldsymbol{e}_{k+1}(t)) \tag{5.17}$$

其中，L 为线性或非线性算子。

### 5.2.2 基本的迭代学习控制算法

Arimoto 等首先给出了线性时变连续系统的 D 型迭代学习控制律[1]

$$\boldsymbol{u}_{k+1}(t) = \boldsymbol{u}_k(t) + \boldsymbol{\Gamma} \dot{\boldsymbol{e}}_k(t) \tag{5.18}$$

其中，$\boldsymbol{\Gamma}$ 为常数增益矩阵。在D型算法的基础上，相继出现了P型、PI型、PD型迭代学习控制律。从一般意义来看它们都是PID型迭代学习控制律的特殊形式，PID迭代学习控制律表示为

$$\boldsymbol{u}_{k+1}(t) = \boldsymbol{u}_k(t) + \boldsymbol{\Gamma}\dot{\boldsymbol{e}}_k(t) + \boldsymbol{\Phi}\boldsymbol{e}_k(t) + \boldsymbol{\Psi}\int_0^t \boldsymbol{e}_k(\boldsymbol{\tau})\mathrm{d}\boldsymbol{\tau} \tag{5.19}$$

其中，$\boldsymbol{\Gamma}$、$\boldsymbol{\Phi}$、$\boldsymbol{\Psi}$ 为学习增益矩阵。算法中的误差信息使用 $\boldsymbol{e}_k(t)$ 称为开环迭代学习控制，如果使用 $\boldsymbol{e}_{k+1}(t)$ 则称为闭环迭代学习控制，如果同时使用 $\boldsymbol{e}_k(t)$ 和 $\boldsymbol{e}_{k+1}(t)$ 则称为开闭环迭代学习控制。

此外，还有高阶迭代学习控制算法、最优迭代学习控制算法、遗忘因子迭代学习控制算法和反馈-前馈迭代学习控制算法等。

### 5.2.3 迭代学习控制主要分析方法

学习算法的收敛性分析是迭代学习控制的核心问题，这方面的研究成果很丰富。

1. 基本的收敛性分析方法

对于如下线性离散系统：

$$\begin{cases} \boldsymbol{x}(t+1) = \boldsymbol{A}\boldsymbol{x}(t) + \boldsymbol{B}\boldsymbol{u}(t) \\ \boldsymbol{y}(t) = \boldsymbol{C}\boldsymbol{x}(t) \end{cases} \tag{5.20}$$

迭代学习控制算法为

$$\boldsymbol{u}_{k+1}(t) = \boldsymbol{u}_k(t) + \boldsymbol{\Gamma}\boldsymbol{e}_k(t+1) \tag{5.21}$$

针对学习算法式(5.21)的收敛性，有以下两种分析方法：

(1) 压缩映射方法：即系统要求满足全局Lipschitz条件和相同的初始条件，如果 $\|\boldsymbol{I}-\boldsymbol{CB}\boldsymbol{\Gamma}\|<1$，则有

$$\|\boldsymbol{e}_{k+1}\| = \|(\boldsymbol{I}-\boldsymbol{CB\Gamma})\boldsymbol{e}_k\| < \|\boldsymbol{I}-\boldsymbol{CB\Gamma}\|\,\|\boldsymbol{e}_k\| < \|\boldsymbol{e}_k\| \tag{5.22}$$

此时算法是单调收敛的。该方法依赖于范数的选择，常用的有 $l_1$-范数、$l_2$-范数、$l_\infty$-范数及 $\lambda$-范数。在收敛性证明过程中常用到Bellman-Gronwall引理。

(2) 谱半径条件法：如果谱半径 $\rho$ 满足 $\rho(\boldsymbol{I}-\boldsymbol{CB\Gamma})\leqslant\rho<1$，则有

$$\lim_{k\to\infty}\|\boldsymbol{e}_k\| = \lim_{k\to\infty}\|(\boldsymbol{I}-\boldsymbol{CB\Gamma})\boldsymbol{e}_{k-1}\| = \lim_{k\to\infty}\rho(\boldsymbol{I}-\boldsymbol{CB\Gamma})^k\|\boldsymbol{e}_0\| \tag{5.23}$$

即 $\lim\limits_{k\to\infty}\|\boldsymbol{e}_k\|=0$。

2. 基于2-D理论的分析方法

迭代学习控制系统的学习是按两个相互独立的方向进行：时间轴方向和迭代次数轴方向，因此迭代学习过程本质上是二维系统，可利用成熟的2-D系统理论系统地研究和分析时间域的稳定性和迭代次数域的收敛性问题。2-D系统的稳定性理论为迭代学习控制的收敛性证明提供了一种非常有效的方法，2-D系统理论中的Roesser模型成为迭代学习控制中最基本的分析模型。

3. 基于 Lyapunov 直接法的设计方法

Lyapunov 直接法已广泛用于非线性动态系统的控制器设计和分析中，在研究非线性不确定系统时，该方法是最重要的应用工具之一。受 Lyapunov 直接法的启发，在时间域和迭代域能量函数的概念得到研究，它为学习控制在迭代域设计和收敛性分析方面提供了一种新的研究方法。

在迭代域能量函数的迭代学习控制方法基础上，发展了鲁棒和自适应迭代学习控制，可解决具有参数或非参数不确定性非线性系统控制器的设计。近年来反映时间域和迭代域系统能量的组合能量函数方法也应用于迭代学习控制，它可保证在迭代域跟踪误差的渐近收敛以及在时间域具有有界和逐点跟踪的动态特性，并且控制输入在整个迭代区间内是范数收敛的，适用于一类不具有全局 Lipschitz 条件的非线性系统。通过能量函数的方法，许多新的控制方法，如反演设计和非线性优化方法都作为系统设计工具应用到迭代学习控制中。此外，还有最优化分析方法、频域分析法等分析方法。

## 5.2.4 迭代学习控制的关键技术

1. 学习算法的稳定性和收敛性

稳定性与收敛性是研究当学习律与被控系统满足什么条件时，迭代学习控制过程才是稳定收敛的。算法的稳定性保证了随着学习次数的增加，控制系统不发散，但是对于学习控制系统而言，仅仅稳定是没有实际意义的，只有使学习过程收敛到真值，才能保证得到的控制为某种意义下最优的控制。收敛是对学习控制的最基本要求，多数学者在提出新的学习律的同时，基于被控对象的一些假设，给出了收敛的条件。例如，Arimoto 在最初提出 PID 型学习控制律时，仅针对线性系统在 D 型学习律下的稳定性和收敛条件作了证明。

2. 初始值问题

运用迭代学习控制技术设计控制器时，只需要通过重复操作获得的受控对象的误差或误差导数信号。在这种控制技术中，迭代学习总要从某初始点开始，初始点指初始状态或初始输出。几乎所有的收敛性证明都要求初始条件是相同的，解决迭代学习控制理论中的初始条件问题一直是人们追求的目标之一。目前已提出的迭代学习控制算法大多数要求被控系统每次运行时的初始状态在期望轨迹对应的初始状态上，即满足初始条件：

$$x_k(0) = x_{\mathrm{d}}(0), \quad k = 0,1,2,\cdots \tag{5.24}$$

当系统的初始状态不在期望轨迹上，而在期望轨迹的某一很小的邻域内时，通常把这类问题归结为学习控制的鲁棒性问题研究。

3. 学习速度问题

在迭代学习算法研究中，其收敛条件基本上都是在学习次数 $k\to\infty$ 下给出的。而在实际应用场合，学习次数 $k\to\infty$ 显然是没有任何实际意义的。因此，如何使迭代学习过程更快地收敛于期望值是迭代学习控制研究中的另一个重要问题。

ILC本质上是一种前馈控制技术，大部分学习律尽管证明了学习收敛的充分条件，但收敛速度还是很慢。可利用多次学习过程中得到的知识来改进后续学习过程的速度，例如，采用高阶迭代控制算法、带遗忘因子的学习律、利用当前项或反馈配置等方法来构造学习律，可使收敛速度大大加快。

4. 鲁棒性问题

迭代学习控制理论的提出有浓厚的工程背景，因此仅仅在无干扰条件下讨论收敛性问题是不够的，还应讨论存在各种干扰的情形下系统的跟踪性能。一个实际运行的迭代学习控制系统除了存在初始偏移外，还或多或少存在状态扰动、测量噪声、输入扰动等各种干扰。鲁棒性问题讨论存在各种干扰时迭代学习控制系统的跟踪性能。具体地说，一个迭代学习控制系统是鲁棒的，指系统在各种有界干扰的影响下，其迭代轨迹能收敛到期望轨迹的邻域内，而当这些干扰消除时，迭代轨迹会收敛到期望轨迹。

## 5.3 机械手轨迹跟踪迭代学习控制仿真实例

### 5.3.1 控制器设计

考虑一个$n$关节的机械手，其动态性能可以由以下二阶非线性微分方程描述：

$$\boldsymbol{M}(\boldsymbol{q})\ddot{\boldsymbol{q}}+\boldsymbol{C}(\boldsymbol{q},\dot{\boldsymbol{q}})\dot{\boldsymbol{q}}+\boldsymbol{G}(\boldsymbol{q})=\boldsymbol{\tau}-\boldsymbol{\tau}_{\mathrm{d}} \tag{5.25}$$

其中，$\boldsymbol{q}\in\boldsymbol{R}^n$为关节角位移量，$\boldsymbol{M}(\boldsymbol{q})\in R^{n\times n}$为机械手的惯性矩阵，$\boldsymbol{C}(\boldsymbol{q},\dot{\boldsymbol{q}})\in\boldsymbol{R}^n$表示离心力和哥氏力，$\boldsymbol{G}(\boldsymbol{q})\in\boldsymbol{R}^n$为重力项，$\boldsymbol{\tau}\in\boldsymbol{R}^n$为控制力矩，$\boldsymbol{\tau}_{\mathrm{d}}\in\boldsymbol{R}^n$为各种误差和扰动。

设系统所要跟踪的期望轨迹为$\boldsymbol{y}_{\mathrm{d}}(t),t\in[0,T]$。系统第$i$次输出为$\boldsymbol{y}_i(t)$，令$\boldsymbol{e}_i(t)=\boldsymbol{y}_{\mathrm{d}}(t)-\boldsymbol{y}_i(t)$。

在学习开始时，系统的初始状态为$\boldsymbol{x}_0(0)$。学习控制的任务为通过学习控制律设计$\boldsymbol{u}_{i+1}(t)$，使第$i+1$次运动误差$\boldsymbol{e}_{i+1}(t)$减少。采用以下三种基于反馈的迭代学习控制律：

(1) 闭环D型：

$$\boldsymbol{u}_{k+1}(t)=\boldsymbol{u}_k(t)+\boldsymbol{K}_{\mathrm{d}}(\dot{\boldsymbol{q}}_{\mathrm{d}}(t)-\dot{\boldsymbol{q}}_{k+1}(t)) \tag{5.26}$$

(2) 闭环PD型：

$$\boldsymbol{u}_{k+1}(t)=\boldsymbol{u}_k(t)+\boldsymbol{K}_{\mathrm{p}}(\boldsymbol{q}_{\mathrm{d}}(t)-\boldsymbol{q}_{k+1}(t))+\boldsymbol{K}_{\mathrm{d}}(\dot{\boldsymbol{q}}_{\mathrm{d}}(t)-\dot{\boldsymbol{q}}_{k+1}(t)) \tag{5.27}$$

(3) 指数变增益D型：

$$\boldsymbol{u}_{k+1}(t)=\boldsymbol{u}_k(t)+\boldsymbol{K}_{\mathrm{p}}(\boldsymbol{q}_{\mathrm{d}}(t)-\boldsymbol{q}_{k+1}(t))+\boldsymbol{K}_{\mathrm{d}}(\dot{\boldsymbol{q}}_{\mathrm{d}}(t)-\dot{\boldsymbol{q}}_{k+1}(t)) \tag{5.28}$$

### 5.3.2 仿真实例

本节针对二关节机械手，介绍一种机械手PD型反馈迭代学习控制的仿真设计方法。针对二关节机械手控制系统式(5.25)，各项表示为：

$$\boldsymbol{M}=[m_{ij}]_{2\times 2}$$

其中，$m_{11}=m_1 l_{c1}^2+m_2(l_1^2+l_{c2}^2+2l_1 l_{c2}\cos q_2)+I_1+I_2$，$m_{12}=m_{21}=m_2(l_{c2}^2+l_1 l_{c2}\cos q_2)+l_2$，

$m_{22}=m_2 l_{c2}^2+I_2$，

$$\boldsymbol{C}=[c_{ij}]_{2\times 2}$$

其中，$c_{11}=h\dot{q}_2, c_{12}=h\dot{q}_1+h\dot{q}_2, c_{21}=-h\dot{q}_1, c_{22}=0, h=-m_2 l_1 l_{c2}\sin q_2$

$$\boldsymbol{G}=[G_1 \quad G_2]^{\mathrm{T}}$$

其中，$G_1=(m_1 l_{c1}+m_2 l_1)g\cos q_1+m_2 l_{c2} g\cos(q_1+q_2), G_2=m_2 l_{c2} g\cos(q_1+q_2)$，干扰项为 $\tau_{\mathrm{d}}=[0.3\sin t \quad 0.1(1-\mathrm{e}^{-t})]^{\mathrm{T}}$。

机械手系统参数为 $m_1=10, m_2=5, l_1=1, l_2=0.5, l_{c1}=0.5, l_{c2}=0.25, I_1=0.83, I_2=0.3, g=9.8$。

采用三种闭环迭代学习控制律，其中 $M=1$ 为 D 型迭代学习控制，$M=2$ 为 PD 型迭代学习控制，$M=3$ 为指数变增益 D 型迭代学习控制。

两个关节的角度指令分别为 $\sin(3t)$ 和 $\cos(3t)$，为了保证被控对象初始输出与指令初值一致，取被控对象的初始状态为 $\boldsymbol{x}(0)=[0 \quad 3 \quad 1 \quad 0]^{\mathrm{T}}$。取 PD 型迭代学习控制，即 $M=2$，仿真结果如图 5-1～图 5-3 所示。

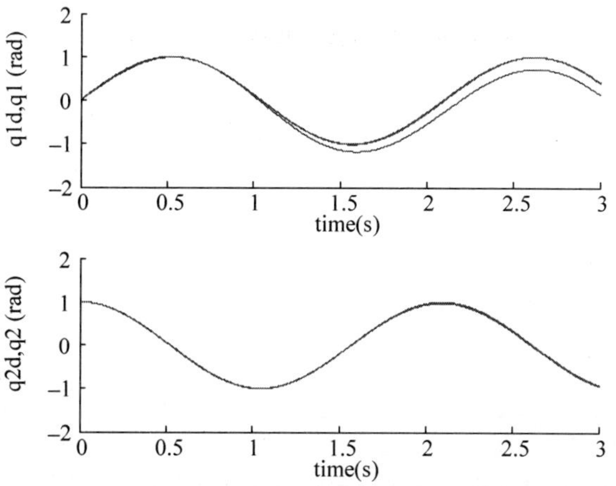


**图 5-1　20 次迭代学习的角度跟踪过程**

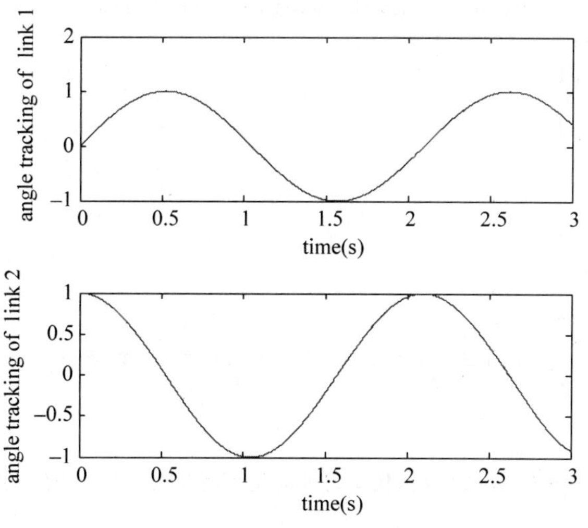


**图 5-2a　第 20 次迭代学习的角度跟踪**

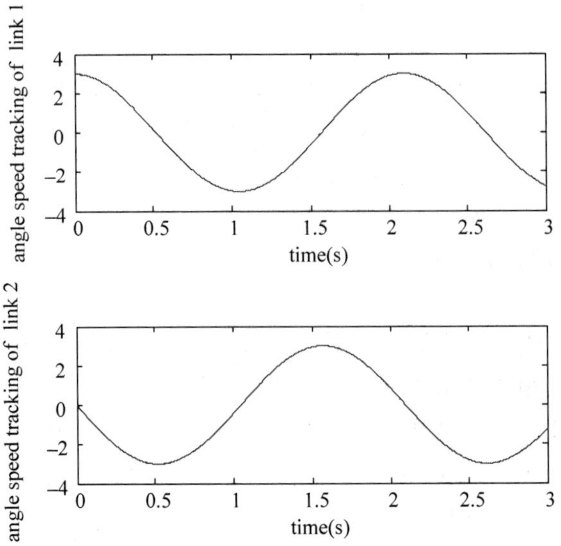


**图 5-2b 第 20 次迭代学习的角度跟踪**

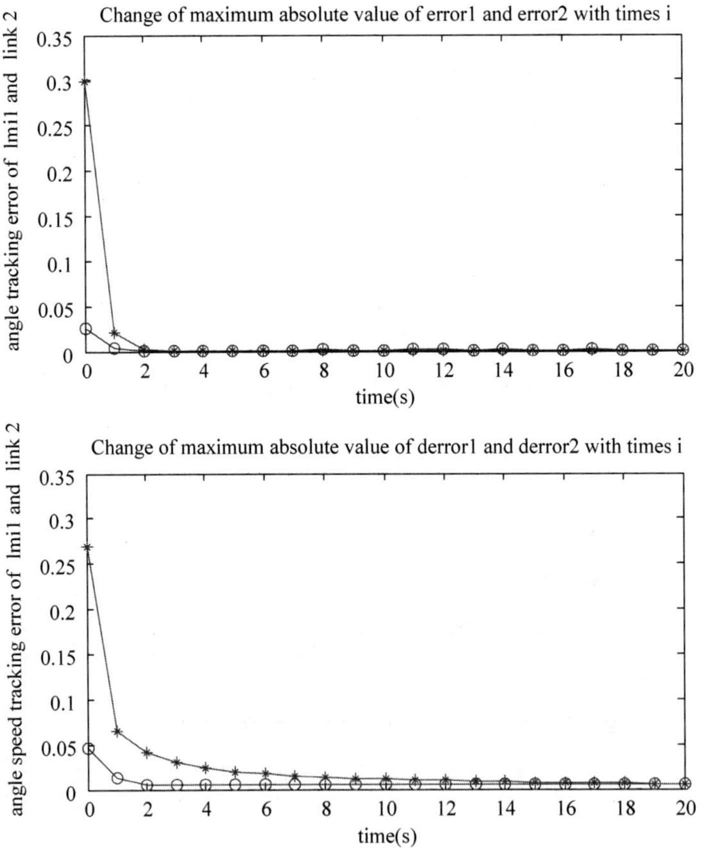


**图 5-3 第 20 次迭代学习角度和角速度跟踪误差收敛过程**

仿真程序如下：

（1）主程序：chap5_1main.m

```
clear all;
close all;

t = [0:0.01:3]';
k(1:301) = 0;                  % Total initial points
k = k';
T1(1:301) = 0;
T1 = T1';
T2 = T1;
T = [T1 T2];
%%%%%%%%%%%%%%%%%%%%%%%%%%%%%%%%%%%%%%%%
M = 20;
for i = 0:1:M                  % Start Learning Control
i
pause(0.01);

sim('chap5_1sim',[0,3]);

q1 = q(:,1);
dq1 = q(:,2);
q2 = q(:,3);
dq2 = q(:,4);

q1d = qd(:,1);
dq1d = qd(:,2);
q2d = qd(:,3);
dq2d = qd(:,4);

e1 = q1d - q1;
e2 = q2d - q2;
de1 = dq1d - dq1;
de2 = dq2d - dq2;

figure(1);
subplot(211);
hold on;
plot(t,q1,'b',t,q1d,'r');
xlabel('time(s)');ylabel('q1d,q1 (rad)');

subplot(212);
hold on;
plot(t,q2,'b',t,q2d,'r');
xlabel('time(s)');ylabel('q2d,q2 (rad)');

j = i + 1;
times(j) = i;
e1i(j) = max(abs(e1));
```

```
e2i(j) = max(abs(e2));
de1i(j) = max(abs(de1));
de2i(j) = max(abs(de2));
end                          % End of i
%%%%%%%%%%%%%%%%%%%%%%%%%%%%%%%%%%%%%%%%%%%
figure(2);
subplot(211);
plot(t,q1d,'r',t,q1,'b');
xlabel('time(s)');ylabel('Angle tracking of Link 1');
subplot(212);
plot(t,q2d,'r',t,q2,'b');
xlabel('time(s)');ylabel('Angle tracking of Link 2');

figure(3);
subplot(211);
plot(t,dq1d,'r',t,dq1,'b');
xlabel('time(s)');ylabel('Angle speed tracking of Link 1');
subplot(212);
plot(t,dq2d,'r',t,dq2,'b');
xlabel('time(s)');ylabel('Angle speed tracking of Link 2');

figure(4);
subplot(211);
plot(times,e1i,'*-r',times,e2i,'o-b');
title('Change of maximum absolute value of error1 and error2 with times i');
xlabel('times');ylabel('Angle tracking error of Lmi1 and Link 2');
subplot(212);
plot(times,de1i,'*-r',times,de2i,'o-b');
title('Change of maximum absolute value of derror1 and derror2 with times i');
xlabel('times');ylabel('Angle speed tracking error of Lmi1 and Link 2');
```

（2）Simulink 子程序：chap5_1sim. mdl

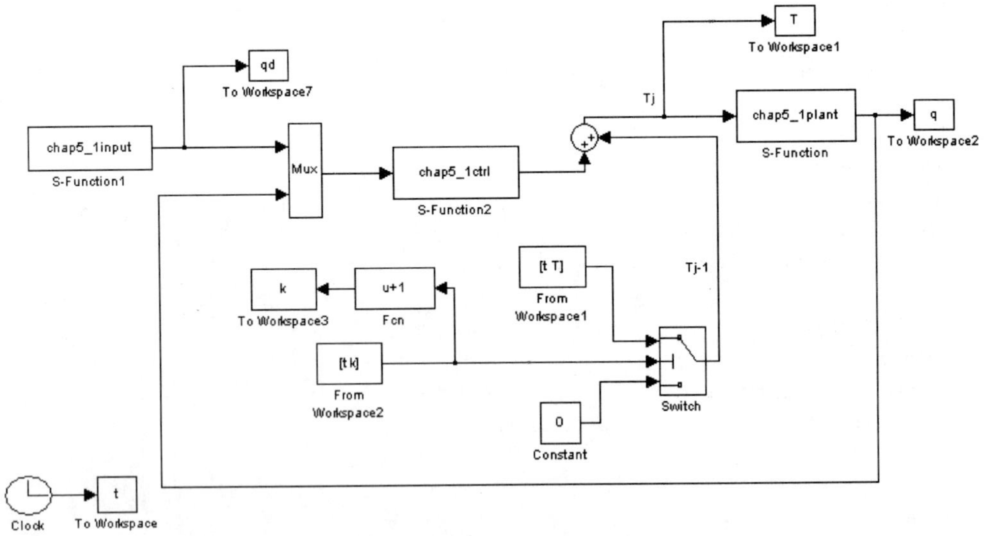

(3) 被控对象子程序：chap5_1plant.m

```
function [sys,x0,str,ts] = spacemodel(t,x,u,flag)
switch flag,
case 0,
    [sys,x0,str,ts] = mdlInitializeSizes;
case 1,
    sys = mdlDerivatives(t,x,u);
case 3,
    sys = mdlOutputs(t,x,u);
case {2,4,9}
    sys = [];
otherwise
    error(['Unhandled flag = ',num2str(flag)]);
end
function [sys,x0,str,ts] = mdlInitializeSizes
sizes = simsizes;
sizes.NumContStates  = 4;
sizes.NumDiscStates  = 0;
sizes.NumOutputs     = 4;
sizes.NumInputs      = 2;
sizes.DirFeedthrough = 1;
sizes.NumSampleTimes = 1;
sys = simsizes(sizes);
x0  = [0;3;1;0];          % Must be equal to x(0) of ideal input
str = [];
ts  = [0 0];
function sys = mdlDerivatives(t,x,u)
Tol = [u(1) u(2)]';

g = 9.8;
m1 = 10;m2 = 5;
l1 = 1;l2 = 0.5;
lc1 = 0.5;lc2 = 0.25;
I1 = 0.83;I2 = 0.3;

d11 = m1 * lc1 ^ 2 + m2 * (l1 ^ 2 + lc2 ^ 2 + 2 * l1 * lc2 * cos(x(3))) + I1 + I2;
d12 = m2 * (lc2 ^ 2 + l1 * lc2 * cos(x(3))) + I2;
d21 = d12;
d22 = m2 * lc2 ^ 2 + I2;
D = [d11 d12;d21 d22];
h = - m2 * l1 * lc2 * sin(x(3));
c11 = h * x(4);
c12 = h * x(4) + h * x(2);
c21 = - h * x(2);
c22 = 0;
C = [c11 c12;c21 c22];
g1 = (m1 * lc1 + m2 * l1) * g * cos(x(1)) + m2 * lc2 * g * cos(x(1) + x(3));
g2 = m2 * lc2 * g * cos(x(1) + x(3));
G = [g1;g2];
```

```
a = 1.0;
d1 = a * 0.3 * sin(t);
d2 = a * 0.1 * (1 - exp( - t));
Td = [d1;d2];

S = - inv(D) * C * [x(2);x(4)] - inv(D) * G + inv(D) * (Tol - Td);

sys(1) = x(2);
sys(2) = S(1);
sys(3) = x(4);
sys(4) = S(2);
function sys = mdlOutputs(t,x,u)
sys(1) = x(1);            % Angle1:q1
sys(2) = x(2);            % Angle1 speed:dq1
sys(3) = x(3);            % Angle2:q2
sys(4) = x(4);            % Angle2 speed:dq2
```

(4) 控制器子程序：chap5_1ctrl.m

```
function [sys,x0,str,ts] = spacemodel(t,x,u,flag)
switch flag,
case 0,
    [sys,x0,str,ts] = mdlInitializeSizes;
case 3,
    sys = mdlOutputs(t,x,u);
case {2,4,9}
    sys = [];
otherwise
    error(['Unhandled flag = ',num2str(flag)]);
end
function [sys,x0,str,ts] = mdlInitializeSizes
sizes = simsizes;
sizes.NumContStates  = 0;
sizes.NumDiscStates  = 0;
sizes.NumOutputs     = 2;
sizes.NumInputs      = 8;
sizes.DirFeedthrough = 1;
sizes.NumSampleTimes = 1;
sys = simsizes(sizes);
x0  = [];
str = [];
ts  = [0 0];
function sys = mdlOutputs(t,x,u)
q1d = u(1);dq1d = u(2);
q2d = u(3);dq2d = u(4);

q1 = u(5);dq1 = u(6);
q2 = u(7);dq2 = u(8);

e1 = q1d - q1;
e2 = q2d - q2;
```

```
e = [e1 e2]';
de1 = dq1d - dq1;
de2 = dq2d - dq2;
de = [de1 de2]';

Kp = [100 0;0 100];
Kd = [500 0;0 500];

M = 2;
if M == 1
    Tol = Kd * de;                      % D Type
elseif M == 2
    Tol = Kp * e + Kd * de;             % PD Type
elseif M == 3
    Tol = Kd * exp(0.8 * t) * de;       % Exponential Gain D Type
end
sys(1) = Tol(1);
sys(2) = Tol(2);
```

(5) 指令程序：chap5_1input.m

```
function [sys,x0,str,ts] = spacemodel(t,x,u,flag)
switch flag,
case 0,
    [sys,x0,str,ts] = mdlInitializeSizes;
case 3,
    sys = mdlOutputs(t,x,u);
case {2,4,9}
    sys = [];
otherwise
    error(['Unhandled flag = ',num2str(flag)]);
end
function [sys,x0,str,ts] = mdlInitializeSizes
sizes = simsizes;
sizes.NumContStates  = 0;
sizes.NumDiscStates  = 0;
sizes.NumOutputs     = 4;
sizes.NumInputs      = 0;
sizes.DirFeedthrough = 1;
sizes.NumSampleTimes = 1;
sys = simsizes(sizes);
x0  = [];
str = [];
ts  = [0 0];
function sys = mdlOutputs(t,x,u)
q1d = sin(3 * t);
dq1d = 3 * cos(3 * t);
q2d = cos(3 * t);
dq2d = - 3 * sin(3 * t);

sys(1) = q1d;
```

```
sys(2) = dq1d;
sys(3) = q2d;
sys(4) = dq2d;
```

## 5.4 线性时变连续系统迭代学习控制

### 5.4.1 系统描述

Arimoto[1]等给出了线性时变连续系统为

$$\begin{cases}\dot{\boldsymbol{x}}(t)=\boldsymbol{A}(t)\boldsymbol{x}(t)+\boldsymbol{B}(t)\boldsymbol{u}(t)\\ \boldsymbol{y}(t)=\boldsymbol{C}(t)\boldsymbol{x}(t)\end{cases} \tag{5.29}$$

其开环PID型迭代学习控制律为

$$\boldsymbol{u}_{k+1}(t)=\boldsymbol{u}_k(t)+\left(\boldsymbol{\Gamma}\frac{\mathrm{d}}{\mathrm{d}t}+\boldsymbol{L}+\boldsymbol{\Psi}\int\mathrm{d}t\right)\boldsymbol{e}_k(t) \tag{5.30}$$

其中，$\boldsymbol{\Gamma}$，$\boldsymbol{L}$，$\boldsymbol{\Psi}$为学习增益矩阵。

### 5.4.2 控制器设计及收敛性分析

**定理5.1**[4]：若由式(5.29)和式(5.30)描述的系统满足如下条件：

(1) $\|\boldsymbol{I}-\boldsymbol{C}(t)\boldsymbol{B}(t)\boldsymbol{\Gamma}(t)\|\leqslant\bar{\rho}<1$；

(2) 每次迭代初始条件一致，即$\boldsymbol{x}_k(0)=\boldsymbol{x}_0(k=1,2,3,\cdots)$，$\boldsymbol{y}_0(0)=\boldsymbol{y}_\mathrm{d}(0)$，则当$k\to\infty$时，有$\boldsymbol{y}_k(t)\to\boldsymbol{y}_\mathrm{d}(t)$，$\forall t\in[0,T]$。

下面给出该定理的简单分析，可参考文献[4]的证明过程。

由式(5.29)及条件式(5.30)得

$$\boldsymbol{y}_{k+1}(0)=\boldsymbol{C}\boldsymbol{x}_{k+1}(0)=\boldsymbol{C}\boldsymbol{x}_k(0)=\boldsymbol{y}_k(0)$$

则$\boldsymbol{e}_k(0)=0(k=0,1,2,\cdots)$，即系统满足初始条件。

非齐次一阶线性微分方程$\dot{\boldsymbol{x}}(t)=\boldsymbol{A}(t)\boldsymbol{x}(t)+\boldsymbol{B}(t)\boldsymbol{u}(t)$的解为：

$$\begin{aligned}\boldsymbol{x}(t)&=\boldsymbol{C}\exp\left(\int_0^t\boldsymbol{A}\mathrm{d}\tau\right)+\exp\left(\int_0^t\boldsymbol{A}\mathrm{d}\tau\right)\int_0^t\boldsymbol{B}(\tau)\boldsymbol{u}(\tau)\exp\left(\int_0^\tau-\boldsymbol{A}\mathrm{d}\delta\right)\mathrm{d}\tau\\ &=\boldsymbol{C}\exp(\boldsymbol{A}t)+\exp(\boldsymbol{A}t)\int_0^t\boldsymbol{B}(\tau)\boldsymbol{u}(\tau)\exp(-\boldsymbol{A}\tau)\mathrm{d}\tau\\ &=\boldsymbol{C}\exp(\boldsymbol{A}t)+\int_0^t\exp(\boldsymbol{A}(t-\tau))\boldsymbol{B}(\tau)\boldsymbol{u}(\tau)\mathrm{d}\tau\end{aligned}$$

取$\boldsymbol{\Phi}(t,\tau)=\exp(\boldsymbol{A}(t-\tau))$，则

$$\boldsymbol{x}_k(t)-\boldsymbol{x}_{k+1}(t)=\int_0^t\boldsymbol{\Phi}(t,\tau)\boldsymbol{B}(\tau)(\boldsymbol{u}_k(\tau)-\boldsymbol{u}_{k+1}(\tau))\mathrm{d}\tau$$

由于$\boldsymbol{e}_k(t)=\boldsymbol{y}_\mathrm{d}(t)-\boldsymbol{y}_k(t)$，$\boldsymbol{e}_{k+1}(t)=\boldsymbol{y}_\mathrm{d}(t)-\boldsymbol{y}_{k+1}(t)$，则

$$\begin{aligned}\boldsymbol{e}_{k+1}(t)-\boldsymbol{e}_k(t)&=\boldsymbol{y}_k(t)-\boldsymbol{y}_{k+1}(t)=\boldsymbol{C}(t)(\boldsymbol{x}_k(t)-\boldsymbol{x}_{k+1}(t))\\ &=\int_0^t\boldsymbol{C}(t)\boldsymbol{\Phi}(t,\tau)\boldsymbol{B}(\tau)(\boldsymbol{u}_k(\tau)-\boldsymbol{u}_{k+1}(\tau))\mathrm{d}\tau\end{aligned}$$

即

$$\boldsymbol{e}_{k+1}(t)=\boldsymbol{e}_k(t)-\int_0^t \boldsymbol{C}(t)\boldsymbol{\Phi}(t,\tau)\boldsymbol{B}(\tau)(\boldsymbol{u}_{k+1}(\tau)-\boldsymbol{u}_k(\tau))\mathrm{d}\tau$$

将 PID 型控制律式(5.30)代入上式，则第 $k+1$ 次输出的误差为：

$$\boldsymbol{e}_{k+1}(t)=\boldsymbol{e}_k(t)-\int_0^t \boldsymbol{C}(t)\boldsymbol{\Phi}(t,\tau)\boldsymbol{B}(\tau)\left[\boldsymbol{\Gamma}(\tau)\dot{\boldsymbol{e}}_k(\tau)+\boldsymbol{L}(\tau)\boldsymbol{e}_k(\tau)+\boldsymbol{\Psi}(\tau)\int_0^\tau \boldsymbol{e}_k(\delta)\mathrm{d}\delta\right]\mathrm{d}\tau \tag{5.31}$$

利用分部积分公式，令 $\boldsymbol{G}(t,\tau)=\boldsymbol{C}(t)\boldsymbol{B}(\tau)\boldsymbol{\Gamma}(\tau)$，有

$$\begin{aligned}\int_0^t \boldsymbol{C}(t)\boldsymbol{B}(\tau)\boldsymbol{\Gamma}(\tau)\dot{\boldsymbol{e}}_k(\tau)\mathrm{d}\tau &= \boldsymbol{G}(t,\tau)\boldsymbol{e}_k(\tau)\Big|_0^t-\int_0^t \frac{\partial}{\partial\tau}G(t,\tau)\boldsymbol{e}_k(\tau)\mathrm{d}\tau \\ &= \boldsymbol{C}(t)\boldsymbol{B}(\tau)\boldsymbol{\Gamma}(\tau)\boldsymbol{e}_k(\tau)-\int_0^t \frac{\partial}{\partial\tau}\boldsymbol{G}(t,\tau)\boldsymbol{e}_k(\tau)\mathrm{d}\tau\end{aligned} \tag{5.32}$$

将式(5.32)代入式(5.31)，得

$$\begin{aligned}\boldsymbol{e}_{k+1}(t)=&\left[\boldsymbol{I}-\boldsymbol{C}(t)\boldsymbol{B}(t)\boldsymbol{\Gamma}(t)\right]\boldsymbol{e}_k(t)+\int_0^t \frac{\partial}{\partial\tau}\boldsymbol{G}(t,\tau)\boldsymbol{e}_k(\tau)\mathrm{d}\tau \\ &-\int_0^t \boldsymbol{C}(t)\boldsymbol{\Phi}(t,\tau)\boldsymbol{B}(\tau)\boldsymbol{L}(\tau)\boldsymbol{e}_k(\tau)\mathrm{d}\tau \\ &-\int_0^t\int_0^\tau \boldsymbol{C}(t)\boldsymbol{\Phi}(t,\tau)\boldsymbol{B}(\tau)\boldsymbol{\psi}(\tau)\boldsymbol{e}_k(\sigma)\mathrm{d}\sigma\mathrm{d}\tau\end{aligned} \tag{5.33}$$

将式(5.33)两端取范数，有

$$\begin{aligned}\|\boldsymbol{e}_{k+1}(t)\| \leqslant & \|\boldsymbol{I}-\boldsymbol{C}(t)\boldsymbol{B}(t)\boldsymbol{\Gamma}(t)\|\ \|\boldsymbol{e}_k(t)\|+\int_0^t \left\|\frac{\partial}{\partial\tau}\boldsymbol{G}(t,\tau)\right\|\ \|\boldsymbol{e}_k(\tau)\|\mathrm{d}\tau \\ &+\int_0^t \|\boldsymbol{C}(t)\boldsymbol{\Phi}(t,\tau)\boldsymbol{B}(\tau)\boldsymbol{L}(\tau)\|\ \left\|\boldsymbol{e}_k(\tau)\right\|\mathrm{d}\tau \\ &+\int_0^t\int_0^\tau \left\|\boldsymbol{C}(t)\boldsymbol{\Phi}(t,\tau)\boldsymbol{B}(\tau)\boldsymbol{\psi}(\tau)\right\|\ \|\boldsymbol{e}_k(\sigma)\|\mathrm{d}\sigma\mathrm{d}\tau \\ \leqslant & \|\boldsymbol{I}-\boldsymbol{C}(t)\boldsymbol{B}(t)\boldsymbol{\Gamma}(t)\|\ \|\boldsymbol{e}_k(t)\|+\int_0^t b_1\|\boldsymbol{e}_k(\tau)\|\mathrm{d}\tau \\ &+\int_0^t\int_0^\tau b_2\|\boldsymbol{e}_k(\sigma)\|\mathrm{d}\sigma\mathrm{d}\tau\end{aligned} \tag{5.34}$$

其中，

$$b_1=\max\left\{\sup_{t,\tau\in[0,T]}\left\|\frac{\partial}{\partial\tau}\boldsymbol{G}(t,\tau)\right\|,\ \sup_{t,\tau\in[0,T]}\|\boldsymbol{C}(t)\boldsymbol{\Phi}(t,\tau)\boldsymbol{B}(\tau)\boldsymbol{L}(\tau)\|\right\}$$

$$b_2=\sup_{t,\tau\in[0,T]}\|\boldsymbol{C}(t)\boldsymbol{\Phi}(t,\tau)\boldsymbol{B}(\tau)\boldsymbol{\psi}(\tau)\|$$

将式(5.34)两端同乘以 $\exp(-\lambda t)$，$\lambda>0$，并考虑 $\int_0^t \exp(\lambda\tau)\mathrm{d}\tau=\dfrac{\exp(\lambda t)-1}{\lambda}$，有

$$\begin{aligned}\exp(-\lambda t)\int_0^t b_1\|\boldsymbol{e}_k(\tau)\|\mathrm{d}\tau &= \exp(-\lambda t)\int_0^t b_1\|\boldsymbol{e}_k(\tau)\|\exp(-\lambda\tau)\exp(\lambda\tau)\mathrm{d}\tau \\ &\leqslant b_1\exp(-\lambda t)\|\boldsymbol{e}_k(\tau)\|_\lambda\int_0^t \exp(\lambda\tau)\mathrm{d}\tau\end{aligned}$$

$$
\begin{aligned}
&= b_1 \exp(-\lambda t) \| \boldsymbol{e}_k(\tau) \|_\lambda \frac{\exp(\lambda t)-1}{\lambda} \\
&= \frac{b_1}{\lambda} \| \boldsymbol{e}_k(\tau) \|_\lambda \exp(-\lambda t)(\exp(\lambda t)-1) \\
&= b_1 \frac{(1-\exp(-\lambda t))}{\lambda} \| \boldsymbol{e}_k(\tau) \|_\lambda \\
&\leqslant b_1 \frac{(1-\exp(-\lambda T))}{\lambda} \| \boldsymbol{e}_k(\tau) \|_\lambda
\end{aligned}
$$

根据范数的性质[4]，有

$$
\exp(-\lambda t)\int_0^t\int_0^\tau b_2 \| \boldsymbol{e}_k(\sigma) \| \mathrm{d}\sigma \mathrm{d}\tau \leqslant b_2 \left(\frac{1-\exp(-\lambda T)}{\lambda}\right)^2 \| \boldsymbol{e}_k(\tau) \|_\lambda
$$

则

$$
\| \boldsymbol{e}_{k+1} \|_\lambda \leqslant \tilde{\rho} \| \boldsymbol{e}_k \|_\lambda \tag{5.35}
$$

其中，$\tilde{\rho}=\bar{\rho}+b_1 \dfrac{1-\exp(-\lambda T)}{\lambda}+b_2 \left(\dfrac{1-\exp(-\lambda T)}{\lambda}\right)^2$。由于 $\bar{\rho}<1$，则当 $\lambda$ 取足够大时，可使 $\tilde{\rho}<1$。因此 $\lim\limits_{k\to\infty} \| \boldsymbol{e}_k \|_\lambda=0$。

如果将式(5.30)中的 $\boldsymbol{e}(k)$ 改为 $\boldsymbol{e}(k+1)$，则为闭环 PID 型迭代学习控制律。同定理 5.1 的分析过程，可证明闭环 PID 迭代学习控制律。

## 5.4.3 仿真实例

考虑二输入、二输出线性系统：

$$
\begin{bmatrix} \dot{x}_1(t) \\ \dot{x}_2(t) \end{bmatrix} = \begin{bmatrix} -2 & 3 \\ 1 & 1 \end{bmatrix}\begin{bmatrix} x_1(t) \\ x_2(t) \end{bmatrix} + \begin{bmatrix} 1 & 1 \\ 0 & 1 \end{bmatrix}\begin{bmatrix} u_1(t) \\ u_2(t) \end{bmatrix}
$$

$$
\begin{bmatrix} y_1(t) \\ y_2(t) \end{bmatrix} = \begin{bmatrix} 2 & 0 \\ 0 & 1 \end{bmatrix}\begin{bmatrix} x_1(t) \\ x_2(t) \end{bmatrix}
$$

期望跟踪轨迹为

$$
\begin{bmatrix} y_{1\mathrm{d}}(t) \\ y_{2\mathrm{d}}(t) \end{bmatrix} = \begin{bmatrix} \sin(3t) \\ \cos(3t) \end{bmatrix}, \quad t\in[0,1]
$$

由于 $\boldsymbol{CB}=\begin{bmatrix} 2 & 2 \\ 0 & 1 \end{bmatrix}$，取 $\boldsymbol{\Gamma}=\begin{bmatrix} 0.95 & 0 \\ 0 & 0.95 \end{bmatrix}$，可满足定理 5.1 中的条件(1)，在控制律式(5.30)中取 $\boldsymbol{L}=\begin{bmatrix} 2.0 & 0 \\ 0 & 2.0 \end{bmatrix}$，系统的初始状态为 $\begin{bmatrix} x_{1(0)}(0) \\ x_{2(0)}(0) \end{bmatrix}=\begin{bmatrix} 0 \\ 1 \end{bmatrix}$。

在 chap5_2sim. mdl 程序中，选择 Simulink 的 Manual Switch 开关，将开关向下，取 PD 型开环迭代学习控制律，仿真结果见图 5-4～图 5-6 所示。将开关向上，采用 PD 型闭环迭代学习控制律，仿真结果见图 5-7～图 5-9 所示。可见，闭环收敛速度好于开环收敛速度。

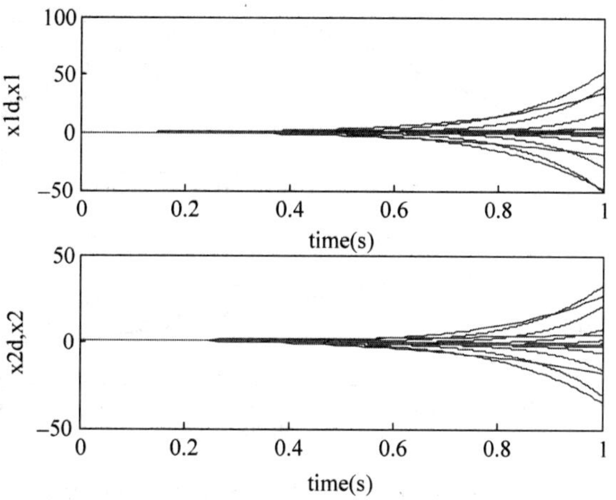


**图 5-4　30 次迭代学习的跟踪过程(开环 PD 控制)**

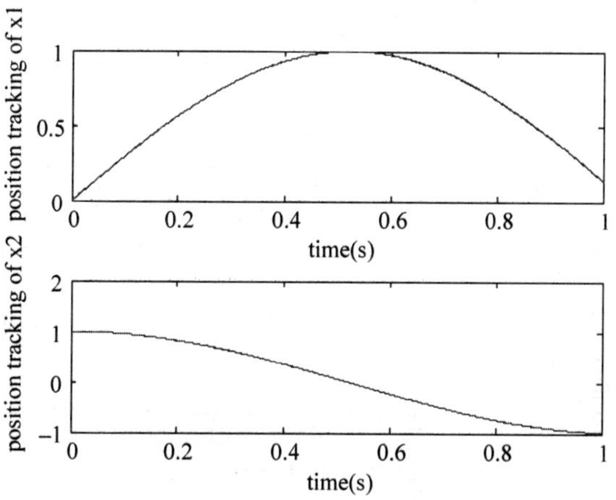


**图 5-5　第 30 次迭代学习的位置跟踪(开环 PD 控制)**

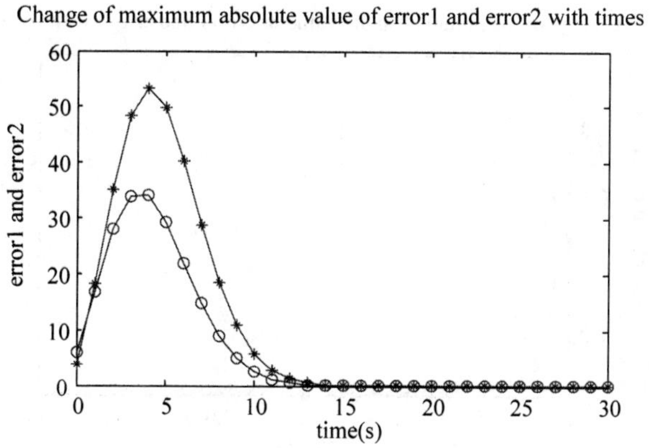


**图 5-6　30 次迭代过程中误差最大绝对值的收敛过程(开环 PD 控制)**

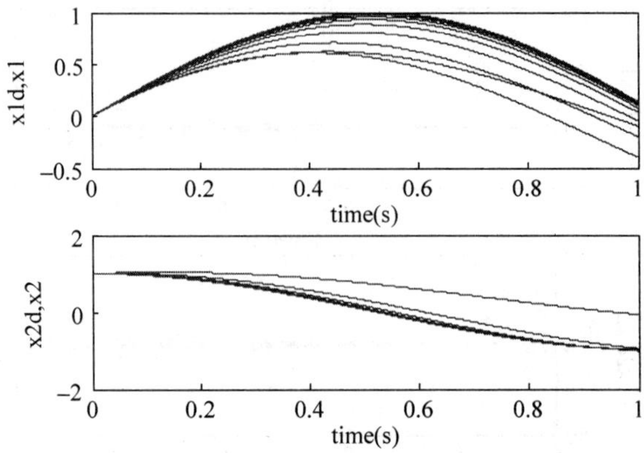


**图 5-7　30 次迭代学习的跟踪过程(闭环 PD 控制)**

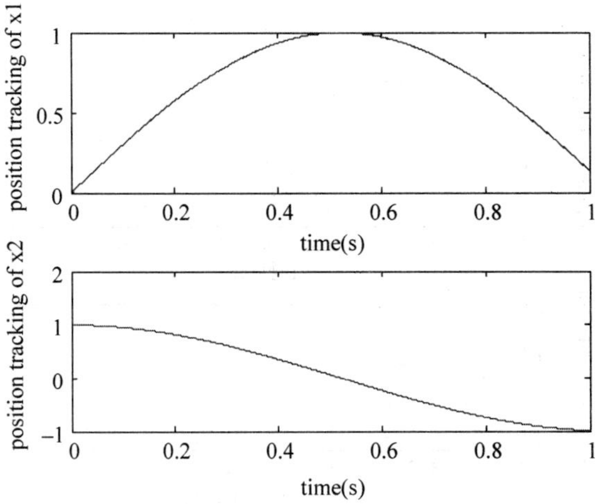


**图 5-8　第 30 次迭代学习的位置跟踪(闭环 PD 控制)**

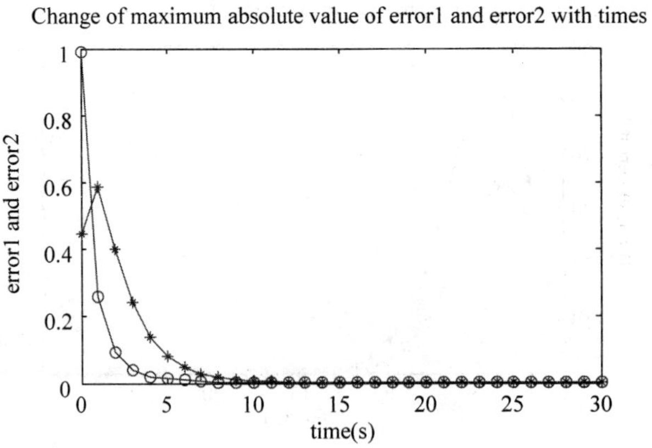


**图 5-9　30 次迭代过程中误差最大绝对值的收敛过程(闭环 PD 控制)**

仿真程序如下：

(1) 主程序：chap5_2main.m

```
% Iterative D-Type Learning Control
clear all;
close all;

t=[0:0.01:1]';
k(1:101)=0;            % Total initial points
k=k';
T1(1:101)=0;
T1=T1';
T2=T1;
T=[T1 T2];

k1(1:101)=0;           % Total initial points
k1=k1';
E1(1:101)=0;
E1=E1';
E2=E1;
E3=E1;
E4=E1;
E=[E1 E2 E3 E4];
%%%%%%%%%%%%%%%%%%%%%%%%%%%%%%%%%%%%%%%
M=30;
for i=0:1:M            % Start Learning Control
i
pause(0.01);

sim('chap5_2sim',[0,1]);

x1=x(:,1);
x2=x(:,2);

x1d=xd(:,1);
x2d=xd(:,2);
dx1d=xd(:,3);
dx2d=xd(:,4);

e1=E(:,1);
e2=E(:,2);
de1=E(:,3);
de2=E(:,4);
e=[e1 e2]';
de=[de1 de2]';

figure(1);
subplot(211);
hold on;
plot(t,x1,'b',t,x1d,'r');
```

```
xlabel('time(s)');ylabel('x1d,x1');

subplot(212);
hold on;
plot(t,x2,'b',t,x2d,'r');
xlabel('time(s)');ylabel('x2d,x2');

j = i + 1;
times(j) = i;
e1i(j) = max(abs(e1));
e2i(j) = max(abs(e2));
de1i(j) = max(abs(de1));
de2i(j) = max(abs(de2));
end                          % End of i
%%%%%%%%%%%%%%%%%%%%%%%%%%%%%%%%%%%%%%%%
figure(2);
subplot(211);
plot(t,x1d,'r',t,x1,'b');
xlabel('time(s)');ylabel('Position tracking of x1');
subplot(212);
plot(t,x2d,'r',t,x2,'b');
xlabel('time(s)');ylabel('Position tracking of x2');

figure(3);
subplot(211);
plot(t,T(:,1),'r');
xlabel('time(s)');ylabel('Control input 1');
subplot(212);
plot(t,T(:,2),'r');
xlabel('time(s)');ylabel('Control input 2');

figure(4);
plot(times,e1i,'*-r',times,e2i,'o-b');
title('Change of maximum absolute value of error1 and error2 with times');
xlabel('times');ylabel('error 1 and error 2');
```

(2) Simulink 程序：chap5_2sim.mdl

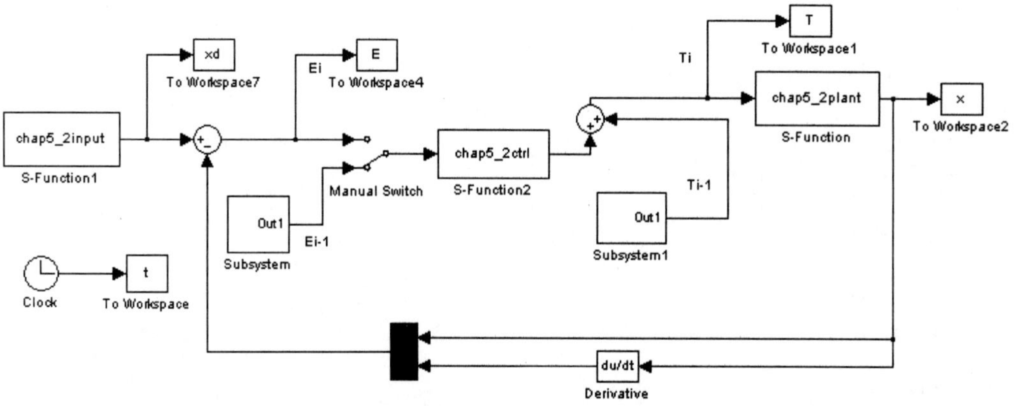

(3) 被控对象子程序：chap5_2plant.m

```
function [sys,x0,str,ts] = spacemodel(t,x,u,flag)
switch flag,
case 0,
    [sys,x0,str,ts] = mdlInitializeSizes;
case 1,
    sys = mdlDerivatives(t,x,u);
case 3,
    sys = mdlOutputs(t,x,u);
case {2,4,9}
    sys = [];
otherwise
    error(['Unhandled flag = ',num2str(flag)]);
end
function [sys,x0,str,ts] = mdlInitializeSizes
sizes = simsizes;
sizes.NumContStates  = 2;
sizes.NumDiscStates  = 0;
sizes.NumOutputs     = 2;
sizes.NumInputs      = 2;
sizes.DirFeedthrough = 0;
sizes.NumSampleTimes = 1;
sys = simsizes(sizes);
x0  = [0;1];
str = [];
ts  = [0 0];
function sys = mdlDerivatives(t,x,u)
A = [-2 3;1 1];
C = [1 0;0 1];
B = [1 1;0 1];
Gama = 0.95;
norm(eye(2) - C * B * Gama);            % Must be smaller than 1.0

U = [u(1);u(2)];
dx = A * x + B * U;
sys(1) = dx(1);
sys(2) = dx(2);
function sys = mdlOutputs(t,x,u)
sys(1) = x(1);
sys(2) = x(2);
```

(4) 控制器子程序：chap5_2ctrl.m

```
function [sys,x0,str,ts] = spacemodel(t,x,u,flag)
switch flag,
case 0,
    [sys,x0,str,ts] = mdlInitializeSizes;
case 3,
    sys = mdlOutputs(t,x,u);
case {2,4,9}
```

```
    sys = [];
otherwise
    error(['Unhandled flag = ',num2str(flag)]);
end
function [sys,x0,str,ts] = mdlInitializeSizes
sizes = simsizes;
sizes.NumContStates  = 0;
sizes.NumDiscStates  = 0;
sizes.NumOutputs     = 2;
sizes.NumInputs      = 4;
sizes.DirFeedthrough = 1;
sizes.NumSampleTimes = 1;
sys = simsizes(sizes);
x0  = [];
str = [];
ts  = [0 0];
function sys = mdlOutputs(t,x,u)
e1 = u(1);e2 = u(2);
de1 = u(3);de2 = u(4);

e = [e1 e2]';
de = [de1 de2]';

Kp = 2.0;
Gama = 0.95;
Kd = Gama * eye(2);

Tol = Kp * e + Kd * de;                  % PD Type

sys(1) = Tol(1);
sys(2) = Tol(2);
```

(5) 指令程序：chap5_2input.m

```
function [sys,x0,str,ts] = spacemodel(t,x,u,flag)
switch flag,
case 0,
    [sys,x0,str,ts] = mdlInitializeSizes;
case 3,
    sys = mdlOutputs(t,x,u);
case {2,4,9}
    sys = [];
otherwise
    error(['Unhandled flag = ',num2str(flag)]);
end
function [sys,x0,str,ts] = mdlInitializeSizes
sizes = simsizes;
sizes.NumContStates   = 0;
sizes.NumDiscStates   = 0;
sizes.NumOutputs      = 4;
sizes.NumInputs       = 0;
```

```
sizes.DirFeedthrough    = 1;
sizes.NumSampleTimes    = 1;
sys = simsizes(sizes);
x0  = [];
str = [];
ts  = [0 0];
function sys = mdlOutputs(t,x,u)
x1d = sin(3 * t);
dx1d = 3 * cos(3 * t);
x2d = cos(3 * t);
dx2d = - 3 * sin(3 * t);

sys(1) = x1d;
sys(2) = x2d;
sys(3) = dx1d;
sys(4) = dx2d;
```

## 5.5 任意初始状态下的迭代学习控制

下面介绍一种任意初始状态下的学习控制方法[10]及其仿真设计方法。

### 5.5.1 问题的提出

假设一种系统为

$$\begin{cases}\dot{\boldsymbol{x}}(t)=\boldsymbol{A}\boldsymbol{x}(t)+\boldsymbol{B}\boldsymbol{u}(t)\\ \boldsymbol{y}(t)=\boldsymbol{C}\boldsymbol{x}(t)\\ \boldsymbol{x}(t_0)=\boldsymbol{x}(0)\end{cases} \tag{5.36}$$

其中，$\boldsymbol{x}(t)\in\boldsymbol{R}^n$，$\boldsymbol{u}(t)$，$\boldsymbol{y}(t)\in\boldsymbol{R}^m$，$\boldsymbol{A}$、$\boldsymbol{B}$、$\boldsymbol{C}$为相应维数的常阵且满足假设

$$\operatorname{rank}(\boldsymbol{CB})=m \tag{5.37}$$

设系统所要跟踪的期望轨迹为$\boldsymbol{y}_{\mathrm{d}}(t)$，$t\in[0,T]$。系统第$i$次输出为$\boldsymbol{y}_i(t)$，令$\boldsymbol{e}_i(t)=\boldsymbol{y}_{\mathrm{d}}(t)-\boldsymbol{y}_i(t)$。

在学习开始时，系统的初始状态为$\boldsymbol{x}_0(0)$，初始控制输入为$\boldsymbol{u}_0(t)$。学习控制的任务为已知第$i$次运动的$\boldsymbol{u}_i(t)$、$\boldsymbol{x}_i(0)$和$\boldsymbol{e}_i(t)$，通过学习控制律设计$\boldsymbol{u}_{i+1}(t)$和$\boldsymbol{x}_{i+1}(0)$，第$i+1$次运动误差$\boldsymbol{e}_{i+1}(t)$将减少。

### 5.5.2 控制器的设计

首先介绍范数如下：

$$\|\boldsymbol{e}(t)\|_\infty=\max_{1\leqslant i\leqslant m}|e^{(i)}(t)| \tag{5.38}$$

$$\|\boldsymbol{G}\|_\infty=\max_{1\leqslant i\leqslant m}\left\{\sum_{j=1}^{m}|g^{(i,j)}|\right\} \tag{5.39}$$

$$\| \boldsymbol{e}(t) \|_{\lambda} = \sup_{1 \leqslant t \leqslant T} \{ \exp(-\lambda t) \| \boldsymbol{e}(t) \|_{\infty} \} \tag{5.40}$$

其中，$e^{(i)}(t)$为$e(t) \in \boldsymbol{R}^m$中的第$i$个元素，$g^{(i,j)}$是$G \in \boldsymbol{R}^{m \times m}$中的第$i,j$个元素，$\lambda > 0$。

学习控制律及初始状态学习律分别为

$$\boldsymbol{u}_{i+1}(t) = \boldsymbol{u}_i(t) + \boldsymbol{L}\dot{\boldsymbol{e}}_i(t) \tag{5.41}$$

$$\boldsymbol{x}_{i+1}(0) = \boldsymbol{x}_i(0) + \boldsymbol{BLe}_i(0) \tag{5.42}$$

其中，$\boldsymbol{L} \in R^{m \times m}$为常阵。

**定理 5.2**[10] 若学习控制律(5.41)及初始状态学习律(5.42)满足以下条件：

(1) $u_0(t)$在$[0,T]$上连续，$\boldsymbol{y}_{\mathrm{d}}(t)$在$[0,T]$上连续可微；

(2) $\| \boldsymbol{I}_{\infty} - \boldsymbol{CBL} \| < 1$。

则当$i \to \infty$时，有

$$\boldsymbol{y}_i(t) \to \boldsymbol{y}_{\mathrm{d}}(t), \quad t \in [0,T]$$

下面给出该定理的详细分析过程，可参考文献[10]的证明过程。

由方程式(5.36)的解为

$$\boldsymbol{x}(t) = \exp(\boldsymbol{A}t)\boldsymbol{x}(0) + \int_0^t \exp(\boldsymbol{A}(t-\tau))\boldsymbol{Bu}(t)\mathrm{d}\tau$$

则

$$\boldsymbol{x}_{i+1}(t) = \exp(\boldsymbol{A}t)\boldsymbol{x}_{i+1}(0) + \int_0^t \exp(\boldsymbol{A}(t-\tau))\boldsymbol{Bu}_{i+1}(\tau)\mathrm{d}\tau$$

将式(5.41)和(5.42)代入上式，得

$$\boldsymbol{x}_{i+1}(t) = \exp(\boldsymbol{A}t)[\boldsymbol{x}_i(0) + \boldsymbol{BLe}_i(0)] + \int_0^t \exp(A(t-\tau))[\boldsymbol{Bu}_i(t) + \boldsymbol{L}\dot{\boldsymbol{e}}_i(t)]\mathrm{d}\tau$$

则

$$\begin{aligned}
\boldsymbol{e}_{i+1}(t) &= \boldsymbol{y}_{\mathrm{d}}(t) - \boldsymbol{y}_{i+1}(t) = \boldsymbol{y}_{\mathrm{d}}(t) - \boldsymbol{Cx}_{i+1}(t) \\
&= \boldsymbol{y}_{\mathrm{d}}(t) - \boldsymbol{C}\left\{ \exp(\boldsymbol{A}t)[\boldsymbol{x}_i(0) + \boldsymbol{BLe}_i(0)] + \int_0^t \exp(\boldsymbol{A}(t-\tau))[\boldsymbol{Bu}_i(t) + \boldsymbol{L}\dot{\boldsymbol{e}}_i(t)]\mathrm{d}\tau \right\} \\
&= \boldsymbol{y}_{\mathrm{d}}(t) - \Big[ \boldsymbol{C}\exp(\boldsymbol{A}t)\boldsymbol{x}_i(0) + \boldsymbol{C}\exp(\boldsymbol{A}t)\boldsymbol{BLe}_i(0) \\
&\quad + \int_0^t \boldsymbol{C}\exp(\boldsymbol{A}(t-\tau))\boldsymbol{Bu}_i(t)\mathrm{d}\tau + \int_0^t \boldsymbol{C}\exp(\boldsymbol{A}(t-\tau))\boldsymbol{BL}\dot{\boldsymbol{e}}_i(t)\mathrm{d}\tau \Big]
\end{aligned}$$

采用分部积分方法：

$$\int_0^t x\dot{y}\mathrm{d}t = xy \mid_0^t - \int_0^t \dot{x}y\mathrm{d}t$$

则

$$\begin{aligned}
&\int_0^t \boldsymbol{C}\exp(\boldsymbol{A}(t-\tau))\boldsymbol{BL}\dot{\boldsymbol{e}}_i(t)\mathrm{d}\tau \\
&= [\boldsymbol{C}\exp(\boldsymbol{A}(t-\tau))\boldsymbol{BLe}_i(t)]\Big|_0^t - \int_0^t (-1)\boldsymbol{CA}\exp(\boldsymbol{A}(t-\tau))\boldsymbol{BLe}_i(t)\mathrm{d}\tau \\
&= \boldsymbol{CBLe}_i(t) - \boldsymbol{C}\exp(\boldsymbol{A}t)\boldsymbol{BLe}_i(0) + \int_0^t \boldsymbol{CA}\exp(\boldsymbol{A}(t-\tau))\boldsymbol{BLe}_i(\tau)\mathrm{d}\tau
\end{aligned}$$

$$\begin{aligned} \boldsymbol{e}_{i+1}(t) &= \boldsymbol{y}_{\mathrm{d}}(t) - \boldsymbol{C}\exp(\boldsymbol{A}t)\boldsymbol{x}_i(0) - \boldsymbol{C}\exp(\boldsymbol{A}t)\boldsymbol{BLe}_i(0) - \int_0^t \boldsymbol{C}\exp(\boldsymbol{A}(t-\tau))\boldsymbol{Bu}_i(\tau)\mathrm{d}\tau \\ &\quad - \boldsymbol{CBLe}_i(t) + \boldsymbol{C}\exp(\boldsymbol{A}t)\boldsymbol{BLe}_i(0) - \int_0^t \boldsymbol{CA}\exp(\boldsymbol{A}(t-\tau))\boldsymbol{BLe}_i(\tau)\mathrm{d}\tau \\ &= \boldsymbol{y}_{\mathrm{d}}(t) - \boldsymbol{C}\left[\exp(\boldsymbol{A}t)\boldsymbol{x}_i(0) + \int_0^t \exp(\boldsymbol{A}(t-\tau))\boldsymbol{Bu}_i(\tau)\mathrm{d}\tau\right] \\ &\quad - \boldsymbol{CBLe}_i(t) - \int_0^t \boldsymbol{CA}\exp(\boldsymbol{A}(t-\tau))\boldsymbol{BLe}_i(\tau)\mathrm{d}\tau \\ &= \boldsymbol{y}_{\mathrm{d}}(t) - \boldsymbol{y}_i(t) - \boldsymbol{CBLe}_i(t) - \int_0^t \boldsymbol{CA}\exp(\boldsymbol{A}(t-\tau))\boldsymbol{BLe}_i(\tau)\mathrm{d}\tau \end{aligned}$$

即

$$\begin{aligned} \boldsymbol{e}_{i+1}(t) &= \boldsymbol{e}_i(t) - \boldsymbol{CBLe}_i(t) - \int_0^t \boldsymbol{CA}\exp(\boldsymbol{A}(t-\tau))\boldsymbol{BLe}_i(\tau)\mathrm{d}\tau \\ &= (\boldsymbol{I}_{\mathrm{m}} - \boldsymbol{CBL})\boldsymbol{e}_i(t) - \int_0^t \boldsymbol{CA}\exp(\boldsymbol{A}(t-\tau))\boldsymbol{BLe}_i(\tau)\mathrm{d}\tau \end{aligned}$$

上式两边同乘以 $e^{-\lambda t}$，取范数，并考虑

$$\|\boldsymbol{XY}\| \leqslant \|\boldsymbol{X}\| \ \|\boldsymbol{Y}\|, \quad \|\boldsymbol{X}+\boldsymbol{Y}\| \leqslant \|\boldsymbol{X}\| + \|\boldsymbol{Y}\|$$

则

$$\begin{aligned} &\exp(-\lambda t)\|\boldsymbol{e}_{i+1}(t)\|_\infty \\ &\leqslant \|(\boldsymbol{I}_m - \boldsymbol{CBL})\boldsymbol{e}_i(t)\|_\infty \exp(-\lambda t) + \left\|\int_0^t \boldsymbol{CA}\exp(\boldsymbol{A}(t-\tau))\boldsymbol{BLe}_i(\tau)\mathrm{d}\tau\right\|_\infty \exp(-\lambda t) \\ &\leqslant \|(\boldsymbol{I}_m - \boldsymbol{CBL})\|_\infty \|\boldsymbol{e}_i(t)\|_\infty \exp(-\lambda t) + \left\|\int_0^t \boldsymbol{CA}\exp(\boldsymbol{A}(t-\tau))\boldsymbol{BLe}_i(\tau)\mathrm{d}\tau\right\|_\infty \exp(-\lambda t) \\ &= \|(\boldsymbol{I}_{\mathrm{m}} - \boldsymbol{CBL})\|_\infty \|\boldsymbol{e}_i(t)\|_\lambda + \|\boldsymbol{CABL}\|_\infty \left\|\int_0^t \exp(\boldsymbol{A}(t-\tau))\boldsymbol{e}_i(\tau)\mathrm{d}\tau\right\|_\infty \exp(-\lambda t) \\ &= \|(\boldsymbol{I}_m - \boldsymbol{CBL})\|_\infty \|\boldsymbol{e}_i(t)\|_\lambda + \|\boldsymbol{CABL}\|_\infty \|\boldsymbol{h}(t)\|_\lambda \end{aligned}$$

其中，$\boldsymbol{h}(t)=\int_0^t \exp(\boldsymbol{A}(t-\tau))\boldsymbol{e}_i(\tau)\mathrm{d}\tau$。

根据 $\lambda$ 范数的性质[4]，当 $\lambda>\boldsymbol{A}$ 时，有

$$\|\boldsymbol{h}(t)\|_\lambda \leqslant \frac{1-\exp((\boldsymbol{A}-\lambda)T)}{\lambda-\boldsymbol{A}}\|\boldsymbol{e}_i(t)\|_\lambda$$

则

$$\|\boldsymbol{e}_{i+1}(t)\|_\lambda \leqslant \left(\|\boldsymbol{I}_{\mathrm{m}} - \boldsymbol{CBL}\|_\infty + \|\boldsymbol{CABL}\|_\infty \frac{1-\exp((\boldsymbol{A}-\lambda)T)}{\lambda-\boldsymbol{A}}\right)\|\boldsymbol{e}_i(t)\|_\lambda = \rho\|\boldsymbol{e}_i(t)\|_\lambda$$

定义

$$\rho = \|\boldsymbol{I}_{\mathrm{m}} - \boldsymbol{CBL}\|_\infty + \|\boldsymbol{CABL}\|_\infty \frac{1-\exp((\boldsymbol{A}-\lambda)T)}{\lambda-\boldsymbol{A}} \tag{5.43}$$

当 $\lambda$ 足够大时，$\frac{1-\exp((\boldsymbol{A}-\lambda)T)}{\lambda-\boldsymbol{A}}\rightarrow 0$，考虑条件 2，则

$$\rho<1$$

当 $i\rightarrow\infty$ 时，有

$$\| \boldsymbol{e}_{i+1}(t) \|_{\lambda} \to 0, \quad t \in [0, T]$$

由 $\rho$ 的定义可知，当取 $\boldsymbol{L}=(\boldsymbol{CB})^{-1}$ 时，$\| \boldsymbol{I}_{\mathrm{m}} - \boldsymbol{CBL} \|_{\infty} = 0$，$\rho$ 的值最小，收敛速度最快。

## 5.5.3 仿真实例

考虑多输入多输出非线性系统：

$$\begin{bmatrix} \dot{x}_1(t) \\ \dot{x}_2(t) \end{bmatrix} = \begin{bmatrix} -2 & 3 \\ 1 & 1 \end{bmatrix} \begin{bmatrix} x_1(t) \\ x_2(t) \end{bmatrix} + \begin{bmatrix} 1 & 1 \\ 0 & 1 \end{bmatrix} \begin{bmatrix} u_1(t) \\ u_2(t) \end{bmatrix}$$

$$\begin{bmatrix} y_1(t) \\ y_2(t) \end{bmatrix} = \begin{bmatrix} 2 & 0 \\ 0 & 1 \end{bmatrix} \begin{bmatrix} x_1(t) \\ x_2(t) \end{bmatrix}$$

期望跟踪轨迹为

$$\begin{bmatrix} y_{1\mathrm{d}}(t) \\ y_{2\mathrm{d}}(t) \end{bmatrix} = \begin{bmatrix} 1.5t \\ 1.5t \end{bmatrix}, \quad t \in [0, 1]$$

由于 $\boldsymbol{CB} = \begin{bmatrix} 2 & 2 \\ 0 & 1 \end{bmatrix}$，故取 $\boldsymbol{L} = (\boldsymbol{CB})^{-1} = \begin{bmatrix} 0.5 & -1 \\ 0 & 1 \end{bmatrix}$，可满足定理 5.2 中的条件(2)。

于是，学习控制律及初始状态学习律分别为

$$\begin{bmatrix} u_{1(i+1)}(t) \\ u_{2(i+1)}(t) \end{bmatrix} = \begin{bmatrix} u_{1(i)}(t) \\ u_{2(i)}(t) \end{bmatrix} + \begin{bmatrix} 0.4 & -0.5 \\ 0 & 0.5 \end{bmatrix} \begin{bmatrix} \dot{e}_{1(i)}(t) \\ \dot{e}_{2(i)}(t) \end{bmatrix}$$

$$\begin{bmatrix} x_{1(i+1)}(0) \\ x_{2(i+1)}(0) \end{bmatrix} = \begin{bmatrix} x_{1(i)}(0) \\ x_{2(i)}(0) \end{bmatrix} + \begin{bmatrix} 0.4 & 0 \\ 0 & 0.5 \end{bmatrix} \begin{bmatrix} e_{1(i)}(0) \\ e_{2(i)}(0) \end{bmatrix}$$

系统的初始控制输入为 $\begin{bmatrix} u_{1(0)}(t) \\ u_{2(0)}(t) \end{bmatrix} = \begin{bmatrix} 0 \\ 0 \end{bmatrix}$，系统的初始状态为 $\begin{bmatrix} x_{1(0)}(0) \\ x_{2(0)}(0) \end{bmatrix} = \begin{bmatrix} 2 \\ 1 \end{bmatrix}$。仿真结果见图 5-10～图 5-15 所示。

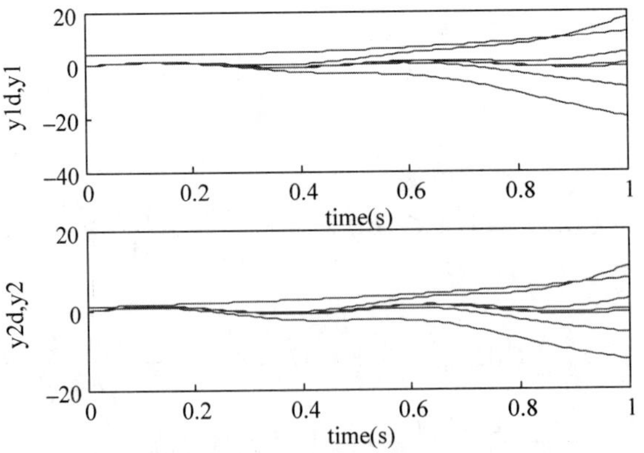


图 5-10 5 次迭代对象输出的跟踪过程

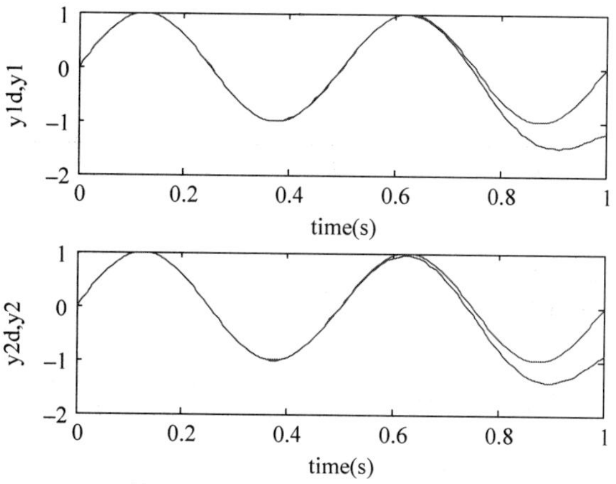


图 5-11　5 次迭代后正弦位置跟踪

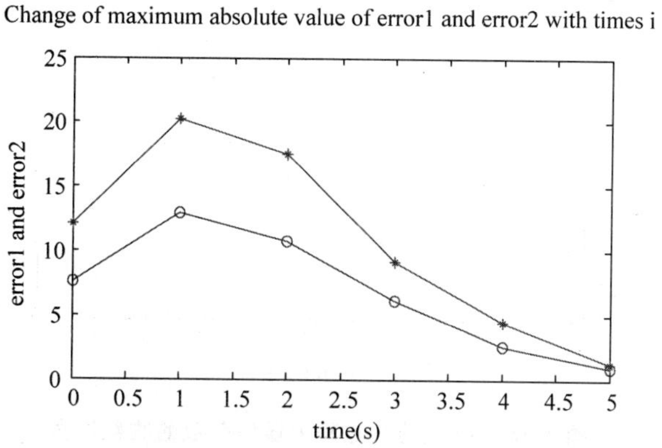


图 5-12　5 次迭代过程中误差范数的收敛过程

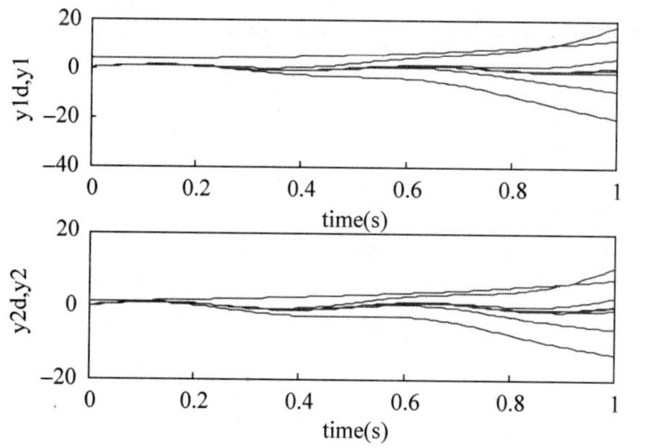


图 5-13　10 次迭代对象输出的跟踪过程

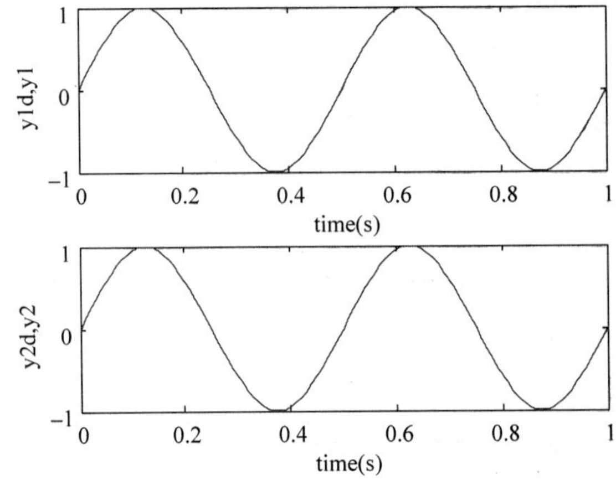


图 5-14　10 次迭代后正弦位置跟踪

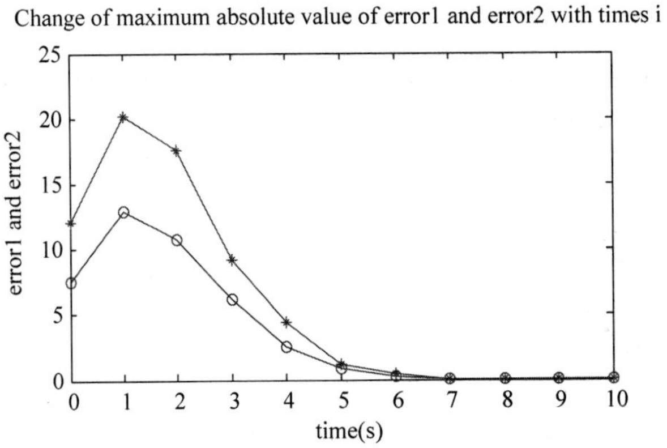


图 5-15　10 次迭代过程中误差范数的收敛过程

仿真程序如下：

(1) 主程序：chap5_3.m

```
% Learning Control with an arbitrary initial state
clear all;
close all;
global A B

A = [ - 2 3;1 1];
B = [1 1;0 1];
C = [2 0;0 1];
L = inv(C * B);

ts = 0.01;
for k = 1:1:101
    u1(k) = 0;u2(k) = 0;

end
xk0 = [2;1];
```

```
%xk0 = [-2;-1];
%%%%%%%%%%%%%%%%%%%%%%%%%%%%%%%%%%%%%%%%%%%%%%%%%%%%%%%%%%%%
M = 10;
for i = 0:1:M                  % Start Learning Control
i
pause(0.005);
if i == 0
   xki = xk0;
else
   yd0 = 0;
   yi0 = [2 * xk0(1);xk0(2)];
   e0 = yd0 - yi0;
   xki = xk0 + B * L * e0;
end
xk0 = xki;                     % 用 xk0 存储上次运行的初始状态

%%%%%%%%%%%%%%%%%%%%%%%%%%%%%%%%%%%%%%%%%%%%%%%%%%%%%%%%%%%%
for k = 1:1:101
time(k) = (k-1) * ts;

S = 2;
if S == 1
    y1d_1(k) = 1.5 * (k-1) * ts;
    y2d_1(k) = 1.5 * (k-1) * ts;
    y1d(k) = 1.5 * k * ts;
    y2d(k) = 1.5 * k * ts;
elseif S == 2
    y1d_1(k) = sin(4 * pi * (k-1) * ts);
    y2d_1(k) = sin(4 * pi * (k-1) * ts);
    y1d(k) = sin(4 * pi * k * ts);
    y2d(k) = sin(4 * pi * k * ts);
end

TimeSet = [(k-1) * ts k * ts];
para = [u1(k);u2(k)];
if k == 1                      % Initial state at times M
   xk = xk0;
end

y1_1(k) = 2 * xk(1);
y2_1(k) = xk(2);
%xk
[tt,xx] = ode45('chap5_3plant',TimeSet,xk,[],para);
%xx
xk = xx(length(xx),:);
y1(k) = 2 * xk(1);
y2(k) = xk(2);

e1_1(k) = y1d_1(k) - y1_1(k);
e2_1(k) = y2d_1(k) - y2_1(k);
```

```
e1(k) = y1d(k) - y1(k);
e2(k) = y2d(k) - y2(k);

de1(k) = (e1(k) - e1_1(k))/ts;
de2(k) = (e2(k) - e2_1(k))/ts;
dek = [de1(k);de2(k)];
Uk = [u1(k);u2(k)];
U = Uk + L * dek;             % Control law: Uk is U(i - 1), dek is near to de(i - 1)

u1(k) = U(1);
u2(k) = U(2);
end                           % End of k

figure(1);
subplot(211);
hold on;
plot(time,y1d_1,'r',time,y1_1,'b');
xlabel('time(s)');ylabel('y1d,y1');

subplot(212);
hold on;
plot(time,y2d_1,'r',time,y2_1,'b');
xlabel('time(s)');ylabel('y2d,y2');

i = i + 1;
times(i) = i - 1;
e1i(i) = max(abs(e1_1));
e2i(i) = max(abs(e2_1));
end                           % End of i
%%%%%%%%%%%%%%%%%%%%%%%%%%%%%%%%%%%%%%%%%%%%%%%%%%%%%%%%%%%%%%%%%%%%%
figure(2);
subplot(211);
plot(time,y1d_1,'r',time,y1_1,'b');
xlabel('time(s)');ylabel('y1d,y1');
subplot(212);
plot(time,y2d_1,'r',time,y2_1,'b');
xlabel('time(s)');ylabel('y2d,y2');
figure(3);
subplot(211);
plot(time,y1d_1 - y1_1,'r');
xlabel('time(s)');ylabel('error1');
subplot(212);
plot(time,y2d_1 - y2_1,'r');
xlabel('time(s)');ylabel('error2');

figure(4);
plot(times,e1i,' * - r',times,e2i,'o - b');
title('Change of maximum absolute value of error1 and error2 with times i');
xlabel('times');ylabel('error1 and error2');
```

(2) 子程序：chap5_3plant.m

```
function dx = PlantModel(t,x,flag,para)
global A B
dx = zeros(2,1);

u = para;
dx = A * x + B * u;
```

实际工程中，机械手常在有限时间内执行重复性的控制任务。针对这种有限区间执行重复性的控制任务，迭代学习控制是一种有效的控制方法。因此，机械臂轨迹跟踪的迭代学习控制得到广泛研究[11~15]。

常规的机械手迭代学习控制方法需要假设机械臂初始状态与期望轨迹初始状态相等，而这在实际过程中常常无法满足，因而针对带有初始角度偏移的机械手迭代学习控制问题的研究具有一定工程意义[14,15]。

## 参考文献


[1] Arimoto S, Kawamura S, Miyazaki F. Bettering Operation of robotics by leaning. Journal of Robotic System, 1984, 1(2): 123-140.

[2] 林辉，王林. 迭代学习控制理论. 西安：西北工业大学出版社，1998.

[3] 孙明轩，黄宝健. 迭代学习控制. 北京：国防工业出版社，1999.

[4] 谢胜利. 迭代学习控制的理论与应用. 北京：科学出版社，2005.

[5] 于少娟，齐向东，吴聚华. 迭代学习控制理论及应用. 北京：机械工业出版社，2005.

[6] 方忠，韩正之，陈彭年. 迭代学习控制新进展，控制理论与应用. 2002，19(2)：161-165.

[7] 石成英，林辉. 迭代学习控制技术的原理、算法及应用. 机床与液压，2004，19：80-83.

[8] 许建新，侯忠生. 学习控制的现状与展望. 自动化学报，2005，31(6)：943-955.

[9] 李仁俊，韩正之. 迭代学习控制综述. 控制与决策. 2005，20(9)：961-966.

[10] 任雪梅，高为炳. 任意初始状态下的迭代学习控制，自动化学报，1994，20(1)：74-79.

[11] Ouyang P R, Zhang W J, Gupta M M. An adaptive switching learning control method for trajectory tracking of robot manipulators. Mechatronics, 2006, 16: 51-61.

[12] Tayebi A. Adaptive iterative learning control for robot manipulators. Automatica, 2004, 40: 1195-1203.

[13] Kang M K, Lee J S, Han K L. Kinematic path-tracking of mobile robot using iterative learning control. Journal of Robotic Systems, 2005, 22(2): 111-121.

[14] Chen Y. Q, Wen C., Gong Z., Sun M. An iterative learning controller with initial state learning, IEEE Transaction on Automatic Control, 1999, 44(2): 371-376.

[15] Park K. H., Bien Z. A generalized iterative learning controller against initial state error, International Journal of Control, 2000, 73(10): 871-881.

第6章 机械手反演控制

## 6.1 简单反演控制器设计

反演(backstepping)设计方法的基本思想是将复杂的非线性系统分解成不超过系统阶数的子系统,然后为每个子系统分别设计李雅普诺夫函数和中间虚拟控制量,一直"后退"到整个系统,直到完成整个控制律的设计。

反演设计方法,又称反步法、回推法或后推法,通常与李雅普诺夫型自适应律结合使用,综合考虑控制律和自适应律,使整个闭环系统满足期望的动、静态性能指标。

### 6.1.1 基本原理

假设被控对象为

$$\begin{cases}\dot{x}_1 = x_1 + x_2 \\ \dot{x}_2 = f(x,t) + g(x,t)u\end{cases} \tag{6.1}$$

其中,$g(x,t) \neq 0$。

控制目标是使系统的输出 $x_1$ 可以很好地跟踪系统的期望轨迹 $z_d$,并且所有的信号有界。

定义角度误差

$$z_1 = x_1 - z_d$$

其中 $z_d$ 为指令信号,则

$$\dot{z}_1 = \dot{x}_1 - \dot{z}_d = x_1 + x_2 - \dot{z}_d$$

基本的 backstepping 控制方法设计有以下 2 个步骤

(1) 定义 Lyapunov 函数

$$V_1 = \frac{1}{2}z_1^2 \tag{6.2}$$

则

$$\dot{V}_1 = z_1\dot{z}_1 = z_1(x_1 + x_2 - \dot{z}_d)$$

取 $x_2 = -x_1 - c_1 z_1 + \dot{z}_d + z_2$,其中 $c_1 > 0$,$z_2$ 为虚拟控制量,即

$$z_2 = x_1 + x_2 + c_1 z_1 - \dot{z}_{\mathrm{d}}$$

则

$$\dot{V}_1 = -c_1 z_1^2 + z_1 z_2$$

如果 $z_2 = 0$，则$\dot{V}_1 \leqslant 0$。为此，需要进行下一步设计。

(2) 定义 Lyapunov 函数

$$V_2 = V_1 + \frac{1}{2} z_2^2 \tag{6.3}$$

由于$\dot{z}_2 = \dot{x}_1 + f(x,t) + g(x,t)u + c_1 \dot{z}_1 - \ddot{z}_{\mathrm{d}}$，则

$$\begin{aligned}\dot{V}_2 &= \dot{V}_1 + z_2 \dot{z}_2 \\ &= -c_1 z_1^2 + z_1 z_2 + z_2 (x_1 + x_2 + f(x,t) + g(x,t)u + c_1 \dot{z}_1 - \ddot{z}_{\mathrm{d}})\end{aligned}$$

为使$\dot{V}_2 \leqslant 0$，设计控制器为

$$u = \frac{1}{g(x,t)}(-x_1 - x_2 - f(x,t) - c_1 \dot{z}_1 + \ddot{z}_{\mathrm{d}} - c_2 z_2 - z_1) \tag{6.4}$$

其中，$c_2$ 为大于零的正常数。

于是

$$\dot{V}_2 = -c_1 z_1^2 - c_2 z_2^2 \leqslant 0$$

即$\dot{V}_2 = -\eta V_2$，积分得 $\int_0^t \frac{1}{V_2} \mathrm{d}V_2 = -\int_0^t \eta \, \mathrm{d}t$，则

$$\ln V_2 \Big|_0^t = -\eta t$$

其中，$\eta = 2\max(c_1, c_2)$。

从而得到指数收敛的形式

$$V_2(t) = V_2(0) \mathrm{e}^{-\eta t}$$

由于 $V_2 = \frac{1}{2} z_1^2 + \frac{1}{2} z_2^2$，则 $z_1$ 和 $z_2$ 指数收敛，且当 $t \to \infty$ 时，$z_1 \to 0$ 和 $z_2 \to 0$。又由于 $z_2 = x_1 + x_2 + c_1 z_1 - \dot{z}_{\mathrm{d}}$，则 $x_1 + x_2 \to \dot{z}_{\mathrm{d}}$，从而 $x_2$ 有界。

### 6.1.2 仿真实例

被控对象的动态方程如下：

$$\begin{cases} \dot{x}_1 = x_1 + x_2 \\ \dot{x}_2 = \dfrac{g\sin x_1 - m l x_2^2 \cos x_1 \sin x_1 / (m_c + m)}{l(4/3 - m\cos^2 x_1 / (m_c + m))} + \dfrac{\cos x_1 / (m_c + m)}{l(4/3 - m\cos^2 x_1 / (m_c + m))} u \end{cases}$$

其中 $x_1$ 为位置信号，$g = 9.8$，$m_c = 1$，$m = 0.1$，$l = 0.5$，$u$ 为控制输入。

位置指令为 $z_{\mathrm{d}}(t) = 0.1\sin(\pi t)$，采用控制律(6.4)，取 $c_1 = 35$，$c_2 = 35$，系统初始状态为$[\pi/60, 0]$。仿真结果如图 6-1 和图 6-2 所示。

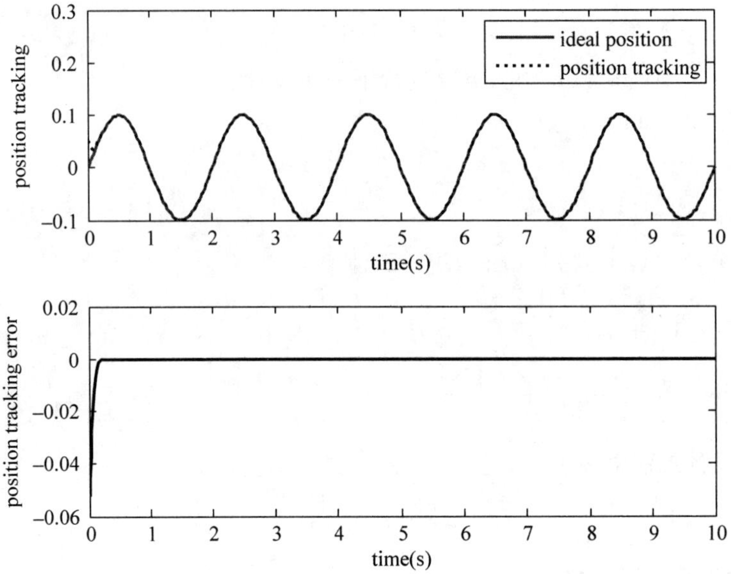


图 6-1　角度跟踪及跟踪误差

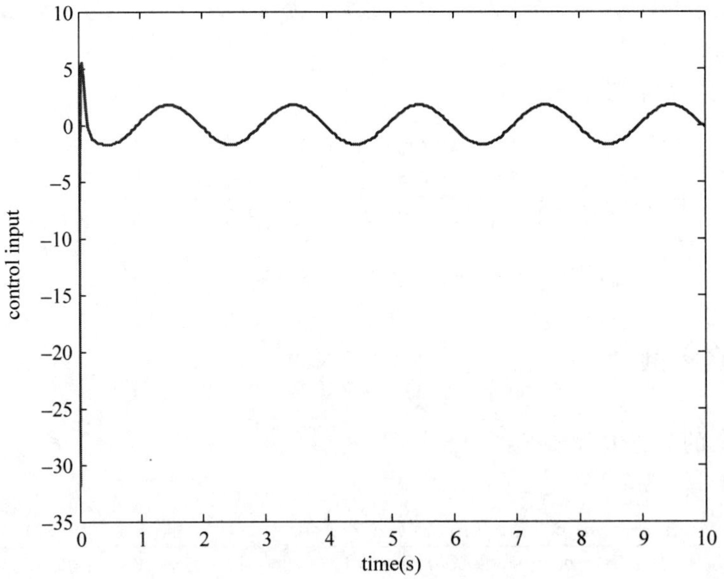


图 6-2　控制输入

仿真程序如下：

(1) Simulink 主程序：chap6_1sim.mdl

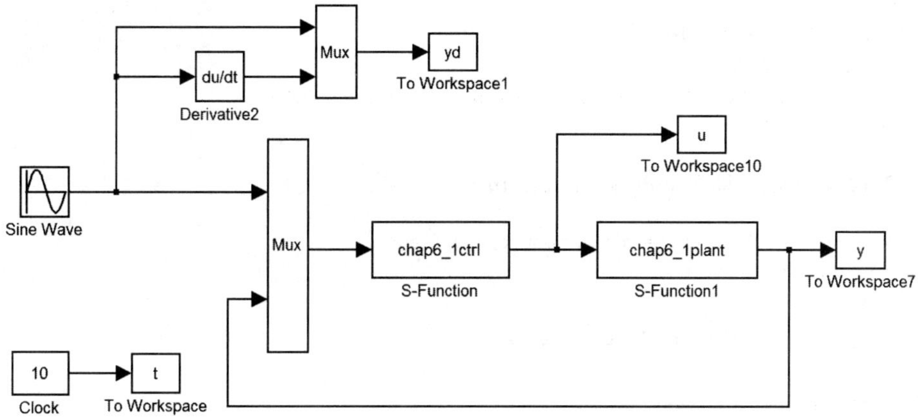


(2) 控制器子程序 chap6_1ctrl.m

```
function [sys,x0,str,ts] = spacemodel(t,x,u,flag)
switch flag,
case 0,
    [sys,x0,str,ts] = mdlInitializeSizes;
case 3,
    sys = mdlOutputs(t,x,u);
case {2,4,9}
    sys = [];
otherwise
    error(['Unhandled flag = ',num2str(flag)]);
end
function [sys,x0,str,ts] = mdlInitializeSizes
sizes = simsizes;
sizes.NumContStates  = 0;
sizes.NumDiscStates  = 0;
sizes.NumOutputs     = 1;
sizes.NumInputs      = 5;
sizes.DirFeedthrough = 1;
sizes.NumSampleTimes = 0;
sys = simsizes(sizes);
x0  = [];
str = [];
ts  = [];
function sys = mdlOutputs(t,x,u)
zd = u(1);
dzd = 0.1 * pi * cos(pi * t);
ddzd = -0.1 * pi * pi * sin(pi * t);

x1 = u(2);
x2 = u(3);
fx = u(4);
```

```
gx = u(5);
c1 = 35;c2 = 35;

z1 = x1 - zd;
z2 = x1 + x2 + c1 * z1 - dzd;
dz1 = x1 + x2 - dzd;
ut = ( - x1 - x2 - fx - c1 * dz1 + ddzd - c2 * z2 - z1)/(gx + 0.001);
sys(1) = ut;
```

(3) 被控对象子程序 chap6_1plant. m

```
function [sys,x0,str,ts] = s_function(t,x,u,flag)
switch flag,
case 0,
    [sys,x0,str,ts] = mdlInitializeSizes;
case 1,
    sys = mdlDerivatives(t,x,u);
case 3,
    sys = mdlOutputs(t,x,u);
case {2, 4, 9 }
    sys = [];
otherwise
    error(['Unhandled flag = ',num2str(flag)]);
end
function [sys,x0,str,ts] = mdlInitializeSizes
sizes = simsizes;
sizes.NumContStates  = 2;
sizes.NumDiscStates  = 0;
sizes.NumOutputs     = 4;
sizes.NumInputs      = 1;
sizes.DirFeedthrough = 0;
sizes.NumSampleTimes = 0;
sys = simsizes(sizes);
x0 = [pi/60 0];
str = [];
ts = [];
function sys = mdlDerivatives(t,x,u)
g = 9.8;mc = 1.0;m = 0.1;l = 0.5;
S = l * (4/3 - m * (cos(x(1)))^2/(mc + m));
fx = g * sin(x(1)) - m * l * x(2)^2 * cos(x(1)) * sin(x(1))/(mc + m);
fx = fx/S;
gx = cos(x(1))/(mc + m);
gx = gx/S;
ut = u(1);
sys(1) = x(1) + x(2);
sys(2) = fx + gx * ut;
function sys = mdlOutputs(t,x,u)
g = 9.8;mc = 1.0;m = 0.1;l = 0.5;
S = l * (4/3 - m * (cos(x(1)))^2/(mc + m));
fx = g * sin(x(1)) - m * l * x(2)^2 * cos(x(1)) * sin(x(1))/(mc + m);
fx = fx/S;
```

```
gx = cos(x(1))/(mc + m);
gx = gx/S;
sys(1) = x(1);
sys(2) = x(2);
sys(3) = fx;
sys(4) = gx;
```

(4) 作图程序：chap6_1plot.m

```
close all;

figure(1);
subplot(211);
plot(t,yd(:,1),'r',t,y(:,1),'k:','linewidth',2);
xlabel('time(s)');ylabel('Position tracking');
legend('ideal position','position tracking');
subplot(212);
plot(t,yd(:,1) - y(:,1),'k','linewidth',2);
xlabel('time(s)');ylabel('Position tracking error');

figure(2);
plot(t,ut(:,1),'r','linewidth',2);
xlabel('time(s)');ylabel('Control input');
```

## 6.2 单关节机械手的反演控制

反演控制的设计方法实际上是一种逐步递推的设计方法，反演控制设计方中引进的虚拟控制本质上是一种静态补偿思想，前面的子系统必须通过后边子系统的虚拟控制才能达到镇定的目的，因此该方法要求系统结构必须是所谓严格参数反馈系统或可经过变换，转化为该种类型的非线性系统。反演控制设计方法在设计不确定性系统（特别是当干扰或不确定性不满足匹配条件时）的鲁棒控制器或自适应控制器方面已经显示出它的优越性。

### 6.2.1 系统描述

采用电机驱动的单机械臂进行仿真，系统的动态方程如下：

$$\begin{cases}\dot{x}_1 = x_2 \\ \dot{x}_2 = -\dfrac{B}{M_t}x_2 + \dfrac{N}{M_t}f(x_1,x_2) + \dfrac{K_t}{M_t}x_3 \\ \dot{x}_3 = -\dfrac{R}{L}x_3 - \dfrac{K_b}{L}x_2 + \dfrac{1}{L}u \\ y = x_1\end{cases} \tag{6.5}$$

其中，$x_1=\theta, x_2=\dot{\theta}, x_3=I, M_t=J+\frac{1}{3}ml^2+\frac{1}{10}Ml^2D, N=mgl+Mgl$，$g$ 为重力加速度常

量，$f$ 为已知非线性函数。$\theta$ 为连杆角度，$I$ 为电流，$K_t$ 是扭矩常量，$K_b$ 是反电动势系数，$B$ 是轴承粘滞摩擦系数，$D$ 是负载直径，$l$ 是连杆长度，$M$ 是负载质量，$m$ 是连杆重量，$L$ 是电抗，$R$ 为电阻，$u$ 为电机控制电压，$J$ 为执行器转矩。

控制目标是使系统的角度输出 $x_1$ 跟踪的期望轨迹 $z_d$，角速度 $x_2$ 跟踪期望速度轨迹 $\dot{z}_d$，并且所有的信号有界。

### 6.2.2 反演控制器设计

被控对象可写为

$$\begin{cases}\dot{x}_1 = x_2 \\ \dot{x}_2 = a_1 x_2 + a_2(x) + a_3 x_3 \\ \dot{x}_3 = b_1 x_3 + b_2 x_2 + \dfrac{1}{L}u \\ y = x_1\end{cases} \tag{6.6}$$

其中 $a_1=-\dfrac{B}{M_t}$，$a_2=\dfrac{N}{M_t}f(x_1,x_2)$，$a_3=\dfrac{K_t}{M_t}$，$b_1=-\dfrac{R}{L}$，$b_2=-\dfrac{K_b}{L}$，$b_3=\dfrac{1}{L}$。

上述模型属于非匹配系统，很难采用传统的控制方法如滑模控制方法设计控制律，适合采用反演控制方法进行设计。定义角度误差 $z_1=x_1-z_d$，则

$$\dot{z}_1=\dot{x}_1-\dot{z}_d=x_2-\dot{z}_d$$

反演控制的设计过程是通过逐步构造中间量完成的，最后的虚拟控制量是施加于系统实际控制量的一部分。针对模型式(6.6)的反演控制方法设计步骤为

第 1 步：定义 Lyapunov 函数

$$V_1=\frac{1}{2}z_1^2$$

则

$$\dot{V}_1 = z_1\dot{z}_1 = z_1(x_2-\dot{z}_d)$$

取 $x_2=-c_1z_1+\dot{z}_d+z_2$，其中 $c_1>0$，$z_2$ 为虚拟控制量，即

$$z_2 = x_2 + c_1 z_1 - \dot{z}_d \tag{6.7}$$

则

$$\dot{V}_1=-c_1z_1^2+z_1z_2$$

如果 $z_2=0$，则$\dot{V}_1\leqslant 0$。为此，需要进行下一步设计。

第 2 步：定义 Lyapunov 函数

$$V_2=V_1+\frac{1}{2}z_2^2$$

由于$\dot{z}_2=a_1x_2+a_2(x)+a_3x_3+c_1\dot{z}_1-\ddot{z}_d$，则

$$\dot{V}_2=\dot{V}_1+z_2\dot{z}_2=-c_1z_1^2+z_1z_2+z_2(a_1x_2+a_2(x)+a_3x_3+c_1\dot{z}_1-\ddot{z}_d)$$

取 $a_3x_3=-a_1x_2-a_2(x)-c_1\dot{z}_1+\ddot{z}_d-c_2z_2-z_1+z_3$，其中 $c_2>0$，$z_3$ 为虚拟控制量，即

$$z_3 = a_3x_3 + a_1x_2 + a_2(x) + c_1\dot{z}_1 - \ddot{z}_d + c_2z_2 + z_1 \tag{6.8}$$

则

$$\dot{V}_2=\dot{V}_1+z_2\dot{z}_2=-c_1z_1^2-c_2z_2^2+z_2z_3$$

如果 $z_3=0$，则$\dot{V}_2\leqslant 0$。为此，需要进行下一步设计。

第 3 步：定义 Lyapunov 函数

$$V_3=V_2+\frac{1}{2}z_3^2$$

由于$\dot{z}_3=a_3\dot{x}_3+a_1\dot{x}_2+\dot{a}_2(x)+c_1\ddot{z}_1-\dddot{z}_d+c_2\dot{z}_2+\dot{z}_1$，则

$$\begin{aligned}\dot{V}_3&=\dot{V}_2+z_3\dot{z}_3=-c_1z_1^2-c_2z_2^2+z_2z_3\\&\quad+z_3\left(a_3\left(b_1x_3+b_2x_2+\frac{1}{L}u\right)+a_1\dot{x}_2+\dot{a}_2(x)+c_1\ddot{z}_1-\dddot{z}_d+c_2\dot{z}_2+\dot{z}_1\right)\end{aligned}$$

令 $T=a_3\left(b_1x_3+b_2x_2+\frac{1}{L}u\right)$，则

$$\dot{V}_3=-c_1z_1^2-c_2z_2^2+z_2z_3+z_3(T+a_1\dot{x}_2+\dot{a}_2(x)+c_1\ddot{z}_1-\dddot{z}_d+c_2\dot{z}_2+\dot{z}_1)$$

为使$\dot{V}_3\leqslant 0$，设计控制器为

$$T=-a_1\dot{x}_2-\dot{a}_2(x)-c_1\ddot{z}_1+\dddot{z}_d-c_2\dot{z}_2-\dot{z}_1-z_2-c_3z_3 \tag{6.9}$$

其中，$c_3$ 为大于零的正常数。

实际的控制律为

$$u=L\left(\frac{1}{a_3}T-b_1x_3-b_2x_2\right) \tag{6.10}$$

则

$$\dot{V}_3=-c_1z_1^2-c_2z_2^2-c_3z_3^2\leqslant 0$$

即

$$\dot{V}_3\leqslant -\eta V_3$$

其中 $\eta=2\min(c_1,c_2,c_3)$。

**引理 6.1**[2] 针对 $V$：$[0,\infty)\in R$，不等式方程$\dot{V}\leqslant -\alpha V+f$，$\forall t\geqslant t_0\geqslant 0$ 的解为

$$V(t)\leqslant \mathrm{e}^{-\alpha(t-t_0)}V(t_0)+\int_{t_0}^{t}\mathrm{e}^{-\alpha(t-\tau)}f(\tau)\mathrm{d}\tau$$

其中 $\alpha$ 为任意常数。

采用引理 6.1，针对不等式方程$\dot{V}_3\leqslant -\eta V_3$，有 $\alpha=\eta$，$f=0$，解为

$$V_3(t)\leqslant \mathrm{e}^{-\eta(t-t_0)}V_3(t_0)$$

可见，$V_3$ 指数收敛至零，收敛速度取决于 $\eta$。

由于 $V_3=\frac{1}{2}z_1^2+\frac{1}{2}z_2^2+\frac{1}{2}z_3^2$，则 $z_1$、$z_2$ 和 $z_3$ 指数收敛，且当 $t\to\infty$时，$z_1\to 0$，$z_2\to 0$，$z_3\to 0$，从而 $x_1\to z_d$，$x_2\to\dot{z}_d$。

又由于 $z_2=x_2+c_1z_1-\dot{z}_d$，$z_3=a_3x_3+a_1x_2+a_2(x)+c_1\dot{z}_1-\ddot{z}_d+c_2z_2+z_1$，$\dot{z}_1=x_2-\dot{z}_d$，则 $x_3$ 有界。

### 6.2.3 仿真实例

针对被控对象式(6.5)，取期望轨迹 $z_d=\sin(t)$，非线性函数为 $f(x)=x_1^2+x_2^2$。单机械臂的参数为 $B=0.015$，$L=0.0008$，$D=0.05$，$R=0.075$，$m=0.01$，$J=0.05$，$l=0.6$，$K_b=0.085$，$M=0.05$，$K_t=1$，$g=9.8$。

系统的初始状态为 $\boldsymbol{x}(0)=[0.5,0,0]^{\mathrm{T}}$，控制器参数取 $c_1=500$，$c_2=c_3=10$，控制律采用虚拟控制式(6.7)、虚拟控制式(6.8)及实际控制律式(6.10)，仿真结果如图6-3和图6-4所示。

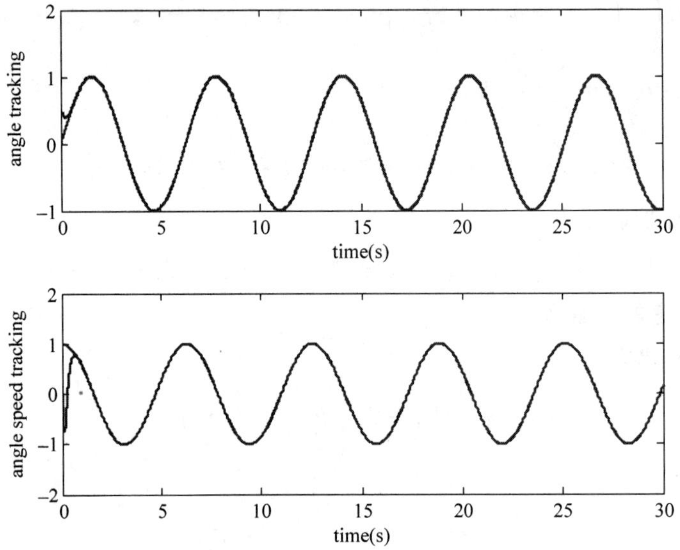


图 6-3　角度和角速度跟踪

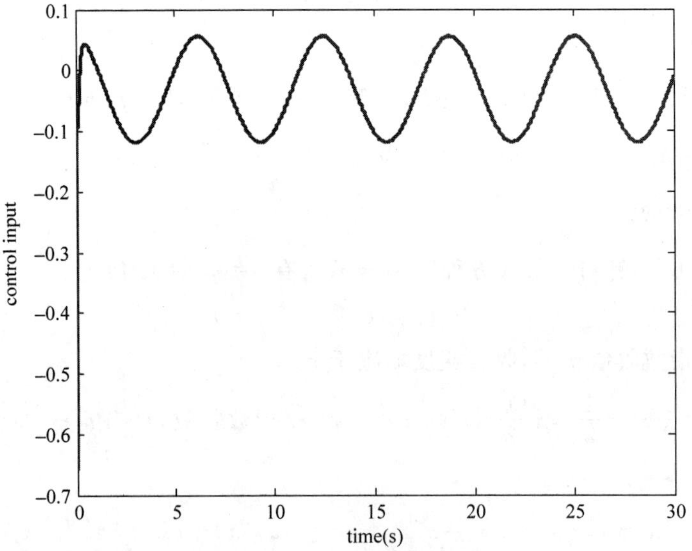


图 6-4　控制输入信号

仿真程序如下：

(1) Simulink 主程序：chap6_2sim.mdl

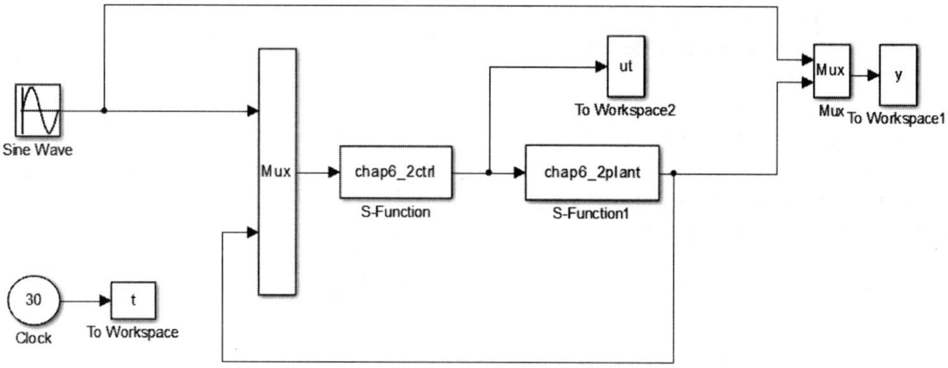


(2) 控制器 S 函数：chap6_2ctrl.m

```
function [sys,x0,str,ts] = spacemodel(t,x,u,flag)
switch flag,
case 0,
    [sys,x0,str,ts] = mdlInitializeSizes;
case 3,
    sys = mdlOutputs(t,x,u);
case {1,2,4,9}
    sys = [];
otherwise
    error(['Unhandled flag = ',num2str(flag)]);
end

function [sys,x0,str,ts] = mdlInitializeSizes
sizes = simsizes;
sizes.NumContStates  = 0;
sizes.NumDiscStates  = 0;
sizes.NumOutputs     = 1;
sizes.NumInputs      = 4;
sizes.DirFeedthrough = 1;
sizes.NumSampleTimes = 0;
sys = simsizes(sizes);
x0  = [];
str = [];
ts  = [];
function sys = mdlOutputs(t,x,u)
B = 0.015;L = 0.0008;D = 0.05;R = 0.075;m = 0.01;J = 0.05;
l = 0.6;Kb = 0.085;M = 0.05;Kt = 1;g = 9.8;
Mt = J + 1/3 * m * l^2 + 1/10 * M * l^2 * D;
N = m * g * l + M * g * l;

zd = u(1);
dzd = cos(t);
ddzd = - sin(t);
x1 = u(2);
```

```
x2 = u(3);
x3 = u(4);
fx = x1^2 + x2^2;

z1 = x1 - zd;
c1 = 500;c2 = 10;c3 = 10;

a1 = -B/Mt;a2 = N/Mt*fx;a3 = Kt/Mt;
b1 = -R/L;b2 = -Kb/L;b3 = 1/L;

dx2 = a1*x2 + a2 + a3*x3;
dfx = 2*x1*x2 + 2*x2*dx2;

da2 = N/Mt*dfx;
dz1 = x2 - dzd;
ddz1 = dx2 - ddzd;
z2 = x2 + c1*z1 - dzd;
dz2 = dx2 + c1*dz1 - ddzd;
z3 = a3*x3 + a1*x2 + a2 + c1*dz1 - dddzd + c2*z2 + z1;
T = -a1*dx2 - da2 - c1*ddz1 + ddzd - c2*dz2 - dz1 - z2 - c3*z3;
ut = L*(1/a3*T - b1*x3 - b2*x2);

sys(1) = ut;
```

(3) 被控对象 S 函数：chap6_2plant.m

```
function [sys,x0,str,ts] = s_function(t,x,u,flag)
switch flag,
case 0,
    [sys,x0,str,ts] = mdlInitializeSizes;
case 1,
    sys = mdlDerivatives(t,x,u);
case 3,
    sys = mdlOutputs(t,x,u);
case {2, 4, 9 }
    sys = [];
otherwise
    error(['Unhandled flag = ',num2str(flag)]);
end
function [sys,x0,str,ts] = mdlInitializeSizes
sizes = simsizes;
sizes.NumContStates  = 3;
sizes.NumDiscStates  = 0;
sizes.NumOutputs     = 3;
sizes.NumInputs      = 1;
sizes.DirFeedthrough = 0;
sizes.NumSampleTimes = 0;
sys = simsizes(sizes);
x0 = [0.5 0 0];
str = [];
ts = [];
function sys = mdlDerivatives(t,x,u)
B = 0.015;L = 0.0008;D = 0.05;R = 0.075;m = 0.01;J = 0.05;
l = 0.6;Kb = 0.085;M = 0.05;Kt = 1;g = 9.8;
```

```
Mt = J + 1/3 * m * l ^2 + 1/10 * M * l ^2 * D;
N = m * g * l + M * g * l;

fx = x1 ^2 + x2 ^2;
sys(1) = x(2);
sys(2) = - B/Mt * x(2) + N/Mt * fx + Kt/Mt * x(3);
sys(3) = - R/L * x(3) - Kb/L * x(2) + 1/L * u;
function sys = mdlOutputs(t,x,u)
sys(1) = x(1);
sys(2) = x(2);
sys(3) = x(3);
```

(4) 作图程序：chap6_2plot.m

```
close all;

figure(1);
subplot(211);
plot(t,y(:,1),'r',t,y(:,2),'b','linewidth',2);
xlabel('time(s)');ylabel('Angle tracking');
subplot(212);
plot(t,cos(t),'r',t,y(:,3),'b','linewidth',2);
xlabel('time(s)');ylabel('Angle speed tracking');

figure(2);
plot(t,ut,'r','linewidth',2);
xlabel('time(s)');ylabel('Control input');
```

## 6.3 双耦合电机的反演控制

双耦合电机控制系统是一种特殊机械手的结构形式[1]，本节介绍一类双耦合电机控制系统反演控制的设计方法。

### 6.3.1 系统描述

两个耦合电机的模型为

$$J_d\ddot{\theta}_1 + c_1\dot{\theta}_1 + kg_r^{-1}(g_r^{-1}\theta_1 - \theta_2) = u \tag{6.11}$$

$$J_1\ddot{\theta}_2 + c_2\dot{\theta}_2 + k(\theta_2 - g_r^{-1}\theta_1) = 0 \tag{6.12}$$

其中，$\theta_1$ 为驱动器转动角度，$\theta_2$ 为负载转动角度，$J_1$ 为负载转动惯量，$J_d$ 为驱动器转动惯量，$g_r = \frac{r_1 r_{p1}}{r_{p2} r_d}$ 为齿轮齿数比，$u$ 为控制输入，$c_1$ 为驱动器阻尼，$c_2$ 为负载阻尼，$k = 2k_1r_1^2$ 为扭转弹性常数。

双电机耦合运动系统示意图如图 6-5 所示。

控制目标是负载转动角度 $\theta_2$ 跟踪期望负载角度 $\theta_{2d}$，角速度 $\dot{\theta}_2$ 跟踪期望负载角速度

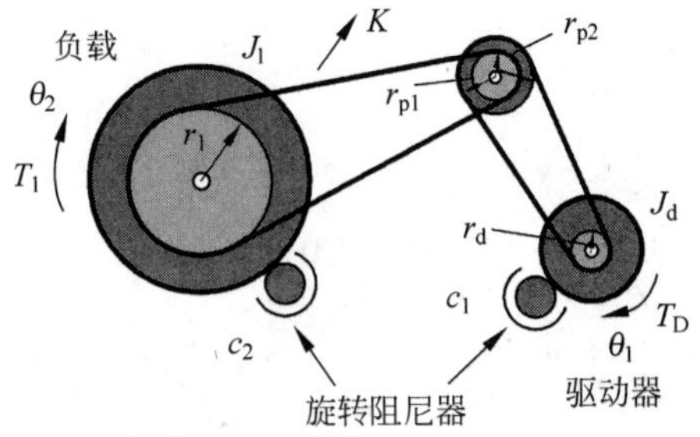


图 6-5 双电机耦合运动系统示意图

$\dot{\theta}_{2d}$,并且所有的信号有界。

上述模型属于非匹配系统,很难采用传统的控制方法如滑模控制方法设计控制律,适合采用反演控制方法进行设计。

## 6.3.2 反演控制器设计

定义误差为 $e=\theta_{2d}-\theta_2$,滑模函数为

$$r = \dot{e} + \lambda e, \quad \dot{r} = \ddot{e} + \lambda \dot{e} \tag{6.13}$$

其中,$\lambda>0$。

则

$$J_1 \dot{r} = J_1(\ddot{e} + \lambda \dot{e}) = J_1\ddot{\theta}_{2d} - J_1\ddot{\theta}_2 + J_1\lambda \dot{e}$$
$$= J_1\ddot{\theta}_{2d} - F_1 + J_1\lambda \dot{e}$$

其中,$F_1=J_1\ddot{\theta}_2=-c_2\dot{\theta}_2-k(\theta_2-g_r^{-1}\theta_1)$。

第一步:考虑误差函数 $r$,定义 Lyapunov 函数

$$V_1=\frac{1}{2}J_1 r^2$$

则

$$\dot{V}_1=J_1 r\dot{r}=r(J_1\ddot{\theta}_{2d}-F_1+J_1\lambda\dot{e})$$

取 $J_1\ddot{\theta}_{2d}-F_1+J_1\lambda\dot{e}=-k_1 r+z_2$,$z_2$ 为虚拟控制量,则

$$\dot{V}_1=-k_1 r^2+z_2 r$$

其中 $k_1>0$,且

$$z_2 = J_1\ddot{\theta}_{2d} - F_1 + J_1\lambda \dot{e} + k_1 r \tag{6.14}$$

如果 $z_2=0$,则$\dot{V}_1\leqslant 0$。为此,需要进行下一步设计。

第二步:考虑 $z_2$,定义 Lyapunov 函数

$$V_2=V_1+\frac{1}{2}z_2^2$$

则$\dot{z}_2=J_1\dddot{\theta}_{2d}-\dot{F}_1+J_1\lambda\ddot{e}+k_1\dot{r}$,且

$$\dot{V}_2=\dot{V}_1+z_2\dot{z}_2=-k_1r^2+z_2r+z_2(J_1\ddot{\theta}_{2\mathrm{d}}-\dot{F}_1+J_1\lambda\ddot{e}+k_1\dot{r})$$

取 $J_1\ddot{\theta}_{2\mathrm{d}}-\dot{F}_1+J_1\lambda\ddot{e}+k_1\dot{r}=-k_2z_2-r+z_3$，$z_3$ 为虚拟控制量，则

$$\dot{V}_2=-k_1r^2-k_2z_2^2+z_2z_3$$

其中 $k_2>0$，且

$$z_3=J_1\ddot{\theta}_{2\mathrm{d}}-\dot{F}_1+J_1\lambda\ddot{e}+k_1\dot{r}+k_2z_2+r \tag{6.15}$$

$$\dot{F}_1=-c_2\ddot{\theta}_2-k(\dot{\theta}_2-g_{\mathrm{r}}^{-1}\dot{\theta}_1)=-\frac{c_2}{J_1}F_1-k(\dot{\theta}_2-g_{\mathrm{r}}^{-1}\dot{\theta}_1)$$

如果 $z_3=0$，则$\dot{V}_2\leqslant0$。为此，需要进行下一步设计。

第三步：考虑 $z_3$，定义 Lyapunov 函数

$$V_3=V_2+\frac{1}{2}z_3^2$$

则

$$\dot{V}_3=\dot{V}_2+z_3\dot{z}_3=-k_1r^2-k_2z_2^2+z_2z_3+z_3\dot{z}_3$$

$z_3$ 为虚拟控制量，且

$$\dot{z}_3=J_1\dddot{\theta}_{2\mathrm{d}}-\ddot{F}_1+J_1\lambda\dddot{e}+k_1\ddot{r}+k_2\dot{z}_2+\dot{r} \tag{6.16}$$

其中

$$\ddot{F}_1=-\frac{c_2}{J_1}\dot{F}_1-k(\ddot{\theta}_2-g_{\mathrm{r}}^{-1}\ddot{\theta}_1)=-\frac{c_2}{J_1}\dot{F}_1-k\left(\frac{1}{J_1}F_1-g_{\mathrm{r}}^{-1}\ddot{\theta}_1\right)$$

取 $F_2=J_{\mathrm{d}}\ddot{\theta}_1$，$F_3=c_1\dot{\theta}_1+kg_{\mathrm{r}}^{-1}(g_{\mathrm{r}}^{-1}\theta_1-\theta_2)$，则

$$F_2=J_{\mathrm{d}}\ddot{\theta}_1=u-F_3 \tag{6.17}$$

$$\ddot{F}_1=-\frac{c_2}{J_1}\dot{F}_1-k\left(\frac{1}{J_1}F_1-\frac{1}{g_{\mathrm{r}}J_{\mathrm{d}}}(u-F_3)\right) \tag{6.18}$$

由式(6.16)可知，如果取

$$\ddot{F}_1=J_1\ddddot{\theta}_{2\mathrm{d}}+J_1\lambda\dddot{e}+k_1\ddot{r}+k_2\dot{z}_2+\dot{r}+z_2+k_3z_3 \tag{6.19}$$

其中 $k_3>0$。

则$\dot{z}_3=-z_2-k_3z_3$，从而

$$\dot{V}_3=-k_1r^2-k_2z_2^2-k_2z_3^2 \tag{6.20}$$

即

$$\dot{V}_3\leqslant-\eta V_3$$

其中 $\eta=2\max(c_1,c_2,c_3)$。

按式(6.19)设计$\ddot{F}_1$，则由式(6.18)可得控制律为

$$u=\frac{g_{\mathrm{r}}J_{\mathrm{d}}}{k}\left(\frac{k}{J_1}F_1+\frac{c_2}{J_1}\dot{F}_1+\ddot{F}_1\right)+F_3 \tag{6.21}$$

采用 6.2 节的引理 6.1，针对不等式方程$\dot{V}_3\leqslant-\eta V_3$，有 $\alpha=\eta$，$f=0$，解为

$$V_3(t)\leqslant\mathrm{e}^{-\eta(t-t_0)}V_3(t_0)$$

可见，$V_3(t)$指数收敛至零，收敛速度取决于 $\eta$。由于 $V_3=\frac{1}{2}J_1r^2+\frac{1}{2}z_2^2+\frac{1}{2}z_3^2$，则 $r$、

$z_2$ 和 $z_3$ 指数收敛，且当 $t\to\infty$时，$e\to 0$，$\dot{e}\to 0$，$z_2\to 0$，$z_3\to 0$。

### 6.3.3 仿真实例

被控对象为式(6.11)和式(6.12)，取 $J_l=0.3575$，$J_d=0.000425$，$g_r=4$，$c_1=0.004$，$c_2=0.05$，$k=8.45$，采用控制律式(6.14)、式(6.15)和式(6.21)，取 $k_1=10$，$k_2=10$，$k_3=10$，仿真结果如图 6-6 和图 6-7 所示。

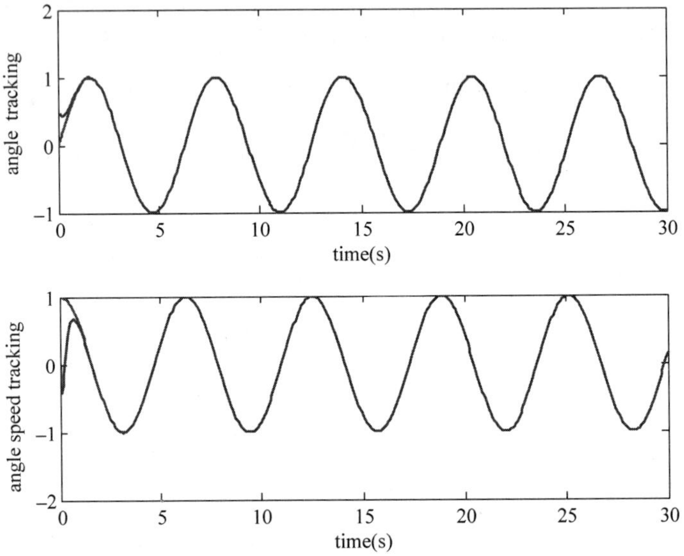


图 6-6　角度和角速度跟踪

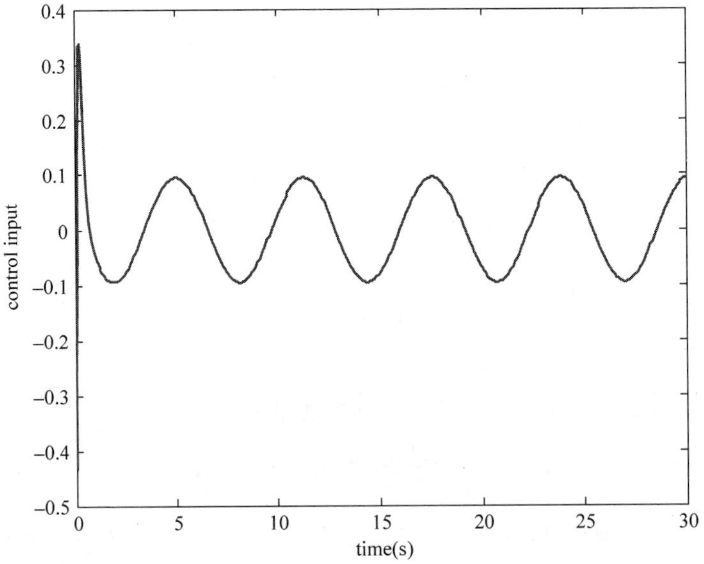


图 6-7　控制输入

仿真程序如下：

(1) Simulink 主程序：chap6_3sim.mdl

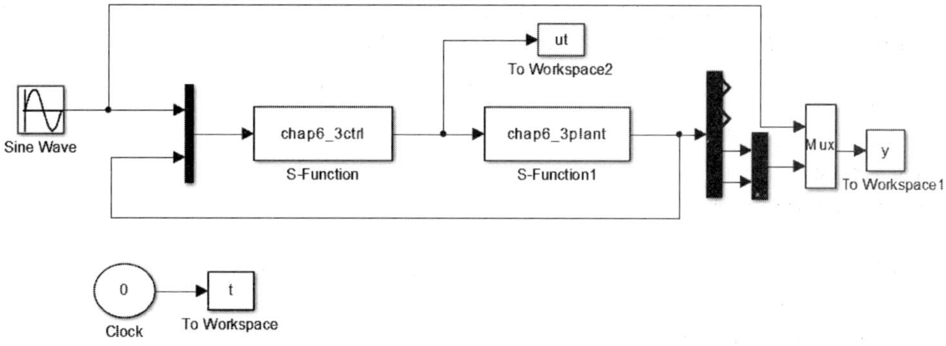


(2) 控制器 S 函数：chap6_3ctrl.m

```
function [sys,x0,str,ts] = spacemodel(t,x,u,flag)
switch flag,
case 0,
    [sys,x0,str,ts]=mdlInitializeSizes;
case 3,
    sys=mdlOutputs(t,x,u);
case {2,4,9}
    sys=[];
otherwise
    error(['Unhandled flag = ',num2str(flag)]);
end
function [sys,x0,str,ts]=mdlInitializeSizes
sizes = simsizes;
sizes.NumContStates  = 0;
sizes.NumDiscStates  = 0;
sizes.NumOutputs     = 1;
sizes.NumInputs      = 5;
sizes.DirFeedthrough = 1;
sizes.NumSampleTimes = 0;
sys = simsizes(sizes);
x0  = [];
str = [];
ts  = [];
function sys=mdlOutputs(t,x,u)
Jl=0.3575;Jd=0.000425;
gr=4;c1=0.004;c2=0.05;k=8.45;

k1=10;k2=10;k3=10;

th2d=u(1);
dth2d=cos(t);
ddth2d=-sin(t);
dddth2d=-cos(t);
ddddth2d=sin(t);
```

```
th1 = u(2);dth1 = u(3);
th2 = u(4);dth2 = u(5);
ddth2 = - 1/J1 * (c2 * dth2 + k * (th2 - 1/gr * th1));
dddth2 = - 1/J1 * (c2 * ddth2 + k * (dth2 - 1/gr * dth1));

e = th2d - th2;
de = dth2d - dth2;
dde = ddth2d - ddth2;
ddde = dddth2d - dddth2;

nmn = 3;
r = de + nmn * e;
dr = dde + nmn * de;
ddr = ddde + nmn * dde;

F1 = - c2 * dth2 - k * (th2 - 1/gr * th1);
dF1 = - c2/J1 * F1 - k * (dth2 - 1/gr * dth1);

z2 = J1 * ddth2d - F1 + J1 * nmn * de + k1 * r;
dz2 = J1 * dddth2d - dF1 + J1 * nmn * dde + k1 * dr;

z3 = J1 * dddth2d - dF1 + J1 * nmn * dde + k1 * dr + k2 * z2 + r;

ddF1 = J1 * ddddth2d + J1 * nmn * ddde + k1 * ddr + k2 * dz2 + dr + z2 + k3 * z3;
F3 = c1 * dth1 + k * 1/gr * (1/gr * th1 - th2);

ut = gr * Jd/k * (k/J1 * F1 + c2/J1 * dF1 + ddF1) + F3;

sys(1) = ut;
```

(3) 被控对象 S 函数：chap6_3plant. m

```
function [sys,x0,str,ts] = s_function(t,x,u,flag)
switch flag,
case 0,
    [sys,x0,str,ts] = mdlInitializeSizes;
case 1,
    sys = mdlDerivatives(t,x,u);
case 3,
    sys = mdlOutputs(t,x,u);
case {2, 4, 9 }
    sys = [];
otherwise
    error(['Unhandled flag = ',num2str(flag)]);
end
function [sys,x0,str,ts] = mdlInitializeSizes
sizes = simsizes;
sizes.NumContStates  = 4;
sizes.NumDiscStates  = 0;
sizes.NumOutputs     = 4;
sizes.NumInputs      = 1;
```

```
sizes.DirFeedthrough  = 1;
sizes.NumSampleTimes  = 0;
sys = simsizes(sizes);
x0 = [0.5 0 0.5 0];
str = [];
ts = [];
function sys = mdlDerivatives(t,x,u)
Jl = 0.3575;Jd = 0.000425;
gr = 4;c1 = 0.004;c2 = 0.05;k = 8.45;

th1 = x(1);dth1 = x(2);
th2 = x(3);dth2 = x(4);

ut = u(1);

S1 = 1/Jd * (ut - c1 * dth1 - k * 1/gr * (1/gr * th1 - th2));
S2 = - 1/Jl * (c2 * dth2 + k * (th2 - 1/gr * th1));

sys(1) = x(2);
sys(2) = S1;
sys(3) = x(4);
sys(4) = S2;
function sys = mdlOutputs(t,x,u)
sys(1) = x(1);
sys(2) = x(2);
sys(3) = x(3);
sys(4) = x(4);
```

(4) 作图程序：chap6_3plot.m

```
close all;

figure(1);
subplot(211);
plot(t,sin(t),'r',t,y(:,2),'b','linewidth',2);
xlabel('time(s)');ylabel('Angle tracking');
subplot(212);
plot(t,cos(t),'r',t,y(:,3),'b','linewidth',2);
xlabel('time(s)');ylabel('Angle speed tracking');

figure(2);
plot(t,ut,'r','linewidth',2);
xlabel('time(s)');ylabel('Control input');
```

# 参考文献


[1] Ognjen K, Nitin S, Frank L L, Chiman M K. Design and Implementation of Industrial Neural Network Controller Using Backstepping. IEEE Transactions on Industrial Electronics, 2003, 50(1): 193-201.

[2] Petros A. Ioannou, Jing Sun. Robust Adaptive Control[M]. PTR Prentice-Hall, 1996,75-76.

# 第7章 机械手滑模控制

## 7.1 机械手动力学模型及特性

一个典型的多关节机械手如图 7-1 所示。

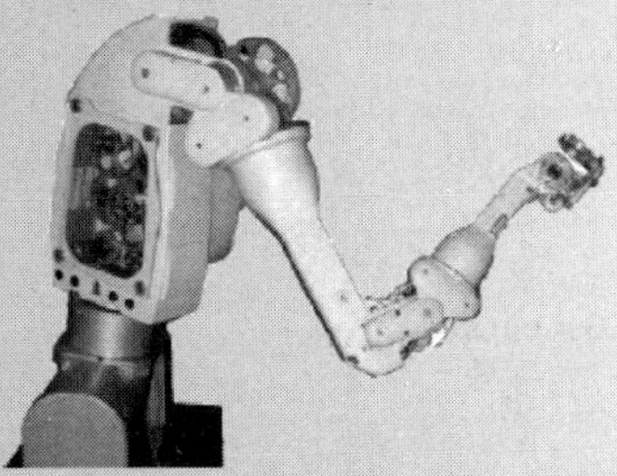

图 7-1 一个 8 关节机械手

考虑一个 $n$ 关节机械手，其动态性能可由二阶非线性微分方程描述：

$$\boldsymbol{M}(\boldsymbol{q})\ddot{\boldsymbol{q}}+\boldsymbol{C}(\boldsymbol{q},\dot{\boldsymbol{q}})\dot{\boldsymbol{q}}+\boldsymbol{G}(\boldsymbol{q})+\boldsymbol{F}(\dot{\boldsymbol{q}})+\boldsymbol{\tau}_{\mathrm{d}}=\boldsymbol{\tau} \tag{7.1}$$

式中，$\boldsymbol{q}\in\boldsymbol{R}^n$ 为关节角位移量，$\boldsymbol{M}(\boldsymbol{q})\in\boldsymbol{R}^{n\times n}$ 为机械手的惯性矩阵，$\boldsymbol{C}(\boldsymbol{q},\dot{\boldsymbol{q}})\in\boldsymbol{R}^n$ 表示离心力和哥氏力，$\boldsymbol{G}(\boldsymbol{q})\in\boldsymbol{R}^n$ 为重力项，$\boldsymbol{F}(\dot{\boldsymbol{q}})\in\boldsymbol{R}^n$ 表示摩擦力矩，$\boldsymbol{\tau}\in\boldsymbol{R}^n$ 为控制力矩，$\boldsymbol{\tau}_{\mathrm{d}}\in\boldsymbol{R}^n$ 为外加扰动。

机械手动力学特性如下[1]：

- 特性 1：$\boldsymbol{M}(\boldsymbol{q})-2\boldsymbol{C}(\boldsymbol{q},\dot{\boldsymbol{q}})$是一个斜对称矩阵。
- 特性 2：惯性矩阵 $\boldsymbol{M}(\boldsymbol{q})$是对称正定矩阵，存在正数 $m_1$、$m_2$，满足如下不等式：

$$m_1\|\boldsymbol{x}\|^2\leqslant\boldsymbol{x}^{\mathrm{T}}\boldsymbol{M}(\boldsymbol{q})\boldsymbol{x}\leqslant m_2\|\boldsymbol{x}\|^2 \tag{7.2}$$

- 特性 3：存在一个依赖于机械手参数的参数向量，使得 $\boldsymbol{M}(\boldsymbol{q})$、$\boldsymbol{C}(\boldsymbol{q}、\dot{\boldsymbol{q}})$、$\boldsymbol{G}(\boldsymbol{q})$、$\boldsymbol{F}(\dot{\boldsymbol{q}})$满足线性关系：

$$\boldsymbol{M}(\boldsymbol{q})\vartheta+\boldsymbol{C}(\boldsymbol{q},\dot{\boldsymbol{q}})\rho+\boldsymbol{G}(\boldsymbol{q})+\boldsymbol{F}(\dot{\boldsymbol{q}})=\boldsymbol{\Phi}(\boldsymbol{q},\dot{\boldsymbol{q}},\boldsymbol{\rho},\vartheta)\boldsymbol{P} \tag{7.3}$$

其中，$\boldsymbol{\Phi}(\boldsymbol{q},\dot{\boldsymbol{q}},\vartheta,\boldsymbol{\rho})\in\boldsymbol{R}^{n\times m}$ 为已知关节变量函数的回归矩阵，它是机械手广义坐标及其各阶导数的已知函数矩阵，$\boldsymbol{P}\in\boldsymbol{R}^n$ 是描述机械手质量特性的未知定常参数向量。

一个典型的双关节刚性机械手示意图如图 7-2 所示，本书中的大多数仿真实例都采用该机械手进行验证。

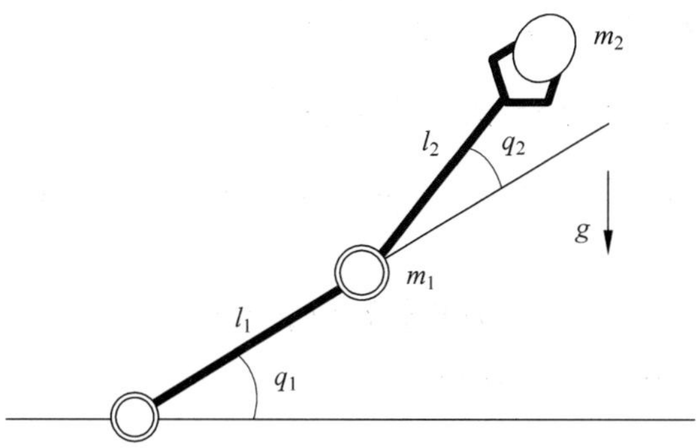


图 7-2　双关节刚性机械手示意图

## 7.2　基于计算力矩法的滑模控制

计算力矩法是机械手控制中较常用的方法[1]，该方法基于机械手模型中各项的估计值进行控制律的设计。

### 7.2.1　系统描述

机械手的模型为

$$\boldsymbol{M}(\boldsymbol{q})\ddot{\boldsymbol{q}}+\boldsymbol{C}(\boldsymbol{q},\dot{\boldsymbol{q}})\dot{\boldsymbol{q}}+\boldsymbol{G}(\boldsymbol{q})=\boldsymbol{\tau} \tag{7.4}$$

其中，$\boldsymbol{M}(\boldsymbol{q})$为正定质量惯性矩阵，$\boldsymbol{C}(\boldsymbol{q},\dot{\boldsymbol{q}})$为哥氏力、离心力，$\boldsymbol{G}(\boldsymbol{q})$为重力。

### 7.2.2　控制律设计

当不知道机械手模型的惯性参数时，根据计算力矩法，取控制律为

$$\boldsymbol{\tau}=\hat{\boldsymbol{M}}(\boldsymbol{q})\boldsymbol{v}+\hat{\boldsymbol{C}}(\boldsymbol{q},\dot{\boldsymbol{q}})\dot{\boldsymbol{q}}+\hat{\boldsymbol{G}}(\boldsymbol{q}) \tag{7.5}$$

其中，$\hat{\boldsymbol{M}}(\boldsymbol{q})$、$\hat{\boldsymbol{C}}(\boldsymbol{q},\dot{\boldsymbol{q}})$和$\hat{\boldsymbol{G}}(\boldsymbol{q})$为利用惯性参数估计值$\hat{\boldsymbol{p}}$计算出的$\boldsymbol{M}$、$\boldsymbol{C}$和$\boldsymbol{G}$估计值。

闭环系统方程为

$$\boldsymbol{M}(\boldsymbol{q})\ddot{\boldsymbol{q}}+\boldsymbol{C}(\boldsymbol{q},\dot{\boldsymbol{q}})\dot{\boldsymbol{q}}+\boldsymbol{G}(\boldsymbol{q})=\hat{\boldsymbol{M}}(\boldsymbol{q})\boldsymbol{v}+\hat{\boldsymbol{C}}(\boldsymbol{q},\dot{\boldsymbol{q}})\dot{\boldsymbol{q}}+\hat{\boldsymbol{G}}(\boldsymbol{q}) \tag{7.6}$$

则

$$\begin{aligned}\boldsymbol{M}(\boldsymbol{q})\ddot{\boldsymbol{q}}&=\hat{\boldsymbol{M}}(\boldsymbol{q})\boldsymbol{v}+\hat{\boldsymbol{C}}(\boldsymbol{q},\dot{\boldsymbol{q}})\dot{\boldsymbol{q}}+\hat{\boldsymbol{G}}(\boldsymbol{q})-\boldsymbol{C}(\boldsymbol{q},\dot{\boldsymbol{q}})\dot{\boldsymbol{q}}-\boldsymbol{G}(\boldsymbol{q})\\&=\boldsymbol{M}(\boldsymbol{q})\boldsymbol{v}-\tilde{\boldsymbol{C}}(\boldsymbol{q},\dot{\boldsymbol{q}})\dot{\boldsymbol{q}}-\tilde{\boldsymbol{G}}(\boldsymbol{q})\end{aligned}$$

将上式两边分别减去$\tilde{\boldsymbol{M}}\ddot{\boldsymbol{q}}$，得

$$\begin{aligned}\hat{\boldsymbol{M}}\ddot{\boldsymbol{q}}&=\hat{\boldsymbol{M}}(\boldsymbol{q})\boldsymbol{v}-[\tilde{\boldsymbol{M}}(\boldsymbol{q})\ddot{\boldsymbol{q}}+\tilde{\boldsymbol{C}}(\boldsymbol{q},\dot{\boldsymbol{q}})\dot{\boldsymbol{q}}+\tilde{\boldsymbol{G}}(\boldsymbol{q})]\\&=\hat{\boldsymbol{M}}(\boldsymbol{q})\boldsymbol{v}-\boldsymbol{Y}(\boldsymbol{q},\dot{\boldsymbol{q}},\ddot{\boldsymbol{q}})\tilde{\boldsymbol{p}}\end{aligned} \tag{7.7}$$

其中，$\tilde{\boldsymbol{M}}=\boldsymbol{M}-\hat{\boldsymbol{M}}$，$\tilde{\boldsymbol{C}}=\boldsymbol{C}-\hat{\boldsymbol{C}}$，$\tilde{\boldsymbol{G}}=\boldsymbol{G}-\hat{\boldsymbol{G}}$，$\tilde{\boldsymbol{p}}=\boldsymbol{p}-\hat{\boldsymbol{p}}$。

若惯性参数的估计值$\hat{\boldsymbol{p}}$使得$\hat{\boldsymbol{M}}(\boldsymbol{q})$可逆，则闭环系统方程(7.7)可写为

$$\ddot{\boldsymbol{q}}=\boldsymbol{v}-[\hat{\boldsymbol{M}}(\boldsymbol{q})]^{-1}\boldsymbol{Y}(\boldsymbol{q},\dot{\boldsymbol{q}},\ddot{\boldsymbol{q}})\tilde{\boldsymbol{p}}=\boldsymbol{v}-\boldsymbol{\varphi}(\boldsymbol{q},\dot{\boldsymbol{q}},\ddot{\boldsymbol{q}},\hat{\boldsymbol{p}})\tilde{\boldsymbol{p}} \tag{7.8}$$

定义

$$\boldsymbol{\varphi}(\boldsymbol{q},\dot{\boldsymbol{q}},\ddot{\boldsymbol{q}},\hat{\boldsymbol{p}})\tilde{\boldsymbol{p}}=\tilde{\boldsymbol{d}}$$

其中，$\tilde{\boldsymbol{d}}=[\tilde{d}_1,\cdots,\tilde{d}_n]^{\mathrm{T}}$，$\boldsymbol{d}=[d_1,\cdots,d_n]^{\mathrm{T}}$。

取滑模函数为

$$\boldsymbol{s}=\dot{\boldsymbol{e}}+\boldsymbol{\Lambda}\boldsymbol{e}$$

其中，$\boldsymbol{e}=\boldsymbol{q}_{\mathrm{d}}-\boldsymbol{q}$，$\dot{\boldsymbol{e}}=\dot{\boldsymbol{q}}_{\mathrm{d}}-\dot{\boldsymbol{q}}$，$\boldsymbol{s}=[s_1,\cdots,s_n]^{\mathrm{T}}$，$\boldsymbol{\Lambda}$为正对角矩阵。

则

$$\dot{\boldsymbol{s}}=\ddot{\boldsymbol{e}}+\boldsymbol{\Lambda}\dot{\boldsymbol{e}}=(\ddot{\boldsymbol{q}}_{\mathrm{d}}-\ddot{\boldsymbol{q}})+\boldsymbol{\Lambda}\dot{\boldsymbol{e}}=\ddot{\boldsymbol{q}}_{\mathrm{d}}-\boldsymbol{v}+\tilde{\boldsymbol{d}}+\boldsymbol{\Lambda}\dot{\boldsymbol{e}}$$

取

$$\boldsymbol{v}=\ddot{\boldsymbol{q}}_{\mathrm{d}}+\boldsymbol{\Lambda}\dot{\boldsymbol{e}}+\boldsymbol{d} \tag{7.9}$$

式中，$\boldsymbol{d}$为待设计的向量。

则

$$\dot{\boldsymbol{s}}=\tilde{\boldsymbol{d}}-\boldsymbol{d} \tag{7.10}$$

选取

$$\boldsymbol{d}=(\bar{\boldsymbol{d}}+\boldsymbol{\eta})\mathrm{sgn}(\boldsymbol{s}),\quad \|\tilde{\boldsymbol{d}}\|\leqslant\bar{\boldsymbol{d}} \tag{7.11}$$

其中，$\boldsymbol{\eta}>0$。

定义 Lyapunov 函数：

$$V=\frac{1}{2}\boldsymbol{s}^{\mathrm{T}}\boldsymbol{s}$$

则

$$\dot{V}=\dot{\boldsymbol{s}}\boldsymbol{s}=(\tilde{\boldsymbol{d}}-\boldsymbol{d})\boldsymbol{s}=\tilde{\boldsymbol{d}}\boldsymbol{s}-\bar{\boldsymbol{d}}\mathrm{sgn}(\boldsymbol{s})\boldsymbol{s}-\boldsymbol{\eta}\mathrm{sgn}(\boldsymbol{s})\boldsymbol{s}\leqslant-\boldsymbol{\eta}|\boldsymbol{s}|\leqslant 0$$

根据 LaSalle 不变性原理，当$\dot{V}\equiv0$时，$\boldsymbol{s}\equiv0$，则当$t\to\infty$时，$\boldsymbol{s}\to0$。

由式(7.5)和式(7.9)，得滑模控制律为

$$\boldsymbol{\tau}=\hat{\boldsymbol{M}}(\boldsymbol{q})\boldsymbol{v}+\hat{\boldsymbol{C}}(\boldsymbol{q},\dot{\boldsymbol{q}})\dot{\boldsymbol{q}}+\hat{\boldsymbol{G}}(\boldsymbol{q}) \tag{7.12}$$

其中，$\boldsymbol{v}=\ddot{\boldsymbol{q}}_{\mathrm{d}}+\boldsymbol{\Lambda}\dot{\boldsymbol{e}}+\boldsymbol{d}$，$\boldsymbol{d}=(\bar{\boldsymbol{d}}+\boldsymbol{\eta})\mathrm{sgn}(\boldsymbol{s})$。

由控制律式(7.12)中的$d$表达式可知，若参数估计值$\hat{\boldsymbol{p}}$越准确，则$\|\tilde{\boldsymbol{p}}\|$越小，$\bar{\boldsymbol{d}}$越小，滑模控制产生的抖振越小。

### 7.2.3 仿真实例

选二关节机械手力臂系统，其动力学模型为

$$\boldsymbol{M}(\boldsymbol{q})\ddot{\boldsymbol{q}}+\boldsymbol{C}(\boldsymbol{q},\dot{\boldsymbol{q}})\dot{\boldsymbol{q}}+\boldsymbol{G}(\boldsymbol{q})+\boldsymbol{F}(\dot{\boldsymbol{q}})+\boldsymbol{\tau}_{\mathrm{d}}=\boldsymbol{\tau}$$

其中，$\boldsymbol{q}=[q_1 \quad q_2]^{\mathrm{T}}$，$\boldsymbol{\tau}=[\tau_1 \quad \tau_2]^{\mathrm{T}}$。

取

$$\boldsymbol{M}(\boldsymbol{q})=\begin{bmatrix}\alpha+2\varepsilon\cos(q_2)+2\eta\sin(q_2) & \beta+\varepsilon\cos(q_2)+\eta\sin(q_2)\\ \beta+\varepsilon\cos(q_2)+\eta\sin(q_2) & \beta\end{bmatrix}$$

$$\boldsymbol{C}(\boldsymbol{q},\dot{\boldsymbol{q}})=\begin{bmatrix}(-2\varepsilon\sin(q_2)+2\eta\cos(q_2))\dot{\boldsymbol{q}}_2 & (-\varepsilon\sin(q_2)+\eta\cos(q_2))\dot{\boldsymbol{q}}_2\\ (\varepsilon\sin(q_2)-\eta\cos(q_2))\dot{\boldsymbol{q}}_1 & 0\end{bmatrix}$$

$$\boldsymbol{G}(\boldsymbol{q})=\begin{bmatrix}\varepsilon e_2\cos(q_1+q_2)+\eta e_2\sin(q_1+q_2)+(\alpha-\beta+e_1)e_2\cos(q_1)\\ \varepsilon e_2\cos(q_1+q_2)+\eta e_2\sin(q_1+q_2)\end{bmatrix}$$

其中，$\alpha=I_1+m_1l_{c1}^2+I_e+m_el_{ce}^2+m_el_1^2$，$\beta=I_e+m_el_{ce}^2$，$\varepsilon=m_el_1l_{ce}\cos(\delta_e)$，$\eta=m_el_1l_{ce}\sin(\delta_e)$。

机械臂的实际物理参数值见表 7-1。

**表 7-1　双机械臂物理参数**

| $m_1$ | $l_1$ | $l_{c1}$ | $I_1$ | $m_e$ | $l_{ce}$ | $I_e$ | $\delta_e$ | $e_1$ | $e_2$ |
|---|---|---|---|---|---|---|---|---|---|
| 1kg | 1m | 1/2m | 1/12kg | 3kg | 1m | 2/5kg | 0 | −7/12 | 9.81 |

模型初始值为[0　0　0　0]，采用滑模控制律式(7.12)，取角度指令分别为 $q_{d1}=\cos(\pi t)$，$q_{d2}=\sin(\pi t)$，$\hat{\boldsymbol{M}}=0.6\boldsymbol{M}$，$\hat{\boldsymbol{C}}=0.6\boldsymbol{C}$，$\hat{\boldsymbol{G}}=0.6\boldsymbol{G}$，$\bar{d}=30$，$\eta=0.10$，$\boldsymbol{\Lambda}=\begin{bmatrix}25 & 0\\ 0 & 25\end{bmatrix}$。仿真结果如图 7-3 和图 7-4 所示。

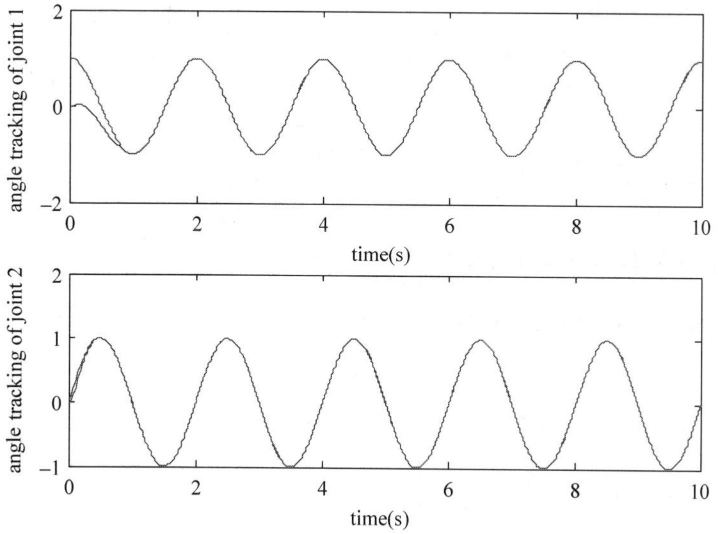


**图 7-3　双力臂角度跟踪**

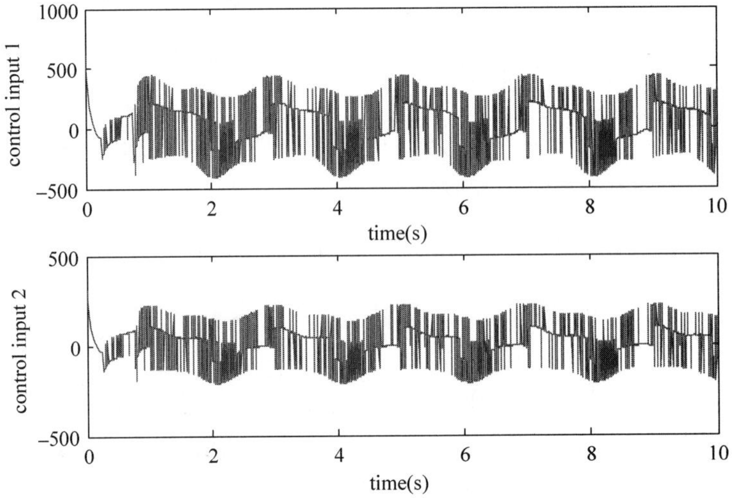


**图 7-4　双力臂控制输入**

仿真程序如下：

(1) Simulink 主程序：chap7_1sim. mdl

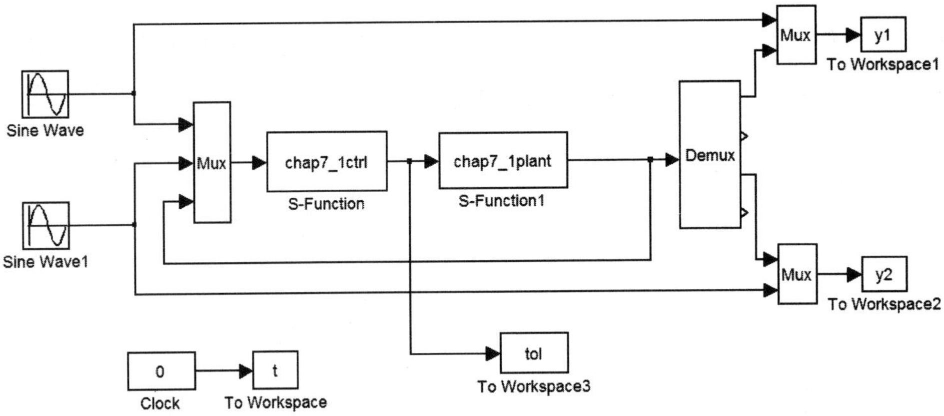


(2) 控制律子程序：chap7_1ctrl. m

```
function [sys,x0,str,ts] = spacemodel(t,x,u,flag)
switch flag,
case 0,
    [sys,x0,str,ts] = mdlInitializeSizes;
case 3,
    sys = mdlOutputs(t,x,u);
case {2,4,9}
    sys = [];
otherwise
    error(['Unhandled flag = ',num2str(flag)]);
end
function [sys,x0,str,ts] = mdlInitializeSizes
```

```
global nmn
nmn = 25 * eye(2);
sizes = simsizes;
sizes.NumContStates = 0;
sizes.NumDiscStates = 0;
sizes.NumOutputs = 2;
sizes.NumInputs = 6;
sizes.DirFeedthrough = 1;
sizes.NumSampleTimes = 1;
sys = simsizes(sizes);
x0 = [];
str = [];
ts = [0 0];
function sys = mdlOutputs(t,x,u)
global nmn
qd1 = u(1);
dqd1 = - pi * sin(pi * t);
ddqd1 = - pi ^2 * cos(pi * t);
qd2 = u(2);
dqd2 = pi * cos(pi * t);
ddqd2 = - pi ^2 * sin(pi * t);
ddqd = [ddqd1;ddqd2];

dqd = [dqd1;dqd2];
ddqd = [ddqd1;ddqd2];

q1 = u(3);dq1 = u(4);
q2 = u(5);dq2 = u(6);
dq = [dq1;dq2];

e1 = qd1 - q1;
e2 = qd2 - q2;
e = [e1;e2];
de1 = dqd1 - dq1;
de2 = dqd2 - dq2;
de = [de1;de2];

alfa = 6.7;beta = 3.4;
epc = 3.0;eta = 0;
m1 = 1;l1 = 1;
lc1 = 1/2;I1 = 1/12;
g = 9.8;
e1 = m1 * l1 * lc1 - I1 - m1 * l1 ^2;
e2 = g/l1;
M = [alfa + 2 * epc * cos(q2) + 2 * eta * sin(q2),beta + epc * cos(q2) + eta * sin(q2);
   beta + epc * cos(q2) + eta * sin(q2),beta];
C = [( - 2 * epc * sin(q2) + 2 * eta * cos(q2)) * dq2,( - epc * sin(q2) + eta * cos(q2)) * dq2;
   (epc * sin(q2) - eta * cos(q2)) * dq1,0];
```

```
G = [epc * e2 * cos(q1 + q2) + eta * e2 * sin(q1 + q2) + (alfa - beta + e1) * e2 * cos(q1);
   epc * e2 * cos(q1 + q2) + eta * e2 * sin(q1 + q2)];
M0 = 0.6 * M;
C0 = 0.6 * C;
G0 = 0.6 * G;

s = de + nmn * e;
d_up = 30;
xite = 0.10;
d = (d_up + xite) * sign(s);
v = ddqd + nmn * de + d;

tol = M0 * v + C0 * dq + G0;

sys(1) = tol(1);
sys(2) = tol(2);
```

(3) 被控对象子程序：chap7_1plant.m

```
function [sys,x0,str,ts] = s_function(t,x,u,flag)
switch flag,
case 0,
    [sys,x0,str,ts] = mdlInitializeSizes;
case 1,
    sys = mdlDerivatives(t,x,u);
case 3,
    sys = mdlOutputs(t,x,u);
case {2, 4, 9 }
    sys = [];
otherwise
    error(['Unhandled flag = ',num2str(flag)]);
end
function [sys,x0,str,ts] = mdlInitializeSizes
sizes = simsizes;
sizes.NumContStates = 4;
sizes.NumDiscStates = 0;
sizes.NumOutputs = 4;
sizes.NumInputs = 2;
sizes.DirFeedthrough = 0;
sizes.NumSampleTimes = 0;
sys = simsizes(sizes);
x0 = [0;0;0;0];
str = [];
ts = [];
function sys = mdlDerivatives(t,x,u)
q1 = x(1);dq1 = x(2);
q2 = x(3);dq2 = x(4);
dq = [dq1;dq2];
```

```
% The model is given by Slotine and Weiping Li(MIT 1987)
alfa = 6.7;beta = 3.4;
epc = 3.0;eta = 0;
m1 = 1;l1 = 1;
lc1 = 1/2;I1 = 1/12;
g = 9.8;
e1 = m1 * l1 * lc1 - I1 - m1 * l1 ^2;
e2 = g/l1;

M = [alfa + 2 * epc * cos(q2) + 2 * eta * sin(q2),beta + epc * cos(q2) + eta * sin(q2);
    beta + epc * cos(q2) + eta * sin(q2),beta];
C = [( - 2 * epc * sin(q2) + 2 * eta * cos(q2)) * dq2,( - epc * sin(q2) + eta * cos(q2)) * dq2;
    (epc * sin(q2) - eta * cos(q2)) * dq1,0];
G = [epc * e2 * cos(q1 + q2) + eta * e2 * sin(q1 + q2) + (alfa - beta + e1) * e2 * cos(q1);
    epc * e2 * cos(q1 + q2) + eta * e2 * sin(q1 + q2)];

tol(1) = u(1);
tol(2) = u(2);

ddq = inv(M) * (tol' - C * dq - G);
sys(1) = x(2);
sys(2) = ddq(1);
sys(3) = x(4);
sys(4) = ddq(2);
function sys = mdlOutputs(t,x,u)
sys(1) = x(1);
sys(2) = x(2);
sys(3) = x(3);
sys(4) = x(4);
```

(4) 作图子程序：chap7_1plot.m

```
close all;

figure(1);
subplot(211);
plot(t,y1(:,1),'r',t,y1(:,2),'b','linewidth',2);
xlabel('time(s)');ylabel('Angle tracking of joint 1');
subplot(212);
plot(t,y2(:,1),'r',t,y2(:,2),'b','linewidth',2);
xlabel('time(s)');ylabel('Angle tracking of joint 2');

figure(2);
subplot(211);
plot(t,tol(:,1),'r','linewidth',2);
xlabel('time(s)');ylabel('Control input 1');
subplot(212);
plot(t,tol(:,2),'r','linewidth',2);
xlabel('time(s)');ylabel('Control input 2');
```

## 7.3 基于输入输出稳定性理论的滑模控制

### 7.3.1 系统描述

机械手 $n$ 关节机械手的动态模型为

$$\boldsymbol{M}(\boldsymbol{q})\ddot{\boldsymbol{q}}+\boldsymbol{C}(\boldsymbol{q},\dot{\boldsymbol{q}})\dot{\boldsymbol{q}}+\boldsymbol{G}(\boldsymbol{q})=\boldsymbol{\tau} \tag{7.13}$$

其中，$\boldsymbol{M}(\boldsymbol{q})$为正定质量惯性矩阵，$\boldsymbol{C}(\boldsymbol{q},\dot{\boldsymbol{q}})$为哥氏力、离心力，$\boldsymbol{G}(\boldsymbol{q})$为重力，$\boldsymbol{\tau}$ 为控制输入信号。

### 7.3.2 控制律设计

设机械手所要完成的任务是跟踪时变期望轨迹 $\boldsymbol{q}_{\mathrm{d}}(t)$，位置跟踪误差为

$$\boldsymbol{e}=\boldsymbol{q}_{\mathrm{d}}-\boldsymbol{q}$$

定义

$$\dot{\boldsymbol{q}}_{\mathrm{r}}=\dot{\boldsymbol{q}}_{\mathrm{d}}+\boldsymbol{\Lambda}(\boldsymbol{q}_{\mathrm{d}}-\boldsymbol{q})$$

机械手动力学系统具有如下动力学特性：存在向量 $\boldsymbol{p}\in R^m$，满足

$$\boldsymbol{M}(\boldsymbol{q})\ddot{\boldsymbol{q}}_{\mathrm{r}}+\boldsymbol{C}(\boldsymbol{q},\dot{\boldsymbol{q}})\dot{\boldsymbol{q}}_{\mathrm{r}}+\boldsymbol{G}(\boldsymbol{q})=\boldsymbol{Y}(\boldsymbol{q},\dot{\boldsymbol{q}},\dot{\boldsymbol{q}}_{\mathrm{r}},\ddot{\boldsymbol{q}}_{\mathrm{r}})\boldsymbol{p}$$

$$\widetilde{\boldsymbol{M}}(\boldsymbol{q})\ddot{\boldsymbol{q}}_{\mathrm{r}}+\widetilde{\boldsymbol{C}}(\boldsymbol{q},\dot{\boldsymbol{q}})\dot{\boldsymbol{q}}_{\mathrm{r}}+\widetilde{\boldsymbol{G}}(\boldsymbol{q})=\boldsymbol{Y}(\boldsymbol{q},\dot{\boldsymbol{q}},\dot{\boldsymbol{q}}_{\mathrm{r}},\ddot{\boldsymbol{q}}_{\mathrm{r}})\tilde{\boldsymbol{p}} \tag{7.14}$$

取滑模面

$$\boldsymbol{s}=\dot{\boldsymbol{q}}_{\mathrm{r}}-\dot{\boldsymbol{q}}=(\dot{\boldsymbol{q}}_{\mathrm{d}}-\dot{\boldsymbol{q}})+\boldsymbol{\Lambda}(\boldsymbol{q}_{\mathrm{d}}-\boldsymbol{q})=\dot{\boldsymbol{e}}+\boldsymbol{\Lambda}\boldsymbol{e} \tag{7.15}$$

其中，$\boldsymbol{\Lambda}$ 为正对角矩阵。

令 Lyapunov 函数为

$$V(t)=\frac{1}{2}\boldsymbol{s}^{\mathrm{T}}\boldsymbol{M}(\boldsymbol{q})\boldsymbol{s}$$

则

$$\begin{aligned}\dot{V}(t)&=\boldsymbol{s}^{\mathrm{T}}\boldsymbol{M}(\boldsymbol{q})\dot{\boldsymbol{s}}+\frac{1}{2}\boldsymbol{s}^{\mathrm{T}}\dot{\boldsymbol{M}}(\boldsymbol{q})\boldsymbol{s}=\boldsymbol{s}^{\mathrm{T}}\boldsymbol{M}(\boldsymbol{q})\dot{\boldsymbol{s}}+\boldsymbol{s}^{\mathrm{T}}\boldsymbol{C}(\boldsymbol{q},\dot{\boldsymbol{q}})\boldsymbol{s}\\&=\boldsymbol{s}^{\mathrm{T}}[\boldsymbol{M}(\boldsymbol{q})(\ddot{\boldsymbol{q}}_{\mathrm{r}}-\ddot{\boldsymbol{q}})+\boldsymbol{C}(\boldsymbol{q},\dot{\boldsymbol{q}})(\dot{\boldsymbol{q}}_{\mathrm{r}}-\dot{\boldsymbol{q}})]\\&=\boldsymbol{s}^{\mathrm{T}}[\boldsymbol{M}(\boldsymbol{q})\ddot{\boldsymbol{q}}_{\mathrm{r}}+\boldsymbol{C}(\boldsymbol{q},\dot{\boldsymbol{q}})\dot{\boldsymbol{q}}_{\mathrm{r}}+\boldsymbol{G}(\boldsymbol{q})-\boldsymbol{\tau}]\end{aligned} \tag{7.16}$$

可采用以下两种方法实现滑模控制。

方法一：基于估计模型的滑模控制

设计控制律为

$$\boldsymbol{\tau}=\hat{\boldsymbol{M}}(\boldsymbol{q})\ddot{\boldsymbol{q}}_{\mathrm{r}}+\hat{\boldsymbol{C}}(\boldsymbol{q},\dot{\boldsymbol{q}})\dot{\boldsymbol{q}}_{\mathrm{r}}+\hat{\boldsymbol{G}}(\boldsymbol{q})+\boldsymbol{\tau}_{\mathrm{s}} \tag{7.17}$$

其中，$\boldsymbol{\tau}_{\mathrm{s}}$ 为待设计项。

将式(7.17)代入式(7.16)得

$$\dot{V}(t)=\boldsymbol{s}^{\mathrm{T}}[\boldsymbol{M}(\boldsymbol{q})\ddot{\boldsymbol{q}}_{\mathrm{r}}+\boldsymbol{C}(\boldsymbol{q},\dot{\boldsymbol{q}})\dot{\boldsymbol{q}}_{\mathrm{r}}+\boldsymbol{G}(\boldsymbol{q})-\hat{\boldsymbol{M}}(\boldsymbol{q})\ddot{\boldsymbol{q}}_{\mathrm{r}}-\hat{\boldsymbol{C}}(q,\dot{\boldsymbol{q}})\dot{\boldsymbol{q}}_{\mathrm{r}}-\hat{\boldsymbol{G}}(\boldsymbol{q})-\boldsymbol{\tau}_{\mathrm{s}}]$$
$$=\boldsymbol{s}^{\mathrm{T}}(\widetilde{\boldsymbol{M}}(\boldsymbol{q})\ddot{\boldsymbol{q}}_{\mathrm{r}}+\widetilde{\boldsymbol{C}}(\boldsymbol{q},\dot{\boldsymbol{q}})\dot{\boldsymbol{q}}_{\mathrm{r}}+\widetilde{\boldsymbol{G}}(\boldsymbol{q})-\boldsymbol{\tau}_{\mathrm{s}})=\boldsymbol{s}^{\mathrm{T}}(\boldsymbol{Y}(\boldsymbol{q},\dot{\boldsymbol{q}},\dot{\boldsymbol{q}}_{\mathrm{r}},\ddot{\boldsymbol{q}}_{\mathrm{r}})\tilde{\boldsymbol{p}}-\boldsymbol{\tau}_{\mathrm{s}})$$

其中

$$\tilde{\boldsymbol{p}}=[\tilde{\boldsymbol{p}}_1,\cdots,\tilde{\boldsymbol{p}}_j]^{\mathrm{T}},\quad |\tilde{\boldsymbol{p}}_j|\leqslant a_j$$
$$\boldsymbol{Y}(\boldsymbol{q},\dot{\boldsymbol{q}},\dot{\boldsymbol{q}}_{\mathrm{r}},\ddot{\boldsymbol{q}}_{\mathrm{r}})=[\boldsymbol{Y}_{ij}^{\mathrm{r}}],\quad |Y_{ij}^{\mathrm{r}}|\leqslant\bar{Y}_{ij}^{\mathrm{r}},\quad i=1,\cdots,n;\ j=1,2,\cdots,m$$

则只要选取

$$\boldsymbol{\tau}_{\mathrm{s}}=\boldsymbol{k}\operatorname{sgn}(\boldsymbol{s})+\boldsymbol{s}=\begin{bmatrix}k_1\operatorname{sgn}(s_1)+s_1\\ \vdots\\ k_n\operatorname{sgn}(s_n)+s_n\end{bmatrix}\tag{7.18}$$

其中，$\boldsymbol{k}=[k_1,\cdots,k_n]^{\mathrm{T}}$，$k_i=\sum_{j=1}^{m}\bar{Y}_{ij}^{\mathrm{r}}a_j,i=1,\cdots,n$。

于是有

$$\dot{V}(t)=\sum_{i=1}^{n}\sum_{j=1}^{m}s_iY_{ij}^{\mathrm{r}}\tilde{p}_j-\sum_{i=1}^{n}s_ik_i\operatorname{sgn}(s_i)-\sum_{i=1}^{n}s_i^2$$
$$=\sum_{i=1}^{n}\sum_{j=1}^{m}s_iY_{ij}^{\mathrm{r}}\tilde{p}_j-\sum_{i=1}^{n}\sum_{j=1}^{m}|s_i|\bar{Y}_{ij}^{\mathrm{r}}a_j-\sum_{i=1}^{n}s_i^2\leqslant-\sum_{i=1}^{n}s_i^2\leqslant 0$$

方法二：基于模型上界的滑模控制

式(7.16)可写为

$$\dot{V}(t)=-\boldsymbol{s}^{\mathrm{T}}[\boldsymbol{\tau}-(\boldsymbol{M}(\boldsymbol{q})\ddot{\boldsymbol{q}}_{\mathrm{r}}+\boldsymbol{C}(q,\dot{\boldsymbol{q}})\dot{\boldsymbol{q}}_{\mathrm{r}}+\boldsymbol{G}(\boldsymbol{q}))]=-\boldsymbol{s}^{\mathrm{T}}[\boldsymbol{\tau}-\boldsymbol{Y}(\boldsymbol{q},\dot{\boldsymbol{q}},\dot{\boldsymbol{q}}_{\mathrm{r}},\ddot{\boldsymbol{q}}_{\mathrm{r}})\boldsymbol{p}]$$

若能估计出

$$\boldsymbol{p}=[p_1,\cdots,p_j]^{\mathrm{T}},\quad |p_j|\leqslant\bar{p}_j$$
$$\boldsymbol{Y}(\boldsymbol{q},\dot{\boldsymbol{q}},\dot{\boldsymbol{q}}_{\mathrm{r}},\ddot{\boldsymbol{q}}_{\mathrm{r}})=[Y_{ij}^{\mathrm{r}}],\quad |Y_{ij}^{\mathrm{r}}|\leqslant\bar{Y}_{ij}^{\mathrm{r}},\quad i=1,\cdots,n$$

将控制律设计为

$$\boldsymbol{\tau}=\bar{\boldsymbol{k}}\operatorname{sgn}(\boldsymbol{s})+\boldsymbol{s}=\begin{bmatrix}\bar{\boldsymbol{k}}_1\operatorname{sgn}(s_1)+s_1\\ \vdots\\ \bar{\boldsymbol{k}}_n\operatorname{sgn}(s_n)+s_n\end{bmatrix}\tag{7.19}$$

其中，$\bar{k}=[\bar{\boldsymbol{k}}_1,\cdots,\bar{\boldsymbol{k}}_n]^{\mathrm{T}}$，$\bar{\boldsymbol{k}}_i=\sum_{j=1}^{m}\bar{Y}_{ij}^{\mathrm{r}}\bar{p}_j,i=1,\cdots,n$。

于是有

$$\dot{\boldsymbol{V}}(t)=-\Big[\sum_{i=1}^{n}s_i\bar{\boldsymbol{k}}_i\operatorname{sgn}(s_i)+\sum_{i=1}^{n}s_i^2-\sum_{i=1}^{n}\sum_{j=1}^{m}s_iY_{ij}^{\mathrm{r}}p_j\Big]$$
$$=-\Big[\sum_{i=1}^{n}\sum_{j=1}^{m}|s_i|\bar{Y}_{ij}^{\mathrm{r}}\bar{p}_j+\sum_{i=1}^{n}s_i^2-\sum_{i=1}^{n}\sum_{j=1}^{m}s_iY_{ij}^{\mathrm{r}}p_j\Big]\leqslant-\sum_{i=1}^{n}s_i^2\leqslant 0$$

由式(7.19)可知，该控制律计算量较控制律式(7. 17)减少，不需要在线估计$\hat{p}$值，但需要较大的控制量。由控制律式(7.19)中切换项增益$\bar{\boldsymbol{k}}_i$和控制律式(7.17)中切换项增益$k_i$的定义可知，$\bar{\boldsymbol{k}}_i$要比$k_i$的值大，故控制律式(7.19)造成的抖振比控制律式(7. 17)的大。

### 7.3.3 仿真实例

取双关节机械臂作为被控对象，其动态方程取式(7.13)(动力学方程(7.13)及线性化推导见本章附录)，即

$$\boldsymbol{M}(\boldsymbol{q})\ddot{\boldsymbol{q}}+\boldsymbol{C}(\boldsymbol{q},\dot{\boldsymbol{q}})\dot{\boldsymbol{q}}+\boldsymbol{G}(\boldsymbol{q})=\boldsymbol{\tau}$$

其中 $\boldsymbol{q}=[q_1\quad q_2]^{\mathrm{T}}$，$\boldsymbol{\tau}=[\tau_1\quad \tau_2]^{\mathrm{T}}$。

取

$$\boldsymbol{M}(\boldsymbol{q})=\begin{bmatrix}\alpha+2\varepsilon\cos(q_2)+2\eta\sin(q_2) & \beta+\varepsilon\cos(q_2)+\eta\sin(q_2)\\ \beta+\varepsilon\cos(q_2)+\eta\sin(q_2) & \beta\end{bmatrix}$$

$$\boldsymbol{C}(\boldsymbol{q},\dot{\boldsymbol{q}})=\begin{bmatrix}(-2\varepsilon\sin(q_2)+2\eta\cos(q_2))\dot{q}_2 & (-\varepsilon\sin(q_2)+\eta\cos(q_2))\dot{q}_2\\ (\varepsilon\sin(q_2)-\eta\cos(q_2))\dot{q}_1 & 0\end{bmatrix}$$

$$\boldsymbol{G}(\boldsymbol{q})=\begin{bmatrix}\varepsilon e_2\cos(q_1+q_2)+\eta e_2\sin(q_1+q_2)+(\alpha-\beta+e_1)e_2\cos(q_1)\\ \varepsilon e_2\cos(q_1+q_2)+\eta e_2\sin(q_1+q_2)\end{bmatrix}$$

其中，参数 $\alpha,\beta,\varepsilon,\eta$ 分别是机械力臂方程中未知物理参数的函数，$\alpha=I_1+m_1l_{c1}^2+I_e+m_el_{ce}^2+m_el_1^2$，$\beta=I_e+m_el_{ce}^2$，$\varepsilon=m_el_1l_{ce}\cos(\delta_e)$，$\eta=m_el_1l_{ce}\sin(\delta_e)$，机械臂的实际物理参数值见表 7-1。取 $\boldsymbol{p}=[\alpha\quad\beta\quad\varepsilon\quad\eta]^{\mathrm{T}}=[6.7\quad 3.4\quad 3.0\quad 0]^{\mathrm{T}}$，$\hat{\boldsymbol{p}}=[\hat{\alpha}\quad\hat{\beta}\quad\hat{\varepsilon}\quad\hat{\eta}]^{\mathrm{T}}=0.95\boldsymbol{p}$，$m=4$，$j=1,2,3,4$。

两力臂机械手两个关节的角度指令分别为 $q_{d1}=\sin(2\pi t)$，$q_{d2}=\sin(2\pi t)$。滑模控制律中，取 $\boldsymbol{\Lambda}=\begin{bmatrix}15 & 0\\ 0 & 15\end{bmatrix}$。

模型初始值为[1　0　1　0]，采用控制律(7.17)，取 $a_j=|\tilde{\boldsymbol{p}}_j|+0.50$，程序中取 $F=1$。第一关节和第二关节的角度跟踪仿真结果如图 7-5～图 7-7 所示。同理采用控制律(7.19)，取 $\bar{p}_i=|p_i|+0.50$，程序中取 $F=2$，同样可以得到第一关节和第二关节的角度及角速度跟踪仿真结果。

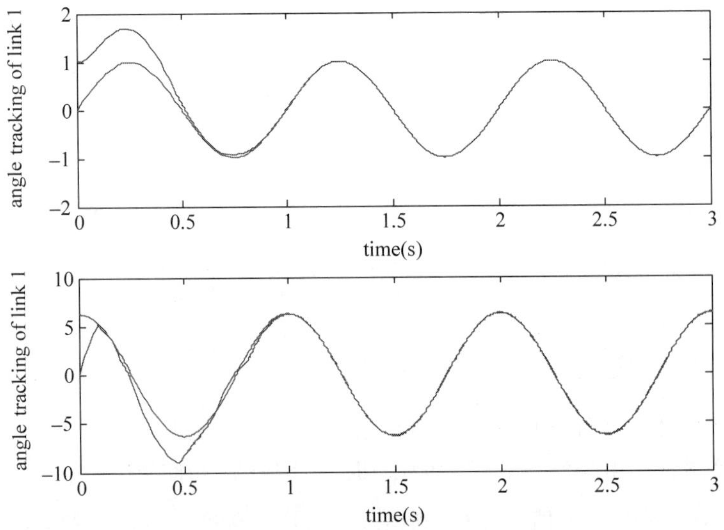


图 7-5　第一关节的角度及角速度跟踪

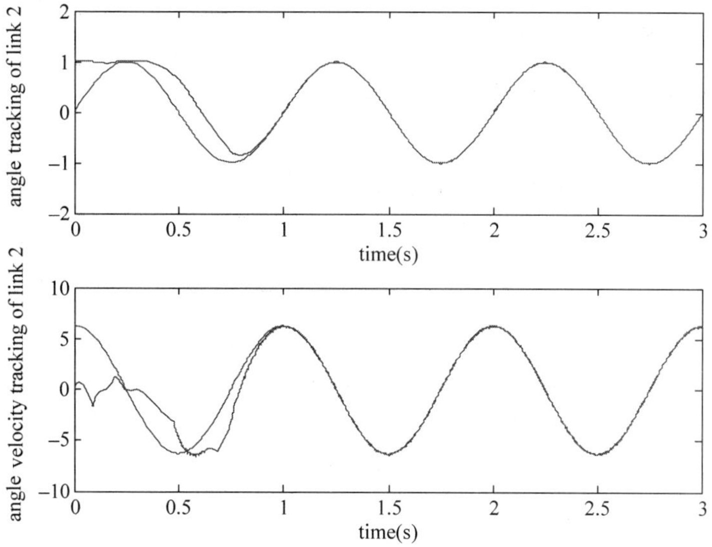


图 7-6　第二关节的角度及角速度跟踪

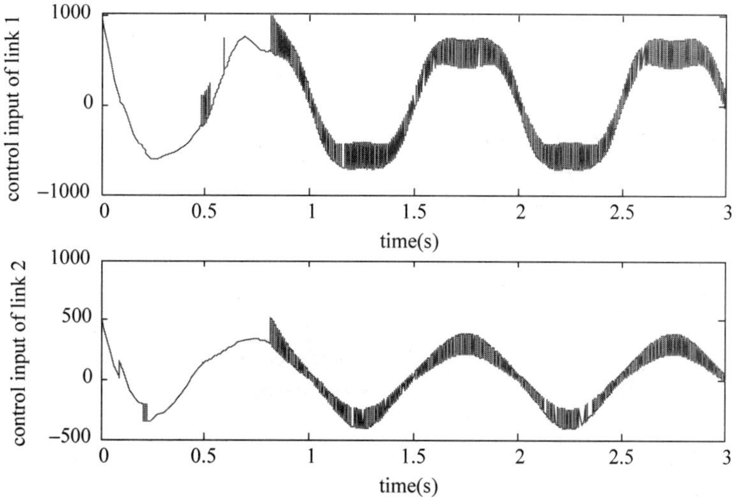


图 7-7　控制输入信号

仿真程序如下：

(1) Simulink 主程序：chap7_2sim. mdl

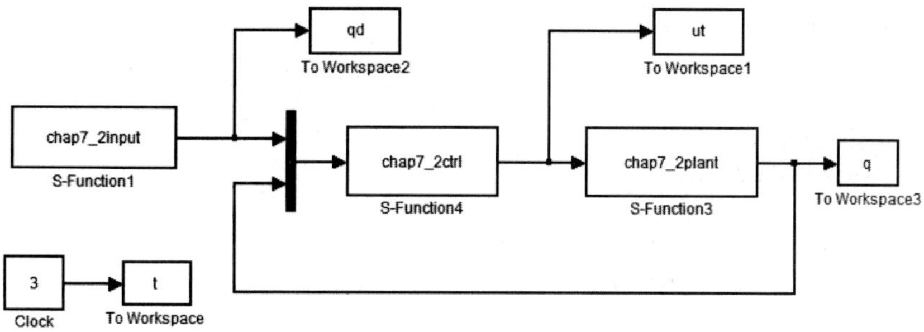

(2) 控制律子程序：chap7_2ctrl.m

```
function [sys,x0,str,ts] = control_strategy(t,x,u,flag)
switch flag,
case 0,
    [sys,x0,str,ts] = mdlInitializeSizes;
case 3,
    sys = mdlOutputs(t,x,u);
case {2,4,9}
    sys = [];
otherwise
    error(['Unhandled flag = ',num2str(flag)]);
end
function [sys,x0,str,ts] = mdlInitializeSizes
sizes = simsizes;
sizes.NumOutputs     = 2;
sizes.NumInputs      = 10;
sizes.DirFeedthrough = 1;
sizes.NumSampleTimes = 0;
sys = simsizes(sizes);
x0 = [];
str = [];
ts = [];
function sys = mdlOutputs(t,x,u)
q1_d = u(1);dq1_d = u(2);ddq1_d = u(3);
q2_d = u(4);dq2_d = u(5);ddq2_d = u(6);
q1 = u(7);dq1 = u(8);
q2 = u(9);dq2 = u(10);
dq = [dq1;dq2];

p = [6.7 3.4 3.0 0];                         % Practical p
ep = 0.95 * p;                               % Estimated p

alfa_p = ep(1);
beta_p = ep(2);
epc_p = ep(3);
eta_p = ep(4);

m1 = 1;l1 = 1;
lc1 = 1/2;I1 = 1/12;
g = 9.8;
e1 = m1 * l1 * lc1 - I1 - m1 * l1 ^2;
e2 = g/l1;

dq_d = [dq1_d,dq2_d]';
ddq_d = [ddq1_d,ddq2_d]';

e = [q1_d - q1,q2_d - q2]';
de = [dq1_d - dq1,dq2_d - dq2]';

M_p = [alfa_p + 2 * epc_p * cos(q2) + 2 * eta_p * sin(q2),beta_p + epc_p * cos(q2) + eta_p * sin(q2);
```

```
     beta_p + epc_p * cos(q2) + eta_p * sin(q2), beta_p];
C_p = [( - 2 * epc_p * sin(q2) + 2 * eta_p * cos(q2)) * dq2, ( - epc_p * sin(q2) + eta_p * cos
(q2)) * dq2;
     (epc_p * sin(q2) - eta_p * cos(q2)) * dq1, 0];
G_p = [epc_p * e2 * cos(q1 + q2) + eta_p * e2 * sin(q1 + q2) + (alfa_p - beta_p + e1) * e2 * cos(q1);
     epc_p * e2 * cos(q1 + q2) + eta_p * e2 * sin(q1 + q2)];

Fai = 15 * eye(2);
s = de + Fai * e;
dqr = dq_d + Fai * e;
ddqr = ddq_d + Fai * de;

Y = [ddqr(1) + e2 * cos(q1), ddqr(2) - e2 * cos(q1), 2 * cos(q2) * ddqr(1) + cos(q2) * ddqr(2) -
2 * sin(q2) * dq2 * dqr(1) - sin(q2) * dq2 * dqr(2) + e2 * cos(q1 + q2), 2 * sin(q2) * ddqr(1) +
sin(q2) * ddqr(2) + 2 * cos(q2) * dq2 * dqr(1) + cos(q2) * dq2 * dqr(2) + e2 * sin(q1 + q2);
   0, ddqr(1) + ddqr(2), cos(q2) * ddqr(1) + sin(q2) * dq1 * dqr(1) + e2 * cos(q1 + q2), sin(q2)
* ddqr(1) - cos(q2) * dq1 * dqr(1) + e2 * sin(q1 + q2)];
Y_max = abs(Y) + 0.10;
F = 1;
if F == 1
    a = abs(p - ep) + 0.50;                  % Upper p - ep
    k = Y_max * a';
    tols = [sign(s(1)) 0;0 sign(s(2))] * k + s;
    tol = M_p * ddqr + C_p * dqr + G_p + tols;
elseif F == 2
    p_up = p + 0.50;                         % Upper p value
    k_up = Y_max * p_up';
    tol = [sign(s(1)) 0;0 sign(s(2))] * k_up + s;
end
sys(1) = tol(1);
sys(2) = tol(2);
```

(3) 被控对象子程序：chap7_2plant.m

```
function [sys,x0,str,ts] = s_function(t,x,u,flag)
switch flag,
case 0,
    [sys,x0,str,ts] = mdlInitializeSizes;
case 1,
    sys = mdlDerivatives(t,x,u);
case 3,
    sys = mdlOutputs(t,x,u);
case {2, 4, 9 }
    sys = [];
otherwise
    error(['Unhandled flag = ',num2str(flag)]);
end
function [sys,x0,str,ts] = mdlInitializeSizes
sizes = simsizes;
sizes.NumContStates   = 4;
sizes.NumDiscStates   = 0;
```

```
sizes.NumOutputs      = 4;
sizes.NumInputs       = 2;
sizes.DirFeedthrough  = 0;
sizes.NumSampleTimes  = 0;
sys = simsizes(sizes);
x0 = [1.0,0,1.0,0];
str = [];
ts = [];
function sys = mdlDerivatives(t,x,u)
tol = [u(1);u(2)];
q1 = x(1);
dq1 = x(2);
q2 = x(3);
dq2 = x(4);

p = [6.7 3.4 3.0 0];

alfa = p(1);
beta = p(2);
epc = p(3);
eta = p(4);

m1 = 1;l1 = 1;
lc1 = 1/2;I1 = 1/12;
g = 9.8;
e1 = m1 * l1 * lc1 - I1 - m1 * l1^2;
e2 = g/l1;

M = [alfa + 2 * epc * cos(q2) + 2 * eta * sin(q2),beta + epc * cos(q2) + eta * sin(q2);
    beta + epc * cos(q2) + eta * sin(q2),beta];
C = [( - 2 * epc * sin(q2) + 2 * eta * cos(q2)) * dq2,( - epc * sin(q2) + eta * cos(q2)) * dq2;
    (epc * sin(q2) - eta * cos(q2)) * dq1,0];
G = [epc * e2 * cos(q1 + q2) + eta * e2 * sin(q1 + q2) + (alfa - beta + e1) * e2 * cos(q1);
    epc * e2 * cos(q1 + q2) + eta * e2 * sin(q1 + q2)];
% robot dynamic equation as
S = inv(M) * (tol - C * [dq1;dq2] - G);

sys(1) = x(2);
sys(2) = S(1);
sys(3) = x(4);
sys(4) = S(2);
function sys = mdlOutputs(t,x,u)
sys(1) = x(1);
sys(2) = x(2);
sys(3) = x(3);
sys(4) = x(4);
```

(4) 输入指令子程序：chap7_2input. m

```
function [sys,x0,str,ts] = input(t,x,u,flag)
switch flag,
```

```
case 0,
    [sys,x0,str,ts] = mdlInitializeSizes;
case 3,
    sys = mdlOutputs(t,x,u);
case {2,4,9}
    sys = [];
otherwise
    error(['Unhandled flag = ',num2str(flag)]);
end
function [sys,x0,str,ts] = mdlInitializeSizes
sizes = simsizes;
sizes.NumOutputs = 6;
sizes.NumInputs = 0;
sizes.DirFeedthrough = 0;
sizes.NumSampleTimes = 0;
sys = simsizes(sizes);
x0 = [];
str = [];
ts = [];
function sys = mdlOutputs(t,x,u)
q1_d = sin(2 * pi * t);
q2_d = sin(2 * pi * t);
dq1_d = 2 * pi * cos(2 * pi * t);
dq2_d = 2 * pi * cos(2 * pi * t);
ddq1_d = - (2 * pi)^2 * sin(2 * pi * t);
ddq2_d = - (2 * pi)^2 * sin(2 * pi * t);

sys(1) = q1_d;
sys(2) = dq1_d;
sys(3) = ddq1_d;
sys(4) = q2_d;
sys(5) = dq2_d;
sys(6) = ddq2_d;
```

(5) 绘图子程序：chap7_2plot.m

```
close all;

figure(1);
subplot(211);
plot(t,qd(:,1),'r',t,q(:,1),'b','linewidth',2);
xlabel('time(s)');ylabel('Angle tracking of link 1');
subplot(212);
plot(t,qd(:,2),'r',t,q(:,2),'b','linewidth',2);
xlabel('time(s)');ylabel('Angle velocity tracking of link 1');

figure(2);
subplot(211);
plot(t,qd(:,4),'r',t,q(:,3),'b','linewidth',2);
xlabel('time(s)');ylabel('Angle tracking of link 2');
subplot(212);
```

```
plot(t,qd(:,5),'r',t,q(:,4),'b','linewidth',2);
xlabel('time(s)');ylabel('Angle velocity tracking of link 2');

figure(3);
subplot(211);
plot(t,ut(:,1),'r','linewidth',2);
xlabel('time(s)');ylabel('Control input of link 1');
subplot(212);
plot(t,ut(:,2),'r','linewidth',2);
xlabel('time(s)');ylabel('Control input of link 2');
```

## 7.4 基于LMI的指数收敛非线性干扰观测器的控制

### 7.4.1 非线性干扰观测器的问题描述

考虑双关节机械手动力学方程：

$$\boldsymbol{J}(\boldsymbol{\theta})\ddot{\boldsymbol{\theta}}+\boldsymbol{C}(\boldsymbol{\theta},\dot{\boldsymbol{\theta}})\dot{\boldsymbol{\theta}}+\boldsymbol{G}(\boldsymbol{\theta})=\boldsymbol{\tau}+\boldsymbol{d} \tag{7.20}$$

其中，$\boldsymbol{J}(\boldsymbol{\theta})\in\boldsymbol{R}^{2\times2}$为机械手的惯性矩阵，$\boldsymbol{C}(\boldsymbol{\theta},\dot{\boldsymbol{\theta}})\in\boldsymbol{R}^2$表示离心力和哥氏力，$\boldsymbol{G}(\boldsymbol{\theta})\in\boldsymbol{R}^2$为重力项，$\boldsymbol{\theta}\in\boldsymbol{R}^2$，$\dot{\boldsymbol{\theta}}\in R^2$和$\boldsymbol{\tau}\in R^2$分别代表角度、角速度和控制输入，$\boldsymbol{d}\in R^2$为外界干扰。

文献[2]中所设计的非线性干扰观测器的不足之处：要求模型中的惯性矩阵$\boldsymbol{J}(\boldsymbol{\theta})$必须满足特殊形式，即$\boldsymbol{J}(\boldsymbol{\theta})=\begin{bmatrix}1&1\\0&1\end{bmatrix}\bar{\boldsymbol{J}}(\boldsymbol{\theta})\begin{bmatrix}1&0\\1&1\end{bmatrix}$，其中$\bar{\boldsymbol{J}}(\boldsymbol{\theta})$必须满足$\bar{\boldsymbol{J}}(\boldsymbol{\theta})=\begin{bmatrix}j_1-2j_2+j_3 & j_2-j_3+X_{\mathrm{p}}\cos(\theta_2)\\ j_2-j_3+X_{\mathrm{p}}\cos(\theta_2) & j_3\end{bmatrix}$，即$\bar{\boldsymbol{J}}(\boldsymbol{\theta})$中主对角项需要为常数，这就限制了该观测器在其他类模型的应用。

为了克服上述缺陷，文献[3]提出了一种改进的设计算法，本节讨论采用该方法设计机械手非线性干扰观测器及相应的控制器的设计方法。

### 7.4.2 非线性干扰观测器的设计

非线性干扰观测器设计为

$$\begin{cases}\dot{\boldsymbol{z}}=\boldsymbol{L}(\boldsymbol{\theta})(\boldsymbol{C}(\boldsymbol{\theta},\dot{\boldsymbol{\theta}})\dot{\boldsymbol{\theta}}+\boldsymbol{G}(\boldsymbol{\theta})-\boldsymbol{\tau})-\boldsymbol{L}(\theta)\hat{\boldsymbol{d}}\\ \hat{\boldsymbol{d}}=\boldsymbol{z}+\boldsymbol{p}(\dot{\boldsymbol{\theta}})\end{cases} \tag{7.21}$$

为了克服观测器的不足之处，文献[3]中取

$$\boldsymbol{L}(\boldsymbol{\theta})=\boldsymbol{X}^{-1}\boldsymbol{J}^{-1}(\boldsymbol{\theta}) \tag{7.22}$$

$$\boldsymbol{p}(\dot{\boldsymbol{\theta}})=\boldsymbol{X}^{-1}\dot{\boldsymbol{\theta}} \tag{7.23}$$

其中，$\boldsymbol{X}$为可逆矩阵，通过线性矩阵不等式来求。

令

$$\dot{\boldsymbol{p}}(\dot{\boldsymbol{\theta}})=\boldsymbol{L}(\boldsymbol{\theta})\boldsymbol{J}(\boldsymbol{\theta})\ddot{\boldsymbol{\theta}}$$

式(7.21)、式(7.22)和式(7.23)构成了非线性干扰观测器。一般没有干扰 $\boldsymbol{d}$ 的微分的先验知识，假设相对于观测器的动态特性干扰的变化是缓慢的[2]，则可取 $\dot{\boldsymbol{d}}=0$。

设计 Lyapunov 函数为

$$V_o = \tilde{\boldsymbol{d}}^{\mathrm{T}}\boldsymbol{X}^{\mathrm{T}}\boldsymbol{J}(\boldsymbol{\theta})\boldsymbol{X}\tilde{\boldsymbol{d}}$$

其中，$\boldsymbol{J}(\boldsymbol{\theta})=\boldsymbol{J}(\boldsymbol{\theta})^{\mathrm{T}}>0$。

于是

$$\dot{V}_o = \dot{\tilde{\boldsymbol{d}}}^{\mathrm{T}}\boldsymbol{X}^{\mathrm{T}}\boldsymbol{J}(\boldsymbol{\theta})\boldsymbol{X}\tilde{\boldsymbol{d}} + \tilde{\boldsymbol{d}}^{\mathrm{T}}\boldsymbol{X}^{\mathrm{T}}\dot{\boldsymbol{J}}(\boldsymbol{\theta})\boldsymbol{X}\tilde{\boldsymbol{d}} + \tilde{\boldsymbol{d}}^{\mathrm{T}}\boldsymbol{X}^{\mathrm{T}}\boldsymbol{J}(\boldsymbol{\theta})\boldsymbol{X}\dot{\tilde{\boldsymbol{d}}}$$

根据观测器式(7.21)，可得

$$\begin{aligned}
\dot{\tilde{\boldsymbol{d}}} &= \dot{\boldsymbol{d}} - \dot{\hat{\boldsymbol{d}}} = \dot{\boldsymbol{d}} - \dot{\boldsymbol{z}} - \dot{\boldsymbol{p}}(\dot{\boldsymbol{\theta}}) \\
&= \dot{\boldsymbol{d}} - \boldsymbol{L}(\boldsymbol{\theta})(\boldsymbol{C}(\boldsymbol{\theta},\dot{\boldsymbol{\theta}})\dot{\boldsymbol{\theta}} + \boldsymbol{G}(\boldsymbol{\theta}) - \boldsymbol{\tau}) + \boldsymbol{L}(\boldsymbol{\theta})\hat{\boldsymbol{d}} - \boldsymbol{L}(\boldsymbol{\theta})\boldsymbol{J}(\boldsymbol{\theta})\ddot{\boldsymbol{\theta}} \\
&= \dot{\boldsymbol{d}} + \boldsymbol{L}(\boldsymbol{\theta})\hat{\boldsymbol{d}} - \boldsymbol{L}(\boldsymbol{\theta})(\boldsymbol{J}(\boldsymbol{\theta})\ddot{\boldsymbol{\theta}} + \boldsymbol{C}(\boldsymbol{\theta},\dot{\boldsymbol{\theta}})\dot{\boldsymbol{\theta}} + \boldsymbol{G}(\boldsymbol{\theta}) - \boldsymbol{\tau}) \\
&= \dot{\boldsymbol{d}} + \boldsymbol{L}(\boldsymbol{\theta})\hat{\boldsymbol{d}} - \boldsymbol{L}(\boldsymbol{\theta})\boldsymbol{d} \\
&= \dot{\boldsymbol{d}} - \boldsymbol{L}(\boldsymbol{\theta})\tilde{\boldsymbol{d}}
\end{aligned}$$

因而得到观测误差方程为

$$\dot{\tilde{\boldsymbol{d}}} + \boldsymbol{L}(\boldsymbol{\theta})\tilde{\boldsymbol{d}} = 0 \tag{7.24}$$

从而得到

$$\dot{\tilde{\boldsymbol{d}}} = -\boldsymbol{L}(\boldsymbol{\theta})\tilde{\boldsymbol{d}} = -\boldsymbol{X}^{-1}\boldsymbol{J}^{-1}(\boldsymbol{\theta})\tilde{\boldsymbol{d}}$$

$$\dot{\tilde{\boldsymbol{d}}}^{\mathrm{T}} = -(\boldsymbol{X}^{-1}\boldsymbol{J}^{-1}(\boldsymbol{\theta})\tilde{\boldsymbol{d}})^{\mathrm{T}} = -\tilde{\boldsymbol{d}}^{\mathrm{T}}\boldsymbol{J}^{-\mathrm{T}}(\boldsymbol{\theta})\boldsymbol{X}^{-\mathrm{T}}$$

则

$$\begin{aligned}
\dot{V}_o &= \dot{\tilde{\boldsymbol{d}}}^{\mathrm{T}}\boldsymbol{X}^{\mathrm{T}}\boldsymbol{J}(\boldsymbol{\theta})\boldsymbol{X}\tilde{\boldsymbol{d}} + \tilde{\boldsymbol{d}}^{\mathrm{T}}\boldsymbol{X}^{\mathrm{T}}\dot{\boldsymbol{J}}(\boldsymbol{\theta})\boldsymbol{X}\tilde{\boldsymbol{d}} + \tilde{\boldsymbol{d}}^{\mathrm{T}}\boldsymbol{X}^{\mathrm{T}}\boldsymbol{J}(\boldsymbol{\theta})\boldsymbol{X}\dot{\tilde{\boldsymbol{d}}} \\
&= -\tilde{\boldsymbol{d}}^{\mathrm{T}}\boldsymbol{J}^{-\mathrm{T}}(\boldsymbol{\theta})\boldsymbol{X}^{-\mathrm{T}}\boldsymbol{X}^{\mathrm{T}}\boldsymbol{J}(\boldsymbol{\theta})X\tilde{\boldsymbol{d}} + \tilde{\boldsymbol{d}}^{\mathrm{T}}\boldsymbol{X}^{\mathrm{T}}\dot{\boldsymbol{J}}(\boldsymbol{\theta})\boldsymbol{X}\tilde{\boldsymbol{d}} - \tilde{\boldsymbol{d}}^{\mathrm{T}}\boldsymbol{X}^{\mathrm{T}}\boldsymbol{J}(\boldsymbol{\theta})\boldsymbol{X}\boldsymbol{X}^{-1}\boldsymbol{J}^{-1}(\boldsymbol{\theta})\tilde{\boldsymbol{d}} \\
&= -\tilde{\boldsymbol{d}}^{\mathrm{T}}\boldsymbol{X}\tilde{\boldsymbol{d}} + \tilde{\boldsymbol{d}}^{\mathrm{T}}\boldsymbol{X}^{\mathrm{T}}\dot{\boldsymbol{J}}(\boldsymbol{\theta})\boldsymbol{X}\tilde{\boldsymbol{d}} - \tilde{\boldsymbol{d}}^{\mathrm{T}}\boldsymbol{X}^{\mathrm{T}}\tilde{\boldsymbol{d}} \\
&= -\tilde{\boldsymbol{d}}^{\mathrm{T}}(\boldsymbol{X} - \boldsymbol{X}^{\mathrm{T}}\dot{\boldsymbol{J}}(\boldsymbol{\theta})\boldsymbol{X} + \boldsymbol{X}^{\mathrm{T}})\tilde{\boldsymbol{d}}
\end{aligned}$$

构造如下不等式：

$$\boldsymbol{X} + \boldsymbol{X}^{\mathrm{T}} - \boldsymbol{X}^{\mathrm{T}}\dot{\boldsymbol{J}}(\boldsymbol{\theta})\boldsymbol{X} \geqslant \boldsymbol{\Gamma} \tag{7.25}$$

其中，$\boldsymbol{\Gamma}>0$ 为对称正定阵。

于是

$$\dot{V}_o \leqslant -\tilde{\boldsymbol{d}}^{\mathrm{T}}\boldsymbol{\Gamma}\tilde{\boldsymbol{d}}$$

可见，干扰观测器指数收敛，收敛精度取决于参数$\boldsymbol{\Gamma}$值，$\boldsymbol{\Gamma}$值越大，收敛速度越快，精度越高。

### 7.4.3 LMI不等式的求解

由不等式(7.25)可见，式中含有非线性项，必须转化为线性矩阵不等式才能求解。

令 $\boldsymbol{Y}=\boldsymbol{X}^{-1}$，将 $\boldsymbol{Y}^{\mathrm{T}}=(\boldsymbol{X}^{-1})^{\mathrm{T}}$ 和 $\boldsymbol{Y}=\boldsymbol{X}^{-1}$ 分别乘以式(7.25)的左右两边，得

$$\boldsymbol{Y}^{\mathrm{T}}+\boldsymbol{Y}-\dot{\boldsymbol{J}}(\boldsymbol{\theta})\geqslant\boldsymbol{Y}^{\mathrm{T}}\boldsymbol{\Gamma}\boldsymbol{Y}$$

即

$$\boldsymbol{Y}^{\mathrm{T}}+\boldsymbol{Y}-\boldsymbol{Y}^{\mathrm{T}}\boldsymbol{\Gamma}Y\geqslant\dot{\boldsymbol{J}}(\boldsymbol{\theta})$$

由于 $\|\dot{\boldsymbol{J}}(\boldsymbol{\theta})\|\leqslant\zeta$，则 $\dot{\boldsymbol{J}}(\boldsymbol{\theta})\leqslant\zeta\boldsymbol{I}$，则上式成立的充分条件为

$$\boldsymbol{Y}^{\mathrm{T}}+\boldsymbol{Y}-\boldsymbol{Y}^{\mathrm{T}}\boldsymbol{\Gamma}\boldsymbol{Y}\geqslant\zeta\boldsymbol{I}$$

即

$$\boldsymbol{Y}^{\mathrm{T}}+\boldsymbol{Y}-\zeta\boldsymbol{I}-\boldsymbol{Y}^{\mathrm{T}}\boldsymbol{\Gamma}\boldsymbol{Y}\geqslant 0$$

根据 Schur 补定理[4]：假设 $\boldsymbol{C}$ 为正定矩阵，则 $\boldsymbol{A}-\boldsymbol{B}\boldsymbol{C}^{-1}\boldsymbol{B}^{\mathrm{T}}\geqslant 0$ 等价为 $\begin{bmatrix}\boldsymbol{A} & \boldsymbol{B}\\ \boldsymbol{B}^{\mathrm{T}} & \boldsymbol{C}\end{bmatrix}\geqslant 0$。则上式等价为

$$\begin{bmatrix}\boldsymbol{Y}^{\mathrm{T}}+\boldsymbol{Y}-\zeta\boldsymbol{I} & \boldsymbol{Y}^{\mathrm{T}}\\ \boldsymbol{Y} & \boldsymbol{\Gamma}^{-1}\end{bmatrix}\geqslant 0 \tag{7.26}$$

通过 MATLAB 下的 LMI 工具箱(建议采用新的 LMI 求解工具箱——YALMIP 工具箱)求解式(7.26)，便可求得 $\boldsymbol{Y}$，从而得到 $\boldsymbol{X}$。该不等式的求解是否有效取决于 $\zeta$ 和 $\boldsymbol{\Gamma}$ 值。$\zeta$ 越小、$\boldsymbol{\Gamma}$ 越小，越容易得到有效的解。

### 7.4.4 计算力矩法的滑模控制

采用观测器式(7.21)观测干扰 $d$，在滑模控制中对干扰进行补偿，可有效地降低切换增益，从而有效地降低抖振。

关节的理想角度为 $\boldsymbol{\theta}_{\mathrm{d}}$，取跟踪误差 $\boldsymbol{e}=\boldsymbol{\theta}-\boldsymbol{\theta}_{\mathrm{d}}$，定义滑模函数为

$$\boldsymbol{s}=\dot{\boldsymbol{e}}+\boldsymbol{\Lambda}\boldsymbol{e} \tag{7.27}$$

其中，$\boldsymbol{\Lambda}=\begin{bmatrix}\lambda_1 & 0\\ 0 & \lambda_2\end{bmatrix}$。

于是

$$\dot{\boldsymbol{s}}=\ddot{\boldsymbol{\theta}}-\ddot{\boldsymbol{\theta}}_{\mathrm{d}}+\boldsymbol{\Lambda}\dot{\boldsymbol{e}}=\boldsymbol{J}^{-1}(\boldsymbol{\tau}-\boldsymbol{C}\dot{\boldsymbol{\theta}}-\boldsymbol{G}+\boldsymbol{d})-\ddot{\boldsymbol{\theta}}_{\mathrm{d}}+\boldsymbol{\Lambda}\dot{\boldsymbol{e}}$$

设计控制器为

$$\boldsymbol{\tau}=\boldsymbol{J}\boldsymbol{v}+\boldsymbol{C}\dot{\boldsymbol{\theta}}+\boldsymbol{G}-\boldsymbol{\eta}\mathrm{sgn}\boldsymbol{s}-\hat{\boldsymbol{d}}-\boldsymbol{C}\boldsymbol{s} \tag{7.28}$$

其中，$\boldsymbol{\eta}=\begin{bmatrix}\eta_1 & 0\\ 0 & \eta_2\end{bmatrix}$，$\eta_i>|\tilde{d}(0)|+\eta_{i0}$，$\eta_{i0}>0$，$i=1,2$。

从而有

$$\boldsymbol{J}\dot{\boldsymbol{s}}=\boldsymbol{J}\boldsymbol{v}-\boldsymbol{\eta}\mathrm{sgn}\boldsymbol{s}-\hat{\boldsymbol{d}}+\boldsymbol{d}-\boldsymbol{C}\boldsymbol{s}+\boldsymbol{J}(\boldsymbol{\Lambda}\dot{\boldsymbol{e}}-\ddot{\boldsymbol{\theta}}_{\mathrm{d}})=\boldsymbol{J}(\boldsymbol{v}+\boldsymbol{\Lambda}\dot{\boldsymbol{e}}-\ddot{\boldsymbol{\theta}}_{\mathrm{d}})-\boldsymbol{\eta}\mathrm{sgn}\boldsymbol{s}+\tilde{\boldsymbol{d}}-\boldsymbol{C}\boldsymbol{s}$$

其中，$\tilde{\boldsymbol{d}}=d-\hat{\boldsymbol{d}}$，取

$$\boldsymbol{v}=\ddot{\boldsymbol{\theta}}_{\mathrm{d}}-\boldsymbol{\Lambda}\dot{\boldsymbol{e}} \tag{7.29}$$

则 $\boldsymbol{J}\dot{\boldsymbol{s}}=-\boldsymbol{\eta}\mathrm{sgn}\boldsymbol{s}+\tilde{\boldsymbol{d}}-\boldsymbol{C}\boldsymbol{s}$，由于 $\boldsymbol{J}(\boldsymbol{\theta})$ 为正定阵，设计闭环系统 Lyapunov 函数为

$$V=\frac{1}{2}\boldsymbol{s}^{\mathrm{T}}\boldsymbol{J}\boldsymbol{s}+V_{\mathrm{o}}$$

由于干扰观测器指数收敛，则 $\|\tilde{\boldsymbol{d}}\|\leqslant\|\tilde{\boldsymbol{d}}(t_0)\|$。取 $\|\boldsymbol{\eta}\|>\|\tilde{\boldsymbol{d}}(t_0)\|$，则有

$$\dot{V}=\boldsymbol{s}^{\mathrm{T}}\boldsymbol{J}\dot{\boldsymbol{s}}+\frac{1}{2}\boldsymbol{s}^{\mathrm{T}}\dot{\boldsymbol{J}}\boldsymbol{s}+\dot{V}_{\mathrm{o}}=\boldsymbol{s}^{\mathrm{T}}(-\boldsymbol{C}\boldsymbol{s}-\boldsymbol{\eta}\mathrm{sgn}\boldsymbol{s}+\tilde{\boldsymbol{d}})+\frac{1}{2}\boldsymbol{s}^{\mathrm{T}}\dot{\boldsymbol{J}}\boldsymbol{s}+\dot{\boldsymbol{V}}_{\mathrm{o}}$$

$$=-\boldsymbol{\eta}\|\boldsymbol{s}\|-\boldsymbol{s}^{\mathrm{T}}\tilde{\boldsymbol{d}}+\frac{1}{2}\boldsymbol{s}^{\mathrm{T}}(\dot{\boldsymbol{J}}-2\boldsymbol{C})\boldsymbol{s}+\dot{V}_{\mathrm{o}}$$

$$=-\boldsymbol{\eta}\|\boldsymbol{s}\|-\boldsymbol{s}^{\mathrm{T}}\tilde{\boldsymbol{d}}+\dot{V}_{\mathrm{o}}\leqslant-\boldsymbol{\eta}_0\|\boldsymbol{s}\|-\tilde{\boldsymbol{d}}^{\mathrm{T}}\boldsymbol{\Gamma}\tilde{\boldsymbol{d}}$$

当 $\dot{V}\equiv0$ 时，$s\equiv0$，$\tilde{\boldsymbol{d}}=0$，根据 LaSalle 不变性原理，闭环系统为渐进稳定，当 $t\to\infty$ 时，$s\to0$，$\tilde{\boldsymbol{d}}\to0$。系统的收敛速度取决于 $\boldsymbol{\eta}_0$ 和 $\boldsymbol{\Gamma}$。

### 7.4.5 仿真实例

**仿真实例(1)**：干扰观测器开环测试

考虑稳定的 SISO 系统，模型为

$$\ddot{\theta}=-25\dot{\theta}+133(\tau+d)$$

对比 $\boldsymbol{J}(\boldsymbol{\theta})\ddot{\boldsymbol{\theta}}+\boldsymbol{C}(\boldsymbol{\theta},\dot{\boldsymbol{\theta}})\dot{\boldsymbol{\theta}}+\boldsymbol{G}(\boldsymbol{\theta})=\boldsymbol{\tau}+\boldsymbol{d}$，可知 $J=\frac{1}{133}$，$C=\frac{25}{133}$。不等式(7.25)变为 $\boldsymbol{X}+\boldsymbol{X}^{\mathrm{T}}\geqslant\boldsymbol{\Gamma}$，取 $\boldsymbol{X}=\boldsymbol{\Gamma}=1$，可满足该不等式的要求。

分别取 $d(t)=-5$ 和 $d(t)=0.05\sin t$。干扰观测器采用式(7.21)、式(7.22)和式(7.23)，仿真结果如图 7-8 和图 7-9 所示。

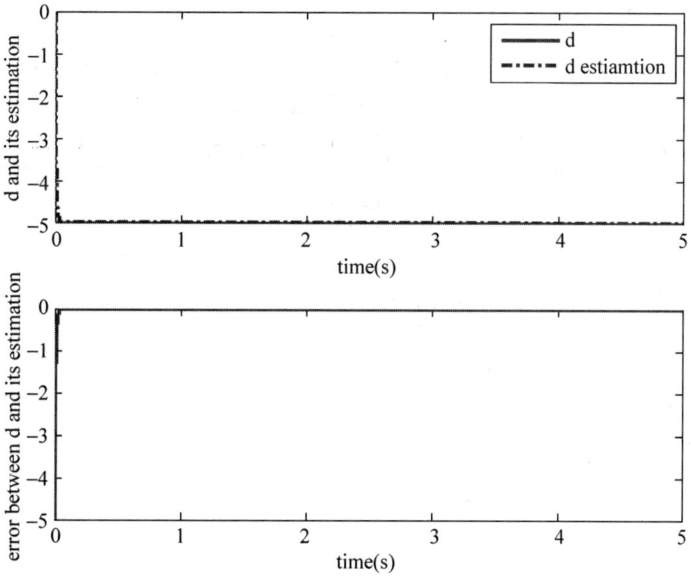


图 7-8 $d(t)=-5$ 的干扰观测及观测误差

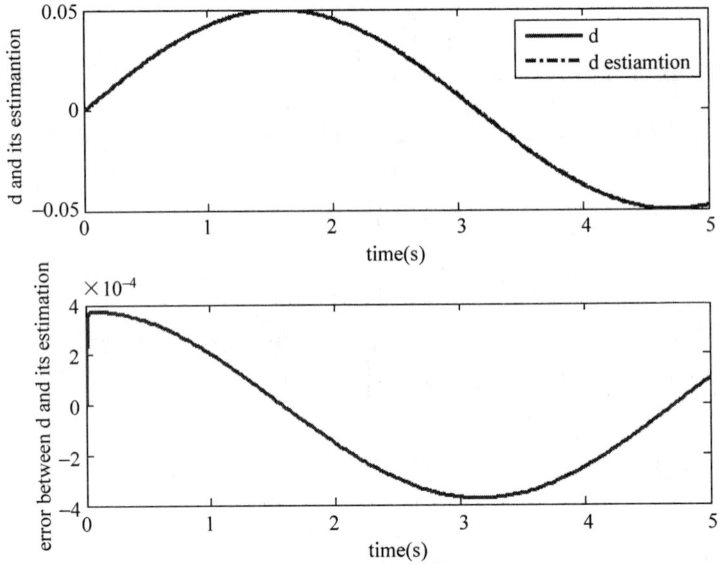


图 7-9　$d(t)=0.05\sin t$ 的干扰观测及观测误差

仿真程序如下：

(1) Simulink 主程序：chap7_3sim. mdl

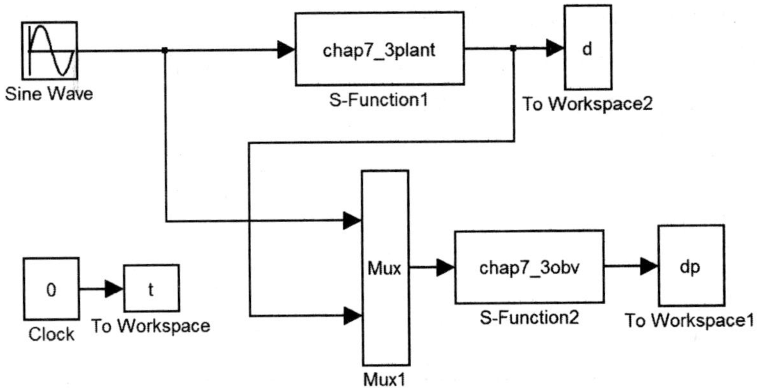


(2) 被控对象程序：chap7_3plant. m

```
function [sys,x0,str,ts] = NDO_plant (t,x,u,flag)
switch flag,
case 0,
    [sys,x0,str,ts] = mdlInitializeSizes;
case 1,
    sys = mdlDerivatives(t,x,u);
case 3,
    sys = mdlOutputs(t,x,u);
case {2, 4, 9 }
    sys = [];
otherwise
    error(['Unhandled flag = ',num2str(flag)]);
```

```
end
function [sys,x0,str,ts] = mdlInitializeSizes
sizes = simsizes;
sizes.NumContStates   = 2;
sizes.NumDiscStates   = 0;
sizes.NumOutputs      = 3;
sizes.NumInputs       = 1;
sizes.DirFeedthrough  = 1;
sizes.NumSampleTimes  = 0;
sys = simsizes(sizes);
x0 = [0.1,0];
str = [];
ts = [];
function sys = mdlDerivatives(t,x,u)
ut = u(1);
%dt = -5;
dt = 0.05 * sin(t);
sys(1) = x(2);
sys(2) = -25 * x(2) + 133 * (ut + dt);
function sys = mdlOutputs(t,x,u)
%dt = -5;
dt = 0.05 * sin(t);
sys(1) = x(1);
sys(2) = x(2);
sys(3) = dt;
```

(3) 干扰观测器程序：chap7_3obv.m

```
function [sys,x0,str,ts] = NDO(t,x,u,flag)
switch flag,
case 0,
    [sys,x0,str,ts] = mdlInitializeSizes;
case 1,
    sys = mdlDerivatives(t,x,u);
case 3,
    sys = mdlOutputs(t,x,u);
case {2, 4, 9 }
    sys = [];
otherwise
    error(['Unhandled flag = ',num2str(flag)]);
end
function [sys,x0,str,ts] = mdlInitializeSizes
sizes = simsizes;
sizes.NumContStates   = 1;
sizes.NumDiscStates   = 0;
sizes.NumOutputs      = 1;
sizes.NumInputs       = 4;
sizes.DirFeedthrough  = 1;
sizes.NumSampleTimes  = 0;
sys = simsizes(sizes);
x0 = [0];
str = [];
ts = [];
function sys = mdlDerivatives(t,x,u)
J = 1/133;C = 25/133;G = 0;

tol = u(1);
```

```
dth = u(3);
z = x(1);

X = 1;
L = inv(X) * inv(J);
p = inv(X) * dth;
d = z + p;

dz = L * (C * dth + G - tol) - L * d;
sys(1) = dz;
function sys = mdlOutputs(t,x,u)
dth = u(3);
z = x(1);

X = 1;
p = inv(X) * dth;
d = z + p;

sys(1) = d;
```

(4) 作图程序：chap7_3plot.m

```
close all;

figure(1);
subplot(211);
plot(t,d(:,3),'r',t,dp(:,1),'-.b','linewidth',2);
xlabel('time(s)');ylabel('d and its estimation');
legend('d','d estiamtion');
subplot(212);
plot(t,d(:,3) - dp(:,1),'r','linewidth',2);
xlabel('time(s)');ylabel('error between d and its estimation');
```

**仿真实例(2)**：基于干扰观测器补偿的滑模控制

二关节机械手动力学方程为

$$\boldsymbol{J}(\boldsymbol{\theta})\ddot{\boldsymbol{\theta}}+\boldsymbol{G}(\boldsymbol{\theta})=\boldsymbol{\tau}+\boldsymbol{d}$$

其中，$\boldsymbol{J}(\boldsymbol{\theta})=\begin{bmatrix} j_1+2X_{\rm p}\cos(\theta_2) & j_2+X_{\rm p}\cos(\theta_2) \\ j_2+X_{\rm p}\cos(\theta_2) & j_3 \end{bmatrix}$，$\boldsymbol{C}(\boldsymbol{\theta},\dot{\boldsymbol{\theta}})=0$，$\boldsymbol{G}(\boldsymbol{\theta})=\begin{bmatrix} 0.01g\cos(\theta_1+\theta_2) \\ 0.01g\cos(\theta_1+\theta_2) \end{bmatrix}$，$j_1=0.10$，$j_2=0$，$j_3=0.01$，$X_{\rm p}=0.01$。

摩擦模型为 $\boldsymbol{d}(\dot{\boldsymbol{\theta}})=\boldsymbol{k}\dot{\boldsymbol{\theta}}$，$k_1=0.20$，$k_2=0.20$。关节一和关节二的理想轨迹分别为 $\theta_{\rm d1}=0.1\sin t$ 和 $\theta_{\rm d2}=0.1\sin t$。

干扰观测器采用式(7.21)、式(7.22)和式(7.23)，该观测器无需加速度信号，干扰 $\boldsymbol{d}$ 的观测初始值取[0,0]。由于 $\dot{\boldsymbol{J}}(\boldsymbol{\theta})=\begin{bmatrix} -2X_{\rm p}\sin(\theta_2)\cdot\dot{\theta}_2 & -X_{\rm p}\sin(\theta_2)\cdot\dot{\theta}_2 \\ -X_{\rm p}\sin(\theta_2)\cdot\dot{\theta}_2 & 0 \end{bmatrix}$，则根据 $\|\dot{\boldsymbol{J}}(\boldsymbol{\theta})\|\leqslant\zeta$，可取 $\zeta=3.0$，考虑两个关节的动态特性不同，取 $\boldsymbol{\Gamma}=\begin{bmatrix} 0.1 & 0 \\ 0 & 0.3 \end{bmatrix}$，解不等

式(7.26),可得 $\boldsymbol{X}=\begin{bmatrix}0.2837 & 0\\0 & 0.3503\end{bmatrix}$。

采用控制器式(7.28)和式(7.29),被控对象初始状态为[0.1  0  0.1  0],取 $\boldsymbol{\Lambda}=\begin{bmatrix}10 & 0\\0 & 10\end{bmatrix}$,$\boldsymbol{\eta}=\begin{bmatrix}0.10 & 0\\0 & 0.10\end{bmatrix}$,采用饱和函数代替连续函数,取边界层厚度为 $\Delta=0.20$。仿真结果如图 7-10～图 7-13 所示。

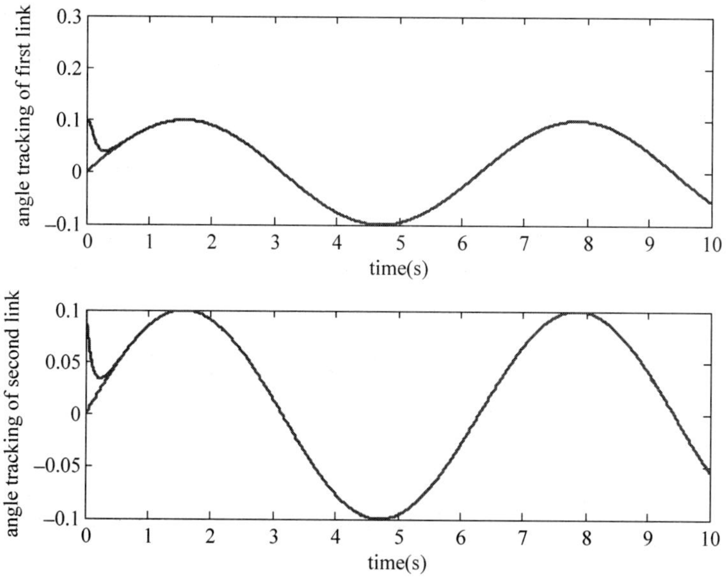


图 7-10　关节一和关节二角度跟踪

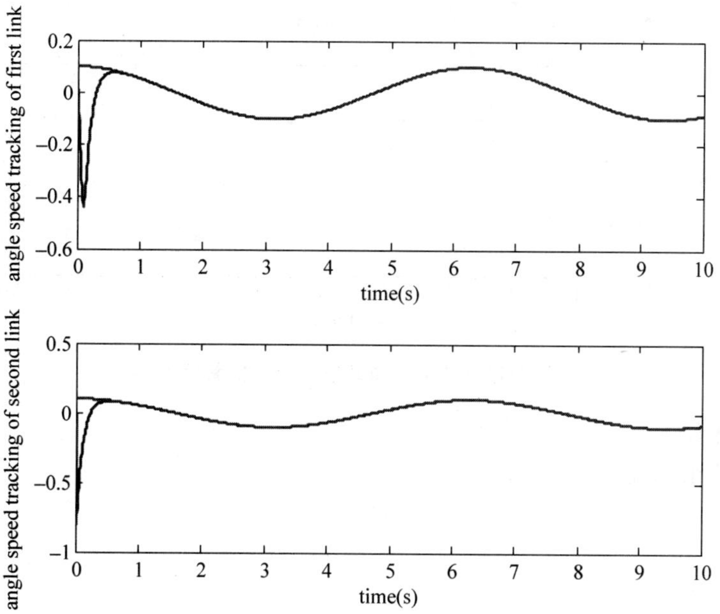


图 7-11　关节一和关节二角速度跟踪

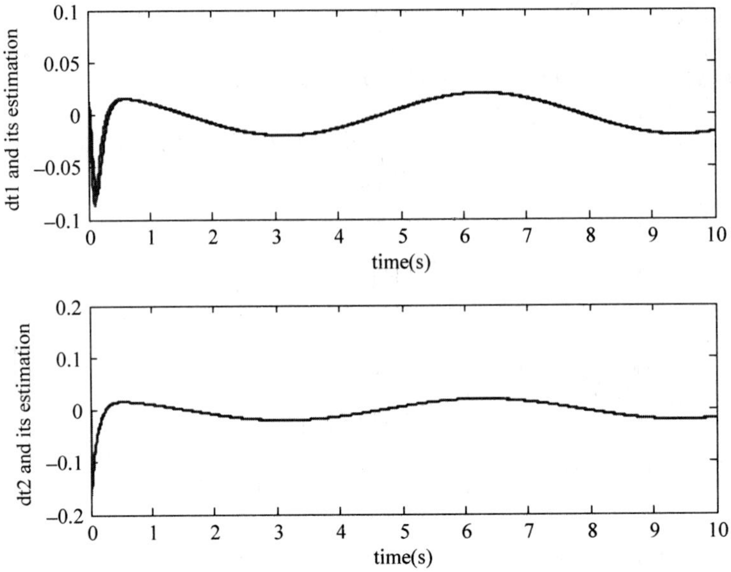


图 7-12　关节一和关节二的干扰观测结果

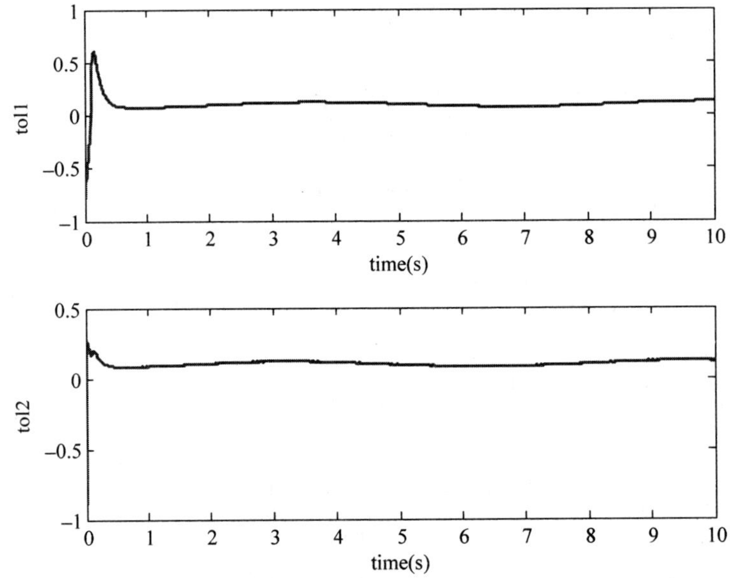


图 7-13　关节一和关节二上的控制输入

仿真程序如下：

(1) LMI 求解程序：lmi_X.m

```
clear all;
close all;
Y = sdpvar(2,2);
Kesi = 3;
Gama = 0.10 * [1 0;0 3];
```

```
FAI = [Y + Y' - Kesi * eye(2) Y';Y inv(Gama)];
 % LMI description
L1 = set(Y > 0);
L2 = set(FAI > 0);
L = L1 + L2;

solvesdp(L);
Y = double(Y);
X = inv(Y)
```

(2) Simulink 主程序：chap7_4sim. mdl

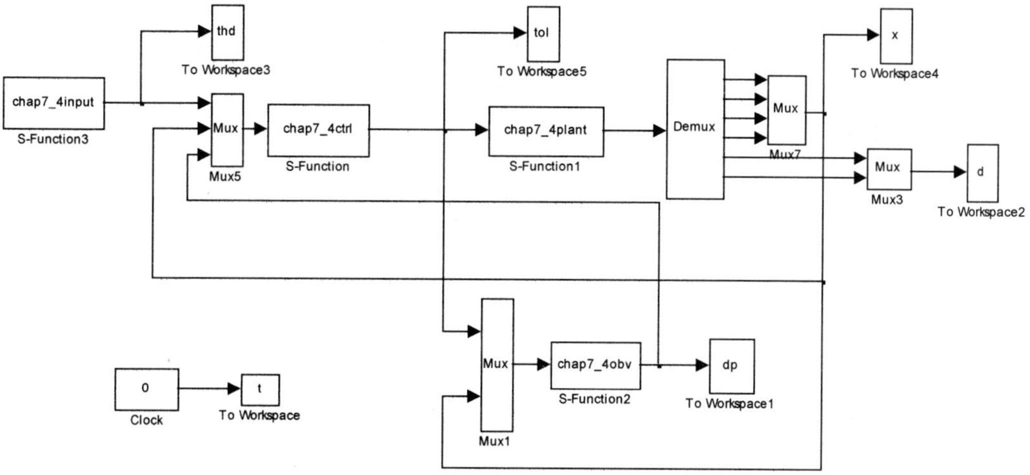


(3) 控制器程序：chap7_4ctrl. m

```
function [sys,x0,str,ts] = s_function(t,x,u,flag)
switch flag,
case 0,
    [sys,x0,str,ts] = mdlInitializeSizes;
case 3,
    sys = mdlOutputs(t,x,u);
case {2, 4, 9 }
    sys = [];
otherwise
    error(['Unhandled flag = ',num2str(flag)]);
end
function [sys,x0,str,ts] = mdlInitializeSizes
sizes = simsizes;
sizes.NumContStates  = 0;
sizes.NumDiscStates  = 0;
sizes.NumOutputs     = 2;
sizes.NumInputs      = 10;
sizes.DirFeedthrough = 1;
sizes.NumSampleTimes = 0;
sys = simsizes(sizes);
x0 = [];
str = [];
```

```
ts = [];
function sys = mdlOutputs(t,x,u)
th1d = 0.1 * sin(t);
dth1d = 0.1 * cos(t);
ddth1d = -0.1 * sin(t);

th2d = 0.1 * sin(t);
dth2d = 0.1 * cos(t);
ddth2d = -0.1 * sin(t);

thd = [th1d th2d]';
dthd = [dth1d dth2d]';
ddthd = [ddth1d ddth2d]';

th1 = u(5);dth1 = u(6);
th2 = u(7);dth2 = u(8);
dp = [u(9) u(10)]';

th = [th1 th2]';
dth = [dth1 dth2]';

e = th - thd;
de = dth - dthd;

Fai = 10 * eye(2);
s = de + Fai * e;

g = 9.8;
j1 = 0.1;j2 = 0;j3 = 0.01;Xp = 0.01;
J = [j1 + 2 * Xp * cos(th2) j2 + Xp * cos(th2)
   j2 + Xp * cos(th2) j3];
C = 0;
G1 = 0.01 * g * cos(th1 + th2);
G2 = 0.01 * g * cos(th1 + th2);
G = [G1;G2];

Xite = 0.10 * eye(2);
% Saturated function
delta = 0.20;
kk = 1/delta;
for i = 1:2
if abs(s(i))> delta
    sats(i) = sign(s(i));
else
    sats(i) = kk * s(i);
end
end
v = ddthd - Fai * de;
tol = J * v + C * dth + G - Xite * [sats(1) sats(2)]' - dp - C * s;

sys(1) = tol(1);
sys(2) = tol(2);
```

(4) 被控对象程序：chap7_4plant.m

```
function [sys,x0,str,ts] = NDO_plant (t,x,u,flag)
switch flag,
case 0,
    [sys,x0,str,ts] = mdlInitializeSizes;
case 1,
    sys = mdlDerivatives(t,x,u);
case 3,
    sys = mdlOutputs(t,x,u);
case {2, 4, 9 }
    sys = [];
otherwise
    error(['Unhandled flag = ',num2str(flag)]);
end
function [sys,x0,str,ts] = mdlInitializeSizes
global k1 k2
k1 = 0.2;k2 = 0.2;
sizes = simsizes;
sizes.NumContStates  = 4;
sizes.NumDiscStates  = 0;
sizes.NumOutputs     = 6;
sizes.NumInputs      = 2;
sizes.DirFeedthrough = 1;
sizes.NumSampleTimes = 0;
sys = simsizes(sizes);
x0 = [0.1,0,0.1,0];
str = [];
ts = [];
function sys = mdlDerivatives(t,x,u)
global k1 k2
tol = [u(1);u(2)];
g = 9.8;
j1 = 0.1;j2 = 0;j3 = 0.01;
Xp = 0.01;

J = [j1 + 2 * Xp * cos(x(3)) j2 + Xp * cos(x(3))
   j2 + Xp * cos(x(3)) j3];

G1 = 0.01 * g * cos(x(1) + x(3));
G2 = 0.01 * g * cos(x(1) + x(3));
G = [G1;G2];

dt = [k1 * x(2);k2 * x(4)];

S = inv(J) * (tol + dt - G);
sys(1) = x(2);
sys(2) = S(1);
sys(3) = x(4);
sys(4) = S(2);
function sys = mdlOutputs(t,x,u)
```

```
global k1 k2
dt = [k1 * x(2);k2 * x(4)];

sys(1) = x(1);
sys(2) = x(2);
sys(3) = x(3);
sys(4) = x(4);
sys(5) = dt(1);
sys(6) = dt(2);
```

(5) 干扰观测器程序：chap7_4obv. m

```
function [sys,x0,str,ts] = NDO(t,x,u,flag)
switch flag,
case 0,
    [sys,x0,str,ts] = mdlInitializeSizes;
case 1,
    sys = mdlDerivatives(t,x,u);
case 3,
    sys = mdlOutputs(t,x,u);
case {2, 4, 9 }
    sys = [];
otherwise
    error(['Unhandled flag = ',num2str(flag)]);
end
function [sys,x0,str,ts] = mdlInitializeSizes
sizes = simsizes;
sizes.NumContStates  = 2;
sizes.NumDiscStates  = 0;
sizes.NumOutputs     = 2;
sizes.NumInputs      = 6;
sizes.DirFeedthrough = 1;
sizes.NumSampleTimes = 0;
sys = simsizes(sizes);
x0 = [0 0];
str = [];
ts = [];
function sys = mdlDerivatives(t,x,u)
tol = [u(1);u(2)];
th = [u(3);u(5)];
dth = [u(4);u(6)];

g = 9.8;
j1 = 0.1;j2 = 0;j3 = 0.01;X = 0.01;
J = [j1 + 2 * X * cos(th(2)) j2 + X * cos(th(2))
    j2 + X * cos(th(2)) j3];
G1 = 0.01 * g * cos(th(1) + th(2));
G2 = 0.01 * g * cos(th(1) + th(2));
G = [G1;G2];

X = [0.2837 0;
```

```
    0     0.3503];

z = [x(1) x(2)]';
L = inv(X) * inv(J);
p = inv(X) * dth;
dp = z + p;

dz = L * (G - tol - dp);
sys(1) = dz(1);
sys(2) = dz(2);
function sys = mdlOutputs(t,x,u)
tol = [u(1);u(2)];
th = [u(3);u(5)];
dth = [u(4);u(6)];

g = 9.8;
j1 = 0.1;j2 = 0;j3 = 0.01;X = 0.01;
J = [j1 + 2 * X * cos(th(2)) j2 + X * cos(th(2))
    j2 + X * cos(th(2)) j3];
G1 = 0.01 * g * cos(th(1) + th(2));
G2 = 0.01 * g * cos(th(1) + th(2));
G = [G1;G2];

X = [0.2837 0;
    0     0.3503];

z = [x(1) x(2)]';
L = inv(X) * inv(J);
p = inv(X) * dth;
dp = z + p;

sys(1) = dp(1);
sys(2) = dp(2);
```

(6) 作图程序：chap7_4plot.m

```
close all;
figure(1);
subplot(211);
plot(t,thd(:,1),'r',t,x(:,1),'b','linewidth',2);
xlabel('time(s)');ylabel('angle tracking of first link');
subplot(212);
plot(t,thd(:,3),'r',t,x(:,3),'b','linewidth',2);
xlabel('time(s)');ylabel('angle tracking of second link');

figure(2);
subplot(211);
plot(t,thd(:,2),'r',t,x(:,2),'b','linewidth',2);
xlabel('time(s)');ylabel('angle speed tracking of first link');
subplot(212);
plot(t,thd(:,4),'r',t,x(:,4),'b','linewidth',2);
```

```
xlabel('time(s)');ylabel('angle speed tracking of second link');

figure(3);
subplot(211);
plot(t,d(:,1),'r',t,dp(:,1),'b','linewidth',2);
xlabel('time(s)');ylabel('dt1 and its estimation');
subplot(212);
plot(t,d(:,2),'r',t,dp(:,2),'b','linewidth',2);
xlabel('time(s)');ylabel('dt2 and its estimation');

figure(4);
subplot(211);
plot(t(:,1),tol(:,1),'r','linewidth',2);
xlabel('time(s)');ylabel('tol1');
subplot(212);
plot(t(:,1),tol(:,2),'r','linewidth',2);
xlabel('time(s)');ylabel('tol2');
```

## 7.5 欠驱动两杆机械臂 Pendubot 滑模控制

### 7.5.1 Pendubot 控制问题

欠驱动旋臂式两杆倒立摆机械臂 Pendubot 作为一类典型的欠驱动机械系统，受到越来越多的学者和研究人员的关注。欠驱动机械系统指系统的独立控制输入个数小于系统自由度个数的非线性系统。Pendubot 是一个带有两个旋转关节的两杆欠驱动机械臂，它在一个垂直平面内运动，其肩关节是驱动的，而肘关节是非驱动的。欠驱动机械系统因为在节约能量、降低造价、减轻重量、增强系统灵活度等方面都较传统的完全驱动机械系统具有优势，使其在许多重要领域都有广泛的应用，如空间机器人、水下机器人、多足机器人、移动机器人、柔性关节机器人、体操机器人等。

目前，针对 Pendubot 系统有许多控制方法。线性二次型调节器(LQR)作为一种平衡控制策略，最早被用于 Pendubot 系统[5]，但对于复杂的非线性、强耦合系统，其抗干扰性和鲁棒性较差。文献[6]根据 Pendubot 系统的无源性设计了基于能量的起摆控制方法。文献[7]提出了基于反馈镇定的倒立平衡点附近的混杂控制方法。文献[8]应用线性调节理论和 T-S 模糊实现了对 Pendubot 的跟踪控制。文献[9]提出了一种基于脉冲动量的起摆控制策略。

### 7.5.2 Pendubot 机械臂建模

欠驱动倒立摆机械臂 Pendubot 是一个两杆机械臂，它带有两个能够 360 度旋转的关节，在一个垂直平面内运动，由电机驱动的关节称为主动关节或者驱动关节，无电机驱动的关节称为欠驱动关节或者被动关节，和主动关节相连的机械臂称为主动臂，和欠驱动关节相连的机械臂称为欠驱动臂，由于其系统结构与人类的手臂有些相似，所以其主动关节也经常被称为肩关节，其欠驱动关节被称为肘关节。

主动关节处装有一个直流电机，驱动整个机械臂系统的运动。欠驱动机械臂系统中主动关节和欠驱动关节处还安装了两个高精度光电编码器，分别用于提供主动臂和欠驱动臂的位置反馈信号。

如图 7-14 所示，在与水平面垂直的竖直平面上，建立以主动关节中心点为原点、以水平线为横轴 $x$ 轴、以竖直线为纵轴 $y$ 轴的 $xOy$ 直角坐标系，设 $q_1$ 为主动臂相对于水平坐标轴 $x$ 的角度，$q_2$ 为欠驱动臂相对于主动臂的角度，$l_1$ 为主动臂长度，$l_{c1}$ 为主动臂质心到距离，$l_{c2}$ 为欠驱动臂质心到主动关节的距离，$I_1$ 为主动臂质心相对于主动关节的转动惯量，$I_2$ 为欠驱动臂质心相对于主动关节转动惯量，$m_1$ 为主动臂质量，$m_2$ 为欠驱动臂质量，$g$ 为重力加速度，$\tau$ 是电机驱动力矩。

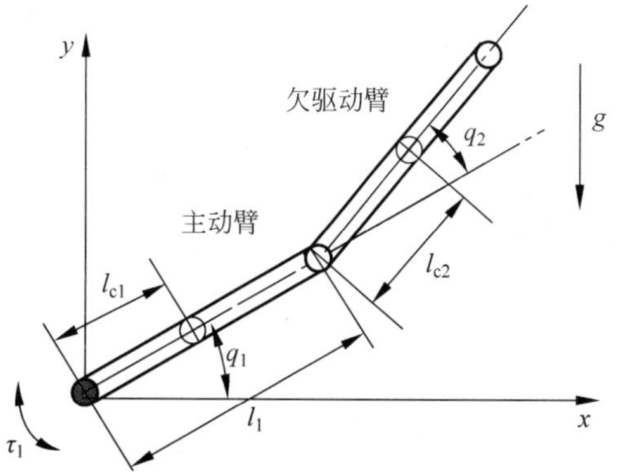


**图 7-14　Pendubot 机械臂示意图**

首先考虑一般形式的拉格朗日-欧拉运动方程：

$$\frac{\mathrm{d}}{\mathrm{d}t}\left[\frac{\partial L}{\partial \dot{\boldsymbol{q}}_i}\right]-\frac{\partial L}{\partial \boldsymbol{q}_i}=\boldsymbol{\tau}_i,\quad i=1,2,\cdots,n \tag{7.30}$$

其中，$L$ 为拉格朗日算子，$L=K-P$，$K$ 为机械臂的总动能，$P$ 为机械臂的总势能，$q_i$ 为机械臂的广义坐标，$\tau_i$ 为在关节 $i$ 处作用于系统以驱动杆件的广义力或广义力矩。

定义

$$\boldsymbol{q}=(q_1\quad q_2)^{\mathrm{T}} \tag{7.31}$$

根据式(7.30)可得

$$\begin{cases}\dfrac{\mathrm{d}}{\mathrm{d}t}\dfrac{\partial L}{\partial \dot{\boldsymbol{q}}_1}-\dfrac{\partial L}{\partial \boldsymbol{q}_1}=\tau_1\\[2ex]\dfrac{\mathrm{d}}{\mathrm{d}t}\dfrac{\partial L}{\partial \dot{\boldsymbol{q}}_2}-\dfrac{\partial L}{\partial \boldsymbol{q}_2}=\tau_2\end{cases} \tag{7.32}$$

其中，$\tau_2=0$。

拉格朗日函数为

$$L(\boldsymbol{q},\dot{\boldsymbol{q}})=K-P \tag{7.33}$$

第一步，计算 Pendubot 主动臂的平移动能 $K_1$ 和势能 $P_1$

$$K_1=\frac{1}{2}m_1 l_{c1}^2\,\dot{q}_1^2,\quad P_1=m_1 l_{c1} g\sin q_1$$

第二步，计算 Pendubot 欠驱动臂的平移动能 $K_2$ 和势能 $P_2$。根据 Pendubot 动力学模型示意图，得到欠驱动臂质心的笛卡儿坐标系为

$$\begin{cases} x_2 = l_1\cos(q_1) + l_{c2}\cos(q_1+q_2) \\ y_2 = l_1\sin(q_1) + l_{c2}\sin(q_1+q_2) \end{cases} \tag{7.34}$$

欠驱动臂速度的笛卡儿坐标分量可以表示为

$$\begin{cases} \dot{x}_2 = -l_1\sin(q_1)\dot{q}_1 - l_{c2}\sin(q_1+q_2)(\dot{q}_1+\dot{q}_2) \\ \dot{y}_2 = l_1\cos(q_1)\dot{q}_1 + l_{c2}\cos(q_1+q_2)(\dot{q}_1+\dot{q}_2) \end{cases} \tag{7.35}$$

欠驱动臂速度的平方值

$$v_2^2 = \dot{x}_2^2 + \dot{y}_2^2 = l_1^2\dot{q}_1^2 + l_{c2}^2(\dot{q}_1+\dot{q}_2)^2 + 2l_1l_{c2}\cos(q_2)\dot{q}_1(\dot{q}_1+\dot{q}_2)$$

则欠驱动臂的平移动能为

$$K_2 = \frac{1}{2}m_2v_2^2 = \frac{1}{2}m_2(l_1^2\dot{q}_1^2 + l_{c2}^2(\dot{q}_1+\dot{q}_2)^2 + 2l_1l_{c2}\cos(q_2)\dot{q}_1(\dot{q}_1+\dot{q}_2))$$

欠驱动臂的势能为

$$P_2 = m_2gy_2 = m_2g(l_1\sin(q_1) + l_{c2}\sin(q_1+q_2))$$

第三步，欠驱动臂的转动动能为

$$\begin{aligned} K_v &= \frac{1}{2}\dot{\boldsymbol{q}}^{\mathrm{T}}\left\{I_1\begin{bmatrix}1 & 0\\0 & 0\end{bmatrix} + I_2\begin{bmatrix}1 & 1\\1 & 1\end{bmatrix}\right\}\dot{\boldsymbol{q}} = \frac{1}{2}\begin{bmatrix}\dot{q}_1 & \dot{q}_2\end{bmatrix}\begin{bmatrix}I_1+I_2 & I_2\\ I_2 & I_2\end{bmatrix}\begin{bmatrix}\dot{q}_1\\ \dot{q}_2\end{bmatrix} \\ &= \frac{1}{2}((I_1+I_2)\dot{q}_1^2 + 2I_2\dot{q}_1\dot{q}_2 + I_2\dot{q}_2^2) \end{aligned}$$

根据拉格朗日函数可以得到

$$\begin{aligned} L(\boldsymbol{q},\dot{\boldsymbol{q}}) &= K - P = K_1 + K_2 + K_v - P_1 - P_2 \\ &= \frac{1}{2}m_1l_{c1}^2\dot{\boldsymbol{q}}_1^2 + \frac{1}{2}m_2[l_1^2\dot{q}_1^2 + l_{c2}^2(\dot{q}_1+\dot{q}_2)^2 + 2l_1l_{c2}\cos(q_2)\dot{q}_1(\dot{q}_1+\dot{q}_2)] \\ &\quad + \frac{1}{2}((I_1+I_2)\dot{q}_1^2 + 2I_2\dot{q}_1\dot{q}_2 + I_2\dot{q}_2^2) - m_1l_{c1}g\sin(q_1) \\ &\quad - m_2g(l_1\sin(q_1) + l_{c2}\sin(q_1+q_2)) \end{aligned}$$

根据 Pendubot 的拉格朗日-欧拉方程式(7.32)，可求得其中的各项表达式。首先，对主动臂，可得

$$\begin{aligned} \frac{\partial L}{\partial \dot{q}_1} &= m_1l_{c1}^2\dot{q}_1 + m_2l_1^2\dot{q}_1 + m_2l_{c2}^2(\dot{q}_1+\dot{q}_2) + 2m_2l_1l_{c2}\cos(q_2)\dot{q}_1 \\ &\quad + m_2l_1l_{c2}\cos(q_2)\dot{q}_2 + (I_1+I_2)\dot{q}_1 + I_2\dot{q}_2 \end{aligned}$$

$$\begin{aligned} \frac{\mathrm{d}}{\mathrm{d}t}\frac{\partial L}{\partial \dot{q}_1} &= m_1l_{c1}^2\ddot{q}_1 + m_2l_1^2\ddot{q}_1 + m_2l_{c2}^2(\ddot{q}_1+\ddot{q}_2) + 2m_2l_1l_{c2}\cos(q_2)\ddot{q}_1 - 2m_2l_1l_{c2}\sin(q_2)\dot{q}_2\dot{q}_1 \\ &\quad + m_2l_1l_{c2}\cos(q_2)\ddot{q}_2 - m_2l_1l_{c2}\sin(q_2)\dot{q}_2\dot{q}_2 + (I_1+I_2)\ddot{q}_1 + I_2\ddot{q}_2 \\ &= \{m_1l_{c1}^2 + m_2(l_1^2 + l_{c2}^2 + 2l_1l_{c2}\cos q_2) + (I_1+I_2)\}\ddot{q}_1 \\ &\quad + \{m_2(l_{c2}^2 + l_1l_{c2}\cos q_2) + I_2\}\ddot{q}_2 - 2m_2l_1l_{c2}\sin(q_2)\dot{q}_2\dot{q}_1 - m_2l_1l_{c2}\sin(q_2)\dot{q}_2\dot{q}_2 \end{aligned}$$

$$\begin{aligned} \frac{\partial L}{\partial q_1} &= \frac{\partial K}{\partial q_1} - \frac{\partial P}{\partial q_1} = 0 - m_1l_{c1}g\cos(q_1) - m_2g(l_1\cos(q_1) + l_{c2}\cos(q_1+q_2)) \\ &= -(m_1l_{c1} + m_2l_1)g\cos(q_1) - m_2l_{c2}g\cos(q_1+q_2) \end{aligned}$$

然后，对于欠驱动臂，可得

$$\frac{\partial L}{\partial \dot{q}_2}=m_2 l_{c2}^2(\dot{q}_1+\dot{q}_2)+m_2 l_1 l_{c2}\cos(q_2)\dot{q}_1+I_2\dot{q}_1+I_2\dot{q}_2$$
$$=[m_2 l_{c2}^2+m_2 l_1 l_{c2}\cos(q_2)+I_2]\dot{q}_1+(m_2 l_{c2}^2+I_2)\dot{q}_2$$

$$\frac{\mathrm{d}}{\mathrm{d}t}\frac{\partial L}{\partial \dot{q}_2}=[m_2 l_{c2}^2+m_2 l_1 l_{c2}\cos(q_2)+I_2]\ddot{q}_1+(m_2 l_{c2}^2+I_2)\ddot{q}_2-m_2 l_1 l_{c2}\sin(q_2)\dot{q}_2\dot{q}_1$$

$$\frac{\partial L}{\partial q_2}=-m_2 l_1 l_{c2}\sin(q_2)\dot{q}_1(\dot{q}_1+\dot{q}_2)-m_2 l_{c2} g\cos(q_1+q_2)$$

从而可得主动臂的拉格朗日动力学方程

$$\tau_1=\frac{\mathrm{d}}{\mathrm{d}t}\frac{\partial L}{\partial \dot{q}_1}-\frac{\partial L}{\partial q_1}$$
$$=\{m_1 l_{c1}^2+m_2(l_1^2+l_{c2}^2+2l_1 l_{c2}\cos q_2)+(I_1+I_2)\}\ddot{q}_1+\{m_2(l_{c2}^2+l_1 l_{c2}\cos q_2)+I_2\}\ddot{q}_2$$
$$-2m_2 l_1 l_{c2}\sin(q_2)\dot{q}_2\dot{q}_1-m_2 l_1 l_{c2}\sin(q_2)\dot{q}_2\dot{q}_2$$
$$+(m_1 l_{c1}+m_2 l_1)g\cos q_1+m_2 l_{c2} g\cos(q_1+q_2)$$

其中，$-2m_2 l_1 l_{c2}\sin(q_2)\dot{q}_2\dot{q}_1-m_2 l_1 l_{c2}\sin(q_2)\dot{q}_2\dot{q}_2=-m_2 l_1 l_{c2}\sin(q_2)\dot{q}_2\dot{q}_1-m_2 l_1 l_{c2}\sin(q_2)\dot{q}_2(\dot{q}_1+\dot{q}_2)$。

欠驱动臂的拉格朗日动力学方程为

$$\tau_2=\frac{\mathrm{d}}{\mathrm{d}t}\frac{\partial L}{\partial \dot{q}_2}-\frac{\partial L}{\partial q_2}$$
$$=(m_2 l_{c2}^2+m_2 l_1 l_{c2}\cos(q_2)+I_2)\ddot{q}_1+(m_2 l_{c2}^2+I_2)\ddot{q}_2$$
$$+m_2 l_1 l_{c2}\sin(q_2)\dot{q}_1\dot{q}_1+m_2 l_{c2} g\cos(q_1+q_2)$$

最终，可得到整个 Pendubot 欠驱动系统的动力学方程：

$$\boldsymbol{M}(\boldsymbol{q})\ddot{\boldsymbol{q}}+\boldsymbol{C}(\boldsymbol{q},\dot{\boldsymbol{q}})\dot{\boldsymbol{q}}+\boldsymbol{G}(\boldsymbol{q})=\boldsymbol{\tau} \tag{7.36}$$

其中，$\boldsymbol{\tau}=[\tau_1\quad\tau_2]^{\mathrm{T}}$，$\tau_2=0$，$\boldsymbol{q}=\begin{bmatrix}q_1\\q_2\end{bmatrix}$，$\boldsymbol{M}(\boldsymbol{q})=\begin{bmatrix}m_1 l_{c1}^2+m_2(l_1^2+l_{c2}^2+2l_1 l_{c2}\cos q_2)+(I_1+I_2) & m_2(l_{c2}^2+l_1 l_{c2}\cos q_2)+I_2\\ m_2(l_{c2}^2+l_1 l_{c2}\cos q_2)+I_2 & m_2 l_{c2}^2+I_2\end{bmatrix}$，$\boldsymbol{C}(\boldsymbol{q},\dot{\boldsymbol{q}})=\begin{bmatrix}-m_2 l_1 l_{c2}\sin(q_2)\dot{q}_2 & -m_2 l_1 l_{c2}\sin(q_2)(\dot{q}_2+\dot{q}_1)\\ m_2 l_1 l_{c2}\sin(q_2)\dot{q}_1 & 0\end{bmatrix}$，
$\boldsymbol{G}(\boldsymbol{q})=\begin{bmatrix}(m_1 l_{c1}+m_2 l_1)g\cos(q_1)+m_2 l_{c2} g\cos(q_1+q_2)\\ m_2 l_{c2} g\cos(q_1+q_2)\end{bmatrix}$。

### 7.5.3 Pendubot 动力学模型

带有 $m$ 个欠驱动关节的 $n$ 关节欠驱动机械系统的通用 Pendubot 动力学模型如下[10]：

$$\boldsymbol{M}(\boldsymbol{q})\ddot{\boldsymbol{q}}+\boldsymbol{C}(\boldsymbol{q},\dot{\boldsymbol{q}})\dot{\boldsymbol{q}}+\boldsymbol{G}(\boldsymbol{q})=\boldsymbol{\tau} \tag{7.37}$$

其中，$\boldsymbol{M}(\boldsymbol{q})=\begin{bmatrix}M_{11}(q) & M_{12}(q)\\ M_{21}(q) & M_{22}(q)\end{bmatrix}$，$\boldsymbol{C}(\boldsymbol{q},\dot{\boldsymbol{q}})=\begin{bmatrix}C_{11}(q,\dot{q}) & C_{12}(q,\dot{q})\\ C_{21}(q,\dot{q}) & C_{22}(q,\dot{q})\end{bmatrix}$，$\boldsymbol{G}(\boldsymbol{q})=\begin{bmatrix}G_1(q)\\ G_2(q)\end{bmatrix}$，

$\boldsymbol{\tau}=\begin{bmatrix}\tau_1\\0\end{bmatrix}$，$\boldsymbol{q}=[q_1,q_2]^{\mathrm{T}}\in R^n$ 是关节变量组成的向量，$q_1\in R^m$ 是代表主动臂的向量，$\boldsymbol{q}_2$ 是代表欠驱动臂的向量。$\boldsymbol{M}(\boldsymbol{q})$是 $n\times n$ 对称正定的惯性矩阵，$\boldsymbol{C}(\boldsymbol{q},\dot{\boldsymbol{q}})\dot{\boldsymbol{q}}$ 是科氏力和离心力的向量，$\boldsymbol{\tau}_1$ 是控制输入力矩的向量。

Pendubot 系统包含两个可旋转关节，电机位于肩关节，肘关节没有电机驱动，如图 7-15 所示。图中 $l_1$ 为主动臂长度，$l_{c1}$ 为主动臂相对于连接点到质心的距离，$l_{c2}$ 为欠驱动臂相对于连接点到质心的距离，$q_1$ 为主动臂相对于水平坐标轴的角度，$q_2$ 为欠驱动臂相对于主动臂的角度，$I_1$ 为主动臂相对于质心转动惯量，$I_2$ 为欠驱动臂相对于质心转动惯量，$m_1$ 为主动臂质量，$m_2$ 为欠驱动臂质量，$g$ 为重力加速度。

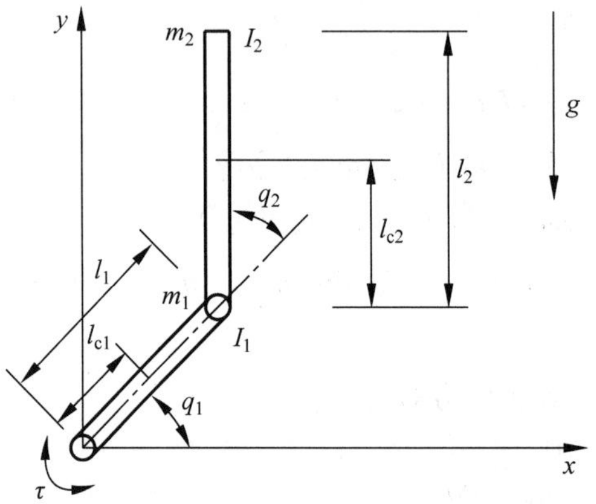


**图 7-15 Pendubot 系统动力学模型**

二关节 Pendubot 的动力学模型如下：

$$\begin{bmatrix}M_{11} & M_{12}\\M_{21} & M_{22}\end{bmatrix}\begin{bmatrix}\ddot{q}_1\\\ddot{q}_2\end{bmatrix}+\begin{bmatrix}C_{11} & C_{12}\\C_{21} & C_{22}\end{bmatrix}\begin{bmatrix}\dot{q}_1\\\dot{q}_2\end{bmatrix}+\begin{bmatrix}G_1\\G_2\end{bmatrix}=\begin{bmatrix}\tau_1\\0\end{bmatrix} \tag{7.38}$$

其中，$M_{11}=m_1l_{c1}^2+m_2(l_1^2+l_{c2}^2+2l_1l_{c2}\cos q_2)+(I_1+I_2)$，$M_{12}=M_{21}=m_2(l_{c2}^2+l_1l_{c2}\cos q_2)+I_2$，$M_{22}=m_2l_{c2}^2+I_2$，$C_{11}=-m_2l_1l_{c2}\sin(q_2)\dot{q}_2$，$C_{12}=-m_2l_1l_{c2}\sin(q_2)(\dot{q}_2+\dot{q}_1)$，$C_{21}=m_2l_1l_{c2}\sin(q_2)\dot{q}_1$，$C_{22}=0$，$G_1=(m_1l_{c1}+m_2l_1)g\cos q_1+m_2l_{c2}g\cos(q_1+q_2)$，$G_2=m_2l_{c2}g\cos(q_1+q_2)$。

通过定义参数，可将 7 个动力学参数组成最小参数集的 5 个新参数。定义如下：

$$\begin{cases}\theta_1=m_1l_{c1}^2+m_2l_1^2+I_1\\\theta_2=m_2l_{c2}^2+I_2\\\theta_3=m_2l_1l_{c2}\\\theta_4=m_1l_{c1}+m_2l_1\\\theta_5=m_2l_{c2}\end{cases}$$

则

$$\begin{cases}M_{11}=\theta_1+\theta_2+2\theta_3\cos q_2\\M_{12}=M_{21}=\theta_2+\theta_3\cos q_2\\M_{22}=\theta_2\end{cases}$$

则动力学式(7.38)变为

$$\begin{bmatrix}\theta_1+\theta_2+2\theta_3\cos(q_2) & \theta_2+\theta_3\cos(q_2)\\ \theta_2+\theta_3\cos(q_2) & \theta_2\end{bmatrix}\begin{bmatrix}\ddot{q}_1\\ \ddot{q}_2\end{bmatrix}+\theta_3\sin(q_2)\begin{bmatrix}-\dot{q}_2 & -(\dot{q}_2+\dot{q}_1)\\ \dot{q}_1 & 0\end{bmatrix}\begin{bmatrix}\dot{q}_1\\ \dot{q}_2\end{bmatrix}$$
$$+\begin{bmatrix}\theta_4 g\cos(q_1)+\theta_5 g\cos(q_1+q_2)\\ \theta_5 g\cos(q_1+q_2)\end{bmatrix}=\begin{bmatrix}\tau_1\\ 0\end{bmatrix}\tag{7.39}$$

## 7.5.4 Pendubot 模型的分析

### 1. Pendubot 平衡状态的分析

当控制输入力矩 $\tau_1$ 为常数时，Pendubot 的平衡状态 $(q_1,q_2,\dot{q}_1,\dot{q}_2)=(q_1,q_2,0,0)$，此时，$\ddot{q}_1=0,\ddot{q}_2=0$。

则由式(7.39)可得 Pendubot 平衡点的约束方程为

$$\begin{cases}\theta_4 g\cos(q_1)+\theta_5 g\cos(q_1+q_2)=\tau_1\\ \theta_5 g\cos(q_1+q_2)=0\end{cases}\tag{7.40}$$

平衡状态下 $\tau_1$ 很小，假设 $\frac{\tau_1}{\theta_4 g}\leqslant 1$，由于 $q_1\in(-\pi,\pi]$，$q_2\in(-\pi,\pi]$，则可得到平衡点处主动臂和欠驱动臂的角位置分别为

$$q_2=n\frac{\pi}{2}-q_1,\quad n=-1,1,3$$
$$q_1=\arccos\left(\frac{\tau_1}{\theta_4 g}\right)\tag{7.41}$$

当 $\tau_1=0$ 时，Pendubot 处于平衡状态，通过上式可以得到 Pendubot 在 4 种平衡点处的状态分别为

$$\boldsymbol{P}_1=(q_1,q_2,\dot{q}_1,\dot{q}_2)=(-\pi/2,0,0,0)$$
$$\boldsymbol{P}_2=(q_1,q_2,\dot{q}_1,\dot{q}_2)=(-\pi/2,\pi,0,0)$$
$$\boldsymbol{P}_3=(q_1,q_2,\dot{q}_1,\dot{q}_2)=(\pi/2,0,0,0)$$
$$\boldsymbol{P}_4=(q_1,q_2,\dot{q}_1,\dot{q}_2)=(\pi/2,\pi,0,0)$$

上述 4 种固有平衡状态，分别对应于 Pendubot 的主动臂和欠驱动臂同时竖直向下、主动臂竖直向下和欠驱动臂竖直向上、主动臂和欠驱动臂同时竖直向上、主动臂竖直向上和欠驱动臂竖直向下四种状态。其中，只有第一种平衡状态是稳定的，其余三种都是不稳定的。一个任意小的扰动都会导致 Pendubot 系统远离不稳定的平衡状态，特别是第三种状态 $\boldsymbol{P}_3=(\pi/2,0,0,0)$ 是最难以保持的。

因此，需要设计既能抗干扰而且鲁棒性又强的控制律，使得 Pendubot 系统能在其不稳定平衡点处保持稳定。

### 2. Pendubot 非完整约束性

根据非完整约束阶数的不同，欠驱动机械手可分为一阶和二阶非完整系统，其中前

者具有速度约束不可积，后者具有加速度约束不可积。Pendubot 系统被看成是一类二阶的非完整约束系统，具有加速度约束不可积的特性。欠驱动机械系统的可控性和稳定性与可积性密切相关。对于非完整约束系统，控制难点在于无法用光滑反馈使系统在平衡点附近局部渐进稳定。针对不同的控制目标，设计非光滑反馈稳定的控制策略。针对 Pendubot 系统的控制一般分为起摆和平衡两个阶段，通过切换控制达到对该非完整约束系统的有效控制。

通过式(7.39)的第二行，可得到在 Pendubot 系统中存在的二阶约束方程如下：

$$(\theta_2+\theta_3\cos q_2)\ddot{q}_1+\theta_2\ddot{q}_2+\theta_3\sin(q_2)\dot{q}_1^2+\theta_5 g\cos(q_1+q_2)=0 \tag{7.42}$$

## 7.5.5 滑模控制律设计

以最难以保持的不稳定倒立平衡点 $P_3$ 为例，设计滑模控制律，使其在有限时间内到达平衡点，并且保持稳定。由于 $\boldsymbol{P}_3=(\pi/2,0,0,0)$，则各个状态的跟踪误差为

$$e_1=q_1-\pi/2,\quad \dot{e}_1=\dot{q}_1,\quad e_2=q_2,\quad \dot{e}_2=\dot{q}_2$$

由式(7.39)可得

$$\begin{bmatrix}\ddot{q}_1\\ \ddot{q}_2\end{bmatrix}=\boldsymbol{M}(\boldsymbol{q})^{-1}[\boldsymbol{\tau}-\boldsymbol{C}(\boldsymbol{q},\dot{\boldsymbol{q}})\dot{\boldsymbol{q}}-\boldsymbol{G}(\boldsymbol{q})] \tag{7.43}$$

其中，$\boldsymbol{M}(\boldsymbol{q})=\begin{bmatrix}\theta_1+\theta_2+2\theta_3\cos(q_2) & \theta_2+\theta_3\cos(q_2)\\ \theta_2+\theta_3\cos(q_2) & \theta_2\end{bmatrix}$，$\boldsymbol{H}(\boldsymbol{q},\dot{\boldsymbol{q}})=\boldsymbol{C}(\boldsymbol{q},\dot{\boldsymbol{q}})\dot{\boldsymbol{q}}+\boldsymbol{G}(\boldsymbol{q})$。

由于

$$\boldsymbol{M}(\boldsymbol{q})^{-1}=\frac{\boldsymbol{M}^*}{|\boldsymbol{M}|}=\frac{1}{\boldsymbol{M}_{11}\boldsymbol{M}_{22}-\boldsymbol{M}_{12}\boldsymbol{M}_{21}}\begin{bmatrix}\boldsymbol{M}_{22} & -\boldsymbol{M}_{12}\\ -\boldsymbol{M}_{21} & \boldsymbol{M}_{11}\end{bmatrix}$$

$$\begin{aligned}\boldsymbol{H}(\boldsymbol{q},\dot{\boldsymbol{q}})&=\boldsymbol{C}(\boldsymbol{q},\dot{\boldsymbol{q}})\dot{\boldsymbol{q}}+\boldsymbol{G}(\boldsymbol{q})\\ &=\theta_3\sin q_2\begin{bmatrix}-\dot{q}_2 & -(\dot{q}_2+\dot{q}_1)\\ \dot{q}_1 & 0\end{bmatrix}\begin{bmatrix}\dot{q}_1\\ \dot{q}_2\end{bmatrix}+\begin{bmatrix}\theta_4 g\cos q_1+\theta_5 g\cos(q_1+q_2)\\ \theta_5 g\cos(q_1+q_2)\end{bmatrix}\\ &=\theta_3\sin q_2\begin{bmatrix}-2\dot{q}_2\dot{q}_1-\dot{q}_2^2\\ \dot{q}_1^2\end{bmatrix}+\begin{bmatrix}\theta_4 g\cos q_1+\theta_5 g\cos(q_1+q_2)\\ \theta_5 g\cos(q_1+q_2)\end{bmatrix}\end{aligned}$$

令 $\boldsymbol{H}(\boldsymbol{q},\dot{\boldsymbol{q}})=[h_1\quad h_2]^{\mathrm{T}}$，则

$$h_1=-2\theta_3\sin(q_2)\dot{q}_2\dot{q}_1-\theta_3\sin(q_2)\dot{q}_2^2+\theta_4 g\cos(q_1)+\theta_5 g\cos(q_1+q_2)$$

$$h_2=\theta_3\sin(q_2)\dot{q}_1\dot{q}_1+\theta_5 g\cos(q_1+q_2)$$

从而

$$\begin{aligned}\boldsymbol{M}(\boldsymbol{q})^{-1}[\boldsymbol{\tau}-\boldsymbol{C}(\boldsymbol{q},\dot{\boldsymbol{q}})\dot{\boldsymbol{q}}-\boldsymbol{G}(\boldsymbol{q})]&=\frac{1}{\boldsymbol{M}_{11}\boldsymbol{M}_{22}-\boldsymbol{M}_{12}\boldsymbol{M}_{21}}\begin{bmatrix}\boldsymbol{M}_{22} & -\boldsymbol{M}_{12}\\ -\boldsymbol{M}_{21} & \boldsymbol{M}_{11}\end{bmatrix}\begin{bmatrix}\tau_1-h_1\\ -h_2\end{bmatrix}\\ &=\frac{1}{\boldsymbol{M}_{11}\boldsymbol{M}_{22}-\boldsymbol{M}_{12}\boldsymbol{M}_{21}}\begin{bmatrix}\boldsymbol{M}_{22}\tau_1-\boldsymbol{M}_{22}h_1+\boldsymbol{M}_{12}h_2\\ -\boldsymbol{M}_{21}\tau_1+\boldsymbol{M}_{21}h_1-\boldsymbol{M}_{11}h_2\end{bmatrix}\\ &=\frac{1}{\boldsymbol{M}_{11}\boldsymbol{M}_{22}-\boldsymbol{M}_{12}\boldsymbol{M}_{21}}\left(\begin{bmatrix}-\boldsymbol{M}_{22}h_1+\boldsymbol{M}_{12}h_2\\ \boldsymbol{M}_{21}h_1-\boldsymbol{M}_{11}h_2\end{bmatrix}+\begin{bmatrix}\boldsymbol{M}_{22}\\ -\boldsymbol{M}_{21}\end{bmatrix}\tau_1\right)\end{aligned}$$

则式(7.43)可写为

$$\ddot{q}_1 = f_1 + b_1\tau_1 + d_1$$
$$\ddot{q}_2 = f_2 + b_2\tau_1 + d_2 \tag{7.44}$$

其中，$f_1 = \dfrac{-\boldsymbol{M}_{22}h_1 + \boldsymbol{M}_{12}h_2}{\boldsymbol{M}_{11}\boldsymbol{M}_{22} - \boldsymbol{M}_{12}\boldsymbol{M}_{21}}$，$b_1 = \dfrac{\boldsymbol{M}_{22}}{\boldsymbol{M}_{11}\boldsymbol{M}_{22} - \boldsymbol{M}_{12}\boldsymbol{M}_{21}}$，$f_2 = \dfrac{\boldsymbol{M}_{21}h_1 - \boldsymbol{M}_{11}h_2}{\boldsymbol{M}_{11}\boldsymbol{M}_{22} - \boldsymbol{M}_{12}\boldsymbol{M}_{21}}$，$b_2 = \dfrac{-\boldsymbol{M}_{21}}{\boldsymbol{M}_{11}\boldsymbol{M}_{22} - \boldsymbol{M}_{12}\boldsymbol{M}_{21}}$，$d_1$、$d_2$ 是加在控制输入端的干扰。

控制的目标为 $q_1 \to \pi/2, \dot{q}_1 \to 0, q_2 \to 0, \dot{q}_2 \to 0$，定义滑模函数为

$$s = \alpha_1\dot{e}_1 + \lambda_1 e_1 + \alpha_2\dot{e}_2 + \lambda_2 e_2 = \alpha_1\dot{e}_1 + \alpha_2\dot{e}_2 + s_{\mathrm{r}} \tag{7.45}$$

其中，$s_{\mathrm{r}} = \lambda_1 e_1 + \lambda_2 e_2$，$\alpha_1$、$\lambda_1$、$\alpha_2$ 和 $\lambda_2$ 分别为滑模面系数。

于是

$$\begin{aligned}\dot{s} &= \alpha_1\ddot{e}_1 + \alpha_2\ddot{e}_2 + \dot{s}_{\mathrm{r}} = \alpha_1\ddot{q}_1 + \alpha_2\ddot{q}_2 + \dot{s}_{\mathrm{r}} \\ &= \alpha_1(f_1 + b_1\tau_1 + d_1) + \alpha_2(f_2 + b_2\tau_1 + d_2) + \dot{s}_{\mathrm{r}} \\ &= (\alpha_1 b_1 + \alpha_2 b_2)\tau_1 + \alpha_1 f_1 + \alpha_1 d_1 + \alpha_2 f_2 + \alpha_2 d_2 + \dot{s}_{\mathrm{r}}\end{aligned}$$

设计滑模控制律为

$$\tau_1 = -\frac{1}{\alpha_1 b_1 + \alpha_2 b_2}(\alpha_1 f_1 + \alpha_2 f_2 + \dot{s}_{\mathrm{r}} + \eta\,\mathrm{sgn}(s) + ks) \tag{7.46}$$

其中，$\eta = |\alpha_1|\bar{d}_1 + |\alpha_2|\bar{d}_2$，$|d_1| < \bar{d}_1$，$|d_2| < \bar{d}_2$，$\eta > 0$，$k > 0$。

于是

$$\begin{aligned}\dot{s} &= \alpha_1\ddot{e}_1 + \alpha_2\ddot{e}_2 + \dot{s}_{\mathrm{r}} = \alpha_1\ddot{q}_1 + \alpha_2\ddot{q}_2 + \dot{s}_{\mathrm{r}} \\ &= \alpha_1(f_1 + b_1\tau_1 + d_1) + \alpha_2(f_2 + b_2\tau_1 + d_2) + \dot{s}_{\mathrm{r}} \\ &= (\alpha_1 b_1 + \alpha_2 b_2)\tau_1 + \alpha_1 f_1 + \alpha_2 f_2 + \dot{s}_{\mathrm{r}} + \alpha_1 d_1 + \alpha_2 d_2 \\ &= -(\eta\,\mathrm{sgn}(s) + ks) + \alpha_1 d_1 + \alpha_2 d_2\end{aligned}$$

设计 Lyapunov 函数为 $V = \dfrac{1}{2}s^2$，则

$$\dot{V} = s\dot{s} = -\eta|s| - ks^2 + s(\alpha_1 d_1 + \alpha_2 d_2) \leqslant -ks^2 = -2kV$$

采用引理 6.1，针对不等式方程 $\dot{V} \leqslant -\dfrac{k}{2}V$，有 $\alpha = \dfrac{k}{2}$，$f = 0$，解为

$$V(t) \leqslant \mathrm{e}^{-\frac{k}{2}(t-t_0)}V(t_0)$$

可见，$V(t)$ 指数收敛至零，收敛速度取决于 $k$。指数项 $-ks$ 能保证当 $s$ 较大时，滑模函数能以较大的速度趋近于滑动模态。因此，指数趋近律尤其适合解决具有大阶跃的响应控制问题。

**注**：由函数 $s$ 的表达式可知，上述分析中，滑模控制律只能实现对 $s \to 0$ 的鲁棒控制，但不能实现 $q_1 \to \pi/2, \dot{q}_1 \to 0, q_2 \to 0, \dot{q}_2 \to 0$。

为了实现 $q_1 \to \pi/2, \dot{q}_1 \to 0, q_2 \to 0, \dot{q}_2 \to 0$，需要进行闭环系统分析，从而通过设计滑模函数中的系数，实现控制的目标。

由于基于 Hurwitz 稳定性判据的控制器设计方法不具有鲁棒性，因而在下面的闭环系统分析中，取 $d_1 = 0$，$d_2 = 0$。

### 7.5.6 闭环稳定性分析

通过上面分析可知，$s\dot{s}\leqslant 0$ 成立，则存在 $t>t_0$，$s=0$。当 $s=0$ 时，有 $s=\alpha_1\dot{e}_1+\lambda_1 e_1+\alpha_2\dot{e}_2+\lambda_2 e_2=0$，由于 $e_1=q_1-\pi/2$，$\dot{e}_1=\dot{q}_1$，$e_2=q_2$，$\dot{e}_2=\dot{q}_2$，则

$$\alpha_1\dot{q}_1+\lambda_1(q_1-\pi/2)+\alpha_2\dot{q}_2+\lambda_2 q_2=0 \tag{7.47}$$

由于

$$\alpha_1 b_1+\alpha_2 b_2=\alpha_1\frac{\theta_2}{\theta_1\theta_2-\theta_3^2\cos^2 q_2}-\alpha_2\frac{\theta_2+\theta_3\cos q_2}{\theta_1\theta_2-\theta_3^2\cos^2 q_2}=\frac{\alpha_1\theta_2-\alpha_2(\theta_2+\theta_3\cos q_2)}{\theta_1\theta_2-\theta_3^2\cos^2 q_2}$$

$$\boldsymbol{M}_{11}\boldsymbol{M}_{22}-\boldsymbol{M}_{12}\boldsymbol{M}_{21}=(\theta_1+\theta_2+2\theta_3\cos q_2)\theta_2-(\theta_2+\theta_3\cos q_2)^2=\theta_1\theta_2-\theta_3^2\cos^2 q_2$$

当 $s=0$ 时，控制律为 $\tau_1=-\dfrac{1}{\alpha_1 b_1+\alpha_2 b_2}(\alpha_1 f_1+\alpha_2 f_2+\dot{s}_{\mathrm{r}})$，则

$$\ddot{q}_2=f_2+b_2\tau_1+d_2=f_2-\frac{b_2}{\alpha_1 b_1+\alpha_2 b_2}(\alpha_1 f_1+\alpha_2 f_2+\dot{s}_{\mathrm{r}})$$

$$=\frac{f_2(\alpha_1 b_1+\alpha_2 b_2)-b_2(\alpha_1 f_1+\alpha_2 f_2+\dot{s}_{\mathrm{r}})}{\alpha_1 b_1+\alpha_2 b_2}=\frac{f_2\alpha_1 b_1-b_2\alpha_1 f_1-b_2\dot{s}_{\mathrm{r}}}{\alpha_1 b_1+\alpha_2 b_2}$$

由于

$$f_2\alpha_1 b_1-b_2\alpha_1 f_1=\alpha_1\frac{\boldsymbol{M}_{22}(\boldsymbol{M}_{21}h_1-\boldsymbol{M}_{11}h_2)}{(\boldsymbol{M}_{11}\boldsymbol{M}_{22}-\boldsymbol{M}_{12}\boldsymbol{M}_{21})^2}+\alpha_1\frac{\boldsymbol{M}_{21}(-\boldsymbol{M}_{22}h_1+\boldsymbol{M}_{12}h_2)}{(\boldsymbol{M}_{11}\boldsymbol{M}_{22}-\boldsymbol{M}_{12}\boldsymbol{M}_{21})^2}$$

$$=\alpha_1\frac{\boldsymbol{M}_{22}(\boldsymbol{M}_{21}h_1-\boldsymbol{M}_{11}h_2)+\boldsymbol{M}_{21}(-\boldsymbol{M}_{22}h_1+\boldsymbol{M}_{12}h_2)}{(\boldsymbol{M}_{11}\boldsymbol{M}_{22}-\boldsymbol{M}_{12}\boldsymbol{M}_{21})^2}$$

$$=\alpha_1\frac{\boldsymbol{M}_{22}(-\boldsymbol{M}_{11}h_2)+\boldsymbol{M}_{21}(\boldsymbol{M}_{12}h_2)}{(\boldsymbol{M}_{11}\boldsymbol{M}_{22}-\boldsymbol{M}_{12}\boldsymbol{M}_{21})^2}$$

$$=\alpha_1\frac{-(\boldsymbol{M}_{22}\boldsymbol{M}_{11}-\boldsymbol{M}_{21}\boldsymbol{M}_{12})h_2}{(\boldsymbol{M}_{11}\boldsymbol{M}_{22}-\boldsymbol{M}_{12}\boldsymbol{M}_{21})^2}=-\alpha_1\frac{h_2}{\boldsymbol{M}_{11}\boldsymbol{M}_{22}-\boldsymbol{M}_{12}\boldsymbol{M}_{21}}$$

$$\alpha_1 b_1+\alpha_2 b_2=\alpha_1\frac{\boldsymbol{M}_{22}}{\boldsymbol{M}_{11}\boldsymbol{M}_{22}-\boldsymbol{M}_{12}\boldsymbol{M}_{21}}+\alpha_2\frac{-\boldsymbol{M}_{21}}{\boldsymbol{M}_{11}\boldsymbol{M}_{22}-\boldsymbol{M}_{12}\boldsymbol{M}_{21}}=\frac{\alpha_1\boldsymbol{M}_{22}-\alpha_2\boldsymbol{M}_{21}}{\boldsymbol{M}_{11}\boldsymbol{M}_{22}-\boldsymbol{M}_{12}\boldsymbol{M}_{21}}$$

则

$$\ddot{q}_2=\frac{f_2\alpha_1 b_1-b_2\alpha_1 f_1-b_2\dot{s}_{\mathrm{r}}}{\alpha_1 b_1+\alpha_2 b_2}=\frac{-\alpha_1\dfrac{h_2}{\boldsymbol{M}_{11}\boldsymbol{M}_{22}-\boldsymbol{M}_{12}\boldsymbol{M}_{21}}}{\dfrac{\alpha_1\boldsymbol{M}_{22}-\alpha_2\boldsymbol{M}_{21}}{\boldsymbol{M}_{11}\boldsymbol{M}_{22}-\boldsymbol{M}_{12}\boldsymbol{M}_{21}}}-\frac{\dfrac{-\boldsymbol{M}_{21}}{\boldsymbol{M}_{11}\boldsymbol{M}_{22}-\boldsymbol{M}_{12}\boldsymbol{M}_{21}}\dot{s}_{\mathrm{r}}}{\dfrac{\alpha_1\boldsymbol{M}_{22}-\alpha_2\boldsymbol{M}_{21}}{\boldsymbol{M}_{11}\boldsymbol{M}_{22}-\boldsymbol{M}_{12}\boldsymbol{M}_{21}}}$$

$$=\frac{-\alpha_1 h_2}{\alpha_1\boldsymbol{M}_{22}-\alpha_2\boldsymbol{M}_{21}}+\frac{\boldsymbol{M}_{21}\dot{s}_{\mathrm{r}}}{\alpha_1\boldsymbol{M}_{22}-\alpha_2\boldsymbol{M}_{21}}$$

将 $h_2$、$\boldsymbol{M}_{21}$、$\alpha_1\boldsymbol{M}_{22}-\alpha_2\boldsymbol{M}_{21}=\alpha_1\theta_2-\alpha_2(\theta_2+\theta_3\cos q_2)$ 代入可得

$$\ddot{q}_2=\frac{-\alpha_1(\theta_3\sin(q_2)\dot{q}_1\dot{q}_1+\theta_5 g\cos(q_1+q_2))}{\alpha_1\theta_2-\alpha_2(\theta_2+\theta_3\cos q_2)}+\frac{(\theta_2+\theta_3\cos q_2)\dot{s}_{\mathrm{r}}}{\alpha_1\theta_2-\alpha_2(\theta_2+\theta_3\cos q_2)}$$

由以上分析可得

$$\dot{q}_1=-\frac{\lambda_1}{\alpha_1}\left(q_1-\frac{\pi}{2}\right)-\frac{\alpha_2}{\alpha_1}\dot{q}_2-\frac{\lambda_2}{\alpha_1}q_2 \tag{7.48}$$

$$\ddot{q}_2=\frac{-\alpha_1(\theta_3\sin(q_2)\dot{q}_1\dot{q}_1+\theta_5 g\cos(q_1+q_2))}{\alpha_1\theta_2-\alpha_2(\theta_2+\theta_3\cos q_2)}+\frac{\theta_2+\theta_3\cos q_2}{\alpha_1\theta_2-\alpha_2(\theta_2+\theta_3\cos q_2)}(\lambda_1\dot{q}_1+\lambda_2\dot{q}_2) \tag{7.49}$$

令 $y_1=q_2, y_2=\dot{q}_2, y_3=q_1-\pi/2$，则可得如下降阶系统

$$\begin{aligned}
\dot{y}_1&=y_2\\
\dot{y}_2&=\frac{-\alpha_1\left[\theta_3\sin(y_1)\left(-\frac{\lambda_2}{\alpha_1}y_1-\frac{\alpha_2}{\alpha_1}y_2-\frac{\lambda_1}{\alpha_1}y_3\right)^2+\theta_5 g\cos\left(y_1+\frac{\pi}{2}+y_3\right)\right]}{\alpha_1\theta_2-\alpha_2(\theta_2+\theta_3\cos y_1)}\\
&\quad+\frac{\theta_2+\theta_3\cos y_1}{\alpha_1\theta_2-\alpha_2(\theta_2+\theta_3\cos y_1)}\left[-\frac{\lambda_1\lambda_2}{\alpha_1}y_1+\left(\lambda_2-\frac{\lambda_1\alpha_2}{\alpha_1}\right)y_2-\frac{\lambda_1\lambda_1}{\alpha_1}y_3\right]\\
\dot{y}_3&=-\frac{\lambda_2}{\alpha_1}y_1-\frac{\alpha_2}{\alpha_1}y_2-\frac{\lambda_1}{\alpha_1}y_3
\end{aligned} \tag{7.50}$$

下面考虑 Pendubot 系统其不稳定倒立上平衡点 $\boldsymbol{P}_3=(q_1,q_2,\dot{q}_1,\dot{q}_2)=(\pi/2,0,0,0)$ 附近的控制问题，首先针对式(7.50)进行线性化，由于 $y_1\to 0, y_2\to 0, y_3\to 0$，则

$$\theta_5 g\cos\left(y_1+\frac{\pi}{2}+y_3\right)=-\theta_5 g\sin(y_1+y_3)\approx-\theta_5 g y_1-\theta_5 g y_3$$

$$\dot{y}_2=\frac{\alpha_1(\theta_5 g y_1+\theta_5 g y_3)}{\alpha_1\theta_2-\alpha_2(\theta_2+\theta_3)}+\frac{\theta_2+\theta_3}{\alpha_1\theta_2-\alpha_2(\theta_2+\theta_3)}\left[-\frac{\lambda_1\lambda_2}{\alpha_1}y_1+\left(\lambda_2-\frac{\lambda_1\alpha_2}{\alpha_1}\right)y_2-\frac{\lambda_1\lambda_1}{\alpha_1}y_3\right]$$

则式(7.50)可近似为系统 $\dot{\boldsymbol{y}}=\boldsymbol{A}\boldsymbol{y}$，其中

$$\boldsymbol{A}=\begin{bmatrix}0&1&0\\A_{21}&A_{22}&A_{23}\\-\frac{\lambda_2}{\alpha_1}&-\frac{\alpha_2}{\alpha_1}&-\frac{\lambda_1}{\alpha_1}\end{bmatrix}_{(y_1=0,y_2=0,y_3=0)} \tag{7.51}$$

其中，$A_{21}=\dfrac{\alpha_1\theta_5 g-(\theta_2+\theta_3)\left(\frac{\lambda_1\lambda_2}{\alpha_1}\right)}{\alpha_1\theta_2-\alpha_2(\theta_2+\theta_3)}$，$A_{22}=\dfrac{(\theta_2+\theta_3)\left(\lambda_2-\frac{\lambda_1\alpha_2}{\alpha_1}\right)}{\alpha_1\theta_2-\alpha_2(\theta_2+\theta_3)}$，$A_{23}=\dfrac{\alpha_1\theta_5 g-(\theta_2+\theta_3)\frac{\lambda_1^2}{\alpha_1}}{\alpha_1\theta_2-\alpha_2(\theta_2+\theta_3)}$。

当状态矩阵 $\boldsymbol{A}$ 满足 Hurwitz 稳定性判据时，对于正定矩阵 $\boldsymbol{Q}$，一定存在正定矩阵 $\boldsymbol{P}$，使得 $\boldsymbol{A}^{\mathrm{T}}\boldsymbol{P}+\boldsymbol{P}\boldsymbol{A}=-\boldsymbol{Q}$。令 Lyapunov 函数为 $V_1=\boldsymbol{y}^{\mathrm{T}}\boldsymbol{P}\boldsymbol{y}$，则

$$\begin{aligned}
\dot{V}_1&=\dot{\boldsymbol{y}}^{\mathrm{T}}\boldsymbol{P}\boldsymbol{y}+\boldsymbol{y}^{\mathrm{T}}\boldsymbol{P}\dot{\boldsymbol{y}}=(\boldsymbol{A}\boldsymbol{y})^{\mathrm{T}}\boldsymbol{P}\boldsymbol{y}+\boldsymbol{y}^{\mathrm{T}}\boldsymbol{P}(\boldsymbol{A}\boldsymbol{y})\\
&=\boldsymbol{y}^{\mathrm{T}}(\boldsymbol{A}^{\mathrm{T}}\boldsymbol{P}+\boldsymbol{P}\boldsymbol{A})\boldsymbol{y}=-\boldsymbol{y}^{\mathrm{T}}\boldsymbol{Q}\boldsymbol{y}\leqslant-\|\boldsymbol{y}^{\mathrm{T}}\boldsymbol{Q}\boldsymbol{y}\|_2\leqslant-\lambda_{\min}(\boldsymbol{Q})\|\boldsymbol{y}\|_2^2\leqslant 0
\end{aligned}$$

其中，$\lambda_{\min}(\boldsymbol{Q})$ 是正定矩阵 $\boldsymbol{Q}$ 最小特征值。

根据 LaSalle 不变性原理，当 $\dot{V}_1\equiv 0$ 时，$\boldsymbol{y}\equiv 0$，则 $t\to\infty$ 时，$\boldsymbol{y}\to 0$，系统的收敛速度取决于 $\boldsymbol{Q}$。

根据 $y_1=q_2, y_2=\dot{q}_2, y_3=q_1-\pi/2$，则 $t\to\infty$ 时，$q_2\to 0, \dot{q}_2\to 0, q_1\to\pi/2$。考虑到 $e_1=q_1-\pi/2, \dot{e}_1=\dot{q}_1, e_2=q_2, \dot{e}_2=\dot{q}_2$，由于 $t\to\infty$ 时，$s=\alpha_1\dot{e}_1+\lambda_1 e_1+\alpha_2\dot{e}_2+\lambda_2 e_2\to 0$，则 $\dot{q}_1\to 0$。

### 7.5.7 基于 Hurwitz 的参数设计

根据 $\boldsymbol{A}$ 满足 Hurwitz 稳定性判据，求解满足滑模面参数 $\alpha_1$、$\lambda_1$、$\alpha_2$ 和 $\lambda_2$。根据式(7.47)，当系统的运动轨迹到达滑模面时，四个参数中只有三个是独立变量，另一个是非独立变

量，不妨取 $\alpha_1=1$，则有

$$A_{21}=\frac{\theta_5 g-\lambda_1\lambda_2(\theta_2+\theta_3)}{\theta_2-\alpha_2(\theta_2+\theta_3)},\quad A_{22}=\frac{(\theta_2+\theta_3)(\lambda_2-\lambda_1\alpha_2)}{\theta_2-\alpha_2(\theta_2+\theta_3)},\quad A_{23}=\frac{\theta_5 g-\lambda_1^2(\theta_2+\theta_3)}{\theta_2-\alpha_2(\theta_2+\theta_3)}$$

且

$$\boldsymbol{A}=\begin{bmatrix}0 & 1 & 0\\ A_{21} & A_{22} & A_{23}\\ -\lambda_2 & -\alpha_2 & -\lambda_1\end{bmatrix} \tag{7.52}$$

则

$$|\lambda \boldsymbol{I}-\boldsymbol{A}|=\begin{vmatrix}\lambda & -1 & 0\\ -A_{21} & \lambda-A_{22} & -A_{23}\\ \lambda_2 & \alpha_2 & \lambda+\lambda_1\end{vmatrix}$$

$$=\lambda(\lambda-A_{22})(\lambda+\lambda_1)+\lambda_2 A_{23}+\lambda\alpha_2 A_{23}-(\lambda+\lambda_1)A_{21}$$

$$=\lambda^3+(\lambda_1-A_{22})\lambda^2-A_{22}\lambda_1\lambda+\lambda_2 A_{23}+\lambda\alpha_2 A_{23}-(\lambda+\lambda_1)A_{21}$$

$$=\lambda^3+(\lambda_1-A_{22})\lambda^2+(-A_{22}\lambda_1+\alpha_2 A_{23}-A_{21})\lambda+(-\lambda_1 A_{21}+\lambda_2 A_{23}) \tag{7.53}$$

$\boldsymbol{A}$ 的特征方程为

$$\lambda^3+(\lambda_1-A_{22})\lambda^2+(-A_{22}\lambda_1+\alpha_2 A_{23}-A_{21})\lambda+(-\lambda_1 A_{21}+\lambda_2 A_{23})=0$$

三阶系统特征方程一般形式为

$$a_0\lambda^3+a_1\lambda^2+a_2\lambda+a_3=0 \tag{7.54}$$

从而得到

$$\begin{aligned}a_0&=1\\ a_1&=\lambda_1-A_{22}\\ a_2&=-A_{22}\lambda_1+\alpha_2 A_{23}-A_{21}\\ a_3&=-\lambda_1 A_{21}+\lambda_2 A_{23}\end{aligned} \tag{7.55}$$

定义 $\theta_2+\theta_3=\theta$，$\theta_2-\alpha_2\theta=N$，则 $A_{21}=\dfrac{\theta_5 g-\lambda_1\lambda_2\theta}{N}$，$A_{22}=\dfrac{\theta(\lambda_2-\lambda_1\alpha_2)}{N}$，$A_{23}=\dfrac{\theta_5 g-\lambda_1^2\theta}{N}$。

于是

$$a_1=\lambda_1-\frac{\theta(\lambda_2-\lambda_1\alpha_2)}{N}=\frac{\lambda_1(\theta_2-\alpha_2\theta)-\theta(\lambda_2-\lambda_1\alpha_2)}{N}=\frac{\lambda_1\theta_2-\lambda_2\theta}{N}$$

$$\begin{aligned}a_2&=-\frac{\theta(\lambda_2-\lambda_1\alpha_2)}{N}\lambda_1+\alpha_2\frac{\theta_5 g-\lambda_1^2\theta}{N}-\frac{\theta_5 g-\lambda_1\lambda_2\theta}{N}\\ &=\frac{-\theta\lambda_1\lambda_2+\theta\lambda_1^2\alpha_2+\theta_5 g\alpha_2-\lambda_1^2\theta\alpha_2-\theta_5 g+\lambda_1\lambda_2\theta}{N}\\ &=\frac{\theta_5 g\alpha_2-\theta_5 g}{N}=\frac{\theta_5 g(\alpha_2-1)}{N}\end{aligned}$$

$$\begin{aligned}a_3&=-\lambda_1\frac{\theta_5 g-\lambda_1\lambda_2\theta}{N}+\lambda_2\frac{\theta_5 g-\lambda_1^2\theta}{N}\\ &=\frac{-\lambda_1(\theta_5 g-\lambda_1\lambda_2\theta)+\lambda_2(\theta_5 g-\lambda_1^2\theta)}{N}=\frac{\theta_5 g(\lambda_2-\lambda_1)}{N}\end{aligned}$$

由 $a_2=\dfrac{\theta_5 g(\alpha_2-1)}{N}$ 可得 $a_2=\dfrac{\theta_5 g(\alpha_2-1)}{\theta_2-\alpha_2\theta}$，即 $a_2\theta_2+\theta_5 g=\alpha_2(\theta_5 g+a_2\theta)$，从而

$$\alpha_2 = \frac{a_2\theta_2 + \theta_5 g}{\theta_5 g + a_2\theta} \tag{7.56}$$

由 $a_1 = \frac{\lambda_1\theta_2 - \lambda_2\theta}{N} = \frac{\lambda_1\theta_2 - \lambda_2(\theta_2 + \theta_3)}{N} = \frac{(\lambda_1 - \lambda_2)\theta_2 - \lambda_2\theta_3}{N}$ 可得 $\lambda_1 - \lambda_2 = \frac{a_1 N + \lambda_2\theta_3}{\theta_2}$，由 $a_3 = \frac{\theta_5 g(\lambda_2 - \lambda_1)}{N}$ 可得 $\lambda_1 - \lambda_2 = -\frac{a_3 N}{\theta_5 g}$，则 $\frac{a_1 N + \lambda_2\theta_3}{\theta_2} = -\frac{a_3 N}{\theta_5 g}$，即 $\lambda_2\theta_3 = -\frac{a_3 N\theta_2}{\theta_5 g} - a_1 N = -\frac{(a_1\theta_5 g + a_3\theta_2)N}{\theta_5 g}$，从而

$$\lambda_2 = -\frac{(a_1\theta_5 g + a_3\theta_2)N}{\theta_3\theta_5 g} \tag{7.57}$$

$$\lambda_1 = \lambda_2 - \frac{a_3 N}{\theta_5 g} \tag{7.58}$$

为了抑制扰动，实现 $\gamma < \lambda_{\text{left}}(-\boldsymbol{A})$，需要将 $\boldsymbol{A}$ 在左半面的极点设计得大些。

### 7.5.8 仿真实例

被控对象取式(7.44)，根据机械手的物理参数，取 $\theta_1 = 0.0104$，$\theta_2 = 0.0052$，$\theta_3 = 0.0047$，$\theta_4 = 0.0805$，$\theta_5 = 0.0344$，取 $d_1 = 0$，$d_2 = 0$。

按 $(\lambda+3)^3 = 0$ 设计 $\boldsymbol{A}$ 的极点，此时 $\lambda^3 + 9\lambda^2 + 27\lambda + 27 = 0$，可得 $a_1 = 9$，$a_2 = 27$，$a_3 = 27$。根据式(7.56)～式(7.58)设计 $\alpha_2$、$\lambda_2$ 和 $\lambda_1$。控制律式(7.46)中，取 $k = 10$，按式 $\eta = \alpha_1 \bar{d}_1 + \alpha_2 \bar{d}_2 + \rho$ 设计 $\eta$。针对不稳定倒立平衡点 $P_3$，使初始位置为 $(q_1, q_2, \dot{q}_1, \dot{q}_2) = (\pi/2 - 0.01, 0, 0, 0)$，为减小控制输入抖振，仿真中使用边界层厚度 0.05 的饱和函数近似代替符号函数，仿真结果如图 7-16～图 7-18 所示。

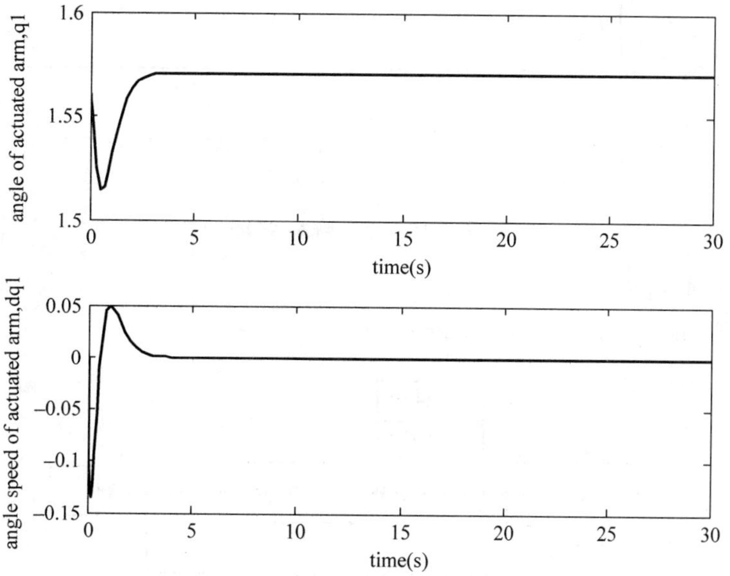


图 7-16 主动臂角位置和角速度输出

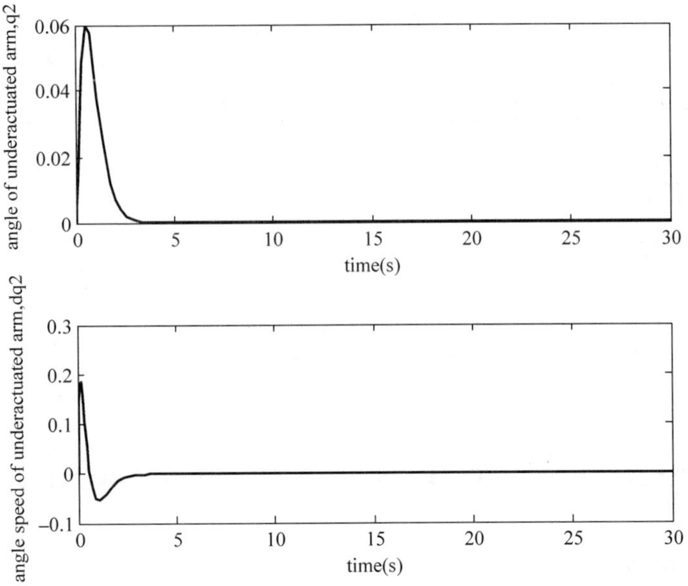


图 7-17　欠驱动臂角度和角速度输出

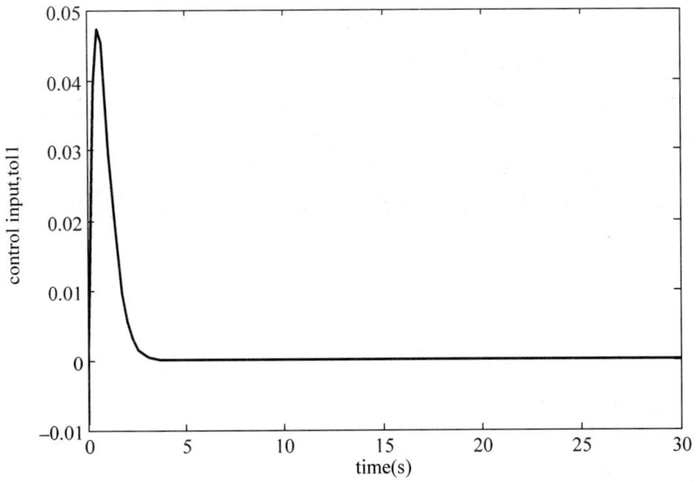


图 7-18　控制输入信号

仿真程序如下：

(1) Simulink 主程序：chap7_5sim. mdl

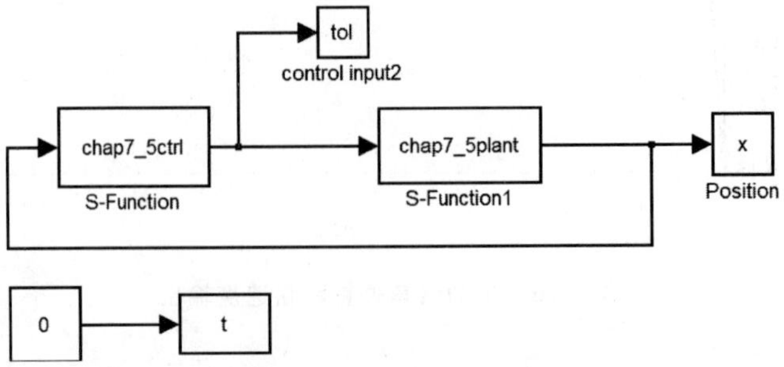

(2) 控制器子程序：chap7_5ctrl.m

```
function [sys,x0,str,ts] = spacemodel(t,x,u,flag)
switch flag,
case 0,
    [sys,x0,str,ts] = mdlInitializeSizes;
case 3,
    sys = mdlOutputs(t,x,u);
case {2,4,9}
    sys = [];
otherwise
    error(['Unhandled flag = ',num2str(flag)]);
end
function [sys,x0,str,ts] = mdlInitializeSizes
sizes = simsizes;
sizes.NumContStates  = 0;
sizes.NumDiscStates  = 0;
sizes.NumOutputs     = 1;
sizes.NumInputs      = 4;
sizes.DirFeedthrough = 1;
sizes.NumSampleTimes = 1;
sys = simsizes(sizes);
x0 = [];
str = [];
ts = [0 0];
function sys = mdlOutputs(t,x,u)
q1 = u(1);dq1 = u(2);
q2 = u(3);dq2 = u(4);

theta1 = 0.0104;theta2 = 0.0052;theta3 = 0.0047;theta4 = 0.0805;theta5 = 0.0344;
g = 9.8;

m11 = theta1 + theta2 + 2 * theta3 * cos(q2);
m12 = theta2 + theta3 * cos(q2);
m21 = m12;
m22 = theta2;

h1 = - 2 * theta3 * sin(q2) * dq2 * dq1 - theta3 * sin(q2) * dq2 ^ 2 + theta4 * g * cos(q1) +
theta5 * g * cos(q1 + q2);
h2 = theta3 * sin(q2) * dq1 ^ 2 + theta5 * g * cos(q1 + q2);
m0 = m11 * m22 - m21 * m12;

f1 = ( - m22 * h1 + m12 * h2)/m0;
b1 = m22/m0;
f2 = (m21 * h1 - m11 * h2)/m0;
b2 = - m21/m0;

a1 = 9;a2 = 27;a3 = 27;
theta = theta2 + theta3;
alfa1 = 1.0;
alfa2 = (a2 * theta2 + theta5 * g)/(theta5 * g + a2 * theta);
```

```
N = theta2 - alfa2 * theta;
lambda2 = - (a1 * theta5 * g + a3 * theta2) * N/(theta3 * theta5 * g);
lambda1 = lambda2 - a3 * N/(theta5 * g);

e1 = q1 - pi/2;de1 = dq1;
e2 = q2;de2 = dq2;

s = alfa1 * de1 + lambda1 * e1 + alfa2 * de2 + lambda2 * e2;

d1_max = 0.0;d2_max = 0.0;
xite = alfa1 * d1_max + alfa2 * d2_max + 0.10;
k = 10;

% Saturated function
delta = 0.05;
kk = 1/delta;
if abs(s)> delta
    sats = sign(s);
else
    sats = kk * s;
end
sr = lambda1 * e1 + lambda2 * e2;
dsr = lambda1 * de1 + lambda2 * de2;
ut = - 1/(alfa1 * b1 + alfa2 * b2) * (alfa1 * f1 + alfa2 * f2 + dsr + xite * sats + k * s);
% ut = - 1/(alfa1 * b1 + alfa2 * b2) * (alfa1 * f1 + alfa2 * f2 + dsr + xite * sign(s) + k * s);

sys(1) = ut;
```

(3) 被控对象程序：chap7_5plant.m

```
function [sys,x0,str,ts] = spacemodel(t,x,u,flag) % From chap13_2plant.m in PID Book
switch flag,
case 0,
    [sys,x0,str,ts] = mdlInitializeSizes;
case 1,
    sys = mdlDerivatives(t,x,u);
case 3,
    sys = mdlOutputs(t,x,u);
case {2,4,9}
    sys = [];
otherwise
    error(['Unhandled flag = ',num2str(flag)]);
end
function [sys,x0,str,ts] = mdlInitializeSizes
sizes = simsizes;
sizes.NumContStates  = 4;
sizes.NumDiscStates  = 0;
sizes.NumOutputs     = 4;
sizes.NumInputs      = 1;
sizes.DirFeedthrough = 0;
```

```
sizes.NumSampleTimes  =  1;
sys  =  simsizes(sizes);
x0  =  [pi/2 - 0.01,0,0,0];
str  =  [];
ts  =  [0 0];
function sys = mdlDerivatives(t,x,u)
theta1 = 0.0104;
theta2 = 0.0052;
theta3 = 0.0047;
theta4 = 0.0805;
theta5 = 0.0344;
g = 9.8;

q1 = x(1);dq1 = x(2);q2 = x(3);dq2 = x(4);

m11 = theta1 + theta2 + 2 * theta3 * cos(q2);
m12 = theta2 + theta3 * cos(q2);
m21 = m12;
m22 = theta2;

h1 =  - 2 * theta3 * sin(q2) * dq2 * dq1 - theta3 * sin(q2) * dq2 ^ 2 + theta4 * g * cos(q1) +
theta5 * g * cos(q1 + q2);
h2 = theta3 * sin(q2) * dq1 ^ 2 + theta5 * g * cos(q1 + q2);

m0 = m11 * m22 - m21 * m12;

f1 = ( - m22 * h1 + m12 * h2)/m0;
b1 = m22/m0;
f2 = (m21 * h1 - m11 * h2)/m0;
b2 =  - m21/m0;

d1 = 0;
d2 = 0;

tol = u(1);
sys(1) = x(2);
sys(2) = f1 + b1 * tol + d1;                        % ddq1
sys(3) = x(4);
sys(4) = f2 + b2 * tol + d2;                        % ddq2
function sys = mdlOutputs(t,x,u)
sys(1) = x(1);
sys(2) = x(2);
sys(3) = x(3);
sys(4) = x(4);
```

(4) 作图程序：chap7_5plot.m

```
close all;

figure(1);
subplot(211);
```

```
plot(t,x(:,1),'k','linewidth',2);
xlabel('time(s)');ylabel('angle of actuated arm,q1');
subplot(212);
plot(t,x(:,2),'k','linewidth',2);
xlabel('time(s)');ylabel('angle speed of actuated arm,dq1');
figure(2);
subplot(211);
plot(t,x(:,3),'k','linewidth',2);
xlabel('time(s)');ylabel('angle of underactuated arm,q2');
subplot(212);
plot(t,x(:,4),'k','linewidth',2);
xlabel('time(s)');ylabel('angle speed of underactuated arm,dq2');

figure(3);
plot(t,tol(:,1),'k','linewidth',2);
xlabel('time(s)');ylabel('control input,tol1');
```

# 附录

## 1. 机器人动力学表达式(7.13)的推导

根据牛顿力学原理,机械臂动力学方程形式为

$$\begin{bmatrix}\alpha+2\varepsilon\cos(q_2)+2\eta\sin(q_2) & \beta+\varepsilon\cos(q_2)+\eta\sin(q_2)\\ \beta+\varepsilon\cos(q_2)+\eta\sin(q_2) & \beta\end{bmatrix}\begin{bmatrix}\ddot{q}_1\\ \ddot{q}_2\end{bmatrix}+\begin{bmatrix}\varepsilon Y_1+\eta Y_2+(\alpha-\beta+e_1)e_2\cos(q_1)\\ \varepsilon Y_3+\eta Y_4\end{bmatrix}=\begin{bmatrix}\tau_1\\ \tau_2\end{bmatrix} \tag{1}$$

其中

$$Y_1=-2\sin(q_2)\dot{q}_1\dot{q}_2-\sin(q_2)\dot{q}_2^2+e_2\cos(q_1+q_2)$$

$$Y_2=2\cos(q_2)\dot{q}_1\dot{q}_2+\cos(q_2)\dot{q}_2^2+e_2\sin(q_1+q_2)$$

$$Y_3=\sin(q_2)\dot{q}_1^2+e_2\cos(q_1+q_2)$$

$$Y_4=-\cos(q_2)\dot{q}_1^2+e_2\sin(q_1+q_2)$$

$$e_1=m_1l_1l_{c1}-I_1-m_1l_1^2$$

$$e_2=g/l_1,\quad g\text{ 为重力加速度}$$

由 $Y_1,Y_2,Y_3,Y_4$ 的定义,可知

$$\begin{aligned}&\varepsilon Y_1+\eta Y_2+(\alpha-\beta+e_1)e_2\cos(q_1)\\ &=\varepsilon(-2\sin(q_2)\dot{q}_1\dot{q}_2-\sin(q_2)\dot{q}_2^2+e_2\cos(q_1+q_2))+\eta(2\cos(q_2)\dot{q}_1\dot{q}_2+\cos(q_2)\dot{q}_2^2\\ &\quad+e_2\sin(q_1+q_2))+(\alpha-\beta+e_1)e_2\cos(q_1)\\ &=(-2\varepsilon\sin(q_2)+2\eta\cos(q_2))\dot{q}_2\dot{q}_1+(-\varepsilon\sin(q_2)+\eta\cos(q_2))\dot{q}_2^2+\varepsilon e_2\cos(q_1+q_2)\\ &\quad+\eta e_2\sin(q_1+q_2)+(\alpha-\beta+e_1)e_2\cos(q_1)\end{aligned}$$

$$\begin{aligned}\varepsilon Y_3+\eta Y_4&=\varepsilon(\sin(q_2)\dot{q}_1^2+e_2\cos(q_1+q_2))+\eta(-\cos(q_2)\dot{q}_1^2+e_2\sin(q_1+q_2))\\ &=(\varepsilon\sin(q_2)-\eta\cos(q_2))\dot{q}_1^2+\varepsilon e_2\cos(q_1+q_2)+\eta e_2\sin(q_1+q_2)\end{aligned}$$

则

$$\begin{bmatrix}\varepsilon Y_1+\eta Y_2+(\alpha-\beta+e_1)e_2\cos(q_1)\\ \varepsilon Y_3+\eta Y_4\end{bmatrix}$$

$$=\begin{bmatrix}(-2\varepsilon\sin(q_2)+2\eta\cos(q_2))\dot{q}_2 & (-\varepsilon\sin(q_2)+\eta\cos(q_2))\dot{q}_2\\ (\varepsilon\sin(q_2)-\eta\cos(q_2))\dot{q}_1 & 0\end{bmatrix}\begin{bmatrix}\dot{q}_1\\ \dot{q}_2\end{bmatrix}$$

$$+\begin{bmatrix}\varepsilon e_2\cos(q_1+q_2)+\eta e_2\sin(q_1+q_2)+(\alpha-\beta+e_1)e_2\cos(q_1)\\ \varepsilon e_2\cos(q_1+q_2)+\eta e_2\sin(q_1+q_2)\end{bmatrix}$$

于是式(1)可写为

$$\begin{bmatrix}\alpha+2\varepsilon\cos(q_2)+2\eta\sin(q_2) & \beta+\varepsilon\cos(q_2)+\eta\sin(q_2)\\ \beta+\varepsilon\cos(q_2)+\eta\sin(q_2) & \beta\end{bmatrix}\begin{bmatrix}\ddot{q}_1\\ \ddot{q}_2\end{bmatrix}$$

$$+\begin{bmatrix}(-2\varepsilon\sin(q_2)+2\eta\cos(q_2))\dot{q}_2 & (-\varepsilon\sin(q_2)+\eta\cos(q_2))\dot{q}_2\\ (\varepsilon\sin(q_2)-\eta\cos(q_2))\dot{q}_1 & 0\end{bmatrix}\begin{bmatrix}\dot{q}_1\\ \dot{q}_2\end{bmatrix}$$

$$+\begin{bmatrix}\varepsilon e_2\cos(q_1+q_2)+\eta e_2\sin(q_1+q_2)+(\alpha-\beta+e_1)e_2\cos(q_1)\\ \varepsilon e_2\cos(q_1+q_2)+\eta e_2\sin(q_1+q_2)\end{bmatrix}=\begin{bmatrix}\tau_1\\ \tau_2\end{bmatrix}$$

令

$$\boldsymbol{M}(\boldsymbol{q})=\begin{bmatrix}\alpha+2\varepsilon\cos(q_2)+2\eta\sin(q_2) & \beta+\varepsilon\cos(q_2)+\eta\sin(q_2)\\ \beta+\varepsilon\cos(q_2)+\eta\sin(q_2) & \beta\end{bmatrix}$$

$$\boldsymbol{C}(\boldsymbol{q},\dot{\boldsymbol{q}})=\begin{bmatrix}(-2\varepsilon\sin(q_2)+2\eta\cos(q_2))\dot{q}_2 & (-\varepsilon\sin(q_2)+\eta\cos(q_2))\dot{q}_2\\ (\varepsilon\sin(q_2)-\eta\cos(q_2))\dot{q}_1 & 0\end{bmatrix}$$

$$\boldsymbol{G}(\boldsymbol{q})=\begin{bmatrix}\varepsilon e_2\cos(q_1+q_2)+\eta e_2\sin(q_1+q_2)+(\alpha-\beta+e_1)e_2\cos(q_1)\\ \varepsilon e_2\cos(q_1+q_2)+\eta e_2\sin(q_1+q_2)\end{bmatrix}$$

则式(1)可写为标准的机械手动力学方程

$$\boldsymbol{M}(\boldsymbol{q})\ddot{\boldsymbol{q}}+\boldsymbol{C}(\boldsymbol{q},\dot{\boldsymbol{q}})\dot{\boldsymbol{q}}+\boldsymbol{G}(\boldsymbol{q})=\boldsymbol{\tau} \tag{2}$$

其中 $\boldsymbol{q}=[q_1\quad q_2]^{\mathrm{T}}$，$\boldsymbol{\tau}=[\tau_1\quad \tau_2]^{\mathrm{T}}$。

2. 机器人动力学方程线性化的推导

式(2)中三个矩阵的估计矩阵可表示为

$$\hat{\boldsymbol{M}}=\begin{bmatrix}\hat{\alpha}+2\hat{\varepsilon}\cos(q_2)+2\hat{\eta}\sin(q_2) & \hat{\beta}+\hat{\varepsilon}\cos(q_2)+\hat{\eta}\sin(q_2)\\ \hat{\beta}+\hat{\varepsilon}\cos(q_2)+\hat{\eta}\sin(q_2) & \hat{\beta}\end{bmatrix}$$

$$\hat{\boldsymbol{C}}=\begin{bmatrix}(-2\hat{\varepsilon}\sin(q_2)+2\hat{\eta}\cos(q_2))\dot{q}_2 & (-\hat{\varepsilon}\sin(q_2)+\hat{\eta}\cos(q_2))\dot{q}_2\\ (\hat{\varepsilon}\sin(q_2)-\hat{\eta}\cos(q_2))\dot{q}_1 & 0\end{bmatrix}$$

$$\hat{\boldsymbol{G}}=\begin{bmatrix}\hat{\varepsilon}e_2\cos(q_1+q_2)+\hat{\eta}e_2\sin(q_1+q_2)+(\hat{\alpha}-\hat{\beta}+e_1)e_2\cos(q_1)\\ \hat{\varepsilon}e_2\cos(q_1+q_2)+\hat{\eta}e_2\sin(q_1+q_2)\end{bmatrix}$$

则相应的估计误差为

$$\tilde{\boldsymbol{M}}=\hat{\boldsymbol{M}}-\boldsymbol{M}=\begin{bmatrix}\tilde{\alpha}+2\tilde{\varepsilon}\cos(q_2)+2\tilde{\eta}\sin(q_2) & \tilde{\beta}+\tilde{\varepsilon}\cos(q_2)+\tilde{\eta}\sin(q_2)\\ \tilde{\beta}+\tilde{\varepsilon}\cos(q_2)+\tilde{\eta}\sin(q_2) & \tilde{\beta}\end{bmatrix}$$

$$\tilde{\boldsymbol{C}}=\hat{\boldsymbol{C}}-\boldsymbol{C}=\begin{bmatrix}(-2\tilde{\varepsilon}\sin(q_2)+2\tilde{\eta}\cos(q_2))\dot{q}_2 & (-\tilde{\varepsilon}\sin(q_2)+\tilde{\eta}\cos(q_2))\dot{q}_2\\ (\tilde{\varepsilon}\sin(q_2)-\tilde{\eta}\cos(q_2))\dot{q}_1 & 0\end{bmatrix}$$

$$\tilde{\boldsymbol{G}}=\hat{\boldsymbol{G}}-\boldsymbol{G}=\begin{bmatrix}\tilde{\varepsilon}e_2\cos(q_1+q_2)+\tilde{\eta}e_2\sin(q_1+q_2)+(\tilde{\alpha}-\tilde{\beta})e_2\cos(q_1)\\ \tilde{\varepsilon}e_2\cos(q_1+q_2)+\tilde{\eta}e_2\sin(q_1+q_2)\end{bmatrix}$$

则

$$\begin{aligned}&\tilde{\boldsymbol{M}}\ddot{\boldsymbol{q}}_{\mathrm{d}}+\tilde{\boldsymbol{C}}\dot{\boldsymbol{q}}_{\mathrm{d}}+\tilde{\boldsymbol{G}}\\
&=\begin{bmatrix}(\tilde{\alpha}+2\tilde{\varepsilon}\cos(q_2)+2\tilde{\eta}\sin(q_2))\ddot{q}_{\mathrm{d1}}+(\tilde{\beta}+\tilde{\varepsilon}\cos(q_2)+\tilde{\eta}\sin(q_2))\ddot{q}_{\mathrm{d2}}\\ (\tilde{\beta}+\tilde{\varepsilon}\cos(q_2)+\tilde{\eta}\sin(q_2))\ddot{q}_{\mathrm{d1}}+\tilde{\beta}\ddot{q}_{\mathrm{d2}}\end{bmatrix}\\
&\quad+\begin{bmatrix}(-2\tilde{\varepsilon}\sin(q_2)+2\tilde{\eta}\cos(q_2))\dot{q}_2\dot{q}_{\mathrm{d1}}+(-\tilde{\varepsilon}\sin(q_2)+\tilde{\eta}\cos(q_2))\dot{q}_2\dot{q}_{\mathrm{d2}}\\ (\tilde{\varepsilon}\sin(q_2)-\tilde{\eta}\cos(q_2))\dot{q}_1\dot{q}_{\mathrm{d1}}\end{bmatrix}+\tilde{\boldsymbol{G}}\\
&=\begin{bmatrix}(\ddot{q}_{\mathrm{d1}}+e_2\cos(q_1))\tilde{\alpha}+(\ddot{q}_{\mathrm{d2}}-e_2\cos(q_1))\tilde{\beta}\\ \quad+(2\cos(q_2)\ddot{q}_{\mathrm{d1}}+\cos(q_2)\ddot{q}_{\mathrm{d2}}-2\sin(q_2)\dot{q}_2\dot{q}_{\mathrm{d1}}-\sin(q_2)\dot{q}_2\dot{q}_{\mathrm{d2}}+e_2\cos(q_1+q_2))\tilde{\varepsilon}\\ \quad+(2\sin(q_2)\ddot{q}_{\mathrm{d1}}+\sin(q_2)\ddot{q}_{\mathrm{d2}}+2\cos(q_2)\dot{q}_2\dot{q}_{\mathrm{d1}}+\cos(q_2)\dot{q}_2\dot{q}_{\mathrm{d2}}+e_2\sin(q_1+q_2))\tilde{\eta}\\ 0\cdot\tilde{\alpha}+(\ddot{q}_{\mathrm{d1}}+\ddot{q}_{\mathrm{d2}})\tilde{\beta}+(\cos(q_2)\ddot{q}_{\mathrm{d1}}+\sin(q_2)\dot{q}_1\dot{q}_{\mathrm{d1}}+e_2\cos(q_1+q_2))\tilde{\varepsilon}\\ \quad+(\sin(q_2)\ddot{q}_{\mathrm{d1}}-\cos(q_2)\dot{q}_1\dot{q}_{\mathrm{d1}}+e_2\sin(q_1+q_2))\tilde{\eta}\end{bmatrix}\\
&=\begin{bmatrix}\ddot{q}_{\mathrm{d1}}+e_2\cos(q_1) & \ddot{q}_{\mathrm{d2}}-e_2\cos(q_1) & \begin{matrix}2\cos(q_2)\ddot{q}_{\mathrm{d1}}+\cos(q_2)\ddot{q}\\-2\sin(q_2)\dot{q}_2\dot{q}_{\mathrm{d1}}-\sin(q_2)\dot{q}_2\dot{q}_{\mathrm{d2}}\\+e_2\cos(q_1+q_2)\end{matrix} & \begin{matrix}2\sin(q_2)\ddot{q}_{\mathrm{d1}}+\sin(q_2)\ddot{q}_{\mathrm{d2}}\\+2\cos(q_2)\dot{q}_2\dot{q}_{\mathrm{d1}}+\cos(q_2)\dot{q}_2\dot{q}_{\mathrm{d2}}\\+e_2\sin(q_1+q_2)\end{matrix}\\ 0 & \ddot{q}_{\mathrm{d1}}+\ddot{q}_{\mathrm{d2}} & \begin{matrix}\cos(q_2)\ddot{q}_{\mathrm{d1}}+\sin(q_2)\dot{q}_1\dot{q}_{\mathrm{d1}}\\+e_2\cos(q_1+q_2)\end{matrix} & \begin{matrix}\sin(q_2)\ddot{q}_{\mathrm{d1}}-\cos(q_2)\dot{q}_1\dot{q}_{\mathrm{d1}}\\+e_2\sin(q_1+q_2)\end{matrix}\end{bmatrix}\\
&\quad\cdot\begin{bmatrix}\tilde{\alpha}\\ \tilde{\beta}\\ \tilde{\varepsilon}\\ \tilde{\eta}\end{bmatrix}\end{aligned}$$

上式可写为

$$\tilde{\boldsymbol{M}}\ddot{\boldsymbol{q}}_{\mathrm{d}}+\tilde{\boldsymbol{C}}\dot{\boldsymbol{q}}_{\mathrm{d}}+\tilde{\boldsymbol{G}}=\boldsymbol{Y}(\boldsymbol{q},\dot{\boldsymbol{q}},\boldsymbol{q}_{\mathrm{d}},\dot{\boldsymbol{q}}_{\mathrm{d}})\tilde{\boldsymbol{p}} \tag{3}$$

其中

$$\begin{aligned}&\boldsymbol{Y}(\boldsymbol{q},\dot{\boldsymbol{q}},\boldsymbol{q}_{\mathrm{d}},\dot{\boldsymbol{q}}_{\mathrm{d}})\\
&=\begin{bmatrix}\ddot{q}_{\mathrm{d1}}+e_2\cos(q_1) & \ddot{q}_{\mathrm{d2}}-e_2\cos(q_1) & \begin{matrix}2\cos(q_2)\ddot{q}_{\mathrm{d1}}+\cos(q_2)\ddot{q}\\-2\sin(q_2)\dot{q}_2\dot{q}_{\mathrm{d1}}-\sin(q_2)\dot{q}_2\dot{q}_{\mathrm{d2}}\\+e_2\cos(q_1+q_2)\end{matrix} & \begin{matrix}2\sin(q_2)\ddot{q}_{\mathrm{d1}}+\sin(q_2)\ddot{q}_{\mathrm{d2}}\\+2\cos(q_2)\dot{q}_2\dot{q}_{\mathrm{d1}}+\cos(q_2)\dot{q}_2\dot{q}_{\mathrm{d2}}\\+e_2\sin(q_1+q_2)\end{matrix}\\ 0 & \ddot{q}_{\mathrm{d1}}+\ddot{q}_{\mathrm{d2}} & \begin{matrix}\cos(q_2)\ddot{q}_{\mathrm{d1}}+\sin(q_2)\dot{q}_1\dot{q}_{\mathrm{d1}}\\+e_2\cos(q_1+q_2)\end{matrix} & \begin{matrix}\sin(q_2)\ddot{q}_{\mathrm{d1}}-\cos(q_2)\dot{q}_1\dot{q}_{\mathrm{d1}}\\+e_2\sin(q_1+q_2)\end{matrix}\end{bmatrix}\\
&\tilde{\boldsymbol{p}}=[\tilde{\alpha}\quad\tilde{\beta}\quad\tilde{\varepsilon}\quad\tilde{\eta}]^{\mathrm{T}}\end{aligned} \tag{4}$$

上式中采用$\dot{q}_r$，$\ddot{q}_r$代替$\dot{q}_d$，$\ddot{q}_d$，可得$Y(q,\dot{q},q_r,\dot{q}_r)$的表达式。

$$
Y(q,\dot{q},q_r,\dot{q}_r) = \begin{bmatrix} \ddot{q}_{r1}+e_2\cos(q_1) & \ddot{q}_{r2}-e_2\cos(q_1) & \begin{array}{l} 2\cos(q_2)\ddot{q}_{r1}+\cos(q_2)\ddot{q}_{r2} \\ -2\sin(q_2)\dot{q}_2\dot{q}_{r1}-\sin(q_2)\dot{q}_2\dot{q}_{r2} \\ +e_2\cos(q_1+q_2) \end{array} & \begin{array}{l} 2\sin(q_2)\ddot{q}_{r1}+\sin(q_2)\ddot{q}_{r2} \\ +2\cos(q_2)\dot{q}_2\dot{q}_{r1}+\cos(q_2)\dot{q}_2\dot{q}_{r2} \\ +e_2\sin(q_1+q_2) \end{array} \\ 0 & \ddot{q}_{r1}+\ddot{q}_{r2} & \begin{array}{l} \cos(q_2)\ddot{q}_{r1}+\sin(q_2)\dot{q}_1\dot{q}_{r1} \\ +e_2\cos(q_1+q_2) \end{array} & \begin{array}{l} \sin(q_2)\ddot{q}_{r1}-\cos(q_2)\dot{q}_1\dot{q}_{r1} \\ +e_2\sin(q_1+q_2) \end{array} \end{bmatrix} \tag{5}
$$

# 参考文献


[1] 霍伟.机器人动力学与控制.北京：高等教育出版社，2005.

[2] W. H. Chen, D. J. Balance, P. J. Gawthrop, J. O. Reilly. A nonlinear disturbance observer for robotic manipulator. IEEE Transactions on Industrial Electronics, 2000, 47(4): 932-938.

[3] A. Mohammadi, M. Tavakoli, H. J. Marquez, F. Hashemzadeh. Nonlinear disturbance observer design for robotic manipulators, Control Engineering Practice, 2013, 21: 253-267.

[4] Gahinet, P. , Nemirovsky, A. ,Laub, A. J. ,&C. M. (1995). LMI control toolbox: For use With MATLAB. Natick,MA: TheMathWorks,Inc.

[5] Daniel Jerome Block. Mechanical Design and Control of the Pendubot[D]. Urbana, IL, USA: University of Illinois at Urbana-Champaign, 1996.

[6] Isabelle Fantoni, Rogelio Lozano, and Mark W. Spong. Energy Based Control of the Pendubot. IEEE Transaction an Automatic Control, 2000, 45(4): 725-729.

[7] Mingjun Zhang, Student Member, IEEE, and Tzyh-Jong Tarn, Fellow, IEEE. Hybrid Control of the Pendubot. IEEE/ASME Transactions on Mechatronics, 2002, 7(1): 79-86.

[8] Ofelia Begovich, Edgar N. Sanchez, Senior Member, IEEE, and Marcos Maldonado. Takagi-Sugeno Fuzzy Scheme for Real-Time Trajectory Tracking of an Underactuated Robot. IEEE Transactions on Control Systems Technology, 2002, 10(1): 14-20.

[9] Thamer Albahkali, Ranjan Mukherjee, and Tuhin Das. Swing-Up Control of the Pendubot: An Impulse-Momentum Approach. IEEE Transactions on Robotics, 2009, 25(4): 975-982.

[10] M. W. Spong and M. Vidyasagar. Robot Dynamics and Control[M]. New York: Wiley, 1989.

[11] Petros A. Ioannou, Jing Sun, Robust Adaptive Control[M]. PTR Prentice-Hall, 1996,75-76.

# 第8章 机械手自适应鲁棒控制

## 8.1 单力臂机械系统的鲁棒自适应控制

通过引入直接自适应控制的思想，采用基于 Lyapunov 直接法的鲁棒模型参考自适应控制方法，可以在具有参数不确定性和未知非线性摩擦特性的情况下，使跟踪误差趋于零，其优点在于不需要建立摩擦模型，不需要精确的摩擦参数，而只需摩擦的上界值[1]。

### 8.1.1 问题描述

不确定单机械臂为

$$I\ddot{\theta}+(d+\delta_1)\dot{\theta}+\delta_0\theta+mgl\cos\theta=u-f(\dot{\theta}) \tag{8.1}$$

其中，$\theta$ 为系统输出转角，$I=\frac{4}{3}ml^2$ 为转动惯量，$mg$ 为重力，$u$ 为控制输入，$f(\dot{\theta},u)$为未知的非线性摩擦，质心距连杆的转动中心为 $l$，连杆运动的粘性摩擦系数为 $d$，$\delta_1$ 为粘性摩擦系数的不确定值，$\delta_0$ 为弹性摩擦系数。

如果机械臂的运动平面与水平面平行，则机器人运动方程中的重力项可以忽略。则式(8.1)变为

$$\ddot{\theta}+\frac{d+\delta_1}{I}\dot{\theta}+\frac{\delta_0}{I}\theta=\frac{1}{I}(u-f(\dot{\theta}))$$

即

$$\ddot{\theta}+\alpha_1\dot{\theta}+\alpha_0\theta=\beta(u-f(\dot{\theta})) \tag{8.2}$$

其中，$\alpha_1=\frac{d+\delta_1}{I}$，$\alpha_0=\frac{\delta_0}{I}$，$\beta=\frac{1}{I}$，$\alpha_1$、$\alpha_0$ 为非负的有界实数，$\beta$ 为正实数。

假设$|f(\dot{\theta})|\leqslant F_{\max}$，对式(8.2)，引入参考模型如下：

$$\ddot{\theta}_m+a_1\dot{\theta}_m+a_0\theta_m=br \tag{8.3}$$

其中，$\theta_m$ 为模型输出，$r$ 为指令输入，$a_1$、$a_0$、$b$ 为正实数。

定义误差信号为

$$e=\theta_m-\theta \tag{8.4}$$

控制目标为当 $\alpha_1$、$\alpha_0$ 和 $\beta$ 为未知时，通过设计控制律 $u$，使得对于任意初态，$t\to\infty$ 时，$e(t)\to 0$，$\dot{e}(t)\to 0$。

### 8.1.2 鲁棒模型参考自适应控制

由式(8.2)和式(8.3)，可得

$$\ddot{\theta}_{\mathrm{m}}+a_1\dot{\theta}_{\mathrm{m}}+a_0\theta_{\mathrm{m}}-\ddot{\theta}-\alpha_1\dot{\theta}-\alpha_0\theta=br-\beta(u-f(\dot{\theta}))$$

即

$$\ddot{e}+a_1\dot{e}+a_0e=br-\beta u+\beta f(\dot{\theta})+(\alpha_1-a_1)\dot{\theta}+(\alpha_0-a_0)\theta \tag{8.5}$$

定义向量 $\boldsymbol{x}=[e,\dot{e}]^{\mathrm{T}}$，得到上式的状态空间表达形式为

$$\dot{\boldsymbol{x}}=\boldsymbol{A}\boldsymbol{x}-\begin{bmatrix}0\\\beta\end{bmatrix}u+\begin{bmatrix}0\\\Delta\end{bmatrix}=\boldsymbol{A}\boldsymbol{x}+\boldsymbol{Z} \tag{8.6}$$

其中，$\Delta=br+\beta f(\dot{\theta})+(\alpha_1-a_1)\dot{\theta}+(\alpha_0-a_0)\theta$，$\boldsymbol{A}=\begin{bmatrix}0 & 1\\-a_0 & -a_1\end{bmatrix}$，$\boldsymbol{Z}=-\begin{bmatrix}0\\\beta\end{bmatrix}u+\begin{bmatrix}0\\\Delta\end{bmatrix}$。

由于矩阵 $\boldsymbol{A}$ 的特征值具有负实部，则存在正定矩阵 $\boldsymbol{P}$ 和 $\boldsymbol{Q}$，使得下式成立：

$$\boldsymbol{A}^{\mathrm{T}}\boldsymbol{P}+\boldsymbol{P}\boldsymbol{A}=-\boldsymbol{Q} \tag{8.7}$$

定义辅助信号 $\hat{e}$ 为

$$\hat{e}=[0\quad 1]\boldsymbol{P}\boldsymbol{x}=[0\quad 1]\begin{bmatrix}p_1 & p_2\\p_2 & p_3\end{bmatrix}\begin{bmatrix}e\\\dot{e}\end{bmatrix}=p_2e+p_3\dot{e} \tag{8.8}$$

其中，$\boldsymbol{P}=\begin{bmatrix}p_1 & p_2\\p_2 & p_3\end{bmatrix}$。

取控制律为

$$u=k_0r+k_1\theta+k_2\dot{\theta}+v \tag{8.9}$$

其中，$k_0$、$k_1$ 和 $k_2$ 为待调节的增益系数，$v$ 为鲁棒项。

**定理 8.1**[3] 针对系统式(8.6)，采用控制律式(8.9)，若增益系数自适应律和鲁棒补偿项设计为

$$\dot{k}_0=\lambda_0\hat{e}r,\quad \dot{k}_1=\lambda_1\hat{e}\theta,\quad \dot{k}_2=\lambda_2\hat{e}\dot{\theta},\quad v=F_{\max}\operatorname{sgn}\hat{e} \tag{8.10}$$

其中，$\operatorname{sgn}(\cdot)$ 为符号函数，$\lambda_0$、$\lambda_1$、$\lambda_2$ 为正实数。则对于任意的 $\alpha_0$、$\alpha_1$、$f(\dot{\theta})$ 及任意的初始条件，$e(t)$ 和 $\dot{e}(t)$ 是有界的且渐近收敛于 0。

参考文献[3]的分析过程，对定理 8.1 分析如下：

定义 Lyapunov 函数为

$$V(t)=\frac{1}{2}\boldsymbol{x}^{\mathrm{T}}\boldsymbol{P}\boldsymbol{x}+\frac{1}{2\lambda_0\beta}(b-\beta k_0)^2+\frac{1}{2\lambda_1\beta}(\alpha_0-a_0-\beta k_1)^2$$
$$+\frac{1}{2\lambda_2\beta}(\alpha_1-a_1-\beta k_2)^2$$

由于

$$\left(\frac{1}{2}\boldsymbol{x}^{\mathrm{T}}\boldsymbol{P}\boldsymbol{x}\right)' = \frac{1}{2}\dot{\boldsymbol{x}}^{\mathrm{T}}\boldsymbol{P}\boldsymbol{x} + \frac{1}{2}\boldsymbol{x}^{\mathrm{T}}\boldsymbol{P}\dot{\boldsymbol{x}} = \frac{1}{2}(\boldsymbol{A}\boldsymbol{x}+\boldsymbol{Z})^{\mathrm{T}}\boldsymbol{P}\boldsymbol{x} + \frac{1}{2}\boldsymbol{x}^{\mathrm{T}}\boldsymbol{P}(\boldsymbol{A}\boldsymbol{x}+\boldsymbol{Z})$$

$$= \frac{1}{2}(\boldsymbol{x}^{\mathrm{T}}\boldsymbol{A}^{\mathrm{T}}+\boldsymbol{Z}^{\mathrm{T}})\boldsymbol{P}\boldsymbol{x} + \frac{1}{2}\boldsymbol{x}^{\mathrm{T}}\boldsymbol{P}(\boldsymbol{A}\boldsymbol{x}+\boldsymbol{Z})$$

$$= \frac{1}{2}\boldsymbol{x}^{\mathrm{T}}(\boldsymbol{A}^{\mathrm{T}}\boldsymbol{P}+\boldsymbol{P}\boldsymbol{A})x + \frac{1}{2}(\boldsymbol{Z}^{\mathrm{T}}\boldsymbol{P}\boldsymbol{x}+\boldsymbol{x}^{\mathrm{T}}\boldsymbol{P}\boldsymbol{Z})$$

$$= \frac{1}{2}\boldsymbol{x}^{\mathrm{T}}(-\boldsymbol{Q})\boldsymbol{x} + \boldsymbol{x}^{\mathrm{T}}\boldsymbol{P}\boldsymbol{Z}$$

$$\boldsymbol{Z} = -\begin{bmatrix}0\\ \beta\end{bmatrix}u + \begin{bmatrix}0\\ \Delta\end{bmatrix} = \begin{bmatrix}0\\ 1\end{bmatrix}(\Delta - \beta u)$$

$$\boldsymbol{x}^{\mathrm{T}}\boldsymbol{P}\boldsymbol{Z} = [e,\dot{e}]\begin{bmatrix}p_1 & p_2\\ p_2 & p_3\end{bmatrix}\begin{bmatrix}0\\ 1\end{bmatrix}(\Delta-\beta u) = \hat{e}(\Delta-\beta u)$$

$$= \hat{e}(br+\beta f+(\alpha_1-a_1)\dot{\theta}+(\alpha_0-a_0)\theta-\beta(k_0r+k_1\theta+k_2\dot{\theta}+v))$$

$$= \hat{e}r(b-\beta k_0)+\hat{e}\theta(\alpha_0-a_0-\beta k_1)+\hat{e}\dot{\theta}(\alpha_1-a_1-\beta k_2)+\hat{e}\beta(f-v)$$

则

$$\dot{V} = -\frac{1}{2}\boldsymbol{x}^{\mathrm{T}}\boldsymbol{Q}\boldsymbol{x} + \hat{e}r(b-\beta k_0)+\hat{e}\theta(\alpha_0-a_0-\beta k_1)+\hat{e}\dot{\theta}(\alpha_1-a_1-\beta k_2)+\hat{e}\beta(f-v)$$

$$-\frac{\dot{k}_0}{\lambda_0}(b-\beta k_0)-\frac{\dot{k}_1}{\lambda_1}(\alpha_0-a_0-\beta k_1)-\frac{\dot{k}_2}{\lambda_2}(\alpha_1-a_1-\beta k_2)$$

$$= -\frac{1}{2}\boldsymbol{x}^{\mathrm{T}}\boldsymbol{Q}\boldsymbol{x} + \left(\hat{e}r-\frac{\dot{k}_0}{\lambda_0}\right)(b-\beta k_0)+\left(\hat{e}\theta-\frac{\dot{k}_1}{\lambda_1}\right)(\alpha_0-a_0-\beta k_1)$$

$$+\left(\hat{e}\dot{\theta}-\frac{\dot{k}_2}{\lambda_2}\right)(\alpha_1-a_1-\beta k_2)+\hat{e}\beta(f-v)$$

将式(8.10)代入，得

$$\dot{V} = -\frac{1}{2}\boldsymbol{x}^{\mathrm{T}}\boldsymbol{Q}\boldsymbol{x} + \hat{e}\beta(f(\dot{\theta})-v)$$

由于

$$\hat{e}\beta(f-v) = \hat{e}\beta(f-F_{\max}\operatorname{sgn}\hat{e}) = \hat{e}\beta f-\beta F_{\max}|\hat{e}| \leqslant 0$$

则

$$\dot{V} \leqslant -\frac{1}{2}\boldsymbol{x}^{\mathrm{T}}\boldsymbol{Q}\boldsymbol{x} \leqslant -\frac{\lambda_{\max}(\boldsymbol{Q})}{2}\|\boldsymbol{x}\|^2 \leqslant 0$$

其中，$\lambda_{\max}(\boldsymbol{Q})$分别为矩阵 $\boldsymbol{Q}$ 的最大特征值，$\|\cdot\|$ 为 2 范数。

由于当$\dot{V}\equiv 0$ 时，$\boldsymbol{x}\equiv 0$。根据 LaSalle 不变性原理，闭环系统为渐进稳定，即当 $t\to\infty$ 时，$x\to 0$，即 $e(t)$和$\dot{e}(t)$是有界的且渐近收敛于 0。

由于 $V\geqslant 0$，$\dot{V}\leqslant 0$，则当 $t\to\infty$时，$V$ 有界，因此 $k_0$、$k_1$ 和 $k_2$ 有界。

### 8.1.3 仿真实例

被控对象的动态方程为

$$\ddot{\theta}+\alpha_1\dot{\theta}+\alpha_0\theta=\beta u-\beta f(\dot{\theta})$$

其中，$\alpha_0=0.10$，$\alpha_1=0.10$，$\beta=10$。

摩擦模型表示为 $f(\dot{\theta})=0.5\dot{\theta}+0.1\mathrm{sgn}(\dot{\theta})$。参考模型取 $\ddot{\theta}_m+20\dot{\theta}_m+30\theta_m=50r$，$r=\mathrm{sgn}(\sin(0.05\pi t))$，即模型参数为 $a_1=20$，$a_0=30$，$b=50$。模型及参考模型的初始状态都取[0,0]。

令 $\boldsymbol{Q}=\begin{bmatrix}15 & 0\\ 0 & 15\end{bmatrix}$，求解 Lyapunov 方程式(8.7)得 $\boldsymbol{P}=\begin{bmatrix}16.625 & 0.25\\ 0.25 & 0.3875\end{bmatrix}$，则辅助信号表示为 $\hat{e}=0.25e+0.3875\dot{e}$。

由 $f(\dot{\theta})$ 的表达式及仿真测试，可取 $F_{\max}=1.0$。取控制律式(8.9)，自适应律式(8.10)，取 $\lambda_0=1.5$，$\lambda_1=1.5$，$\lambda_2=1.5$。采用饱和函数 $\mathrm{sat}(\hat{e})$ 代替切换函数 $\mathrm{sgn}(\hat{e})$，边界层厚度取 0.10，仿真结果如图 8-1～图 8-3 所示。

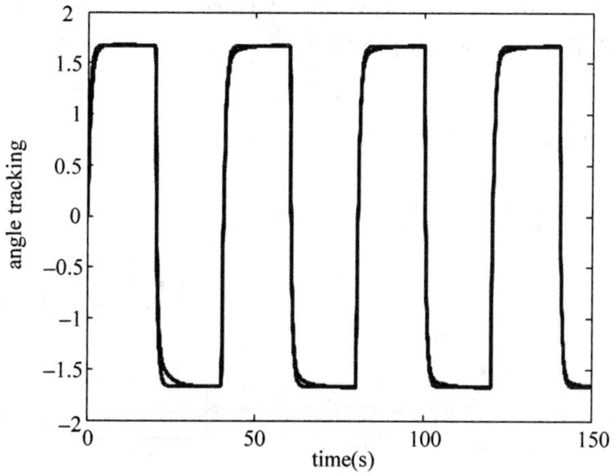


图 8-1 关节角度跟踪

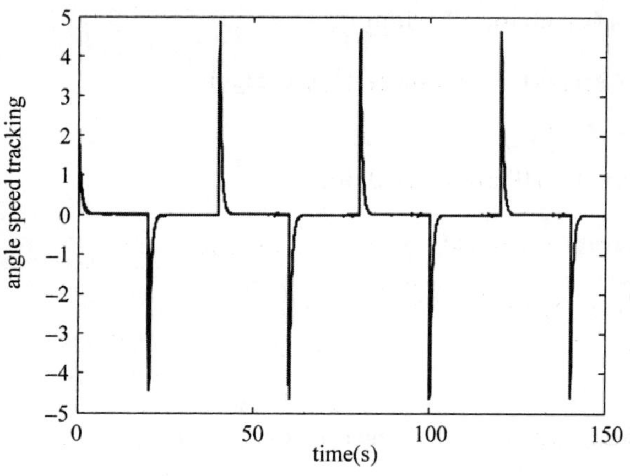


图 8-2 关节角速度跟踪

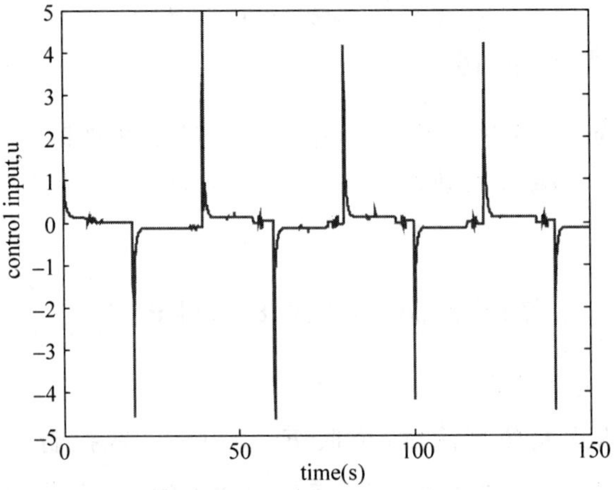


图 8-3 关节控制输入

仿真结果表明，所采用的鲁棒模型参考自适应控制器，不依赖于被控对象信息，适应未知摩擦特性和参数的不确定性，并能保证对象和模型的高精度跟踪。

仿真程序如下：

(1) Simulink 主程序：chap8_1sim.mdl

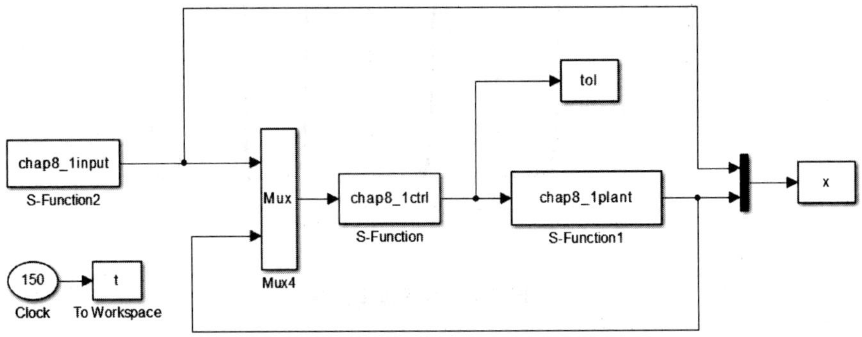


(2) 控制器 S 函数：chap8_1ctrl.m

```
function [sys,x0,str,ts] = spacemodel(t,x,u,flag)
switch flag,
case 0,
    [sys,x0,str,ts] = mdlInitializeSizes;
case 1,
    sys = mdlDerivatives(t,x,u);
case 3,
    sys = mdlOutputs(t,x,u);
case {2,4,9}
    sys = [];
otherwise
    error(['Unhandled flag = ',num2str(flag)]);
end
function [sys,x0,str,ts] = mdlInitializeSizes
global p2 p3
```

```
sizes = simsizes;
sizes.NumContStates    = 3;
sizes.NumDiscStates    = 0;
sizes.NumOutputs       = 1;
sizes.NumInputs        = 4;
sizes.DirFeedthrough   = 1;
sizes.NumSampleTimes   = 0;
sys = simsizes(sizes);
x0 = [0,0,0];
str = [];
ts = [];

a1 = 20;a0 = 30;b = 50;
Am = [0,1; - a0, - a1];
%eig(Am)
Q = [15,0;0,15];

P = lyap(Am',Q);
p2 = P(1,2);
p3 = P(2,2);
function sys = mdlDerivatives(t,x,u)
global p2 p3
r = sign(sin(0.025 * 2 * pi * t));            %Square Signal

thm = u(1);
dthm = u(2);
th = u(3);
dth = u(4);

e = thm - th;
de = dthm - dth;
ep = p2 * e + p3 * de;

lambda0 = 1.5;lambda1 = 1.5;lambda2 = 1.5;
sys(1) = lambda0 * ep * r;                    %dk0
sys(2) = lambda1 * ep * th;                   %dk1
sys(3) = lambda2 * ep * dth;                  %dk2
function sys = mdlOutputs(t,x,u)
global p2 p3
thm = u(1);
dthm = u(2);
th = u(3);
dth = u(4);

e = thm - th;
de = dthm - dth;
ep = p2 * e + p3 * de;

r = sign(sin(0.025 * 2 * pi * t));            %Square Signal
k0 = x(1);k1 = x(2);k2 = x(3);
Fmax = 1.0;

delta = 0.1;
kk = 1/delta;
```

```
if abs(ep)> delta
   sats = sign(ep);
else
   sats = kk * ep;
end

% v = Fmax * sign(ep);
v = Fmax * sats;
ut = k0 * r + k1 * th + k2 * dth + v;
sys(1) = ut;
```

(3) 参考模型 S 函数：chap8_1input. m

```
function [sys,x0,str,ts] = spacemodel(t,x,u,flag)
switch flag,
case 0,
    [sys,x0,str,ts] = mdlInitializeSizes;
case 1,
    sys = mdlDerivatives(t,x,u);
case 3,
    sys = mdlOutputs(t,x,u);
case {2,4,9}
    sys = [];
otherwise
    error(['Unhandled flag = ',num2str(flag)]);
end
function [sys,x0,str,ts] = mdlInitializeSizes
sizes = simsizes;
sizes.NumContStates   = 2;
sizes.NumDiscStates   = 0;
sizes.NumOutputs      = 2;
sizes.NumInputs       = 0;
sizes.DirFeedthrough  = 1;
sizes.NumSampleTimes  = 0;
sys = simsizes(sizes);
x0 = [0,0];
str = [];
ts = [];
function sys = mdlDerivatives(t,x,u)
a1 = 20;a0 = 30;b = 50;
r = sign(sin(0.025 * 2 * pi * t));              % Square Signal

sys(1) = x(2);
sys(2) = - a1 * x(2) - a0 * x(1) + b * r;
function sys = mdlOutputs(t,x,u)
sys(1) = x(1);
sys(2) = x(2);
```

(4) 被控对象 S 函数：chap8_1plant. m

```
function [sys,x0,str,ts] = s_function(t,x,u,flag)
switch flag,
```

```
case 0,
    [sys,x0,str,ts] = mdlInitializeSizes;
case 1,
    sys = mdlDerivatives(t,x,u);
case 3,
    sys = mdlOutputs(t,x,u);
case {2, 4, 9 }
    sys = [];
otherwise
    error(['Unhandled flag = ',num2str(flag)]);
end
function [sys,x0,str,ts] = mdlInitializeSizes
sizes = simsizes;
sizes.NumContStates   = 2;
sizes.NumDiscStates   = 0;
sizes.NumOutputs      = 2;
sizes.NumInputs       = 1;
sizes.DirFeedthrough  = 0;
sizes.NumSampleTimes  = 0;
sys = simsizes(sizes);
x0 = [0;0];
str = [];
ts = [];
function sys = mdlDerivatives(t,x,u)
alfa0 = 0.10;alfa1 = 0.10;
beta = 10;

ut = u(1);
dth = x(2);

f = 0.5 * dth + 0.1 * sign(dth);

sys(1) = x(2);
sys(2) = beta * ut - beta * f - alfa1 * x(2) - alfa0 * x(1);
function sys = mdlOutputs(t,x,u)
sys(1) = x(1);
sys(2) = x(2);
```

(5) 作图程序：chap8_1plot.m

```
close all;
figure(1);
plot(t,x(:,1),'r',t,x(:,3),'b','linewidth',2);
xlabel('time(s)');ylabel('angle tracking');
figure(2);
plot(t,x(:,2),'r',t,x(:,4),'b','linewidth',2);
xlabel('time(s)');ylabel('angle speed tracking');
figure(3);
plot(t,tol(:,1),'r','linewidth',2);
xlabel('time(s)');ylabel('control input,u');
```

## 8.2 二级倒立摆的H∞鲁棒控制

通过对文献[4]中的一种二级倒立摆的H∞鲁棒控制进行仿真分析，研究一种基于LMI的H∞鲁棒控制设计方法。

### 8.2.1 系统的描述

对 $n$ 阶广义受控对象，有

$$\begin{aligned}\dot{\boldsymbol{x}} &= \boldsymbol{A}\boldsymbol{x}+\boldsymbol{B}_1\boldsymbol{\omega}+\boldsymbol{B}_2\boldsymbol{u}\\ \boldsymbol{z} &= \boldsymbol{C}_1\boldsymbol{x}+\boldsymbol{D}_{11}\boldsymbol{\omega}+\boldsymbol{D}_{12}\boldsymbol{u}\\ \boldsymbol{y} &= \boldsymbol{x}\end{aligned}\tag{8.11}$$

其中，$\boldsymbol{x}\in R^{n\times 1}$，$\boldsymbol{z}\in R^{m\times 1}$，$\boldsymbol{\omega}\in R^{r\times 1}$，$\boldsymbol{u}\in R^{p\times 1}$，$\boldsymbol{A}$、$\boldsymbol{B}_1$、$\boldsymbol{B}_2$、$\boldsymbol{C}_1$、$\boldsymbol{D}_{11}$、$\boldsymbol{D}_{12}$ 均为相维数的常阵，$\omega$ 为系统的建模误差及外加干扰。

### 8.2.2 基于LMI的控制律的设计

**定理 8.2**[4] 对于式(8.11)，给定 $\gamma>0$，存在 $\boldsymbol{P}_1=\boldsymbol{P}_1^{\mathrm{T}}>0$ 和 $\boldsymbol{P}_2$，如果满足不等式：

$$\begin{bmatrix}\boldsymbol{A}\boldsymbol{P}_1+\boldsymbol{P}_1\boldsymbol{A}^{\mathrm{T}}+\boldsymbol{B}_2\boldsymbol{P}_2+\boldsymbol{P}_2^{\mathrm{T}}\boldsymbol{B}_2^{\mathrm{T}}+\gamma^{-2}\boldsymbol{B}_1\boldsymbol{B}_1^{\mathrm{T}} & (\boldsymbol{C}_1\boldsymbol{P}_1+\boldsymbol{D}_{12}\boldsymbol{P}_2)^{\mathrm{T}}\\ \boldsymbol{C}_1\boldsymbol{P}_1+\boldsymbol{D}_{12}\boldsymbol{P}_2 & -\boldsymbol{I}\end{bmatrix}<0\tag{8.12}$$

则H∞鲁棒控制的状态反馈控制器为

$$u=\boldsymbol{K}\boldsymbol{x}=\boldsymbol{P}_2\boldsymbol{P}_1^{-1}\boldsymbol{x}\tag{8.13}$$

其中，$\boldsymbol{K}=[k_1\quad k_2\quad k_3\quad k_4\quad k_5\quad k_6]$。

控制目标设计为：

(1) $\boldsymbol{x}=0$ 为闭环无扰动系统的局部渐近稳定平衡点，即对于初始状态 $\boldsymbol{x}(0)$，有 $\boldsymbol{x}(t)\to 0$；

(2) 对于任意扰动 $\omega\in L_2[0,+\infty)$，初始状态 $\boldsymbol{x}(0)=0$，闭环系统具有扰动抑制性能，鲁棒性能可表示为

$$\int_0^{\infty}\{q_1^2x^2(t)+q_2^2\dot{x}^2(t)+q_3^2\theta_1^2(t)+q_4^2\dot{\theta}_1^2(t)+q_5^2\theta_2^2(t)+q_6^2\dot{\theta}_2^2(t)+\rho^2u^2(t)\}\mathrm{d}t<\gamma^2\int_0^{\infty}\omega^2(t)\mathrm{d}t\tag{8.14}$$

其中，$\boldsymbol{x}=[x\quad \dot{x}\quad \theta_1\quad \dot{\theta}_1\quad \theta_2\quad \dot{\theta}_2]^{\mathrm{T}}$，$\gamma>0$。

控制目标(1)反映了倒立摆的基本控制要求，$\boldsymbol{x}=0$ 表明一级、二级摆杆均处于垂直位置，小车也处于位置零点，而且小车及一、二级摆杆均没有运动的趋势。

### 8.2.3 二级倒立摆系统的描述

为了使倒立摆线性化，必须满足倒立摆的各级摆杆的转角是小角度(小于5°)，此时

$\sin\theta \approx \theta, \cos\theta \approx 1$。线性化后的二级倒立摆模型为

$$\begin{cases} \dot{\boldsymbol{x}} = \boldsymbol{A}\boldsymbol{x} + \boldsymbol{B}_1\boldsymbol{\omega} + \boldsymbol{B}_2\boldsymbol{u} \\ \boldsymbol{y} = \boldsymbol{x} \end{cases} \tag{8.15}$$

对于二级倒立摆系统式(8.15)，引入控制输出为

$$\boldsymbol{Z} = \boldsymbol{C}_1\boldsymbol{x} + \boldsymbol{D}_{11}\boldsymbol{\omega} + \boldsymbol{D}_{12}\boldsymbol{u} \tag{8.16}$$

由于二级倒立摆系统为六阶系统，故取

$$\boldsymbol{C}_1 = \begin{bmatrix} q_1 & 0 & 0 & 0 & 0 & 0 \\ 0 & q_2 & 0 & 0 & 0 & 0 \\ 0 & 0 & q_3 & 0 & 0 & 0 \\ 0 & 0 & 0 & q_4 & 0 & 0 \\ 0 & 0 & 0 & 0 & q_5 & 0 \\ 0 & 0 & 0 & 0 & 0 & q_6 \\ 0 & 0 & 0 & 0 & 0 & 0 \end{bmatrix}, \quad \boldsymbol{D}_{12} = [0 \quad 0 \quad 0 \quad 0 \quad 0 \quad 0 \quad \rho]^{\mathrm{T}}, \quad \boldsymbol{D}_{11} = 0。$$

其中，$q_j \geqslant 0, j=1,2,\cdots,6$ 为各状态的加权系数。

于是式(8.16)变为

$$\boldsymbol{Z} = \boldsymbol{C}_1\boldsymbol{x} + \boldsymbol{D}_{11}\boldsymbol{\omega} + \boldsymbol{D}_{12}\boldsymbol{u} = [q_1 x \quad q_2\dot{x} \quad q_3\theta_1 \quad q_4\dot{\theta}_1 \quad q_5\theta_2 \quad q_6\dot{\theta}_2 \quad \rho u]^{\mathrm{T}}$$

则

$$\|\boldsymbol{z}\|_2^2 = \int_0^{\infty}\{q_1^2 x^2(t) + q_2^2\dot{x}^2(t) + q_3^2\theta_1^2(t) + q_4^2\dot{\theta}_1^2(t) + q_5^2\theta_2^2(t) + q_6^2\dot{\theta}_2^2(t) + \rho^2 u^2(t)\}\mathrm{d}t$$

即式(8.14)等价于

$$\|\boldsymbol{z}\|_2 < \gamma\|\boldsymbol{\omega}\|_2 \tag{8.17}$$

因此，求满足8.2.2节的设计目标(1)和(2)的控制器 $\boldsymbol{K}$ 的问题就等价于求使闭环系统内部稳定且满足式(8.17)的控制器。

将式(8.15)和式(8.16)结合起来，可得用于求解LMI的二级倒立摆系统为

$$\begin{cases} \dot{\boldsymbol{x}} = \boldsymbol{A}\boldsymbol{x} + \boldsymbol{B}_1\boldsymbol{\omega} + \boldsymbol{B}_2\boldsymbol{u} \\ \boldsymbol{Z} = \boldsymbol{C}_1\boldsymbol{x} + \boldsymbol{D}_{11}\boldsymbol{\omega} + \boldsymbol{D}_{12}\boldsymbol{u} \\ \boldsymbol{y} = \boldsymbol{x} \end{cases} \tag{8.18}$$

实现二级倒立摆控制律的设计，采用定理8.2求解倒立摆系统式(8.18)的状态反馈控制增益 $\boldsymbol{K}$ 时，需要两个LMI，其中一个LMI为式(8.12)，另一个LMI为 $\boldsymbol{P}_1 > 0$，即

$$-\boldsymbol{P}_1 < 0 \tag{8.19}$$

采用LMI求解工具箱——YALMIP工具箱求解由式(8.12)和式(8.19)构成的LMI不等式，从而可以得到 $\boldsymbol{K}$。

### 8.2.4 仿真实例

二级倒立摆的线性化模型为

$$\begin{cases}\dot{\boldsymbol{x}} = \boldsymbol{A}\boldsymbol{x} + \boldsymbol{B}_1\boldsymbol{\omega} + \boldsymbol{B}_2\boldsymbol{u} \\ \boldsymbol{y} = \boldsymbol{x}\end{cases}$$

其中，$\boldsymbol{A}=\begin{bmatrix}\boldsymbol{O}_3 & \boldsymbol{I}_3 \\ \boldsymbol{A}_1 & \boldsymbol{A}_2\end{bmatrix}$，$\boldsymbol{B}_1=[\boldsymbol{B}_{11} \quad \boldsymbol{B}_{12}]$，$\boldsymbol{B}_2=[\boldsymbol{B}_{21} \quad \boldsymbol{B}_{22}]$，$\boldsymbol{O}_3$ 为 3 阶零方阵，$\boldsymbol{I}_3$ 为 3 阶单位阵。

取 $\boldsymbol{A}_1 = \begin{bmatrix}0 & -3.7864 & 0.2009 \\ 0 & 41.9965 & 9.3378 \\ 0 & -25.0347 & -29.5778\end{bmatrix}$，$\boldsymbol{A}_2 = \begin{bmatrix}-4.5480 & 0.0037 & -0.0017 \\ 7.6261 & -0.0570 & 0.0349 \\ 1.0850 & 0.0675 & -0.0543\end{bmatrix}$，

$\boldsymbol{B}_{11}=\boldsymbol{B}_{21}=[0 \quad 0 \quad 0]^{\mathrm{T}}$，$\boldsymbol{B}_{12}=[-1.1902 \quad -55.3119 \quad 175.2019]^{\mathrm{T}}$，$\boldsymbol{B}_{22}=[68.6019 \quad -115.0316 \quad -16.3660]^{\mathrm{T}}$。

在式(8.16)中，取 $\rho=1$，$q_1=1.69$，$q_2=1.0$，$q_3=0.01$，$q_4=0.3$，$q_5=0.1$，$q_6=0.01$。

控制器增益的 LMI 求解程序为 chap8_2LMI_design. m，取 $\gamma=120$，求解 LMI 不等式(8.12)和(8.19)，得 $\boldsymbol{K}=[-5.4558 \quad 17.4984 \quad 50.5226 \quad -4.7462 \quad -1.0376 \quad -9.7465]$。

首先考虑无干扰的情况，$\omega=0$，倒立摆的初始状态为 $x(0)=[0.3 \quad -0.2 \quad 0.2 \quad 0 \quad 0 \quad 0]$。仿真程序中，取 $M=1$，仿真结果如图 8-4 和图 8-5 所示。

然后考虑有干扰的情况，进行鲁棒性测试。根据 $H\infty$ 理论，仿真中取干扰为能量有界信号，即取 $\omega=\sin(0.1t)/(t+1)$，取倒立摆的初始状态为 $x(0)=[0 \quad 0 \quad 0 \quad 0 \quad 0 \quad 0]$。仿真程序中，取 $M=2$，仿真结果如图 8-6～图 8-8 所示。其中图 8-8 为式(8.17)的鲁棒性能验证结果。

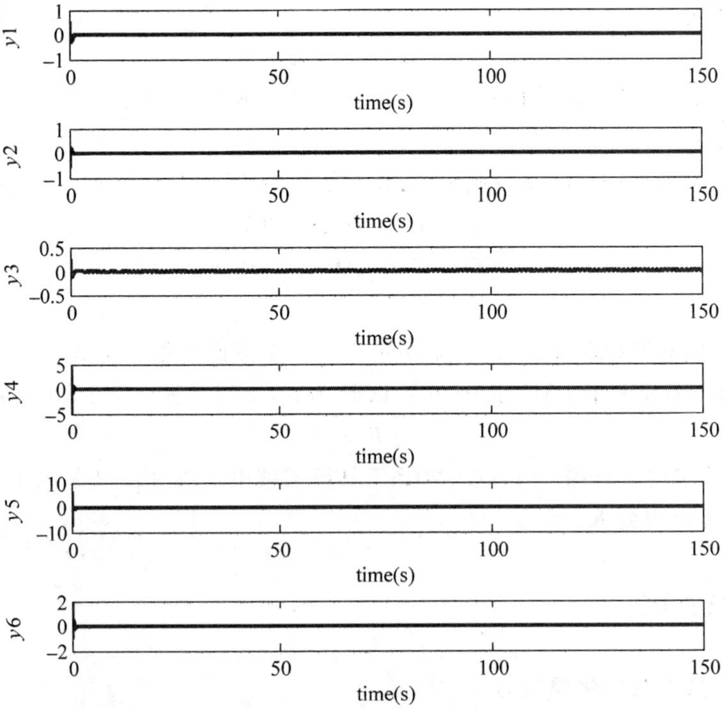


图 8-4 小车、摆 1 及摆 2 的位置和速度响应结果($M=1$)

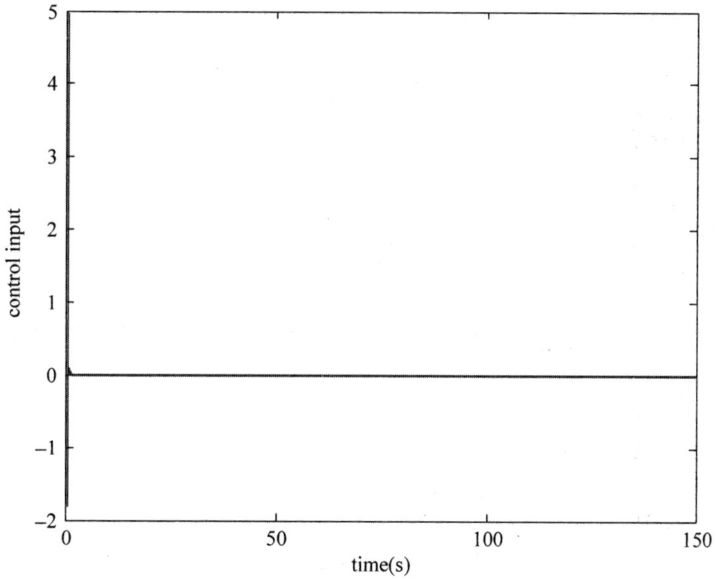


**图 8-5　控制输入信号($M=1$)**

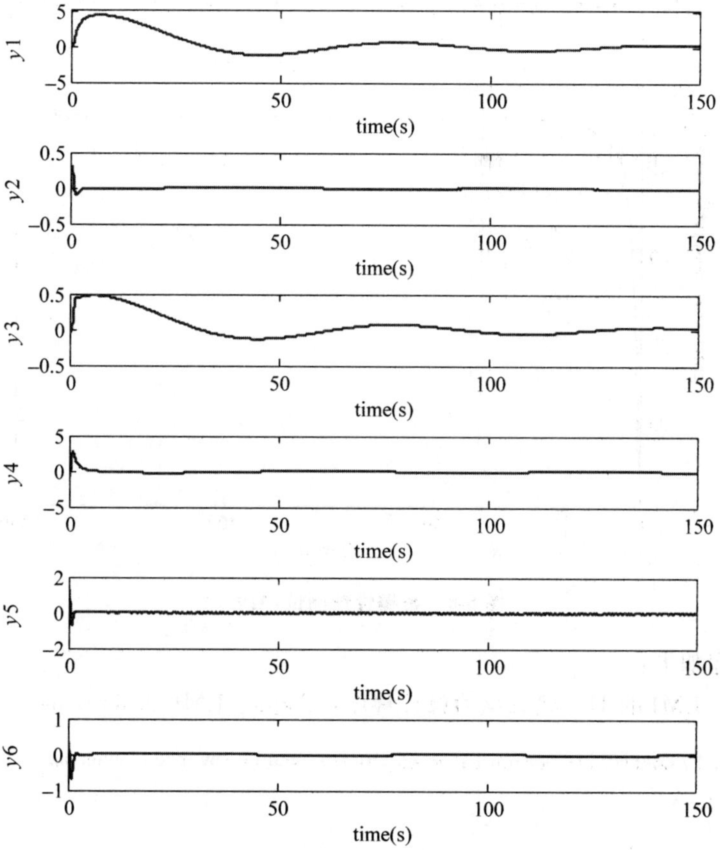


**图 8-6　小车、摆 1 及摆 2 的位置和速度响应结果($M=2$)**

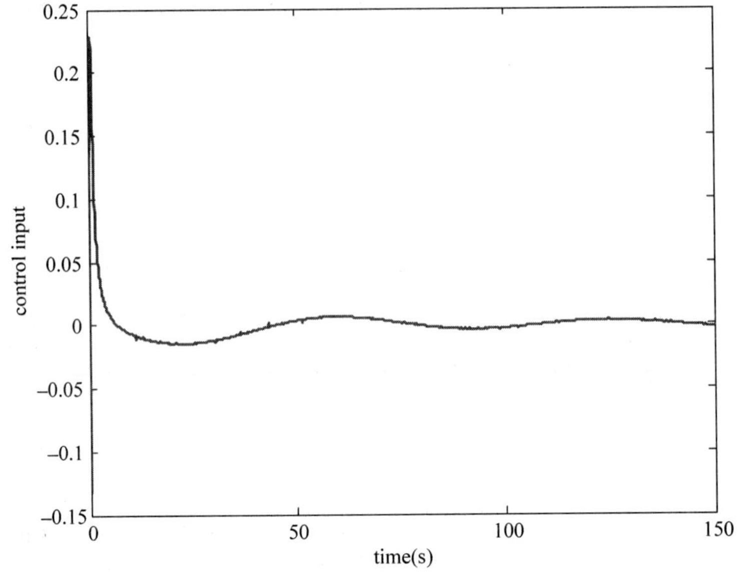


**图 8-7　控制输入信号($M=2$)**

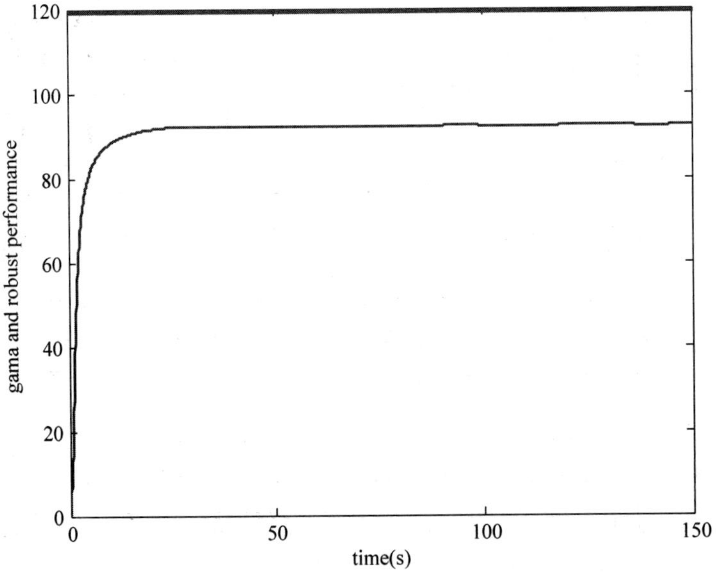


**图 8-8　鲁棒性能测试($M=2$)**

仿真程序如下：

(1) 基于 LMI 的 H∞状态反馈设计程序：chap8_2LMI_design. m

```
% H Infinity Controller Design based on LMI for Double Inverted Pendulum
clear all;
close all;

A = [0,0,0,1.0,0,0;
    0,0,0,0,1.0,0;
```

```
   0,0,0,0,0,-1.0;
   0,-3.7864,0.2009,-4.5480,0.0037,-0.0017;
   0,41.9965,9.3378,7.6261,-0.0570,0.0349;
   0,-25.0347,-29.5778,1.0850,0.0675,-0.0543];
B1 = [0;0;0;-1.1902;-55.3119;175.2019];
B2 = [0;0;0;68.6019;-115.0316;-16.3660];

C = eye(6);
D = zeros(6,1);

%%%%%%%%%%%%%%%%%%%%%%%%%%%%%%%%%%%%%%%%%%%%%%%%%%%%%%%%%%%%%%
q1 = 1.69;q2 = 2;q3 = 0.01;q4 = 0.3;q5 = 0.1;q6 = 0.01;
q = [q1,q2,q3,q4,q5,q6];
gama = 120;

C1 = [diag(q);zeros(1,6)];
rho = 1;
D12 = [0;0;0;0;0;0;rho];
D11 = zeros(7,1);

C2 = eye(6);
D21 = zeros(6,1);
%%%%%%%%%%%%%%%%%%%%%%%% LMI Model Design %%%%%%%%%%%%%%%%%%%%%%%
P1 = sdpvar(6,6);
P2 = sdpvar(1,6);

FAI = [A*P1 + P1*A' + B2*P2 + P2'*B2' + 1/gama^2*B1*B1' (C1*P1 + D12*P2)';C1*P1 +
D12*P2  -eye(7)] ;

%LMI description
L1 = set(P1>0);
L2 = set(FAI<0);
LL = L1 + L2;

solvesdp(LL);

P1 = double(P1);
P2 = double(P2);
K = P2*inv(P1)
```

（2）Simulink 主程序：chap8_2sim.mdl

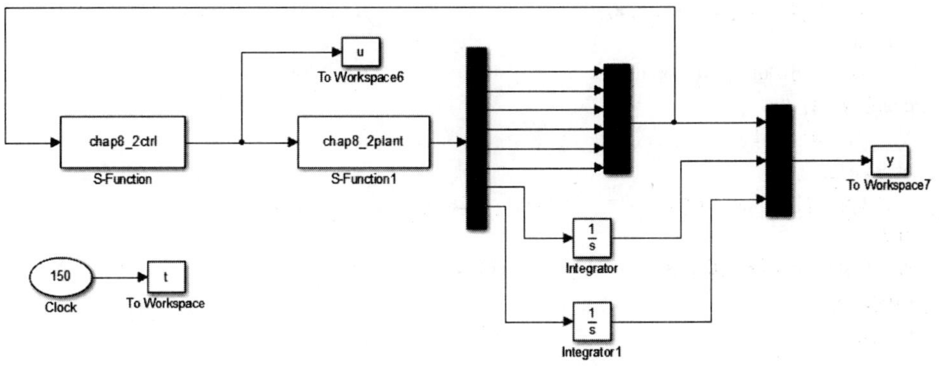

(3) 控制器S函数：chap8_2ctrl.m

```
function [sys,x0,str,ts] = spacemodel(t,x,u,flag)
switch flag,
case 0,
    [sys,x0,str,ts] = mdlInitializeSizes;
case 3,
    sys = mdlOutputs(t,x,u);
case {2,4,9}
    sys = [];
otherwise
    error(['Unhandled flag = ',num2str(flag)]);
end
function [sys,x0,str,ts] = mdlInitializeSizes
sizes = simsizes;
sizes.NumContStates   = 0;
sizes.NumDiscStates   = 0;
sizes.NumOutputs      = 1;
sizes.NumInputs       = 6;
sizes.DirFeedthrough  = 1;
sizes.NumSampleTimes  = 0;
sys = simsizes(sizes);
x0 = [];
str = [];
ts = [];
function sys = mdlOutputs(t,x,u)
x = u;

K = [-5.4558 17.4984 50.5226 -4.7462 -1.0376 -9.7465];
ut = K * x;

sys(1) = ut;
```

(4) 被控对象S函数：chap8_2plant.m

```
function [sys,x0,str,ts] = s_function(t,x,u,flag)
switch flag,
case 0,
    [sys,x0,str,ts] = mdlInitializeSizes;
case 1,
    sys = mdlDerivatives(t,x,u);
case 3,
    sys = mdlOutputs(t,x,u);
case {2, 4, 9 }
    sys = [];
otherwise
    error(['Unhandled flag = ',num2str(flag)]);
end
function [sys,x0,str,ts] = mdlInitializeSizes
global M
M = 1;
```

```
sizes = simsizes;
sizes.NumContStates    = 6;
sizes.NumDiscStates    = 0;
sizes.NumOutputs       = 8;
sizes.NumInputs        = 1;
sizes.DirFeedthrough   = 1;
sizes.NumSampleTimes   = 0;
sys = simsizes(sizes);
if M == 1
    x0 = [0.3, - 0.2,0.2,0,0,0];
elseif M == 2
    x0 = zeros(1,6);
end
str = [];
ts = [];
function sys = mdlDerivatives(t,x,u)
global M
% Double Link Inverted Pendulum Parameters
A = [0,0,0,1.0,0,0;
   0,0,0,0,1.0,0;
   0,0,0,0,0, - 1.0;
   0, - 3.7864,0.2009, - 4.5480,0.0037, - 0.0017;
   0,41.9965,9.3378,7.6261, - 0.0570,0.0349;
   0, - 25.0347, - 29.5778,1.0850,0.0675, - 0.0543];
B1 = [0;0;0; - 1.1902; - 55.3119;175.2019];
B2 = [0;0;0;68.6019; - 115.0316; - 16.3660];

ut = u(1);
if M == 1
   w = 0;
elseif M == 2
   w = sin(0.1 * t)/(t + 1);
end

S = A * x + B1 * w' + B2 * ut;
for i = 1:6
    sys(i) = S(i);
end
function sys = mdlOutputs(t,x,u)
global M

if M == 1
   w = 0;
elseif M == 2
   w = sin(0.1 * t)/(t + 1);
end
q1 = 1.69;q2 = 2;q3 = 0.01;q4 = 0.3;q5 = 0.1;q6 = 0.01;
rho = 1;

z = [q1 * x(1) q2 * x(2) q3 * x(3) q4 * x(4) q5 * x(5) q6 * x(6) rho * u(1)]';
```

```
zp = z' * z;
wp = w' * w;

sys(1) = x(1);
sys(2) = x(2);
sys(3) = x(3);
sys(4) = x(4);
sys(5) = x(5);
sys(6) = x(6);
sys(7) = zp;
sys(8) = wp;
```

(5) 作图程序：chap8_2plot.m

```
close all;

figure(1);
subplot(611);
plot(t,y(:,1),'r');
xlabel('time(s)');ylabel('y1');
subplot(612);
plot(t,y(:,2),'r');
xlabel('time(s)');ylabel('y2');
subplot(613);
plot(t,y(:,3),'r');
xlabel('time(s)');ylabel('y3');
subplot(614);
plot(t,y(:,4),'r');
xlabel('time(s)');ylabel('y4');
subplot(615);
plot(t,y(:,5),'r');
xlabel('time(s)');ylabel('y5');
subplot(616);
plot(t,y(:,6),'r');
xlabel('time(s)');ylabel('y6');

figure(2);
plot(t,u(:,1),'r');
xlabel('time(s)');ylabel('Control input');

figure(3);
zp = y(:,7);
wp = y(:,8);
gama1 = sqrt(zp./(wp + 0.001));
gama = 120;

plot(t,gama,'r',t,gama1,'b');
xlabel('time(s)');ylabel('gama and robust performance');
```

# 参考文献

[1] 申铁龙,机器人鲁棒控制基础,北京：清华大学出版社,2004.

[2] Shen T L, Tamura K, Kaminaga H. Robust nonlinear control of parametric uncertain systems with unknown friction and its application to a pneumatic control valve. Transactions of the ASME, Journal of Dynamic Systems, Measurement, and Control, 2000, 122, 257-262.

[3] 刘强,扈宏杰,刘金琨,尔联洁. 高精度飞行仿真转台的鲁棒自适应控制. 系统工程与电子技术, 2001,23(10)：35-38.

[4] 钟瑞麟,曾建平,程鹏. 二级倒立摆的 H∞鲁棒控制器的设计. 北京航空航天大学学报,2001,27,增刊：61-64.

# 第9章 机械手末端轨迹及力的连续切换滑模控制

## 9.1 基于双曲正切函数切换的滑模控制

### 9.1.1 双曲正切函数的特性

传统的滑模控制算法存在切换函数，该函数会造成控制输入信号的抖振。为了有效地消除抖振，采用连续的双曲正切函数代替切换函数是一种有效的方法[1]。通过双曲正切函数的陡度可调节切换的程度。

双曲正切函数定义为

$$\tanh\left(\frac{x}{\varepsilon}\right)=\frac{e^{\frac{x}{\varepsilon}}-e^{-\frac{x}{\varepsilon}}}{e^{\frac{x}{\varepsilon}}+e^{-\frac{x}{\varepsilon}}} \tag{9.1}$$

其中，$\varepsilon>0$，$\varepsilon$ 的值决定了双曲正切函数的陡度。

由引理 9.1(见附录)可知，双曲正切函数满足 $x\tanh\left(\frac{x}{\varepsilon}\right)\geqslant 0$。

### 9.1.2 仿真实例

取 $\varepsilon=0.50$，双曲正切函数和切换函数如图 9-1 所示。

仿真程序：tanh_test.m

```
clearall;
closeall;

xite = 5.0;
ts = 0.01;
for k = 1:1:4000;

s(k) = k * ts - 20;

y1(k) = xite * sign(s(k));

epc = 0.5;
y2(k) = xite * tanh(s(k)/epc);
```

```
end

figure(1);
plot(s,y1,'r',s,y2,'k','linewidth',2);
xlabel('s');ylabel('y');
legend('Switch function','Tanh function');
```

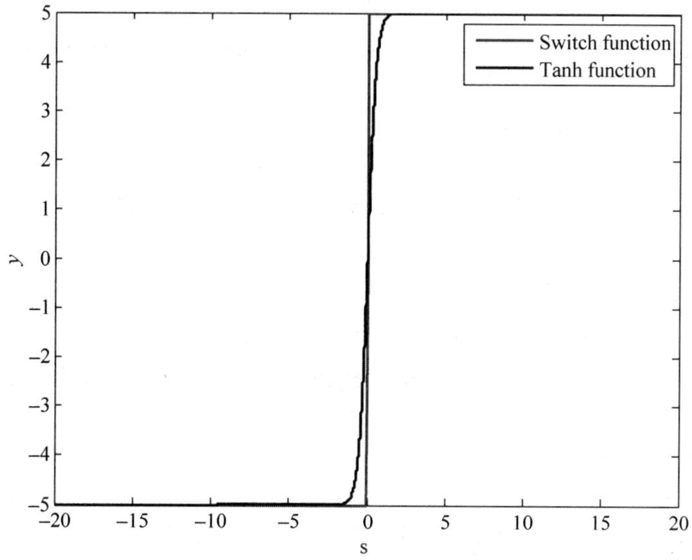


**图 9-1 双曲正切函数和切换函数**

## 9.1.3 基于双曲正切函数的滑模控制

考虑如下被控对象

$$J\ddot{\theta}(t) = u(t) + d(t) \tag{9.2}$$

其中，$J$ 为转动惯量，$\theta(t)$为角度，$u(t)$为控制输入，$d(t)$为扰动，$|d(t)| \leqslant D$。

定义滑模函数为

$$s(t) = ce(t) + \dot{e}(t)$$

其中，$c>0$。

则 $e(t)=\theta(t)-\theta_d(t)$，$\dot{e}(t)=\dot{\theta}(t)-\dot{\theta}_d(t)$，其中 $\theta_d(t)$为理想的角度信号。定义 Lyapunov 函数为

$$V = \frac{1}{2}s^2$$

则$\dot{s}(t)=c\dot{e}(t)+\ddot{e}(t)=c\dot{e}(t)+\ddot{\theta}(t)-\ddot{\theta}_d(t)=c\ddot{e}(t)+\frac{1}{J}(u+d(t))-\ddot{\theta}_d(t)$，从而

$$\dot{V} = s\dot{s} = s\left(c\ddot{e} + \frac{1}{J}(u + d(t)) - \ddot{\theta}_d\right)$$

为了保证闭环系统稳定且滑模函数收敛，可采用以下两种控制方法。

1. 基于切换函数的滑模控制

$$u(t)=J(-c\ddot{e}+\ddot{\theta}_{\mathrm{d}}-\eta s)-D\operatorname{sgn}(s) \tag{9.3}$$

则

$$\begin{aligned}s\dot{s}&=s\left(c\ddot{e}+(-c\ddot{e}+\ddot{\theta}_{\mathrm{d}}-\eta s)-\frac{1}{J}D\operatorname{sgn}(s)+\frac{1}{J}d(t)-\ddot{\theta}_{\mathrm{d}}\right)\\&=s\left(-\eta s-\frac{1}{J}D\operatorname{sgn}(s)+\frac{1}{J}d(t)\right)\\&=-\eta s^2-\frac{1}{J}D\mid s\mid+\frac{1}{J}sd(t)\leqslant-\eta s^2=-2\eta V\end{aligned}$$

从而$\dot{V}\leqslant-2\eta V$，根据引理9.3，可得

$$V(t)\leqslant \mathrm{e}^{-2\eta(t-t_0)}V(t_0)$$

可见，采用基于切换函数的控制律，滑模函数指数收敛，收敛进度取决于$\eta$。

2. 基于双曲正切的滑模控制

$$u(t)=J(-c\ddot{e}+\ddot{\theta}_{\mathrm{d}}-\eta s)-D\tanh\left(\frac{s}{\varepsilon}\right) \tag{9.4}$$

根据引理9.2，有$|s|-s\tanh\left(\frac{s}{\varepsilon}\right)\leqslant\mu\varepsilon$，则$D|s|-Ds\tanh\left(\frac{s}{\varepsilon}\right)\leqslant D\mu\varepsilon$，即

$$-Ds\tanh\left(\frac{s}{\varepsilon}\right)\leqslant-D\mid s\mid+D\mu\varepsilon$$

从而

$$\begin{aligned}s\dot{s}&=s\left(c\ddot{e}+\frac{1}{J}(u+d(t))-\ddot{\theta}_{\mathrm{d}}\right)\\&=s\left(c\ddot{e}+(-c\ddot{e}+\ddot{\theta}_{\mathrm{d}}-\eta s)-\frac{1}{J}D\tanh\left(\frac{s}{\varepsilon}\right)+\frac{1}{J}d(t)-\ddot{\theta}_{\mathrm{d}}\right)\\&=s\left(-\eta s-\frac{1}{J}D\tanh\left(\frac{s}{\varepsilon}\right)+\frac{1}{J}d(t)\right)\\&=-\eta s^2+\frac{1}{J}\left(-Ds\tanh\left(\frac{s}{\varepsilon}\right)+sd(t)\right)\\&\leqslant-\eta s^2+\frac{1}{J}(-D\mid s\mid+D\mu\varepsilon+sd(t))\\&\leqslant-\eta s^2+\frac{1}{J}D\mu\varepsilon=-2\eta V+b\end{aligned}$$

其中，$b=\frac{1}{J}D\mu\varepsilon$。

即$\dot{V}\leqslant-2\eta V+b$。根据引理9.3，可得

$$V(t) \leqslant e^{-2\eta(t-t_0)}V(t_0) + b e^{-2\eta t}\int_{t_0}^{t} e^{2\eta\tau}\,d\tau$$

$$= e^{-2\eta(t-t_0)}V(t_0) + \frac{b e^{-2\eta t}}{2\eta}(e^{2\eta t} - e^{2\eta t_0})$$

$$= e^{-2\eta(t-t_0)}V(t_0) + \frac{b}{2\eta}(1 - e^{-2\eta(t-t_0)})$$

$$= e^{-2\eta(t-t_0)}V(t_0) + \frac{D\mu\varepsilon}{2\eta J}(1 - e^{-2\eta(t-t_0)})$$

则

$$\lim_{t\to\infty}V(t) \leqslant \frac{D\mu\varepsilon}{2\eta J} \tag{9.5}$$

由上式可知，滑模函数 $s$ 的跟踪误差 $e$ 及其变化率 $\dot{e}$ 渐进收敛，其收敛精度取决于 $D$、$\eta$ 和 $\varepsilon$。

### 9.1.4 仿真实例

考虑如下被控对象

$$J\ddot{\theta}(t) = u(t) + d(t)$$

取 $J=10$，理想角度为 $\theta_d(t)=\sin t$，取 $d(t)=50\sin t$，被控对象的初始状态为[0.5,1.0]，取 $c=0.50$，$\eta=10$，$D=50$，$\varepsilon=0.02$，分别采用控制律式(9.3)和式(9.4)，仿真结果如图 9-2～图 9-5 所示。

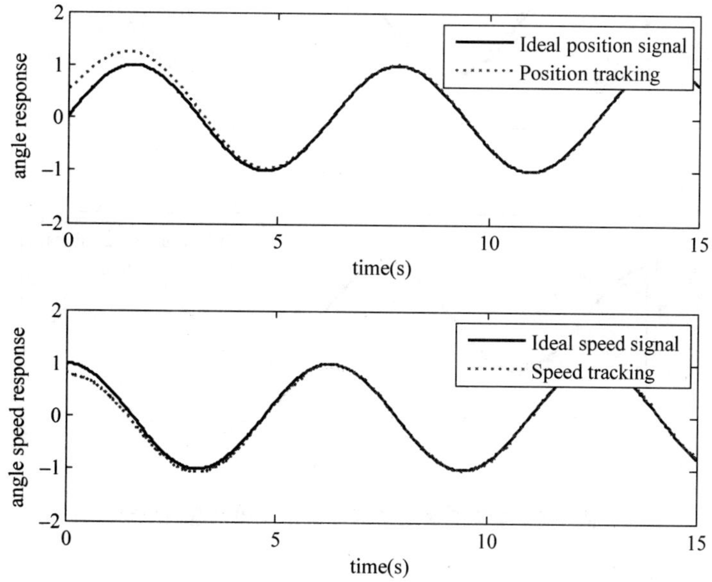


**图 9-2 基于切换函数的角度和角速度跟踪**

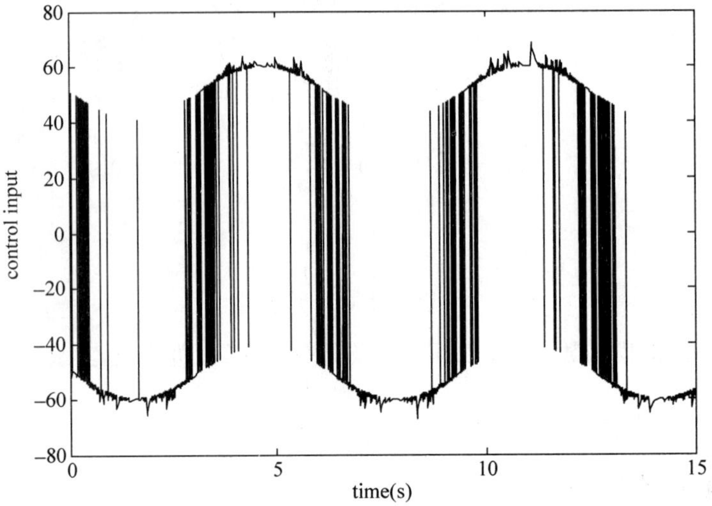


图 9-3　基于切换函数的控制输入

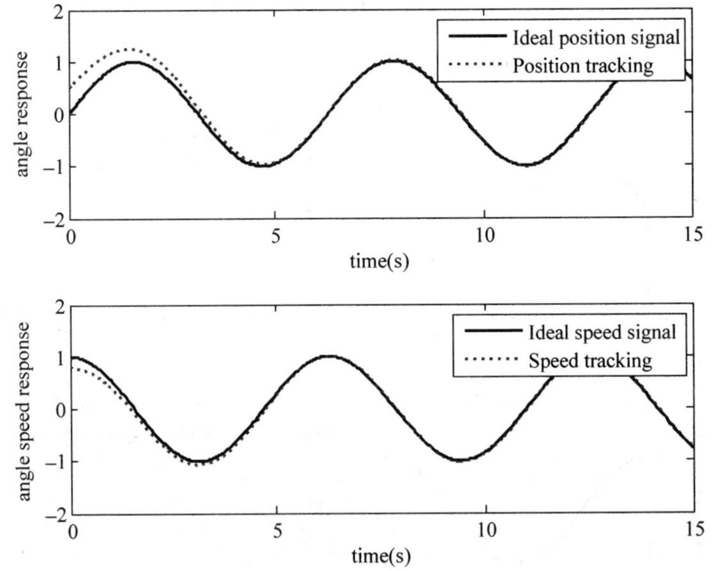


图 9-4　基于双曲正切函数的角度和角速度跟踪

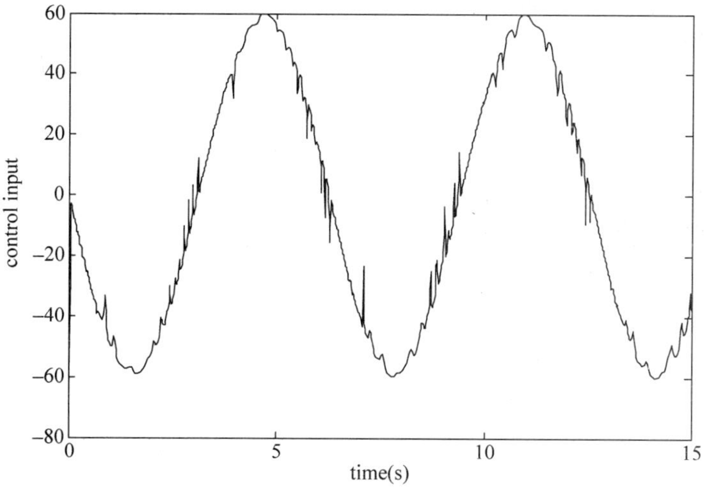


图 9-5 基于双曲正切函数的控制输入

仿真程序如下：

(1) Simulink 主程序：chap9_1sim. mdl

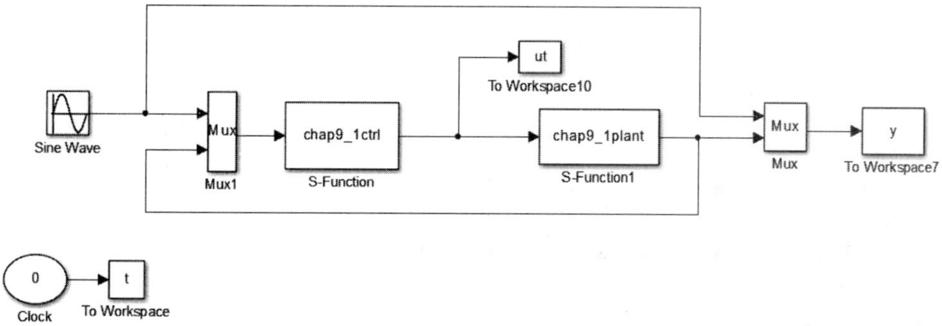


(2) 控制律 S 函数：chap9_1ctrl. m

```
function [sys,x0,str,ts] = spacemodel(t,x,u,flag)
switch flag,
case 0,
    [sys,x0,str,ts] = mdlInitializeSizes;
case 3,
    sys = mdlOutputs(t,x,u);
case {2,4,9}
    sys = [];
otherwise
    error(['Unhandled flag = ',num2str(flag)]);
end
function [sys,x0,str,ts] = mdlInitializeSizes
sizes = simsizes;
sizes.NumContStates    = 0;
sizes.NumDiscStates    = 0;
sizes.NumOutputs       = 1;
```

```
sizes.NumInputs        = 3;
sizes.DirFeedthrough   = 1;
sizes.NumSampleTimes   = 0;
sys = simsizes(sizes);
x0  = [];
str = [];
ts  = [];
function sys = mdlOutputs(t,x,u)
thd = u(1);
dthd = cos(t);
ddthd = - sin(t);

th = u(2);
dth = u(3);

c = 0.5;
e = th - thd;
de = dth - dthd;
s = c * e + de;

J = 10;
xite = 10;
D = 50;
epc = 0.02;

M = 2;
if M == 1
    ut = J * ( - c * de + ddthd - xite * s) - D * sign(s);
elseif M == 2
    ut = J * ( - c * de + ddthd - xite * s) - D * tanh(s/epc);
end
sys(1) = ut;
```

(3) 被控对象 S 函数：chap9_1plant.m

```
function [sys,x0,str,ts] = s_function(t,x,u,flag)
switch flag,
case 0,
    [sys,x0,str,ts] = mdlInitializeSizes;
case 1,
    sys = mdlDerivatives(t,x,u);
case 3,
    sys = mdlOutputs(t,x,u);
case {2, 4, 9 }
    sys = [];
otherwise
    error(['Unhandled flag = ',num2str(flag)]);
end
function [sys,x0,str,ts] = mdlInitializeSizes
sizes = simsizes;
```

```
sizes.NumContStates    = 2;
sizes.NumDiscStates    = 0;
sizes.NumOutputs       = 2;
sizes.NumInputs        = 1;
sizes.DirFeedthrough   = 0;
sizes.NumSampleTimes   = 0;
sys = simsizes(sizes);
x0 = [0.5 1.0];
str = [];
ts = [];
function sys = mdlDerivatives(t,x,u)
J = 10;
dt = 50 * sin(t);
sys(1) = x(2);
sys(2) = 1/J * (u + dt);
function sys = mdlOutputs(t,x,u)
sys(1) = x(1);
sys(2) = x(2);
```

(4) 作图程序：chap9_1plot.m

```
close all;

figure(1);
subplot(211);
plot(t,y(:,1),'k',t,y(:,2),'r:','linewidth',2);
legend('Ideal position signal','Position tracking');
xlabel('time(s)');ylabel('Angle response');
subplot(212);
plot(t,cos(t),'k',t,y(:,3),'r:','linewidth',2);
legend('Ideal speed signal','Speed tracking');
xlabel('time(s)');ylabel('Angle speed response');

figure(2);
plot(t,ut(:,1),'k','linewidth',0.01);
xlabel('time(s)');ylabel('Control input');
```

# 附录

**引理 9.1**[1] 针对任意给定的实数 $x$，存在下面的不等式

$$x\tanh\left(\frac{x}{\varepsilon}\right)=\left|x\tanh\left(\frac{x}{\varepsilon}\right)\right|=|x|\left|\tanh\left(\frac{x}{\varepsilon}\right)\right|\geqslant 0$$

其中，$\varepsilon>0$。

引理 9.1 说明如下：根据双曲正切函数的定义，有

$$x\tanh\left(\frac{x}{\varepsilon}\right)=x\frac{e^{\frac{x}{\varepsilon}}-e^{-\frac{x}{\varepsilon}}}{e^{\frac{x}{\varepsilon}}+e^{-\frac{x}{\varepsilon}}}=\frac{1}{e^{2\frac{x}{\varepsilon}}+1}x(e^{2\frac{x}{\varepsilon}}-1)$$

由于

$$e^{2\frac{x}{\varepsilon}}-1\geqslant 0,\quad x\geqslant 0$$

$$e^{2\frac{x}{\varepsilon}}-1<0,\quad x<0$$

则 $x(e^{2\frac{x}{\varepsilon}}-1)\geqslant 0$，从而 $x\tanh\left(\frac{x}{\varepsilon}\right)=\frac{1}{e^{2\frac{x}{\varepsilon}}+1}x(e^{2\frac{x}{\varepsilon}}-1)\geqslant 0$，即

$$x\tanh\left(\frac{x}{\varepsilon}\right)=\left|x\tanh\left(\frac{x}{\varepsilon}\right)\right|=|x|\left|\tanh\left(\frac{x}{\varepsilon}\right)\right|\geqslant 0$$

**引理 9.2**[2]　针对任意给定的实数 $x$，存在下面的不等式

$$0\leqslant|x|-x\tanh\left(\frac{x}{\varepsilon}\right)\leqslant\mu\varepsilon,\quad \mu=0.2785$$

其中，$\varepsilon>0$。

**引理 9.3**[3]　Let $f, V:[0,\infty)\in R$，如果$\dot{V}\leqslant-\alpha V+f$，$\forall t\geqslant t_0\geqslant 0$，则

$$V(t)\leqslant e^{-\alpha(t-t_0)}V(t_0)+\int_{t_0}^{t}e^{-\alpha(t-\tau)}f(\tau)\mathrm{d}\tau$$

其中，$\alpha$ 为任意实数。

根据文献[3]，可证明引理 9.3。取 $\omega(t)\triangleq\dot{V}+\alpha V-f$，则 $\omega(t)\leqslant 0$，且

$$\dot{V}=-\alpha V+f+\omega$$

解方程可得

$$V(t)=e^{-\alpha(t-t_0)}V(t_0)+\int_{t_0}^{t}e^{-\alpha(t-\tau)}f(\tau)\mathrm{d}\tau+\int_{t_0}^{t}e^{-\alpha(t-\tau)}\omega(\tau)\mathrm{d}\tau$$

由于 $\omega(t)<0$，$\forall t\geqslant t_0\geqslant 0$，则

$$V(t)\leqslant e^{-\alpha(t-t_0)}V(t_0)+\int_{t_0}^{t}e^{-\alpha(t-\tau)}f(\tau)\mathrm{d}\tau$$

取 $f=0$，则有$\dot{V}\leqslant-\alpha V$，即

$$V(t)\leqslant e^{-\alpha(t-t_0)}V(t_0)$$

如果 $\alpha$ 为正实数，则 $V(t)$ 指数趋近于零。

## 9.2　基于位置动力学模型的机械手末端轨迹滑模控制

由于机械手通常是以关节角度进行动力学建模的，通过设计执行机构施加的关节扭矩$\boldsymbol{\tau}$，可实现关节角度和关节角速度的跟踪。

然而，在实际工程中，通常需要针对机械手末端轨迹的控制，这就需要建立工作空间关节末端节点直角坐标($x_1$，$x_2$)的动力学模型，并设计加在关节末端节点的控制律 $\boldsymbol{F}_x$，通过 $\boldsymbol{F}_x$ 与$\boldsymbol{\tau}$ 之间的映射关系，求出实际的关节扭矩$\boldsymbol{\tau}$[4]。

### 9.2.1　工作空间直角坐标与关节角位置的转换

将工作空间中的关节末端节点直角坐标($x_1$，$x_2$)转为二关节角位置($q_1$，$q_2$)的问题，即机器人的逆向运动学问题。

根据图 9-6，根据末端端点在工作空间中的位置求关节角度 $q_1$ 和 $q_2$，文献[5]给出了表示方法，但需要修正。根据图 9-6 可得末端在工作空间中的位置为

$$\begin{cases}x_1 = l_1\cos q_1 + l_2\cos(q_1+q_2)\\ x_2 = l_1\sin q_1 + l_2\sin(q_1+q_2)\end{cases} \tag{9.6}$$

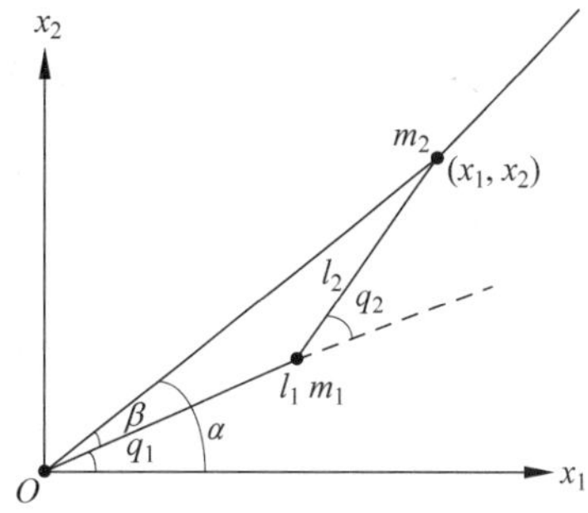


**图 9-6 二自由度机械手**

则

$$x_1^2 + x_2^2 = l_1^2 + l_2^2 + 2l_1l_2\cos q_2$$

从而可得

$$q_2 = \cos^{-1}\left(\frac{x_1^2+x_2^2-l_1^2-l_2^2}{2l_1l_2}\right) \tag{9.7}$$

根据图 9-6，可得

$$\alpha = \arctan\frac{x_2}{x_1},\quad x_1 \geqslant 0 \quad 或 \quad \alpha = \pi + \arctan\frac{x_2}{x_1},\quad x_1 < 0$$

余弦定理是揭示三角形边角关系的重要定理，根据余弦定理，由图 9-6 可得 $l_2^2=l_1^2+(x_1^2+x_2^2)-2l_1\sqrt{x_1^2+x_2^2}\cos\beta$，则

$$\beta = \arccos\frac{x_1^2+x_2^2+l_1^2-l_2^2}{2l_1\sqrt{x_1^2+x_2^2}}$$

从而

$$q_1 = \begin{cases}\alpha-\beta, & q_2>0\\ \alpha+\beta, & q_2\leqslant 0\end{cases} \tag{9.8}$$

定义 $\boldsymbol{x}=[x_1 \quad x_2]$，$\boldsymbol{q}=[q_1 \quad q_2]$，则 $\mathrm{d}\boldsymbol{x}=\frac{\partial\boldsymbol{x}}{\partial\boldsymbol{q}}\mathrm{d}\boldsymbol{q}$，定义 $\boldsymbol{J}=\frac{\partial\boldsymbol{x}}{\partial\boldsymbol{q}}$，则

$$\mathrm{d}\boldsymbol{x} = \boldsymbol{J}\cdot\mathrm{d}\boldsymbol{q}$$

其中，$\boldsymbol{J}=\begin{bmatrix}\frac{\partial x_1}{\partial q_1} & \frac{\partial x_1}{\partial q_2}\\ \frac{\partial x_2}{\partial q_1} & \frac{\partial x_2}{\partial q_2}\end{bmatrix}$，表示机械手末端端点速度与机械臂关节角速度之间关系的雅可比矩阵。

由式(9.6)可得 $\frac{\partial x_1}{\partial q_1}=-l_1\sin q_1-l_2\sin(q_1+q_2)$，$\frac{\partial x_1}{\partial q_2}=-l_2\sin(q_1+q_2)$，$\frac{\partial x_2}{\partial q_1}=l_1\cos q_1+l_2\cos(q_1+q_2)$，$\frac{\partial x_2}{\partial q_2}=l_2\cos(q_1+q_2)$，则

$$\boldsymbol{J}(\boldsymbol{q}) = \begin{bmatrix}-l_1\sin(q_1)-l_2\sin(q_1+q_2) & -l_2\sin(q_1+q_2)\\ l_1\cos(q_1)+l_2\cos(q_1+q_2) & l_2\cos(q_1+q_2)\end{bmatrix} \tag{9.9}$$

$$\dot{\boldsymbol{J}}(\boldsymbol{q}) = \begin{bmatrix}-l_1\cos(q_1)-l_2\cos(q_1+q_2) & -l_2\cos(q_1+q_2)\\ -l_1\sin(q_1)-l_2\sin(q_1+q_2) & -l_2\sin(q_1+q_2)\end{bmatrix}\dot{q}_1 + \begin{bmatrix}-l_2\cos(q_1+q_2) & -l_2\cos(q_1+q_2)\\ -l_2\sin(q_1+q_2) & -l_2\sin(q_1+q_2)\end{bmatrix}\dot{q}_2$$

可见，$\boldsymbol{J}(\boldsymbol{q})$是由结构决定的，假定它在有界的工作空间 Ω 中是非奇异的。

### 9.2.2 机械手在工作空间的建模

考虑一个刚性 $n$ 关节机械手,其动态特性为

$$\boldsymbol{D}(\boldsymbol{q})\ddot{\boldsymbol{q}}+\boldsymbol{C}(\boldsymbol{q},\dot{\boldsymbol{q}})\dot{\boldsymbol{q}}+\boldsymbol{G}(\boldsymbol{q})=\boldsymbol{\tau} \tag{9.10}$$

其中,$\boldsymbol{q}\in\boldsymbol{R}^n$ 是表示关节变量的向量,$\boldsymbol{\tau}\in\boldsymbol{R}^n$ 是执行机构施加的关节扭矩向量,$\boldsymbol{D}(\boldsymbol{q})\in\boldsymbol{R}^{n\times n}$为对称正定惯性矩阵,$\boldsymbol{C}(\boldsymbol{q},\dot{\boldsymbol{q}})\in\boldsymbol{R}^{n\times n}$为哥氏力和离心力向量,$\boldsymbol{G}(\boldsymbol{q})\in\boldsymbol{R}^n$ 为重力向量。

为了实现末端位置的控制,需要将关节角度动力学方程转换为基于末端位置的动力学方程。

在静态平衡状态下,传递到机械手末端力的 $\boldsymbol{F}_x$ 与关节力矩$\boldsymbol{\tau}$之间存在线性映射关系,通过虚功原理可得[6]

$$\boldsymbol{F}_x=\boldsymbol{J}^{-\mathrm{T}}(\boldsymbol{q})\boldsymbol{\tau} \tag{9.11}$$

由于$\dot{\boldsymbol{x}}=\boldsymbol{J}\cdot\dot{\boldsymbol{q}}$,则$\dot{\boldsymbol{q}}=\boldsymbol{J}^{-1}\dot{\boldsymbol{x}}$,$\ddot{\boldsymbol{x}}=\dot{\boldsymbol{J}}\dot{\boldsymbol{q}}+\boldsymbol{J}\ddot{\boldsymbol{q}}=\dot{\boldsymbol{J}}\boldsymbol{J}^{-1}\dot{\boldsymbol{x}}+\boldsymbol{J}\ddot{\boldsymbol{q}}$,从而

$$\ddot{\boldsymbol{q}}=\boldsymbol{J}^{-1}(\ddot{\boldsymbol{x}}-\dot{\boldsymbol{J}}\boldsymbol{J}^{-1}\dot{\boldsymbol{x}})$$

将上式代入式(9.10),可得

$$\boldsymbol{D}(\boldsymbol{q})\boldsymbol{J}^{-1}(\ddot{\boldsymbol{x}}-\dot{\boldsymbol{J}}\boldsymbol{J}^{-1}\dot{\boldsymbol{x}})+\boldsymbol{C}(\boldsymbol{q},\dot{\boldsymbol{q}})\boldsymbol{J}^{-1}\dot{\boldsymbol{x}}+\boldsymbol{G}(\boldsymbol{q})=\boldsymbol{\tau}$$

即

$$\boldsymbol{D}(\boldsymbol{q})\boldsymbol{J}^{-1}\ddot{\boldsymbol{x}}-\boldsymbol{D}(\boldsymbol{q})\boldsymbol{J}^{-1}\dot{\boldsymbol{J}}\boldsymbol{J}^{-1}\dot{x}+\boldsymbol{C}(\boldsymbol{q},\dot{\boldsymbol{q}})\boldsymbol{J}^{-1}\dot{\boldsymbol{x}}+\boldsymbol{G}(\boldsymbol{q})=\boldsymbol{\tau}$$

整理得

$$\boldsymbol{D}(\boldsymbol{q})\boldsymbol{J}^{-1}\ddot{\boldsymbol{x}}+(\boldsymbol{C}(\boldsymbol{q},\dot{\boldsymbol{q}})-\boldsymbol{D}(\boldsymbol{q})\boldsymbol{J}^{-1}\dot{\boldsymbol{J}})\boldsymbol{J}^{-1}\dot{\boldsymbol{x}}+\boldsymbol{G}(\boldsymbol{q})=\boldsymbol{\tau}$$

则

$$\boldsymbol{J}^{-\mathrm{T}}(\boldsymbol{q})(\boldsymbol{D}(\boldsymbol{q})\boldsymbol{J}^{-1}\ddot{\boldsymbol{x}}+(\boldsymbol{C}(\boldsymbol{q},\dot{\boldsymbol{q}})-\boldsymbol{D}(\boldsymbol{q})\boldsymbol{J}^{-1}\dot{\boldsymbol{J}})\boldsymbol{J}^{-1}\dot{\boldsymbol{x}}+\boldsymbol{G}(\boldsymbol{q}))=\boldsymbol{J}^{-\mathrm{T}}(\boldsymbol{q})\boldsymbol{\tau}$$

同时,考虑建模不确定性,从而得到如下模型

$$\boldsymbol{D}_x(\boldsymbol{q})\ddot{\boldsymbol{x}}+\boldsymbol{C}_x(\boldsymbol{q},\dot{\boldsymbol{q}})\dot{\boldsymbol{x}}+\boldsymbol{G}_x(\boldsymbol{q})+\Delta(\boldsymbol{q},\dot{\boldsymbol{q}},\ddot{\boldsymbol{q}})=\boldsymbol{F}_x \tag{9.12}$$

其中,$\boldsymbol{D}_x(\boldsymbol{q})=\boldsymbol{J}^{-\mathrm{T}}(\boldsymbol{q})\boldsymbol{D}(\boldsymbol{q})\boldsymbol{J}^{-1}(\boldsymbol{q})$,$\boldsymbol{C}_x(\boldsymbol{q},\dot{\boldsymbol{q}})=\boldsymbol{J}^{-\mathrm{T}}(\boldsymbol{q})(\boldsymbol{C}(\boldsymbol{q},\dot{\boldsymbol{q}})-\boldsymbol{D}(\boldsymbol{q})\boldsymbol{J}^{-1}(\boldsymbol{q})\dot{\boldsymbol{J}}(\boldsymbol{q}))\boldsymbol{J}^{-1}(\boldsymbol{q})$,$\boldsymbol{G}_x(\boldsymbol{q})=\boldsymbol{J}^{-\mathrm{T}}(\boldsymbol{q})\boldsymbol{G}(\boldsymbol{q})$,$\|\Delta(\boldsymbol{q},\dot{\boldsymbol{q}},\ddot{\boldsymbol{q}})\|\leqslant\eta$。

机械手动态方程具有下面的特性[4]:

**特性 1**:惯性矩阵 $\boldsymbol{D}_x(\boldsymbol{q})$对称正定。

**特性 2**:矩阵$\dot{\boldsymbol{D}}_x(\boldsymbol{q})-2\boldsymbol{C}_x(\boldsymbol{q},\dot{\boldsymbol{q}})$是斜对称的。

### 9.2.3 滑模控制器的设计

设 $\boldsymbol{x}_{\mathrm{d}}(t)$是在工作空间中的理想轨迹,则$\dot{\boldsymbol{x}}_{\mathrm{d}}(t)$和$\ddot{\boldsymbol{x}}_{\mathrm{d}}(t)$分别是理想的速度和加速度。定义

$$\begin{cases} \boldsymbol{e}(t) = \boldsymbol{x}_{\mathrm{d}}(t) - \boldsymbol{x}(t) \\ \dot{\boldsymbol{x}}_{\mathrm{r}}(t) = \dot{\boldsymbol{x}}_{\mathrm{d}}(t) + \boldsymbol{\Lambda}\boldsymbol{e}(t) \\ \boldsymbol{s}(t) = \dot{\boldsymbol{x}}_{\mathrm{r}}(t) - \dot{\boldsymbol{x}}(t) = \dot{\boldsymbol{e}}(t) + \boldsymbol{\Lambda}\boldsymbol{e}(t) \end{cases}$$

其中，$\boldsymbol{\Lambda}$ 为正定矩阵。

设计一种具有光滑双曲正切切换的滑模控制器为

$$\boldsymbol{F}_x = \boldsymbol{D}_x(\boldsymbol{q})\ddot{\boldsymbol{x}}_{\mathrm{r}} + \boldsymbol{C}_x(\boldsymbol{q},\dot{\boldsymbol{q}})\dot{\boldsymbol{x}}_{\mathrm{r}} + \boldsymbol{G}_x(\boldsymbol{q}) + \boldsymbol{K}\boldsymbol{s} + \eta\tanh\frac{s}{\varepsilon} \tag{9.13}$$

其中，$\boldsymbol{K}>0$，$\varepsilon>0$。

将控制律式(9.13)代入式(9.12)，得

$$\begin{aligned} &\boldsymbol{D}_x(\boldsymbol{q})\ddot{\boldsymbol{x}} + \boldsymbol{C}_x(\boldsymbol{q},\dot{\boldsymbol{q}})\dot{\boldsymbol{x}} + \boldsymbol{G}_x(\boldsymbol{q}) + \Delta(\boldsymbol{q},\dot{\boldsymbol{q}},\ddot{\boldsymbol{q}}) \\ &= \boldsymbol{D}_x(\boldsymbol{q})\ddot{\boldsymbol{x}}_{\mathrm{r}} + \boldsymbol{C}_x(\boldsymbol{q},\dot{\boldsymbol{q}})\dot{\boldsymbol{x}}_{\mathrm{r}} + \boldsymbol{G}_x(\boldsymbol{q}) + \boldsymbol{K}\boldsymbol{s} + \eta\tanh\frac{s}{\varepsilon} \end{aligned}$$

将$\dot{\boldsymbol{x}}=\dot{\boldsymbol{x}}_{\mathrm{r}}-s$，$\ddot{\boldsymbol{x}}=\ddot{\boldsymbol{x}}_{\mathrm{r}}-\dot{\boldsymbol{s}}$代入上式得

$$\boldsymbol{D}_x(\boldsymbol{q})\dot{\boldsymbol{s}} + \boldsymbol{C}_x(\boldsymbol{q},\dot{\boldsymbol{q}})\boldsymbol{s} + \boldsymbol{K}\boldsymbol{s} + \eta\tanh\frac{\boldsymbol{s}}{\varepsilon} - \Delta(\boldsymbol{q},\dot{\boldsymbol{q}},\ddot{\boldsymbol{q}}) = 0$$

由于 $\boldsymbol{D}_x(\boldsymbol{q})$为对称正定，则可定义 Lyapunov 函数

$$V = \frac{1}{2}\boldsymbol{s}^{\mathrm{T}}\boldsymbol{D}_x(\boldsymbol{q})\boldsymbol{s}$$

则

$$\dot{V} = \boldsymbol{s}^{\mathrm{T}}\boldsymbol{D}_x\dot{\boldsymbol{s}} + \frac{1}{2}\boldsymbol{s}^{\mathrm{T}}\dot{\boldsymbol{D}}_x\boldsymbol{s}$$

由于矩阵$\dot{\boldsymbol{D}}_x(\boldsymbol{q})-2\boldsymbol{C}_x(\boldsymbol{q},\dot{\boldsymbol{q}})$是斜对称的，则 $\boldsymbol{s}^{\mathrm{T}}(\dot{\boldsymbol{D}}_x-2\boldsymbol{C}_x)\boldsymbol{s}=0$，即$\frac{1}{2}\boldsymbol{s}^{\mathrm{T}}\dot{\boldsymbol{D}}_x\boldsymbol{s}=\boldsymbol{s}^{\mathrm{T}}\boldsymbol{C}_x\boldsymbol{s}$，代入上式得

$$\dot{V} = \boldsymbol{s}^{\mathrm{T}}\boldsymbol{D}_x\dot{\boldsymbol{s}} + \boldsymbol{s}^{\mathrm{T}}\boldsymbol{C}_x\boldsymbol{s} = \boldsymbol{s}^{\mathrm{T}}(\boldsymbol{D}_x\dot{\boldsymbol{s}} + \boldsymbol{C}_x\boldsymbol{s}) = \boldsymbol{s}^{\mathrm{T}}\left(-\boldsymbol{K}\boldsymbol{s} - \eta\tanh\frac{\boldsymbol{s}}{\varepsilon} + \Delta(\boldsymbol{q},\dot{\boldsymbol{q}},\ddot{\boldsymbol{q}})\right)$$

根据引理 9.1 和引理 9.2，有

$$\begin{aligned} \boldsymbol{s}^{\mathrm{T}}\left(-\eta\tanh\frac{\boldsymbol{s}}{\varepsilon} + \Delta(\boldsymbol{q},\dot{\boldsymbol{q}},\ddot{\boldsymbol{q}})\right) &= -\eta\boldsymbol{s}^{\mathrm{T}}\tanh\frac{\boldsymbol{s}}{\varepsilon} + \boldsymbol{s}^{\mathrm{T}}\Delta(\boldsymbol{q},\dot{\boldsymbol{q}},\ddot{\boldsymbol{q}}) \\ &\leqslant -\eta\|s\| + \eta\mu\varepsilon + \boldsymbol{s}^{\mathrm{T}}\Delta(\boldsymbol{q},\dot{\boldsymbol{q}},\ddot{\boldsymbol{q}}) \leqslant \eta\mu\varepsilon \end{aligned}$$

其中，$\mu=0.2785$。

于是

$$\begin{aligned} \dot{V} &\leqslant -\boldsymbol{s}^{\mathrm{T}}\boldsymbol{K}\boldsymbol{s} + \eta\mu\varepsilon \leqslant -\lambda_{\min}(\boldsymbol{K})\boldsymbol{s}^{\mathrm{T}}\boldsymbol{s} + \eta\mu\varepsilon \\ &= -\frac{2\lambda_{\min}(\boldsymbol{K})}{\lambda_{\max}(\boldsymbol{D}_x)}\frac{1}{2}\lambda_{\max}(\boldsymbol{D}_x)\boldsymbol{s}^{\mathrm{T}}s + \eta\varepsilon\mu \leqslant -2\lambda V + b \end{aligned}$$

其中，$\lambda_{\max}(\boldsymbol{D}_x)$和 $\lambda_{\min}(\boldsymbol{K})$分别为 $\boldsymbol{D}_x$ 和 $\boldsymbol{K}$ 的最大特征值，$\lambda=\frac{\lambda_{\min}(\boldsymbol{K})}{\lambda_{\max}(\boldsymbol{D}_x)}$，$b=\eta\mu\varepsilon$。

根据$\dot{V}\leqslant-2\lambda V+b$，采用引理 9.3[3]，可得

$$V(t) \leqslant e^{-2\lambda(t-t_0)}V(t_0) + b e^{-2\lambda t}\int_{t_0}^{t} e^{2\lambda\tau}d\tau$$

$$= e^{-2\lambda(t-t_0)}V(t_0) + \frac{b e^{-2\lambda t}}{2\lambda}(e^{2\lambda t} - e^{2\lambda t_0})$$

$$= e^{-2\lambda(t-t_0)}V(t_0) + \frac{b}{2\lambda}(1 - e^{-2\lambda(t-t_0)})$$

则

$$\lim_{t\to\infty} V(t) \leqslant \frac{\eta\mu\varepsilon}{2\lambda}$$

根据上式，跟踪误差和误差导数渐进收敛，收敛精度取决于 $\varepsilon$、$\lambda$ 和 $\eta$，即 $\varepsilon$ 越小，$K$ 越大，$\Delta$ 越小，收敛效果就越好。

### 9.2.4 仿真实例

考虑平面两关节机械手，机器人的动力学方程为

$$\boldsymbol{D}(\boldsymbol{q})\ddot{\boldsymbol{q}} + \boldsymbol{C}(\boldsymbol{q},\dot{\boldsymbol{q}})\dot{\boldsymbol{q}} + \boldsymbol{G}(\boldsymbol{q}) = \boldsymbol{\tau}$$

其中

$$\boldsymbol{D}(\boldsymbol{q}) = \begin{bmatrix} m_1 + m_2 + 2m_3\cos q_2 & m_2 + m_3\cos q_2 \\ m_2 + m_3\cos q_2 & m_2 \end{bmatrix}$$

$$\boldsymbol{C}(\boldsymbol{q},\dot{\boldsymbol{q}}) = \begin{bmatrix} -m_3\dot{q}_2\sin q_2 & -m_3(\dot{q}_1 + \dot{q}_2)\sin q_2 \\ m_3\dot{q}_1\sin q_2 & 0.0 \end{bmatrix}$$

$$\boldsymbol{G}(\boldsymbol{q}) = \begin{bmatrix} m_4 g\cos q_1 + m_5 g\cos(q_1 + q_2) \\ m_5 g\cos(q_1 + q_2) \end{bmatrix}$$

上式中 $m_i$ 值由式 $\boldsymbol{M}=\boldsymbol{P}+p_l\boldsymbol{L}$ 给出，有

$$\boldsymbol{M} = [m_1 \quad m_2 \quad m_3 \quad m_4 \quad m_5]^{\mathrm{T}}$$

$$\boldsymbol{P} = [p_1 \quad p_2 \quad p_3 \quad p_4 \quad p_5]^{\mathrm{T}}$$

$$\boldsymbol{L} = [l_1^2 \quad l_2^2 \quad l_1 l_2 \quad l_1 \quad l_2]^{\mathrm{T}}$$

其中，$p_l$ 为负载，$l_1$ 和 $l_2$ 分别为关节 1 和关节 2 的长度，$\boldsymbol{P}$ 是机器人自身的参数向量。机械力臂实际参数为 $p_l=0.50$，$\boldsymbol{P}=[1.66 \quad 0.42 \quad 0.63 \quad 3.75 \quad 1.25]^{\mathrm{T}}$，$l_1=l_2=1$。

在笛卡儿空间中的理想跟踪轨迹取 $x_{d1}=\cos t$，$x_{d2}=\sin t$，该轨迹为一个半径为 1.0，圆心在 $(x_1,x_2)=(1.0,1.0)$ 的圆。初始条件为 $\boldsymbol{x}(0)=[1.0 \quad 1.0]$，$\dot{\boldsymbol{x}}(0)=[0.0 \quad 0.0]$。

由于跟踪轨迹为工作空间中的直角坐标，而不是关节空间中的角位置，应按式(9.7)和式(9.8)将工作空间中的关节末端直角坐标 $(x_1,x_2)$ 转为关节角位置 $(q_1,q_2)$。

按工作空间模型式(9.12)实现被控对象的描述，考虑 $\Delta(\boldsymbol{q},\dot{\boldsymbol{q}},\ddot{\boldsymbol{q}})=10\sin t$，滑模控制器取式(9.13)，并通过式(9.11)可转化为实际控制器，控制器的增益选为 $\boldsymbol{K}=\begin{bmatrix} 30 & 0 \\ 0 & 30 \end{bmatrix}$，$\boldsymbol{\Lambda}=\begin{bmatrix} 15 & 0 \\ 0 & 15 \end{bmatrix}$，$\eta=12$，$\varepsilon=0.10$。仿真结果如图 9-7～图 9-10 所示。

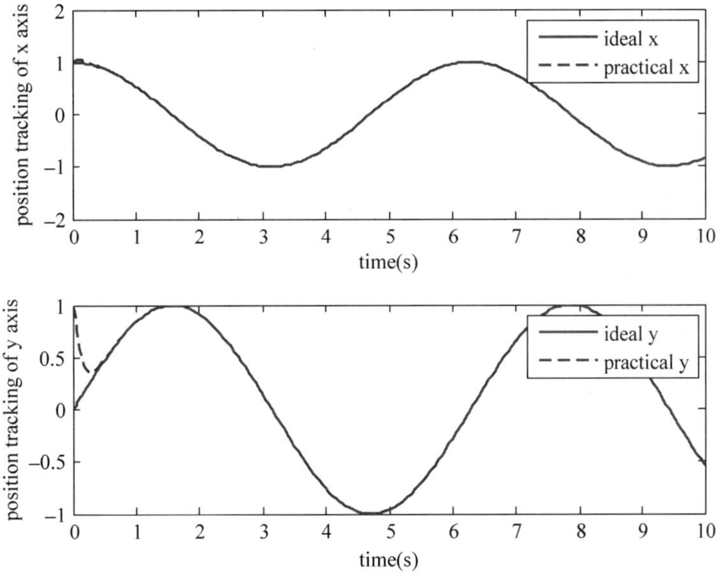


图 9-7　末关节节点的位置跟踪

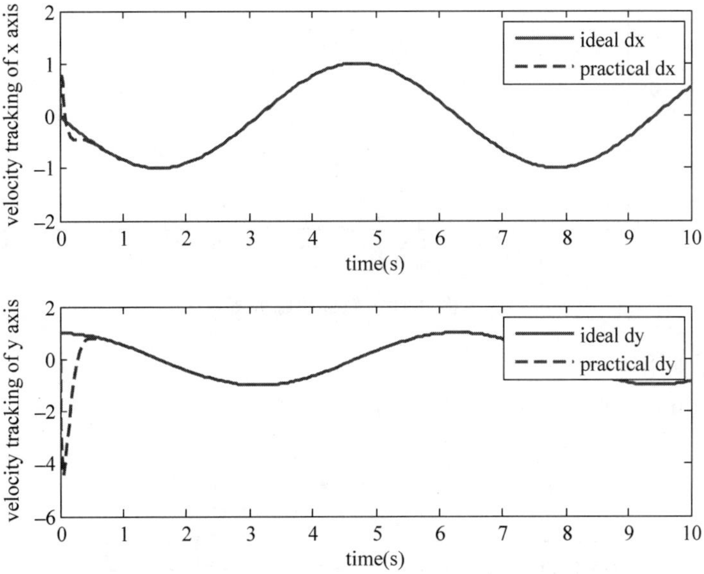


图 9-8　末关节节点的速度跟踪

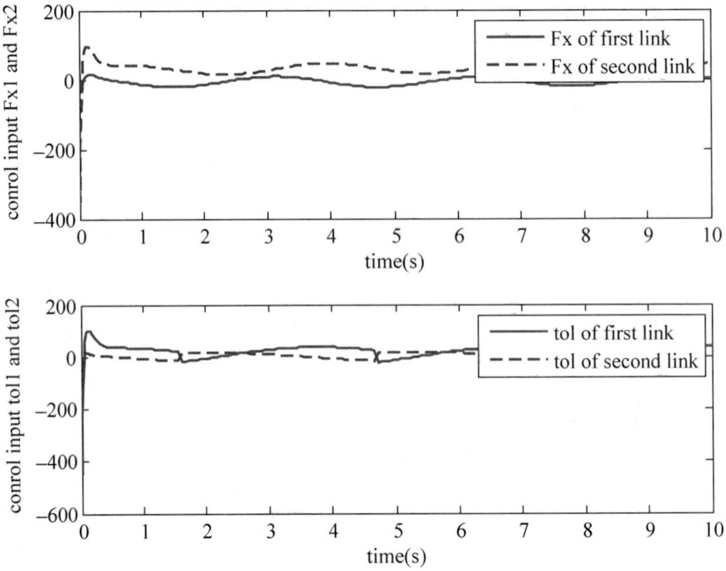


图 9-9 控制输入 $F_x$ 和$\tau$

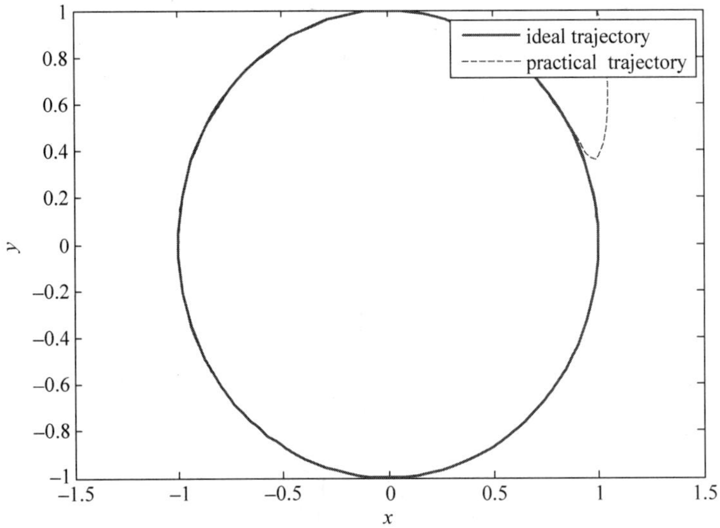


图 9-10 轨迹跟踪效果

仿真程序如下：

(1) Simulink 主程序：chap9_2sim. mdl

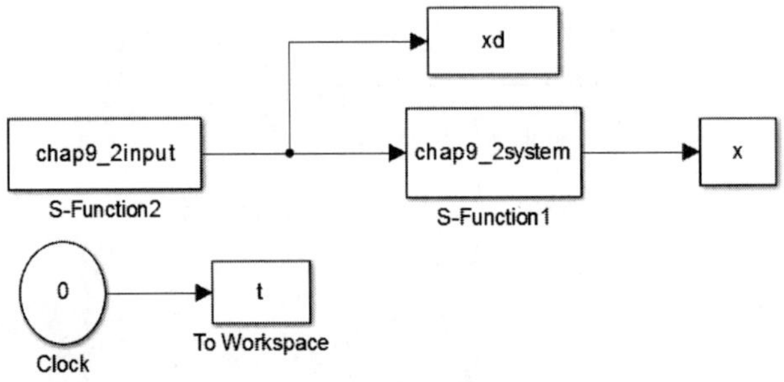

(2) 输入指令 S 函数：chap9_2input.m

```
function [sys,x0,str,ts] = spacemodel(t,x,u,flag)
switch flag,
case 0,
    [sys,x0,str,ts] = mdlInitializeSizes;
case 1,
    sys = mdlDerivatives(t,x,u);
case 3,
    sys = mdlOutputs(t,x,u);
case {2,4,9}
    sys = [];
otherwise
    error(['Unhandled flag = ',num2str(flag)]);
end
function [sys,x0,str,ts] = mdlInitializeSizes
sizes = simsizes;
sizes.NumContStates   = 0;
sizes.NumDiscStates   = 0;
sizes.NumOutputs      = 6;
sizes.NumInputs       = 0;
sizes.DirFeedthrough  = 1;
sizes.NumSampleTimes  = 1;
sys = simsizes(sizes);
x0 = [];
str = [];
ts = [0 0];
function sys = mdlOutputs(t,x,u)
xd1 = cos(t);
d_xd1 = - sin(t);
dd_xd1 = - cos(t);
xd2 = sin(t);
d_xd2 = cos(t);
dd_xd2 = - sin(t);
sys(1) = xd1;
sys(2) = d_xd1;
sys(3) = dd_xd1;
sys(4) = xd2;
sys(5) = d_xd2;
sys(6) = dd_xd2;
```

(3) 控制器及被控对象 S 函数：chap9_2system.m

```
function [sys,x0,str,ts] = s_function(t,x,u,flag)
switch flag,
case 0,
    [sys,x0,str,ts] = mdlInitializeSizes;
case 1,
    sys = mdlDerivatives(t,x,u);
```

```
case 3,
    sys = mdlOutputs(t,x,u);
case {2, 4, 9 }
    sys = [];
otherwise
    error(['Unhandled flag = ',num2str(flag)]);
end
function [sys,x0,str,ts] = mdlInitializeSizes
global J Fx
sizes = simsizes;
sizes.NumContStates   = 4;
sizes.NumDiscStates   = 0;
sizes.NumOutputs      = 8;
sizes.NumInputs       = 6;
sizes.DirFeedthrough  = 1;
sizes.NumSampleTimes  = 0;
sys = simsizes(sizes);
x0 = [1 0 1 0];
str = [];
ts = [];
J = 0;Dx = 0;Cx = 0;Gx = 0;Fx = [0 0];
function sys = mdlDerivatives(t,x,u)
global J Fx
xd1 = u(1);
d_xd1 = u(2);
dd_xd1 = u(3);
xd2 = u(4);
d_xd2 = u(5);
dd_xd2 = u(6);

l1 = 1;l2 = 1;
P = [1.66 0.42 0.63 3.75 1.25];
g = 9.8;
L = [l1^2 l2^2 l1*l2 l1 l2];

pl = 0.5;

M = P + pl*L;
Q = (x(1)^2 + x(3)^2 - l1^2 - l2^2)/(2*l1*l2);
q2 = acos(Q);
dq2 = -1/sqrt(1 - Q^2);

A = x(3)/x(1);
p1 = atan(A);
d_p1 = 1/(1 + A^2);

B = sqrt(x(1)^2 + x(3)^2 + l1^2 - l2^2)/(2*l1*sqrt(x(1)^2 + x(3)^2));
p2 = acos(B);
```

```
d_p2 = -1/sqrt(1 - B^2);

if q2 > 0
    q1 = p1 - p2;
    dq1 = d_p1 - d_p2;
else
    q1 = p1 + p2;
    dq1 = d_p1 + d_p2;
end
J = [ - sin(q1) - sin(q1 + q2)  - sin(q1 + q2);
    cos(q1) + cos(q1 + q2) cos(q1 + q2)];
d_J = [ - dq1 * cos(q1) - (dq1 + dq2) * cos(q1 + q2)  - (dq1 + dq2) * cos(q1 + q2);
    - dq1 * sin(q1) - (dq1 + dq2) * sin(q1 + q2)  - (dq1 + dq2) * sin(q1 + q2)];

D = [M(1) + M(2) + 2 * M(3) * cos(q2) M(2) + M(3) * cos(q2);
    M(2) + M(3) * cos(q2) M(2)];
C = [ - M(3) * dq2 * sin(q2)  - M(3) * (dq1 + dq2) * sin(q2);
    M(3) * dq1 * sin(q2) 0];
G = [M(4) * g * cos(q1) + M(5) * g * cos(q1 + q2);
  M(5) * g * cos(q1 + q2)];

Dx = (inv(J))' * D * inv(J);
Cx = (inv(J))' * (C - D * inv(J) * d_J) * inv(J);
Gx = (inv(J))' * G;

e1 = xd1 - x(1);
e2 = xd2 - x(3);
de1 = d_xd1 - x(2);
de2 = d_xd2 - x(4);
e = [e1;e2];
de = [de1;de2];

Hur = 15 * eye(2);
r = de + Hur * e;

dxd = [d_xd1;d_xd2];
dxr = dxd + Hur * e;
ddxd = [dd_xd1;dd_xd2];
ddxr = ddxd + Hur * de;

K = 30 * eye(2);
epc = 0.10;
xite = 12;
Fx = Dx * ddxr + Cx * dxr + Gx + K * r + xite * tanh(r/epc);

Delta = 10 * sin(t);
dx = [x(2);x(4)];
S = inv(Dx) * (Fx - Cx * dx - Gx - Delta);
```

```
sys(1) = x(2);
sys(2) = S(1);
sys(3) = x(4);
sys(4) = S(2);
function sys = mdlOutputs(t,x,u)
global J Fx

tol = J' * Fx;

sys(1) = x(1);
sys(2) = x(2);
sys(3) = x(3);
sys(4) = x(4);
sys(5:6) = Fx(1:2);
sys(7:8) = tol(1:2);
```

（4）作图程序：chap9_2plot.m

```
close all;

figure(1);
subplot(211);
plot(t,xd(:,1),'r',t,x(:,1),'b-- ','linewidth',2);
xlabel('time(s)');ylabel('position tracking of x axis');
legend('ideal x','practical x');
subplot(212);
plot(t,xd(:,4),'r',t,x(:,3),'b-- ','linewidth',2);
xlabel('time(s)');ylabel('position tracking of y axis');
legend('ideal y','practical y');

figure(2);
subplot(211);
plot(t,xd(:,2),'r',t,x(:,2),'b-- ','linewidth',2);
xlabel('time(s)');ylabel('velocity tracking of x axis');
legend('ideal dx','practical dx');
subplot(212);
plot(t,xd(:,5),'r',t,x(:,4),'b-- ','linewidth',2);
xlabel('time(s)');ylabel('velocity tracking of y axis');
legend('ideal dy','practical dy');

figure(3);
subplot(211);
plot(t,x(:,5),'r',t,x(:,6),'b-- ','linewidth',2);
xlabel('time(s)');ylabel('Conrol input Fx1 and Fx2');
legend('Fx of first link','Fx of second link');
subplot(212);
plot(t,x(:,7),'r',t,x(:,8),'b-- ','linewidth',2);
xlabel('time(s)');ylabel('Conrol input tol1 and tol2');
```

```
legend('tol of first link','tol of second link');

figure(4);
plot(xd(:,1),xd(:,4),'r','linewidth',2);
hold on;
plot(x(:,1),x(:,3),'b--','linewidth',1);
xlabel('x');ylabel('y');
legend('ideal trajectory','practical trajectory');
```

## 9.3 基于角度动力学模型的机械手末端轨迹滑模控制

由于机械手通常是以关节角度进行动力学建模的，通过设计执行机构施加的关节扭矩$\boldsymbol{\tau}$，实现关节角度和关节角速度的跟踪。

然而，在实际工程中，通常需要针对机械手末端轨迹的控制，这就需要建立工作空间关节末端节点直角坐标$(x_1,x_2)$与关节角度之间的关系[4]。本节讨论针对角度动力学模型设计控制器，实现末端节点的位置跟踪。

### 9.3.1 机械手在工作空间的建模

考虑一个刚性 $n$ 关节机械手，其动态特性为

$$\boldsymbol{D}(\boldsymbol{q})\ddot{\boldsymbol{q}}+\boldsymbol{C}(\boldsymbol{q},\dot{\boldsymbol{q}})\dot{\boldsymbol{q}}+\boldsymbol{G}(\boldsymbol{q})=\boldsymbol{\tau}-\boldsymbol{d} \tag{9.14}$$

其中，$\boldsymbol{q}\in\boldsymbol{R}^n$ 是表示关节变量的向量，$\boldsymbol{\tau}\in\boldsymbol{R}^n$ 是执行机构施加的关节扭矩向量，$\boldsymbol{d}\in\boldsymbol{R}^n$ 为加在控制输入上的扰动，$\boldsymbol{d}=[d_1,d_2]$，$\boldsymbol{D}(\boldsymbol{q})\in\boldsymbol{R}^{n\times n}$为对称正定惯性矩阵，$\boldsymbol{C}(\boldsymbol{q},\dot{\boldsymbol{q}})\in\boldsymbol{R}^{n\times n}$为哥氏力和离心力向量，$\boldsymbol{G}(\boldsymbol{q})\in\boldsymbol{R}^n$ 为重力向量。

与 9.2 节中针对位置模型式(9.12)设计控制器不同，本节讨论通过对关节角度的控制实现末端位置的跟踪。

### 9.3.2 工作空间直角坐标与关节角位置的转换

针对工作空间中机械手末端位置轨迹控制问题，由于跟踪轨迹为工作空间中的直角坐标，而不是关节空间中的角位置，因此需要将工作空间中的给定的关节末端节点直角坐标$(x_1,x_2)$转换为相应的关节角位置$(q_1,q_2)$，解决机器人的逆向运动学问题。末端节点直角坐标$(x_1,x_2)$和相应关节角位置$(q_1,q_2)$的转换采用 9.2 节中式(9.6)～(9.8)的形式。

### 9.3.3 滑模控制器的设计

针对式(9.14)，取误差$\tilde{\boldsymbol{q}}(t)=\boldsymbol{q}(t)-\boldsymbol{q}_{\mathrm{d}}(t)$，定义

$$\dot{\boldsymbol{q}}_{\mathrm{r}}=\dot{\boldsymbol{q}}_{\mathrm{d}}-\boldsymbol{\Lambda}\tilde{\boldsymbol{q}},\quad \ddot{\boldsymbol{q}}_{\mathrm{r}}=\ddot{\boldsymbol{q}}_{\mathrm{d}}-\boldsymbol{\Lambda}\dot{\tilde{\boldsymbol{q}}} \tag{9.15}$$

其中，$\boldsymbol{\Lambda}=\begin{bmatrix}\lambda_1 & 0\\ 0 & \lambda_2\end{bmatrix}$，$\lambda_i>0, i=1,2$。

滑模函数为

$$\boldsymbol{s}=\dot{\tilde{\boldsymbol{q}}}+\boldsymbol{\Lambda}\tilde{\boldsymbol{q}} \tag{9.16}$$

设计控制器为

$$\boldsymbol{\tau}=\boldsymbol{D}(\boldsymbol{q})\ddot{\boldsymbol{q}}_{\mathrm{r}}+\boldsymbol{C}(\boldsymbol{q},\dot{\boldsymbol{q}})\dot{\boldsymbol{q}}_{\mathrm{r}}+\boldsymbol{G}(\boldsymbol{q})-\boldsymbol{K}_{\mathrm{D}}\boldsymbol{s}-\eta\operatorname{sgn}\boldsymbol{s} \tag{9.17}$$

其中，$\boldsymbol{K}_{\mathrm{d}}=\begin{bmatrix}k_{\mathrm{d1}} & 0\\ 0 & k_{\mathrm{d2}}\end{bmatrix}$，$k_{\mathrm{d}i}>0$，$\eta\geqslant\max(|d_1|,|d_2|)$。

由于 $\boldsymbol{H}$ 为正定阵，设计 Lyapunov 函数为

$$V=\frac{1}{2}\boldsymbol{s}^{\mathrm{T}}\boldsymbol{D}\boldsymbol{s}$$

则有

$$\begin{aligned}\dot{V}&=\boldsymbol{s}^{\mathrm{T}}\boldsymbol{D}\dot{\boldsymbol{s}}+\frac{1}{2}\boldsymbol{s}^{\mathrm{T}}\dot{\boldsymbol{D}}\boldsymbol{s}=\boldsymbol{s}^{\mathrm{T}}(\boldsymbol{D}\ddot{\boldsymbol{q}}-\boldsymbol{D}\ddot{\boldsymbol{q}}_r)+\frac{1}{2}\boldsymbol{s}^{\mathrm{T}}\dot{\boldsymbol{D}}\boldsymbol{s}\\&=\boldsymbol{s}^{\mathrm{T}}(\boldsymbol{\tau}-\boldsymbol{d}-\boldsymbol{C}\dot{\boldsymbol{q}}-\boldsymbol{G}-\boldsymbol{D}\ddot{\boldsymbol{q}}_{\mathrm{r}})+\frac{1}{2}\boldsymbol{s}^{\mathrm{T}}\dot{\boldsymbol{D}}\boldsymbol{s}\\&=\boldsymbol{s}^{\mathrm{T}}(\boldsymbol{\tau}-\boldsymbol{d}-\boldsymbol{C}(\boldsymbol{s}+\dot{\boldsymbol{q}}_{\mathrm{r}})-\boldsymbol{G}-\boldsymbol{D}\ddot{\boldsymbol{q}}_{\mathrm{r}})+\frac{1}{2}\boldsymbol{s}^{\mathrm{T}}\dot{\boldsymbol{D}}\boldsymbol{s}\end{aligned}$$

将控制律式(9.17)代入上式，得

$$\begin{aligned}\dot{V}&=\boldsymbol{s}^{\mathrm{T}}(\boldsymbol{D}\ddot{\boldsymbol{q}}_{\mathrm{r}}+\boldsymbol{C}\dot{\boldsymbol{q}}_{\mathrm{r}}+\boldsymbol{G}-\boldsymbol{K}_{\mathrm{D}}\boldsymbol{s}-\boldsymbol{\eta}\operatorname{sgn}\boldsymbol{s}-\boldsymbol{d}\\&\quad-\boldsymbol{C}(\boldsymbol{s}+\dot{\boldsymbol{q}}_{\mathrm{r}})-\boldsymbol{G}-\boldsymbol{D}\ddot{\boldsymbol{q}}_{\mathrm{r}})+\frac{1}{2}\boldsymbol{s}^{\mathrm{T}}\dot{\boldsymbol{D}}\boldsymbol{s}\\&=\boldsymbol{s}^{\mathrm{T}}(-\boldsymbol{K}_{\mathrm{D}}\boldsymbol{s}-\boldsymbol{\eta}\operatorname{sgn}\boldsymbol{s}-\boldsymbol{C}\boldsymbol{s}-\boldsymbol{d})+\frac{1}{2}\boldsymbol{s}^{\mathrm{T}}\dot{\boldsymbol{D}}\boldsymbol{s}\\&=-\boldsymbol{s}^{\mathrm{T}}\boldsymbol{K}_{\mathrm{D}}\boldsymbol{s}-\boldsymbol{\eta}\|\boldsymbol{s}\|-\boldsymbol{s}^{\mathrm{T}}\boldsymbol{d}+\frac{1}{2}\boldsymbol{s}^{\mathrm{T}}(\dot{\boldsymbol{D}}-2\boldsymbol{C})\boldsymbol{s}\end{aligned}$$

则

$$\dot{V}\leqslant-\boldsymbol{s}^{\mathrm{T}}\boldsymbol{K}_{\mathrm{D}}\boldsymbol{s}\leqslant-\mu V$$

其中，$\mu=\dfrac{2\lambda_{\boldsymbol{K}_{\mathrm{Dmin}}}}{\lambda_{\mathbf{Dmax}}}$，$\lambda_{\boldsymbol{K}_{\mathrm{Dmin}}}$ 和 $\lambda_{\mathbf{Dmax}}$分别为 $\boldsymbol{K}_{\mathrm{D}}$ 和 $\boldsymbol{D}$ 的最小和最大特征值。

采用不等式求解引理 9.3，不等式方程$\dot{V}\leqslant-\mu V$ 的解为

$$V(t)\leqslant\mathrm{e}^{-\mu(t-t_0)}V(t_0) \tag{9.18}$$

从而可得，当 $t\to\infty$时，滑模函数 $\boldsymbol{s}$ 趋近于零，即$\tilde{\boldsymbol{q}}\to0$，$\dot{\tilde{\boldsymbol{q}}}\to0$ 且指数收敛，收敛精度取决于参数 $\mu$ 值。

### 9.3.4 仿真实例

考虑平面两关节机械手，机器人的动力学方程为

$$\boldsymbol{D}(\boldsymbol{q})\ddot{\boldsymbol{q}}+\boldsymbol{C}(\boldsymbol{q},\dot{\boldsymbol{q}})\dot{\boldsymbol{q}}+\boldsymbol{G}(\boldsymbol{q})=\boldsymbol{\tau}$$

其中

$$D(\boldsymbol{q})=\begin{bmatrix} m_1+m_2+2m_3\cos q_2 & m_2+m_3\cos q_2 \\ m_2+m_3\cos q_2 & m_2 \end{bmatrix}$$

$$C(\boldsymbol{q},\dot{\boldsymbol{q}})=\begin{bmatrix} -m_3\dot{q}_2\sin q_2 & -m_3(\dot{q}_1+\dot{q}_2)\sin q_2 \\ m_3\dot{q}_1\sin q_2 & 0.0 \end{bmatrix}$$

$$G(\boldsymbol{q})=\begin{bmatrix} m_4 g\cos q_1+m_5 g\cos(q_1+q_2) \\ m_5 g\cos(q_1+q_2) \end{bmatrix}$$

式中，$m_i$ 值由式 $\boldsymbol{M}=\boldsymbol{P}+p_l\boldsymbol{L}$ 给出，有

$$\boldsymbol{M}=[m_1\quad m_2\quad m_3\quad m_4\quad m_5]^{\mathrm{T}}$$

$$\boldsymbol{P}=[p_1\quad p_2\quad p_3\quad p_4\quad p_5]^{\mathrm{T}}$$

$$\boldsymbol{L}=[l_1^2\quad l_2^2\quad l_1l_2\quad l_1\quad l_2]^{\mathrm{T}}$$

其中，$p_l$ 为负载，$l_1$ 和 $l_2$ 分别为关节1和关节2的长度，$\boldsymbol{P}$ 是机器人自身的参数向量。机械力臂实际参数为 $p_l=0.50$，$\boldsymbol{P}=[1.66\quad 0.42\quad 0.63\quad 3.75\quad 1.25]^{\mathrm{T}}$，$l_1=l_2=0.25$。

笛卡儿坐标平面内的期望轨迹如表9-1所示。

**表9-1 笛卡儿坐标平面内的期望轨迹**

| | |
|---|---|
| $x_d=-\frac{1}{4}\cos\frac{\pi}{2}t$ | $y_d=\frac{1}{5}(1-\cos\pi t)$ |
| $\dot{x}_d=\frac{\pi}{8}\sin\frac{\pi}{2}t$ | $\dot{y}_d=\frac{\pi}{5}\sin\pi t$ |
| $\ddot{x}_d=\frac{\pi^2}{16}\cos\frac{\pi}{2}t$ | $\ddot{y}_d=\frac{\pi^2}{5}\cos\pi t$ |

针对工作空间中机械手末端的轨迹控制问题，由于被控对象给定理想位置为坐标值，而被控对象模型采用的是角度值，为此必须将理想坐标值转化为理想角度值。根据式(9.7)，可得

$$q_{2d}=\arccos\left(\frac{x_d^2+y_d^2-l_1^2-l_2^2}{2l_1l_2}\right)\tag{9.19}$$

取 $\alpha_0=\arctan\frac{y_d}{x_d}(x_d\geqslant 0)$ 或 $\alpha_0=\pi+\arctan\frac{y_d}{x_d}(x_d<0)$，$\beta_0=\arccos\frac{x_d^2+y_d^2+l_1^2-l_2^2}{2l_1\sqrt{x_d^2+y_d^2}}$，根据式(9.8)，可得

$$q_{1d}=\begin{cases}\alpha_0-\beta_0, & q_{2d}>0\\ \alpha_0+\beta_0, & q_{2d}\leqslant 0\end{cases}\tag{9.20}$$

由此可求出机械臂各关节 $q_1$ 和 $q_2$ 的期望轨迹 $\boldsymbol{q}_d(t)=\begin{bmatrix}q_{1d}(t)\\ q_{2d}(t)\end{bmatrix}$。在控制律式(9.17)中，需要对 $\boldsymbol{q}_d(t)$ 求一次和二次导数，而该求导过程过于复杂，为了简单起见，可采用如下三阶积分链式微分器实现 $\dot{\boldsymbol{q}}_d(t)$ 和 $\ddot{\boldsymbol{q}}_d(t)$[13]：

$$\begin{cases}\dot{x}_1=x_2\\ \dot{x}_2=x_3\\ \dot{x}_3=-\frac{k_1}{\varepsilon^3}(x_1-\theta_d)-\frac{k_2}{\varepsilon^2}x_2-\frac{k_3}{\varepsilon}x_3\end{cases}\tag{9.21}$$

微分器的输出 $x_1$ 和 $x_2$ 为 $\dot{\boldsymbol{q}}_d(t)$ 和 $\ddot{\boldsymbol{q}}_d(t)$。为了抑制微分器中的峰值现象，在初始时刻 $0 \leqslant t \leqslant 1.0$ 时，取

$$\varepsilon = \frac{1}{100}(1 - e^{-2t})$$

按式(9.19)和式(9.20)将工作空间中的关节末端直角坐标($x_d$，$y_d$)转为关节角位置($q_{1d}$，$q_{2d}$)。采用式(9.6)实现末端实际坐标点坐标($x_1$，$x_2$)的描述，滑模控制器取式(9.17)，控制器的增益选为 $\boldsymbol{K}_D = \begin{bmatrix} 130 & 0 \\ 0 & 130 \end{bmatrix}$，$\boldsymbol{\Lambda} = \begin{bmatrix} 50 & 0 \\ 0 & 50 \end{bmatrix}$。仿真结果如图 9-11～图 9-15 所示。

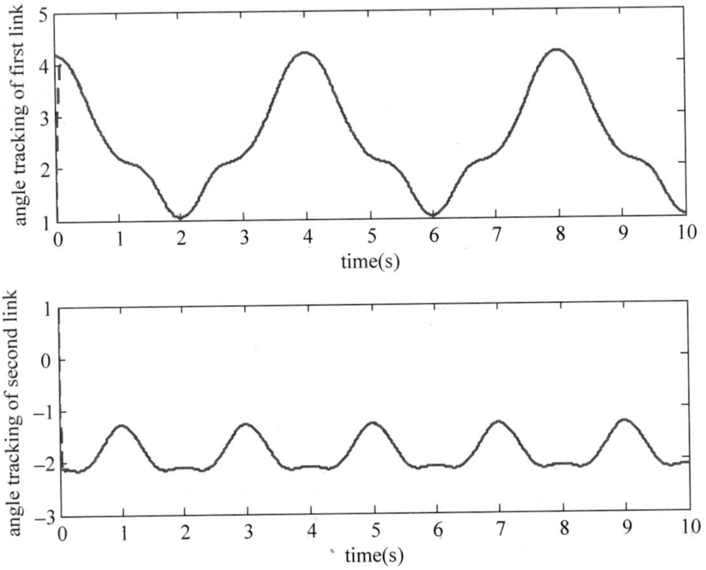


图 9-11　关节的角度跟踪

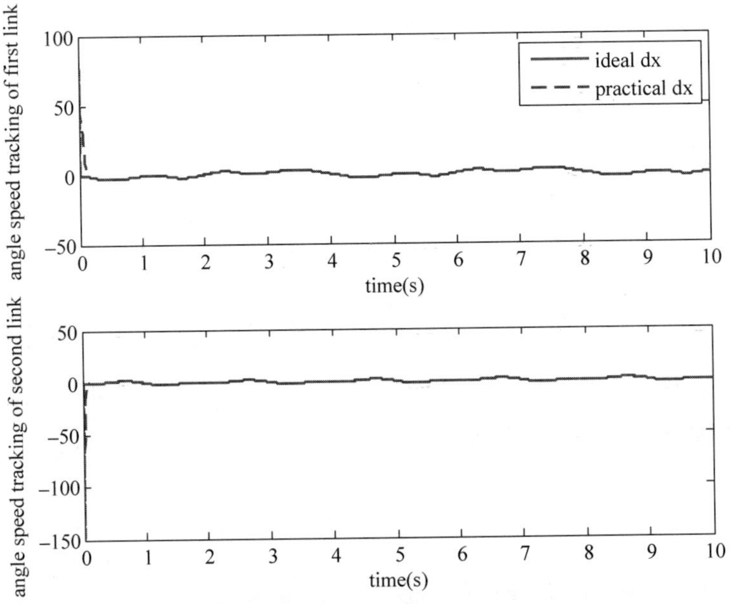


图 9-12　关节角速度跟踪

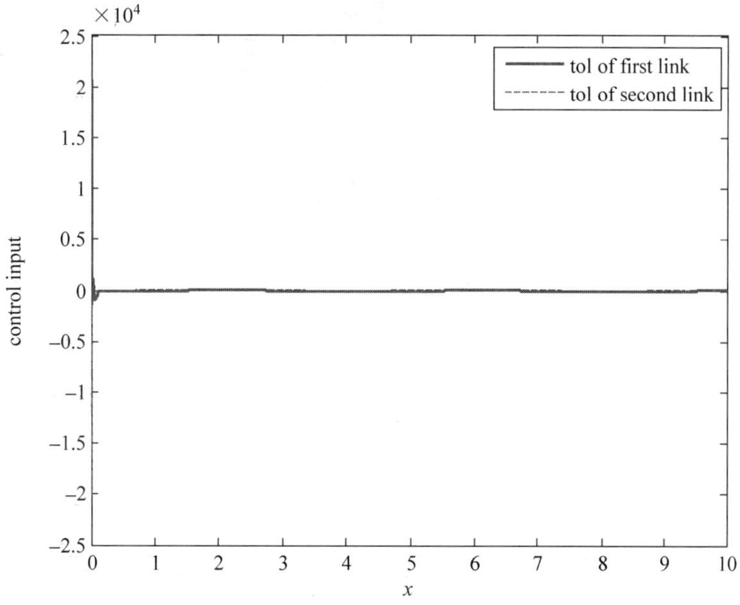


图 9-13　控制输入

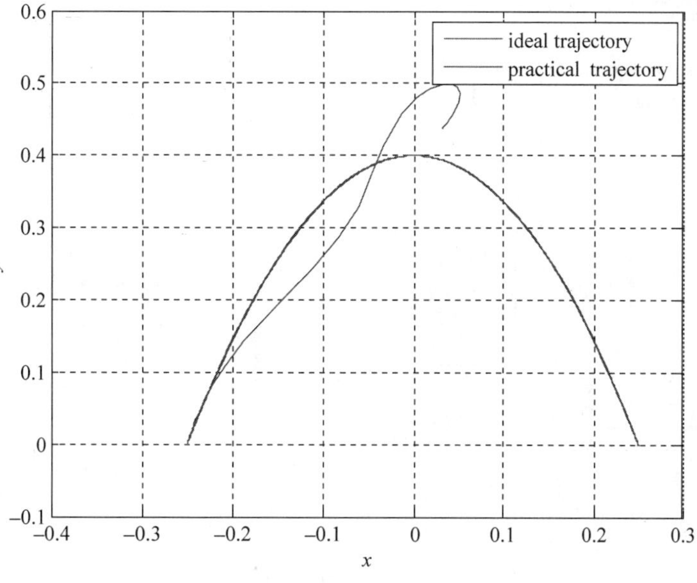


图 9-14　机械臂末端轨迹跟踪

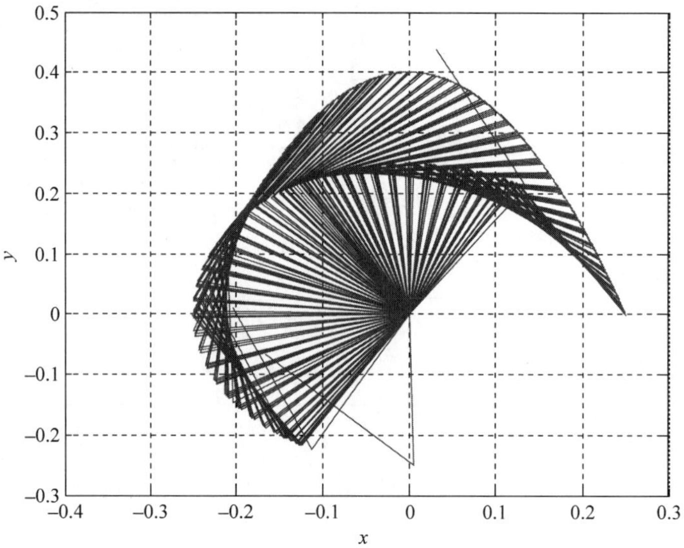


**图 9-15 机械臂位姿运动轨迹**

仿真程序如下：

(1) Simulink 主程序：chap9_3sim. mdl(包括以下两个部分)

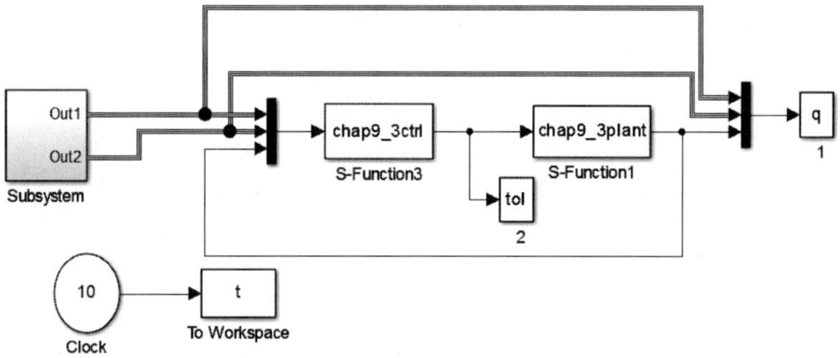


Simulink主程序

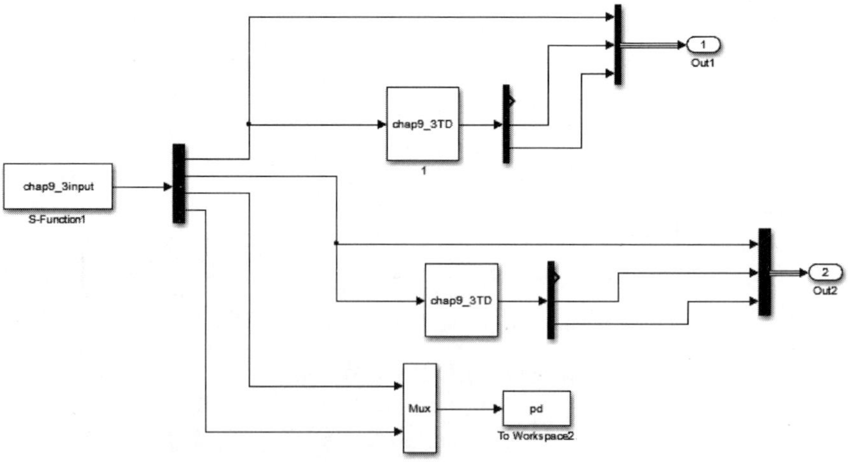


Simulink主程序下的输入模块

(2) 输入指令 S 函数：chap9_3input.m

```
function [sys,x0,str,ts] = inputsignal(t,x,u,flag)
switch flag,
case 0,
    [sys,x0,str,ts] = mdlInitializeSizes;
case 3,
    sys = mdlOutputs(t,x,u);
case {2,4,9}
    sys = [];
otherwise
    error(['Unhandled flag = ',num2str(flag)]);
end
function [sys,x0,str,ts] = mdlInitializeSizes
sizes = simsizes;
sizes.NumOutputs      = 4;
sizes.NumInputs       = 0;
sizes.DirFeedthrough  = 0;
sizes.NumSampleTimes  = 1;
sys = simsizes(sizes);
x0 = [];
str = [];
ts = [0 0];
function sys = mdlOutputs(t,x,u)
l1 = 0.25;l2 = 0.25;

xd = -0.25 * cos(pi/2 * t);
yd = 0.2 * (1 - cos(pi * t));
dxd = 0.25 * pi/2 * sin(pi/2 * t);
dyd = 0.2 * pi * sin(pi * t);

if(xd >= 0)
   alfa0 = atan(yd/xd);
else
   alfa0 = pi + atan(yd/xd);
end
beta0 = acos((xd^2 + yd^2 + l1^2 - l2^2)/(2 * l1 * sqrt(xd^2 + yd^2)));
qd2 = -acos((xd^2 + yd^2 - (l1^2 + l2^2))/(2 * l1 * l2));

if(qd2 > 0)
   qd1 = alfa0 - beta0;
else
   qd1 = alfa0 + beta0;
end
sys(1) = qd1;
sys(2) = qd2;
sys(3) = xd;
sys(4) = yd;
```

(3) 控制器 S 函数：chap9_3ctrl.m

```
function [sys,x0,str,ts] = spacemodel(t,x,u,flag)
switch flag,
case 0,
    [sys,x0,str,ts] = mdlInitializeSizes;
case 1,
    sys = mdlDerivatives(t,x,u);
case 3,
    sys = mdlOutputs(t,x,u);
case {2,4,9}
    sys = [];
otherwise
    error(['Unhandled flag = ',num2str(flag)]);
end
function [sys,x0,str,ts] = mdlInitializeSizes
sizes = simsizes;
sizes.NumContStates   = 0;
sizes.NumDiscStates   = 0;
sizes.NumOutputs      = 2;
sizes.NumInputs       = 10;
sizes.DirFeedthrough  = 1;
sizes.NumSampleTimes  = 1;
sys = simsizes(sizes);
x0 = [];
str = [];
ts = [0 0];
function sys = mdlOutputs(t,x,u)
qd1 = u(1);
dqd1 = u(2);
ddqd1 = u(3);
qd2 = u(4);
dqd2 = u(5);
ddqd2 = u(6);

q1 = u(7);dq1 = u(8);
q2 = u(9);dq2 = u(10);
dq = [dq1 dq2]';

l1 = 0.25;l2 = 0.25;
P = [1.66 0.42 0.63 3.75 1.25];
g = 9.8;
L = [l1^2 l2^2 l1*l2 l1 l2];
pl = 0.5;
M = P + pl*L;

D = [M(1) + M(2) + 2*M(3)*cos(q2) M(2) + M(3)*cos(q2);
    M(2) + M(3)*cos(q2) M(2)];
```

```
C = [ - M(3) * dq2 * sin(q2)  - M(3) * (dq1 + dq2) * sin(q2);
     M(3) * dq1 * sin(q2) 0];
G = [M(4) * g * cos(q1) + M(5) * g * cos(q1 + q2);
    M(5) * g * cos(q1 + q2)];

e1 = q1 - qd1;
e2 = q2 - qd2;
de1 = dq1 - dqd1;
de2 = dq2 - dqd2;
e = [e1;e2];
de = [de1;de2];

Hur = 50 * eye(2);
s = de + Hur * e;

dqd = [dqd1;dqd2];
dqr = dqd - Hur * e;
ddqd = [ddqd1;ddqd2];
ddqr = ddqd - Hur * de;

KD = 130 * eye(2);
tol = D * ddqr + C * dqr + G - KD * s;

sys(1:2) = tol(1:2);
```

(4) 微分器 S 函数：chap9_3TD. m

```
function [sys,x0,str,ts]  =  spacemodel(t,x,u,flag)
switch flag,
case 0,
    [sys,x0,str,ts] = mdlInitializeSizes;
case 1,
    sys = mdlDerivatives(t,x,u);
case 3,
    sys = mdlOutputs(t,x,u);
case {2,4,9}
    sys = [];
otherwise
    error(['Unhandled flag  =  ',num2str(flag)]);
end
function [sys,x0,str,ts] = mdlInitializeSizes
sizes  =  simsizes;
sizes.NumContStates     =  3;
sizes.NumDiscStates     =  0;
sizes.NumOutputs        =  3;
sizes.NumInputs         =  1;
sizes.DirFeedthrough    =  1;
sizes.NumSampleTimes    =  1;
sys  =  simsizes(sizes);
```

```
x0 = [0 0 0];
str = [];
ts = [0 0];
function sys = mdlDerivatives(t,x,u)
v = u(1);
a1 = 9;b1 = 27;c1 = 27;
kexi = 0.01;
if t<=1
     kexi = 1/(100 * (1 - exp( - 2 * t)));
end
sys(1) = x(2);
sys(2) = x(3);
sys(3) = - a1 * (x(1) - v)/kexi^3 - b1 * x(2)/kexi^2 - c1 * x(3)/kexi;
function sys = mdlOutputs(t,x,u)
v = u(1);
sys(1) = v;
sys(2) = x(2);
sys(3) = x(3);
```

(5) 被控对象 S 函数：chap9_3plant.m

```
function [sys,x0,str,ts] = s_function(t,x,u,flag)
switch flag,
case 0,
    [sys,x0,str,ts] = mdlInitializeSizes;
case 1,
    sys = mdlDerivatives(t,x,u);
case 3,
    sys = mdlOutputs(t,x,u);
case {2, 4, 9 }
    sys = [];
otherwise
    error(['Unhandled flag = ',num2str(flag)]);
end
function [sys,x0,str,ts] = mdlInitializeSizes
sizes = simsizes;
sizes.NumContStates    = 4;
sizes.NumDiscStates    = 0;
sizes.NumOutputs       = 4;
sizes.NumInputs        = 2;
sizes.DirFeedthrough   = 1;
sizes.NumSampleTimes   = 0;
sys = simsizes(sizes);
x0 = [1 0 1 0];
str = [];
ts = [];
function sys = mdlDerivatives(t,x,u)
l1 = 0.25;l2 = 0.25;
P = [1.66 0.42 0.63 3.75 1.25];
```

```
g = 9.8;
L = [l1^2 l2^2 l1*l2 l1 l2];
pl = 0.5;
M = P + pl*L;

q1 = x(1);dq1 = x(1);
q2 = x(3);dq2 = x(4);
dq = [dq1 dq2]';

D = [M(1) + M(2) + 2*M(3)*cos(q2) M(2) + M(3)*cos(q2);
    M(2) + M(3)*cos(q2) M(2)];
C = [ -M(3)*dq2*sin(q2)  -M(3)*(dq1 + dq2)*sin(q2);
    M(3)*dq1*sin(q2) 0];
G = [M(4)*g*cos(q1) + M(5)*g*cos(q1 + q2);
   M(5)*g*cos(q1 + q2)];

tol = [u(1) u(2)]';
S = inv(D)*(tol - C*dq - G);

sys(1) = x(2);
sys(2) = S(1);
sys(3) = x(4);
sys(4) = S(2);
function sys = mdlOutputs(t,x,u)

sys(1) = x(1);
sys(2) = x(2);
sys(3) = x(3);
sys(4) = x(4);
```

(6) 作图程序：chap9_3plot.m

```
close all;

figure(1);
subplot(211);
plot(t,q(:,1),'r',t,q(:,7),'b--','linewidth',2);
xlabel('time(s)');ylabel('angle tracking of first link');
subplot(212);
plot(t,q(:,4),'r',t,q(:,9),'b--','linewidth',2);
xlabel('time(s)');ylabel('angle tracking of second link');

figure(2);
subplot(211);
plot(t,q(:,2),'r',t,q(:,8),'b--','linewidth',2);
xlabel('time(s)');ylabel('angle speed tracking of first link');
legend('ideal dx','practical dx');
subplot(212);
plot(t,q(:,5),'r',t,q(:,10),'b--','linewidth',2);
```

```
xlabel('time(s)');ylabel('angle speed tracking of second link');

figure(3);
plot(t,tol(:,1),'r','linewidth',2);
hold on;
plot(t,tol(:,2),'b--','linewidth',1);
xlabel('x');ylabel('control input');
legend('tol of first link','tol of second link');

figure(4);
plot(pd(:,1),pd(:,2),'r');
l1 = 0.25;l2 = 0.25;
q_1 = q(:,7);
q_2 = q(:,9);
x = l1 * cos(q_1) + l2 * cos(q_1 + q_2);
y = l1 * sin(q_1) + l2 * sin(q_1 + q_2);

hold on;
plot(x(:),y(:),'b');
xlabel('x');ylabel('y');
grid on
legend('ideal trajectory','practical trajectory');
```

# 9.4 工作空间中双关节机械手末端的阻抗滑模控制

## 9.4.1 问题的提出

工业机器人可以完成的任务可以分为两类：一类是非接触性作业，即机器人在自由空间中搬运、操作目标物等任务，对于这一类作业，仅仅运用位置控制便可以胜任；另一类是接触性作业，如抛光、打磨等，对于这一类任务，单纯的位置控制已经不能胜任了，因为在这类任务中对接触力的大小是有要求的，并且机器人末端微小的位置偏差就可能导致巨大的接触力，会对机器人和目标物造成损害，所以必须添加接触力的控制功能来提高机器人的有效作业精度。

Hongan 提出机器人的阻抗控制方法[8,9]，机器人阻抗控制就是间接地控制机器人和环境间的作用力，其设计思想是建立机器人末端作用力与其位置之间的动态关系，通过控制机器人位移而达到控制末端作用力的目的，保证机器人在受约束的方向保持期望的接触力。自阻抗控制的概念提出以来，涌现出很多不同的具体应用方法。由于工业机器人都匹配有高性能的位置控制器，所以基于位置的阻抗控制策略得到了广泛的应用。

带有阻力约束的双关节机械手示意图如图 9-16 所示，机械手末端接触到障碍物后，沿着垂直 $x_1$ 的方向滑下，然后继续跟踪指令 $\boldsymbol{x}_{\mathrm{d}}$。阻抗控制就是在阻力约束下的机械手末端位置控制。

设 $\boldsymbol{x}$ 为机械手末端位置向量，关节角度 $\boldsymbol{q}$ 与机械手末端位置向量 $\boldsymbol{x}$ 关系为

$$\boldsymbol{x} = h(\boldsymbol{q}) \tag{9.22}$$

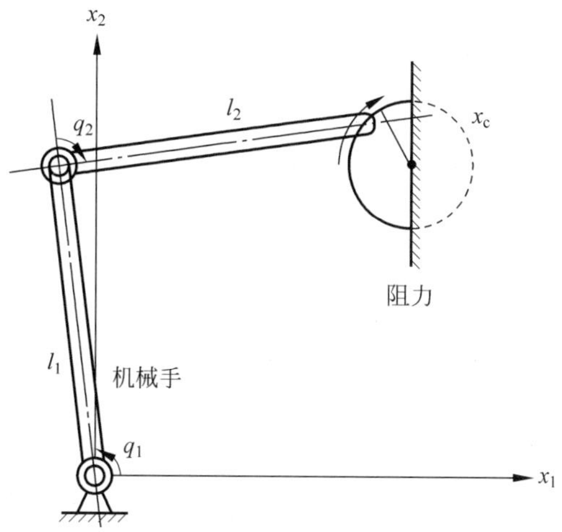


**图 9-16　带有阻力约束的双关节机械手**

且

$$\dot{\boldsymbol{x}} = \boldsymbol{J}(\boldsymbol{q})\dot{\boldsymbol{q}} \tag{9.23}$$

其中，$\boldsymbol{J}(\boldsymbol{q})$为机械手末端的 Jacobian 信息。

机械手末端的接触阻力为 $\boldsymbol{F}_e$，$\boldsymbol{F}_e$ 与位置误差 $\boldsymbol{x}_c - \boldsymbol{x}$ 有关，动力学描述为

$$\boldsymbol{M}_m(\ddot{\boldsymbol{x}}_c - \ddot{\boldsymbol{x}}) + \boldsymbol{B}_m(\dot{\boldsymbol{x}}_c - \dot{\boldsymbol{x}}) + \boldsymbol{K}_m(\boldsymbol{x}_c - \boldsymbol{x}) = \boldsymbol{F}_e \tag{9.24}$$

其中，$\boldsymbol{x}_c$ 为接触位置的指令轨迹，$\boldsymbol{x}(0)=\boldsymbol{x}_c(0)$，$\boldsymbol{M}_m$、$\boldsymbol{B}_m$ 和 $\boldsymbol{K}_m$ 分别为质量、阻尼和刚度系数矩阵。

由于阻尼控制是在笛卡儿坐标系下实现，为了实现理想接触位置 $\boldsymbol{x}_c$ 的轨迹跟踪，需要通过角度动力学方程求得笛卡儿坐标系下动力学方程。根据 9.2 节中工作空间中机械手末端轨迹滑模控制问题的描述，同时考虑建模不确定性，从而得到如下模型：

$$\boldsymbol{D}_x(\boldsymbol{q})\ddot{\boldsymbol{x}} + \boldsymbol{C}_x(\boldsymbol{q},\dot{\boldsymbol{q}})\dot{\boldsymbol{x}} + \boldsymbol{G}_x(\boldsymbol{q}) + \boldsymbol{F}_e + \Delta(\boldsymbol{q},\dot{\boldsymbol{q}},\ddot{\boldsymbol{q}}) = \boldsymbol{F}_x \tag{9.25}$$

其中，$\boldsymbol{D}_x(\boldsymbol{q})=\boldsymbol{J}^{-\mathrm{T}}(\boldsymbol{q})\boldsymbol{D}(\boldsymbol{q})\boldsymbol{J}^{-1}(\boldsymbol{q})$，$\boldsymbol{C}_x(\boldsymbol{q},\dot{\boldsymbol{q}})=\boldsymbol{J}^{-\mathrm{T}}(\boldsymbol{q})(\boldsymbol{C}(\boldsymbol{q},\dot{\boldsymbol{q}})-\boldsymbol{D}(\boldsymbol{q})\boldsymbol{J}^{-1}(\boldsymbol{q})\dot{\boldsymbol{J}}(\boldsymbol{q}))\boldsymbol{J}^{-1}(\boldsymbol{q})$，$\boldsymbol{G}_x(\boldsymbol{q})=\boldsymbol{J}^{-\mathrm{T}}(\boldsymbol{q})\boldsymbol{G}(\boldsymbol{q})$，$\|\Delta(\boldsymbol{q},\dot{\boldsymbol{q}},\ddot{\boldsymbol{q}})\|\leqslant\eta$。

## 9.4.2　阻抗模型的建立

在阻抗模型中，阻抗控制目标为 $\boldsymbol{x}$ 跟踪理想的阻抗轨迹 $\boldsymbol{x}_d$，$\boldsymbol{x}_d$ 可由下述模型求得

$$\boldsymbol{M}_m\ddot{\boldsymbol{x}}_d + \boldsymbol{B}_m\dot{\boldsymbol{x}}_d + \boldsymbol{K}_m\boldsymbol{x}_d = -F_e + \boldsymbol{M}_m\ddot{\boldsymbol{x}}_c + \boldsymbol{B}_m\dot{\boldsymbol{x}}_c + \boldsymbol{K}_m\boldsymbol{x}_c \tag{9.26}$$

其中，$\boldsymbol{x}_d(0)=\boldsymbol{x}_c(0)$，$\dot{\boldsymbol{x}}_d(0)=\dot{\boldsymbol{x}}_c(0)$。

根据工作空间直角坐标与关节角位置的转换及工作空间关节末端节点直角坐标$(x_1,x_2)$的动力学模型，设计加在关节末端节点的控制律 $\boldsymbol{F}_x$，并通过 $\boldsymbol{F}_x$ 与$\boldsymbol{\tau}$ 之间的映射关系，求出实际的关节扭矩$\boldsymbol{\tau}$ 。

机械手动态方程具有下面特性[4]：

**特性 1**：惯性矩阵 $\boldsymbol{D}_x(\boldsymbol{q})$对称正定。

**特性 2**：矩阵$\dot{\boldsymbol{D}}_x(\boldsymbol{q})-2\boldsymbol{C}_x(\boldsymbol{q},\dot{\boldsymbol{q}})$是斜对称的。

### 9.4.3 滑模控制器的设计

设 $\boldsymbol{x}_{\mathrm{d}}(t)$是在工作空间中的理想轨迹，$\dot{\boldsymbol{x}}_{\mathrm{d}}(t)$和$\ddot{\boldsymbol{x}}_{\mathrm{d}}(t)$分别是理想的速度和加速度。定义

$$\begin{cases}\boldsymbol{e}(t)=\boldsymbol{x}_{\mathrm{d}}(t)-\boldsymbol{x}(t)\\ \dot{\boldsymbol{x}}_{\mathrm{r}}(t)=\dot{\boldsymbol{x}}_{\mathrm{d}}(t)+\boldsymbol{\Lambda}\boldsymbol{e}(t)\\ \boldsymbol{s}(t)=\dot{\boldsymbol{x}}_{\mathrm{r}}(t)-\dot{\boldsymbol{x}}(t)=\ddot{e}(t)+\boldsymbol{\Lambda}\boldsymbol{e}(t)\end{cases}$$

其中，$\boldsymbol{\Lambda}$ 是一个正定矩阵。

控制器设计为

$$\boldsymbol{F}_x=\boldsymbol{D}_x(\boldsymbol{q})\ddot{\boldsymbol{x}}_{\mathrm{r}}+\boldsymbol{C}_x(\boldsymbol{q},\dot{\boldsymbol{q}})\dot{\boldsymbol{x}}_{\mathrm{r}}+\boldsymbol{G}_x(\boldsymbol{q})+\boldsymbol{F}_e+\boldsymbol{K}\boldsymbol{s}+\eta\tanh\frac{\boldsymbol{s}}{\varepsilon}\tag{9.27}$$

其中，$\boldsymbol{K}>0$，$\varepsilon>0$。

将控制律式(9.27)代入式(9.25)，得

$$\boldsymbol{D}_x(\boldsymbol{q})\ddot{\boldsymbol{x}}+\boldsymbol{C}_x(\boldsymbol{q},\dot{\boldsymbol{q}})\dot{\boldsymbol{x}}+\boldsymbol{G}_x(\boldsymbol{q})+\Delta(\boldsymbol{q},\dot{\boldsymbol{q}},\ddot{\boldsymbol{q}})$$
$$=\boldsymbol{D}_x(\boldsymbol{q})\ddot{\boldsymbol{x}}_{\mathrm{r}}+\boldsymbol{C}_x(\boldsymbol{q},\dot{\boldsymbol{q}})\dot{\boldsymbol{x}}_{\mathrm{r}}+\boldsymbol{G}_x(\boldsymbol{q})+\boldsymbol{K}\boldsymbol{s}+\eta\tanh\frac{\boldsymbol{s}}{\varepsilon}$$

将$\dot{\boldsymbol{x}}=\dot{\boldsymbol{x}}_{\mathrm{r}}-\boldsymbol{s}$，$\ddot{\boldsymbol{x}}=\ddot{\boldsymbol{x}}_{\mathrm{r}}-\dot{\boldsymbol{s}}$代入上式得

$$\boldsymbol{D}_x(\boldsymbol{q})\dot{\boldsymbol{s}}+\boldsymbol{C}_x(\boldsymbol{q},\dot{\boldsymbol{q}})\boldsymbol{s}+\boldsymbol{K}\boldsymbol{s}+\eta\tanh\frac{\boldsymbol{s}}{\varepsilon}-\Delta(\boldsymbol{q},\dot{\boldsymbol{q}},\ddot{\boldsymbol{q}})=0$$

由于 $\boldsymbol{D}_x(\boldsymbol{q})$为对称正定，则可定义 Lyapunov 函数

$$V=\frac{1}{2}\boldsymbol{s}^{\mathrm{T}}\boldsymbol{D}_x(\boldsymbol{q})\boldsymbol{s}$$

则

$$\dot{V}=\boldsymbol{s}^{\mathrm{T}}\boldsymbol{D}_x\dot{\boldsymbol{s}}+\frac{1}{2}\boldsymbol{s}^{\mathrm{T}}\dot{\boldsymbol{D}}_x\boldsymbol{s}$$

由于矩阵$\dot{\boldsymbol{D}}_x(\boldsymbol{q})-2\boldsymbol{C}_x(\boldsymbol{q},\dot{\boldsymbol{q}})$是斜对称的，则 $\boldsymbol{s}^{\mathrm{T}}(\dot{\boldsymbol{D}}_x-2\boldsymbol{C})s=0$，即$\frac{1}{2}\boldsymbol{s}^{\mathrm{T}}\dot{\boldsymbol{D}}_x\boldsymbol{s}=\boldsymbol{s}^{\mathrm{T}}\boldsymbol{C}\boldsymbol{s}$，代入上式得

$$\dot{V}=\boldsymbol{s}^{\mathrm{T}}\boldsymbol{D}_x\dot{\boldsymbol{s}}+\boldsymbol{s}^{\mathrm{T}}\boldsymbol{C}_x\boldsymbol{s}=\boldsymbol{s}^{\mathrm{T}}(\boldsymbol{D}_x\dot{\boldsymbol{s}}+\boldsymbol{C}_x\boldsymbol{s})=\boldsymbol{s}^{\mathrm{T}}\left(-\boldsymbol{K}\boldsymbol{s}-\eta\tanh\frac{\boldsymbol{s}}{\varepsilon}+\Delta(\boldsymbol{q},\dot{\boldsymbol{q}},\ddot{\boldsymbol{q}})\right)$$

根据引理 9.1 和引理 9.2，有

$$\boldsymbol{s}^{\mathrm{T}}\left(-\eta\tanh\frac{\boldsymbol{s}}{\varepsilon}+\Delta(\boldsymbol{q},\dot{\boldsymbol{q}},\ddot{\boldsymbol{q}})\right)=-\eta\boldsymbol{s}^{\mathrm{T}}\tanh\frac{\boldsymbol{s}}{\varepsilon}+\boldsymbol{s}^{\mathrm{T}}\Delta(\boldsymbol{q},\dot{\boldsymbol{q}},\ddot{\boldsymbol{q}})$$
$$\leqslant-\eta\|s\|+\eta\mu\varepsilon+\boldsymbol{s}^{\mathrm{T}}\Delta(\boldsymbol{q},\dot{\boldsymbol{q}},\ddot{\boldsymbol{q}})\leqslant\eta\mu\varepsilon$$

其中，$\mu=0.2785$。

于是

$$\dot{V}\leqslant-\boldsymbol{s}^{\mathrm{T}}\boldsymbol{K}\boldsymbol{s}+\eta\mu\varepsilon\leqslant-\lambda_{\min}(\boldsymbol{K})\boldsymbol{s}^{\mathrm{T}}\boldsymbol{s}+\eta\mu\varepsilon$$
$$=-\frac{2\lambda_{\min}(\boldsymbol{K})}{\lambda_{\max}(\boldsymbol{D}_x)}\frac{1}{2}\lambda_{\max}(\boldsymbol{D}_x)\boldsymbol{s}^{\mathrm{T}}\boldsymbol{s}+\eta\varepsilon\mu\leqslant-2\lambda V+b$$

其中，$\lambda_{\max}(\boldsymbol{D}_x)$和$\lambda_{\min}(\boldsymbol{K})$分别为$\boldsymbol{D}_x$ 和$\boldsymbol{K}$ 的最大特征值，$\lambda=\frac{\lambda_{\min}(\boldsymbol{K})}{\lambda_{\max}(\boldsymbol{D}_x)}$，$b=\eta\mu\varepsilon$。

根据$\dot{V}\leqslant -2\lambda V+b$，采用引理 9.3，可得

$$V(t)\leqslant \mathrm{e}^{-2\lambda(t-t_0)}V(t_0)+b\mathrm{e}^{-2\lambda t}\int_{t_0}^{t}\mathrm{e}^{2\lambda\tau}\mathrm{d}\tau=\mathrm{e}^{-2\lambda(t-t_0)}V(t_0)+\frac{b\mathrm{e}^{-2\lambda t}}{2\lambda}(\mathrm{e}^{2\lambda t}-\mathrm{e}^{2\lambda t_0})$$

$$=\mathrm{e}^{-2\lambda(t-t_0)}V(t_0)+\frac{b}{2\lambda}(1-\mathrm{e}^{-2\lambda(t-t_0)})$$

则

$$\lim_{t\to\infty}V(t)\leqslant\frac{\eta\mu\varepsilon}{2\lambda}\tag{9.28}$$

根据上式，跟踪误差和误差导数渐进收敛，收敛精度取决于 $\varepsilon$、$\lambda$ 和 $\eta$，即 $\varepsilon$ 越小，$K$ 越大，$\Delta$ 越小，收敛效果就越好。

### 9.4.4 仿真实例

仿真对象为 9.2 节的对象，考虑平面两关节机械手，机器人的动力学方程为

$$\boldsymbol{D}(\boldsymbol{q})\ddot{\boldsymbol{q}}+\boldsymbol{C}(\boldsymbol{q},\dot{\boldsymbol{q}})\dot{\boldsymbol{q}}+\boldsymbol{G}(\boldsymbol{q})=\boldsymbol{\tau}$$

其中

$$\boldsymbol{D}(\boldsymbol{q})=\begin{bmatrix}m_1+m_2+2m_3\cos q_2 & m_2+m_3\cos q_2\\ m_2+m_3\cos q_2 & m_2\end{bmatrix}$$

$$\boldsymbol{C}(\boldsymbol{q},\dot{\boldsymbol{q}})=\begin{bmatrix}-m_3\dot{q}_2\sin q_2 & -m_3(\dot{q}_1+\dot{q}_2)\sin q_2\\ m_3\dot{q}_1\sin q_2 & 0.0\end{bmatrix}$$

$$\boldsymbol{G}(\boldsymbol{q})=\begin{bmatrix}m_4 g\cos q_1+m_5 g\cos(q_1+q_2)\\ m_5 g\cos(q_1+q_2)\end{bmatrix}$$

式中，$m_i$ 值由式$\boldsymbol{M}=\boldsymbol{P}+p_l\boldsymbol{L}$ 给出，有

$$\boldsymbol{M}=[m_1\quad m_2\quad m_3\quad m_4\quad m_5]^{\mathrm{T}}$$

$$\boldsymbol{P}=[p_1\quad p_2\quad p_3\quad p_4\quad p_5]^{\mathrm{T}}$$

$$\boldsymbol{L}=[l_1^2\quad l_2^2\quad l_1l_2\quad l_1\quad l_2]^{\mathrm{T}}$$

其中，$p_l$ 为负载，$l_1$ 和 $l_2$ 分别为关节 1 和关节 2 的长度，$\boldsymbol{P}$ 是机器人自身的参数向量。机械力臂实际参数为 $p_l=0.50$，$\boldsymbol{P}=[1.66\quad 0.42\quad 0.63\quad 3.75\quad 1.25]^{\mathrm{T}}$，$l_1=l_2=1$。

采用式(9.25)描述被控对象，末端初始状态为$[0.8\quad 0\quad 1.0\quad 0]$，取 $\Delta=[\sin t;\ \sin t]$。在笛卡儿空间中的理想跟踪轨迹取 $x_{\mathrm{c1}}=1.0-0.2\cos\pi t$，$x_{\mathrm{c2}}=1.0+0.2\sin\pi t$，该轨迹为一个半径为 0.2，圆心在$(x_1,x_2)=(1.0,1.0)$的圆。阻抗模型采用式(9.26)描述，初始状态需满足 $x_{\mathrm{d}}(0)=x_{\mathrm{c}}(0)$，$\dot{x}_{\mathrm{d}}(0)=\dot{x}_{\mathrm{c}}(0)$，初始条件为 $\boldsymbol{x}_d(0)=[0.8\quad 1.0]$，$\dot{\boldsymbol{x}}_{\mathrm{d}}(0)=[0.0\quad 0.2\pi]$。

由于跟踪轨迹为工作空间中的直角坐标，而不是关节空间中的角位置，应按式(9.7)和式(9.8)将工作空间中的关节末端直角坐标$(x_1,x_2)$转换为关节角位置$(q_1,q_2)$。

仿真中，首先通过式(9.24)求 $\boldsymbol{F}_{\mathrm{e}}$，然后由式(9.26)求 $\boldsymbol{x}_{\mathrm{d}}$。接触面在 $x_1=1.0$ 处，存在以下两种情况：

(1) 当 $x_1 \leqslant 1.0$ 时，机械手末端没有接触障碍物，$\boldsymbol{F}_e=[0 \quad 0]^T$；

(2) 当 $x_1 \geqslant 1.0$ 时，机械手末端点停留在触障碍物上，此时 $x_1=1.0, \dot{x}_1=1.0, \ddot{x}_1=1.0$，障碍物的阻尼参数为 $\boldsymbol{M}_m=\text{diag}[1.0]$，$\boldsymbol{B}_m=\text{diag}[10]$ 和 $\boldsymbol{K}_m=\text{diag}[50]$。考虑 $\Delta(\boldsymbol{q}, \dot{\boldsymbol{q}}, \ddot{\boldsymbol{q}})=1.0\sin t$，滑模控制器取式(9.27)，控制器的增益选为 $\boldsymbol{K}=\begin{bmatrix}15 & 0\\0 & 15\end{bmatrix}$，$\boldsymbol{\Lambda}=\begin{bmatrix}15 & 0\\0 & 15\end{bmatrix}$，$\eta=1.2$，$\varepsilon=0.50$。仿真结果如图 9-17～图 9-21 所示。

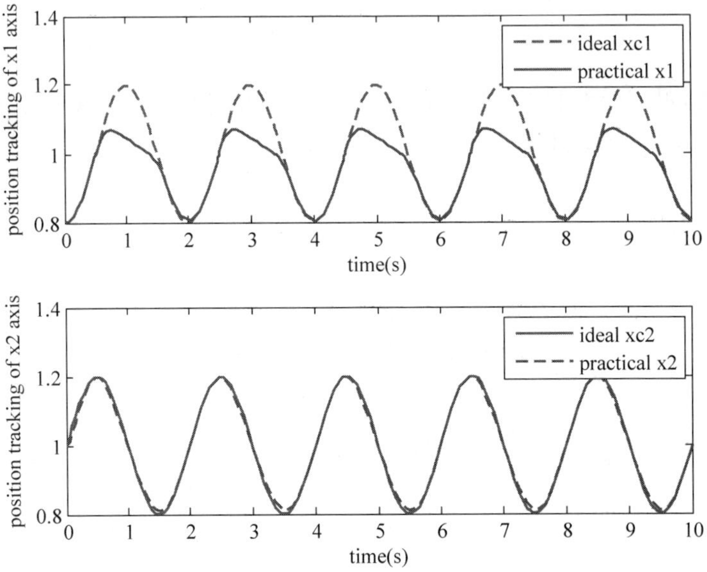


图 9-17　末关节节点的位置跟踪

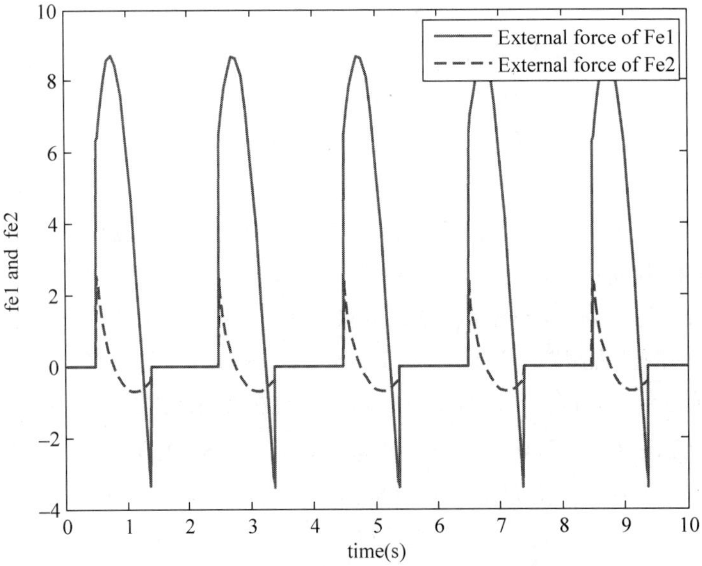


图 9-18　末关节节点的外力

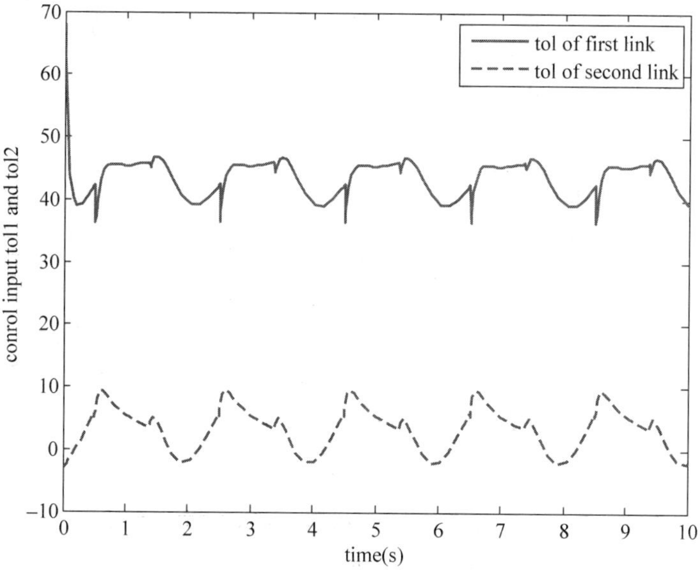


图 9-19 关节实际控制输入$\boldsymbol{\tau}$

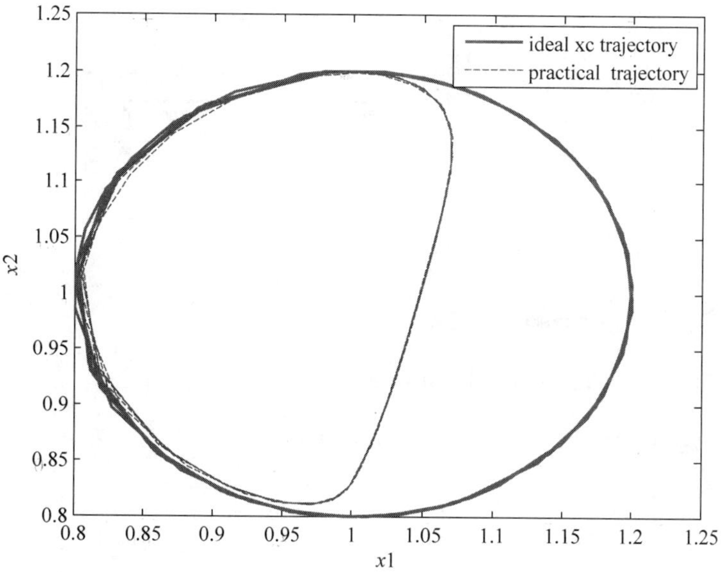


图 9-20 对 $x_c$ 的轨迹跟踪效果

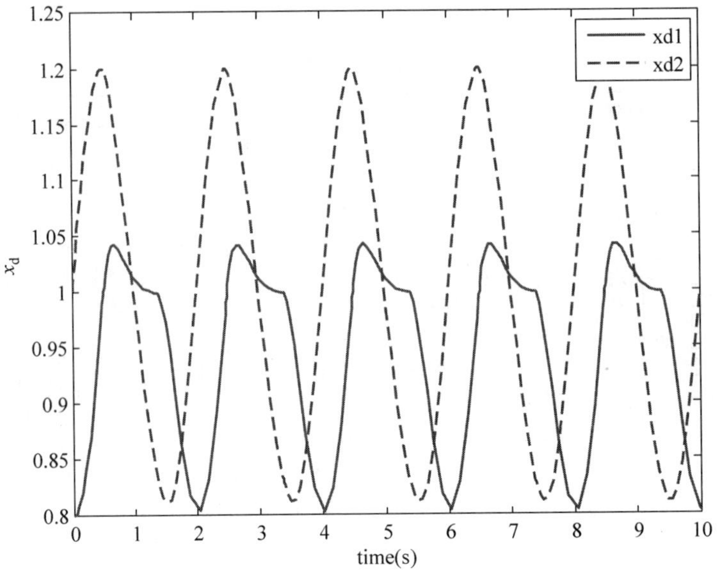


图 9-21　由式(9.29)生成的 $x_d$ 轨迹

仿真程序如下：

(1) Simulink 主程序：chap9_4sim.mdl

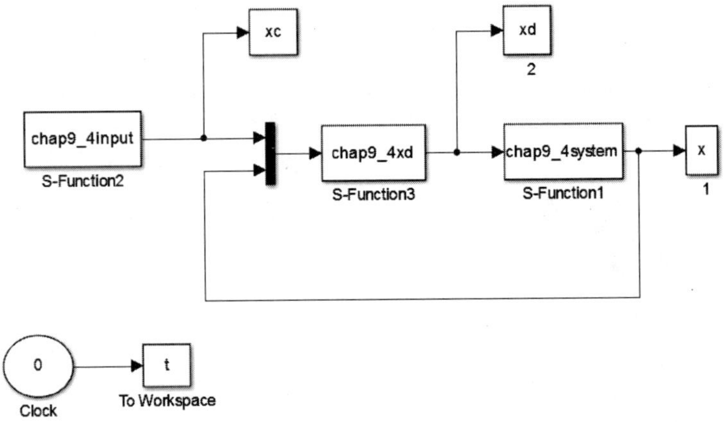


(2) 输入指令 S 函数：chap9_4input.m

```
function [sys,x0,str,ts] = spacemodel(t,x,u,flag)
switch flag,
case 0,
    [sys,x0,str,ts] = mdlInitializeSizes;
case 1,
    sys = mdlDerivatives(t,x,u);
case 3,
    sys = mdlOutputs(t,x,u);
case {2,4,9}
    sys = [];
otherwise
```

```
    error(['Unhandled flag = ',num2str(flag)]);
end
function [sys,x0,str,ts] = mdlInitializeSizes
sizes = simsizes;
sizes.NumContStates   = 0;
sizes.NumDiscStates   = 0;
sizes.NumOutputs      = 6;
sizes.NumInputs       = 0;
sizes.DirFeedthrough  = 1;
sizes.NumSampleTimes  = 1;
sys = simsizes(sizes);
x0 = [];
str = [];
ts = [0 0];
function sys = mdlOutputs(t,x,u)
xc1 = 1 - 0.2 * cos(pi * t);
dxc1 = 0.2 * pi * sin(pi * t);
ddxc1 = 0.2 * pi ^2 * cos(pi * t);
xc2 = 1 + 0.2 * sin(pi * t);
dxc2 = 0.2 * pi * cos(pi * t);
ddxc2 = - 0.2 * pi ^2 * sin(pi * t);
sys(1) = xc1;
sys(2) = dxc1;
sys(3) = ddxc1;
sys(4) = xc2;
sys(5) = dxc2;
sys(6) = ddxc2;
```

(3) 阻抗轨迹 $\boldsymbol{x}_d$ 生成 S 函数：chap9_4xd.m

```
function [sys,x0,str,ts] = s_function(t,x,u,flag)
switch flag,
case 0,
    [sys,x0,str,ts] = mdlInitializeSizes;
case 1,
    sys = mdlDerivatives(t,x,u);
case 3,
    sys = mdlOutputs(t,x,u);
case {2, 4, 9 }
    sys = [];
otherwise
    error(['Unhandled flag = ',num2str(flag)]);
end
function [sys,x0,str,ts] = mdlInitializeSizes
sizes = simsizes;
sizes.NumContStates   = 4;
sizes.NumDiscStates   = 0;
sizes.NumOutputs      = 8;
sizes.NumInputs       = 14;
sizes.DirFeedthrough  = 1;
sizes.NumSampleTimes  = 0;
```

```
sys = simsizes(sizes);
x0 = [0.8 0 1.0 0.2 * pi];                          % xd(0) = xc(0),dxd(0) = dxc(0)
str = [];
ts = [];
function sys = mdlDerivatives(t,x,u)
xc = [1.0 - 0.2 * cos(pi * t) 1.0 + 0.2 * sin(pi * t)]';
dxc = [0.2 * pi * sin(pi * t) 0.2 * pi * cos(pi * t)]';
ddxc = [0.2 * pi ^ 2 * cos(pi * t)  - 0.2 * pi ^ 2 * sin(pi * t)]';

Mm = [1 0;0 1];
Bm = [10 0;0 10];
Km = [50 0;0 50];

x1 = u(7);dx1 = u(8);ddx1 = u(9);
x2 = u(10);dx2 = u(11);ddx2 = u(12);

xp = [x1 x2]';
dxp = [dx1 dx2]';
ddxp = [ddx1 ddx2]';

if x1 >= 1.0
   xp = [1.0 xp(2)]';dxp = [0 dxp(2)]';ddxp = [0 ddxp(2)]';
end

Fe = Mm * (ddxc - ddxp) + Bm * (dxc - dxp) + Km * (xc - xp);
if x1 <= 1.0
   Fe = [0 0]';
end

xd = [x(1);x(3)];
dxd = [x(2);x(4)];
ddxd = inv(Mm) * (( - Fe + Mm * ddxc + Bm * dxc + Km * xc) - Bm * dxd - Km * xd);

sys(1) = x(2);
sys(2) = ddxd(1);
sys(3) = x(4);
sys(4) = ddxd(2);

function sys = mdlOutputs(t,x,u)
xc = [1.0 - 0.2 * cos(pi * t) 1.0 + 0.2 * sin(pi * t)]';
dxc = [0.2 * pi * sin(pi * t) 0.2 * pi * cos(pi * t)]';
ddxc = [0.2 * pi ^ 2 * cos(pi * t)  - 0.2 * pi ^ 2 * sin(pi * t)]';

Mm = [1 0;0 1];
Bm = [10 0;0 10];
Km = [40 0;0 40];

x1 = u(7);dx1 = u(8);ddx1 = u(9);
x2 = u(10);dx2 = u(11);ddx2 = u(12);

xp = [x1 x2]';
```

```
dxp = [dx1 dx2]';
ddxp = [ddx1 ddx2]';


if x1 >= 1.0
   xp = [1.0 xp(2)]';dxp = [0 dxp(2)]';ddxp = [0 ddxp(2)]';
end

Fe = Mm * (ddxc - ddxp) + Bm * (dxc - dxp) + Km * (xc - xp);
if x1 <= 1.0
   Fe = [0 0]';
end

xd = [x(1);x(3)];
dxd = [x(2);x(4)];
S = inv(Mm) * (( - Fe + Mm * ddxc + Bm * dxc + Km * xc) - Bm * dxd - Km * xd);        % ddxd

sys(1) = x(1);
sys(2) = x(2);
sys(3) = S(1);
sys(4) = x(3);
sys(5) = x(4);
sys(6) = S(2);
sys(7) = Fe(1);
sys(8) = Fe(2);
```

(4) 控制器及被控对象S函数：chap9_4system.m

```
function [sys,x0,str,ts] = s_function(t,x,u,flag)
switch flag,
case 0,
    [sys,x0,str,ts] = mdlInitializeSizes;
case 1,
    sys = mdlDerivatives(t,x,u);
case 3,
    sys = mdlOutputs(t,x,u);
case {2, 4, 9 }
    sys = [];
otherwise
    error(['Unhandled flag = ',num2str(flag)]);
end
function [sys,x0,str,ts] = mdlInitializeSizes
global J Fx
sizes = simsizes;
sizes.NumContStates    = 4;
sizes.NumDiscStates    = 0;
sizes.NumOutputs       = 8;
sizes.NumInputs        = 8;
sizes.DirFeedthrough   = 1;
sizes.NumSampleTimes   = 0;
sys = simsizes(sizes);
```

```
x0 = [0.8 0 1.0 0];                    % x(0) = xc(0)
str = [];
ts = [];
J = 0;Dx = 0;Cx = 0;Gx = 0;Fx = [0 0];
function sys = mdlDerivatives(t,x,u)
global J Fx
xd1 = u(1);dxd1 = u(2);ddxd1 = u(3);
xd2 = u(4);dxd2 = u(5);ddxd2 = u(6);

Fe1 = u(7);Fe2 = u(8);
Fe = [Fe1 Fe2]';

l1 = 1;l2 = 1;
P = [1.66 0.42 0.63 3.75 1.25];
g = 9.8;
L = [l1^2 l2^2 l1*l2 l1 l2];

pl = 0.5;

M = P + pl*L;
Q = (x(1)^2 + x(3)^2 - l1^2 - l2^2)/(2*l1*l2);
q2 = acos(Q);
dq2 = -1/sqrt(1 - Q^2);

A = x(3)/x(1);
p1 = atan(A);
d_p1 = 1/(1 + A^2);

B = sqrt(x(1)^2 + x(3)^2 + l1^2 - l2^2)/(2*l1*sqrt(x(1)^2 + x(3)^2));
p2 = acos(B);
d_p2 = -1/sqrt(1 - B^2);

if q2 > 0
    q1 = p1 - p2;
    dq1 = d_p1 - d_p2;
else
    q1 = p1 + p2;
    dq1 = d_p1 + d_p2;
end
J = [-sin(q1) - sin(q1 + q2)  -sin(q1 + q2);
    cos(q1) + cos(q1 + q2) cos(q1 + q2)];
d_J = [-dq1*cos(q1) - (dq1 + dq2)*cos(q1 + q2)  -(dq1 + dq2)*cos(q1 + q2);
     -dq1*sin(q1) - (dq1 + dq2)*sin(q1 + q2)  -(dq1 + dq2)*sin(q1 + q2)];

D = [M(1) + M(2) + 2*M(3)*cos(q2) M(2) + M(3)*cos(q2);
    M(2) + M(3)*cos(q2) M(2)];
C = [-M(3)*dq2*sin(q2)  -M(3)*(dq1 + dq2)*sin(q2);
    M(3)*dq1*sin(q2) 0];
G = [M(4)*g*cos(q1) + M(5)*g*cos(q1 + q2);
   M(5)*g*cos(q1 + q2)];
```

```
Dx = (inv(J))' * D * inv(J);
Cx = (inv(J))' * (C - D * inv(J) * d_J) * inv(J);
Gx = (inv(J))' * G;

e1 = xd1 - x(1);
e2 = xd2 - x(3);
de1 = dxd1 - x(2);
de2 = dxd2 - x(4);
e = [e1;e2];
de = [de1;de2];

Hur = 15.0 * eye(2);
r = de + Hur * e;

dxd = [dxd1;dxd2];
dxr = dxd + Hur * e;
ddxd = [ddxd1;ddxd2];
ddxr = ddxd + Hur * de;

K = 15 * eye(2);
epc = 0.50;
xite = 1.2;
Fx = Dx * ddxr + Cx * dxr + Gx + K * r + Fe + xite * tanh(r/epc);

Delta = [sin(t); sin(t)];
dx = [x(2);x(4)];
S = inv(Dx) * (Fx - Cx * dx - Gx - Delta);
sys(1) = x(2);
sys(2) = S(1);
sys(3) = x(4);
sys(4) = S(2);
function sys = mdlOutputs(t,x,u)
global J Fx
xd1 = u(1);dxd1 = u(2);ddxd1 = u(3);
xd2 = u(4);dxd2 = u(5);ddxd2 = u(6);

Fe1 = u(7);Fe2 = u(8);
Fe = [Fe1 Fe2]';

l1 = 1;l2 = 1;
P = [1.66 0.42 0.63 3.75 1.25];
g = 9.8;
L = [l1^2 l2^2 l1 * l2 l1 l2];

pl = 0.5;

M = P + pl * L;
Q = (x(1)^2 + x(3)^2 - l1^2 - l2^2)/(2 * l1 * l2);
q2 = acos(Q);
dq2 = -1/sqrt(1 - Q^2);
```

```
A = x(3)/x(1);
p1 = atan(A);
d_p1 = 1/(1 + A^2);

B = sqrt(x(1)^2 + x(3)^2 + l1^2 - l2^2)/(2 * l1 * sqrt(x(1)^2 + x(3)^2));
p2 = acos(B);
d_p2 = - 1/sqrt(1 - B^2);

if q2 > 0
    q1 = p1 - p2;
    dq1 = d_p1 - d_p2;
else
    q1 = p1 + p2;
    dq1 = d_p1 + d_p2;
end
J = [ - sin(q1) - sin(q1 + q2)  - sin(q1 + q2);
    cos(q1) + cos(q1 + q2) cos(q1 + q2)];
d_J = [ - dq1 * cos(q1) - (dq1 + dq2) * cos(q1 + q2)  - (dq1 + dq2) * cos(q1 + q2);
     - dq1 * sin(q1) - (dq1 + dq2) * sin(q1 + q2)  - (dq1 + dq2) * sin(q1 + q2)];

D = [M(1) + M(2) + 2 * M(3) * cos(q2) M(2) + M(3) * cos(q2);
    M(2) + M(3) * cos(q2) M(2)];
C = [ - M(3) * dq2 * sin(q2)  - M(3) * (dq1 + dq2) * sin(q2);
    M(3) * dq1 * sin(q2) 0];
G = [M(4) * g * cos(q1) + M(5) * g * cos(q1 + q2);
   M(5) * g * cos(q1 + q2)];

Dx = (inv(J))' * D * inv(J);
Cx = (inv(J))' * (C - D * inv(J) * d_J) * inv(J);
Gx = (inv(J))' * G;

e1 = xd1 - x(1);
e2 = xd2 - x(3);
de1 = dxd1 - x(2);
de2 = dxd2 - x(4);
e = [e1;e2];
de = [de1;de2];

Hur = 15.0 * eye(2);
r = de + Hur * e;

dxd = [dxd1;dxd2];
dxr = dxd + Hur * e;
ddxd = [ddxd1;ddxd2];
ddxr = ddxd + Hur * de;

K = 15 * eye(2);
epc = 0.50;
xite = 1.2;
Fx = Dx * ddxr + Cx * dxr + Gx + K * r + Fe + xite * tanh(r/epc);
```

```
Delta = 1.0 * sin(t);
dx = [x(2);x(4)];
S = inv(Dx) * (Fx - Cx * dx - Gx - Delta);

tol = J' * Fx;

sys(1) = x(1);
sys(2) = x(2);
sys(3) = S(1);
sys(4) = x(3);
sys(5) = x(4);
sys(6) = S(2);
sys(7:8) = tol(1:2);
```

(5) 作图程序：chap9_4plot.m

```
close all;

figure(1);
subplot(211);
plot(t,xc(:,1),'r-- ',t,x(:,1),'b','linewidth',2);
xlabel('time(s)');ylabel('position tracking of x1 axis');
legend('ideal xc1','practical x1');
subplot(212);
plot(t,xc(:,4),'r',t,x(:,4),'b-- ','linewidth',2);
xlabel('time(s)');ylabel('position tracking of x2 axis');
legend('ideal xc2','practical x2');

figure(2);
plot(t,xd(:,7),'r',t,xd(:,8),'b-- ','linewidth',2);
xlabel('time(s)');ylabel('Fe1 and Fe2');
legend('External force of Fe1','External force of Fe2');

figure(3);
plot(t,x(:,7),'r',t,x(:,8),'b-- ','linewidth',2);
xlabel('time(s)');ylabel('Conrol input tol1 and tol2');
legend('tol of first link','tol of second link');

figure(4);
plot(xc(:,1),xc(:,4),'r','linewidth',2);
hold on;
plot(x(:,1),x(:,4),'b-- ','linewidth',1);
xlabel('x1');ylabel('x2');
legend('ideal xc trajectory','practical trajectory');

figure(5);
plot(t,xd(:,1),'r',t,xd(:,4),'b-- ','linewidth',2);
xlabel('time(s)');ylabel('xd');
legend('xd1','xd2');
```

## 9.5 受约束条件下双关节机械手末端力及关节角度的滑模控制

受约束机器人的运动控制包含两方面的内容：机械手的位置控制和末端与约束面之间的接触力控制。一般而言，位置控制较容易实现，例如采用传统的独立关节 PD 控制等，接触力控制则相对较难。机械手力/位置混合控制相关研究成果较多，代表性的成果见文献[10,11,12]。

### 9.5.1 问题的提出

带有垂直约束的双关节机械手示意图如图 9-22 所示[10]。

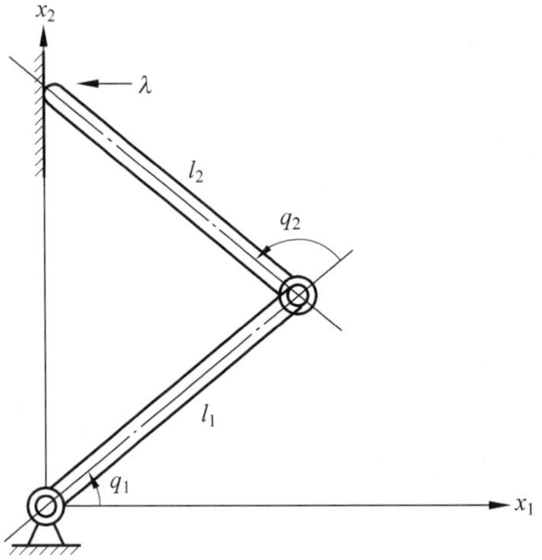


图 9-22 带有垂直约束的双关节机械手

设 $\boldsymbol{x}$ 为机械手末端位置向量，约束方程为 $\phi(\boldsymbol{x})=0$，取 $\boldsymbol{x}=h(\boldsymbol{q})$，则约束方程变为

$$\Phi(\boldsymbol{q}) = \phi(h(\boldsymbol{q})) = 0 \tag{9.29}$$

约束方程的 Jacobian 信息为

$$J_{\phi}(\boldsymbol{q}) = \frac{\partial \Phi(\boldsymbol{q})}{\partial \boldsymbol{q}} = \frac{\partial \phi(\boldsymbol{x})}{\partial \boldsymbol{x}} \frac{\partial \boldsymbol{x}}{\partial \boldsymbol{q}} = \frac{\partial \phi(\boldsymbol{x})}{\partial \boldsymbol{x}} \frac{\partial h(\boldsymbol{q})}{\partial \boldsymbol{q}} \tag{9.30}$$

双关节机械手方程为

$$\boldsymbol{D}(\boldsymbol{q})\ddot{\boldsymbol{q}} + \boldsymbol{C}(\boldsymbol{q},\dot{\boldsymbol{q}})\dot{\boldsymbol{q}} + \boldsymbol{G}(\boldsymbol{q}) + \boldsymbol{\tau}_{\mathrm{f}} = \boldsymbol{\tau} \tag{9.31}$$

其中，$\boldsymbol{q}=[q_1 \quad q_2]^{\mathrm{T}}$，$\boldsymbol{D}(\boldsymbol{q})$为 2×2 阶正定惯性矩阵，$\boldsymbol{C}(\boldsymbol{q},\dot{\boldsymbol{q}})$为 2×2 阶离心和哥氏力项，$\boldsymbol{G}(\boldsymbol{q})$为 2×1 阶重力项，$\boldsymbol{\tau}_{\mathrm{f}}$ 为约束力。

### 9.5.2 模型的降阶

由于机械手动力学模型是约束的，因此需要利用约束条件对模型进行降阶。约束力表示为

$$\boldsymbol{\tau}_{\mathrm{f}} = J_{\phi}^{\mathrm{T}}(\boldsymbol{q})\lambda \tag{9.32}$$

由式(9.29)求导，可得

$$J_{\phi}(\boldsymbol{q})\dot{\boldsymbol{q}} = 0 \tag{9.33}$$

由图 9-22 可见，由于双关节机械手受到一个力的约束，故双关节机械手自由度由 2 个变为 1 个，不妨取 $q_1$ 为描述约束运动的变量，$q_2$ 为剩余的冗余变量，则 $q_2$ 可由 $q_1$ 来表示为

$$q_2 = \Psi(q_1) \tag{9.34}$$

则

$$\dot{\boldsymbol{q}} = \begin{bmatrix} \dot{q}_1 \\ \dot{q}_2 \end{bmatrix} = \begin{bmatrix} \dot{q}_1 \\ \dfrac{\partial \Psi(q_1)}{\partial q_1}\dot{q}_1 \end{bmatrix} = \boldsymbol{L}(q_1)\dot{q}_1$$

$$\ddot{\boldsymbol{q}} = \dot{\boldsymbol{L}}(q_1)\dot{q}_1 + \boldsymbol{L}(q_1)\ddot{q}_1$$

其中，$\boldsymbol{L}(q_1) = \begin{bmatrix} 1 \\ \dfrac{\partial \Psi(q_1)}{\partial q_1} \end{bmatrix}$。

将上式代入式(9.31)可得

$$\boldsymbol{D}(\boldsymbol{q})(\dot{\boldsymbol{L}}(q_1)\dot{q}_1 + \boldsymbol{L}(q_1)\ddot{q}_1) + \boldsymbol{C}(\boldsymbol{q},\dot{\boldsymbol{q}})\boldsymbol{L}(q_1)\dot{q}_1 + \boldsymbol{G}(\boldsymbol{q}) + \boldsymbol{\tau}_{\mathrm{f}} = \boldsymbol{\tau}$$

即

$$\boldsymbol{D}(\boldsymbol{q})\boldsymbol{L}(q_1)\ddot{q}_1 + (\boldsymbol{D}(\boldsymbol{q})\dot{\boldsymbol{L}}(q_1) + \boldsymbol{C}(\boldsymbol{q},\dot{\boldsymbol{q}})\boldsymbol{L}(q_1))\dot{q}_1 + \boldsymbol{G}(\boldsymbol{q}) + \boldsymbol{J}_{\phi}^{\mathrm{T}}(\boldsymbol{q})\lambda = \boldsymbol{\tau}$$

则带有约束的双关节机械手方程又可写为

$$\boldsymbol{D}_1(q_1)\ddot{q}_1 + \boldsymbol{C}_1(q_1,\dot{q}_1)\dot{q}_1 + \boldsymbol{G}_1(q_1) + \boldsymbol{J}_{\phi}^{\mathrm{T}}(q_1)\lambda = \boldsymbol{\tau} \tag{9.35}$$

其中，$\boldsymbol{D}_1(q_1) = \boldsymbol{D}(\boldsymbol{q})\boldsymbol{L}(q_1)$，$\boldsymbol{C}_1(q_1,\dot{q}_1) = \boldsymbol{D}(\boldsymbol{q})\dot{\boldsymbol{L}}(q_1) + \boldsymbol{C}(\boldsymbol{q},\dot{\boldsymbol{q}})\boldsymbol{L}(q_1)$，$\boldsymbol{G}_1(q_1) = \boldsymbol{G}(\boldsymbol{q})$，$\boldsymbol{J}_{\phi}^{\mathrm{T}}(q_1) = \boldsymbol{J}_{\phi}^{\mathrm{T}}(\boldsymbol{q})$。

由于 $\boldsymbol{J}_{\phi}(q_1)\boldsymbol{L}(q_1) = \boldsymbol{L}^{\mathrm{T}}(q_1)\boldsymbol{J}_{\phi}^{\mathrm{T}}(q_1) = 0$，说明式(9.35)生成的两个方程为线性相关，因此，在仿真中通过式(9.35)求 $\lambda$，可得

$$\boldsymbol{J}_{\phi}^{\mathrm{T}}(q_1)\lambda = \boldsymbol{\tau} - \boldsymbol{D}_1(q_1)\ddot{q}_1 - \boldsymbol{C}_1(q_1,\dot{q}_1)\dot{q}_1 - \boldsymbol{G}_1(q_1)$$

在仿真中，采用如下三种情况求力 $\lambda$ 值：

(1) 当 $\boldsymbol{J}_{\phi} = 0$ 时，则可根据 $\boldsymbol{J}_{\phi}^{\mathrm{T}}(q_1)$ 的表达取 $\lambda$ 值。

(2) 当 $\boldsymbol{J}_{\phi}(1) \neq 0$ 时，则可取

$$\lambda = \frac{1}{\boldsymbol{J}_{\phi}(1)}(\boldsymbol{\tau}(1) - \boldsymbol{D}_1(1)\ddot{q}_1 - \boldsymbol{C}_1(1)\dot{q}_1 - \boldsymbol{G}_1(1)) \tag{9.36}$$

(3) 当 $\boldsymbol{J}_{\phi}(2) \neq 0$ 时，则可取

$$\lambda = \frac{1}{\boldsymbol{J}_{\phi}(2)}(\boldsymbol{\tau}(2) - \boldsymbol{D}_1(2)\ddot{q}_1 - \boldsymbol{C}_1(2)\dot{q}_1 - \boldsymbol{G}_1(2)) \tag{9.37}$$

由于式(9.38)生成的两个方程为线性相关，相关系数为 $\boldsymbol{L}^{\mathrm{T}}(q_1)$，则由式(9.36)和式(9.37)求得的 $\lambda$ 相等。

需要说明的是，在实际工程中，力 $\lambda$ 的值通过力传感器测得。

将 $\boldsymbol{L}^{\mathrm{T}}(q_1)$ 分别乘以式(9.35)的左右两边，可得

$$\boldsymbol{L}^{\mathrm{T}}(q_1)\boldsymbol{D}_1(q_1)\ddot{q}_1 + \boldsymbol{L}^{\mathrm{T}}(q_1)\boldsymbol{C}_1(q_1,\dot{q}_1)\dot{q}_1 + \boldsymbol{L}^{\mathrm{T}}(q_1)\boldsymbol{G}_1(q_1) + \boldsymbol{L}^{\mathrm{T}}(q_1)\boldsymbol{J}_{\phi}^{\mathrm{T}}(q_1)\lambda = \boldsymbol{L}^{\mathrm{T}}(q_1)\boldsymbol{\tau}$$

即

$$D_L(q_1)\ddot{q}_1 + C_L(q_1,\dot{q}_1)\dot{q}_1 + G_L(q_1) = \boldsymbol{L}^{\mathrm{T}}\boldsymbol{\tau} \tag{9.38}$$

上式即为降阶后的双关节机械手模型。式(9.38)满足如下几个性质[11]：

(1) 定义 $D_L(q_1)=\boldsymbol{L}^{\mathrm{T}}(q_1)\boldsymbol{D}_1(q_1)=\boldsymbol{L}^{\mathrm{T}}(q_1)D(q)L(q_1)$，$D_L(q_1)>0$。

(2) 定义 $C_L(q_1,\dot{q}_1)=\boldsymbol{L}^{\mathrm{T}}(q_1)\boldsymbol{C}_1(q_1,\dot{q}_1)=\boldsymbol{L}^{\mathrm{T}}(q_1)(\boldsymbol{D}(\boldsymbol{q})\dot{\boldsymbol{L}}(q_1)+\boldsymbol{C}(\boldsymbol{q},\dot{\boldsymbol{q}})\boldsymbol{L}(q_1))$，则 $\dot{D}_L(q_1)-2C_L(q_1,\dot{q}_1)$具有斜对称特性。

(3) $\boldsymbol{J}_\phi(q_1)\boldsymbol{L}(q_1)=\boldsymbol{L}^{\mathrm{T}}(q_1)\boldsymbol{J}_\phi^{\mathrm{T}}(q_1)=0$。

设 $\boldsymbol{q}_{\mathrm{d}}(t)$为理想的角度指令，$\boldsymbol{\tau}_f^d$为理想的受约束力，且满足 $\Phi(\boldsymbol{q}_{\mathrm{d}})=0$，$\boldsymbol{\tau}_f^d=\boldsymbol{J}_\phi^{\mathrm{T}}(\boldsymbol{q}_{\mathrm{d}})\lambda_{\mathrm{d}}$。控制目标为 $\boldsymbol{q}(t)$跟踪 $\boldsymbol{q}_{\mathrm{d}}(t)$和 $\tau_f$ 跟踪 $\tau_f^d$。

## 9.5.3 控制律的设计

由于 $q_2(t)$为 $q_1(t)$的函数，则 $\boldsymbol{q}(t)$跟踪 $\boldsymbol{q}_{\mathrm{d}}(t)$，即 $q_1(t)$跟踪 $q_{\mathrm{d1}}(t)$。定义

$$\begin{aligned}
e_1 &= q_{\mathrm{d1}} - q_1 \\
\dot{q}_{\mathrm{r1}} &= \dot{q}_{\mathrm{d1}} + \Lambda e_1 \\
r_1 &= \dot{q}_{\mathrm{r1}} - \dot{q}_1 = \ddot{e}_1 + \Lambda e_1 \\
e_\lambda &= \lambda_{\mathrm{d}} - \lambda \\
\boldsymbol{r}_{L1} &= \boldsymbol{L}(q_1)r_1
\end{aligned}$$

其中，$\Lambda>0$。

控制律设计为

$$\boldsymbol{\tau} = \boldsymbol{D}_1(q_1)\ddot{q}_{r1} + \boldsymbol{C}_1(q_1,\dot{q}_1)\dot{q}_{r1} + \boldsymbol{G}_1(q_1) + \boldsymbol{K}_{\mathrm{p}}\mathrm{r}_{L1} + \boldsymbol{J}_\phi^{\mathrm{T}}(q_1)\lambda_{\mathrm{r}} \tag{9.39}$$

其中，$\boldsymbol{K}_{\mathrm{p}}>0$。

用于控制力的项为

$$\lambda_{\mathrm{r}} = \lambda_{\mathrm{d}} + K_\lambda e_\lambda$$

其中，$K_\lambda>0$。

于是

$$\lambda_{\mathrm{r}} - \lambda = e_\lambda + K_\lambda e_\lambda = (1+K_\lambda)e_\lambda \tag{9.40}$$

将控制律式(9.39)代入式(9.35)中，得

$$\begin{aligned}
&\boldsymbol{D}_1(q_1)\ddot{q}_1 + \boldsymbol{C}_1(q_1,\dot{q}_1)\dot{q}_1 + \boldsymbol{G}_1(q_1) + \boldsymbol{J}_\phi^{\mathrm{T}}(q_1)\lambda \\
&= \boldsymbol{D}_1(q_1)\ddot{q}_{r1} + \boldsymbol{C}_1(q_1,\dot{q}_1)\dot{q}_{r1} + \boldsymbol{G}_1(q_1) + \boldsymbol{K}_{\mathrm{p}}\mathrm{r}_{L1} + \boldsymbol{J}_\phi^{\mathrm{T}}(q_1)\lambda_{\mathrm{r}}
\end{aligned}$$

则

$$\boldsymbol{D}_1(q_1)\dot{r}_1 + \boldsymbol{C}_1(q_1,\dot{q}_1)r_1 + \boldsymbol{K}_{\mathrm{p}}\boldsymbol{r}_{L1} = \boldsymbol{J}_\phi^{\mathrm{T}}(q_1)(\lambda - \lambda_{\mathrm{r}}) \tag{9.41}$$

左右两边都乘以 $\boldsymbol{L}^{\mathrm{T}}(q_1)$，可得

$$\boldsymbol{L}^{\mathrm{T}}(q_1)(\boldsymbol{D}_1(q_1)\dot{r}_1 + \boldsymbol{C}_1(q_1,\dot{q}_1)r_1 + \boldsymbol{K}_{\mathrm{p}}\boldsymbol{r}_{L1}) = \boldsymbol{L}^{\mathrm{T}}(q_1)\boldsymbol{J}_\phi^{\mathrm{T}}(q_1)(\lambda - \lambda_{\mathrm{r}})$$

根据性质(1)～性质(3)，可得

$$D_L(q_1)\dot{r}_1 + C_L(q_1,\dot{q}_1)r_1 + \boldsymbol{L}^{\mathrm{T}}(q_1)\boldsymbol{K}_{\mathrm{p}}\boldsymbol{r}_{L1} = 0 \tag{9.42}$$

### 9.5.4 稳定性分析

Lyapunov 函数取为

$$V = \frac{1}{2} D_L(q_1) r_1^2 \tag{9.43}$$

则

$$\dot{V} = r_1 \left( D_L(q_1) \dot{r}_1 + \frac{1}{2} \dot{\boldsymbol{D}}_L(q_1) r_1 \right)$$

考虑到$\dot{D}_L(q_1) - 2C_L(q_1, \dot{q}_1)$的斜对称特性，并将式(9.42)代入上式，有

$$\dot{V} = r_1 (D_L(q_1) \dot{r}_1 + C_L(q_1, \dot{q}_1) r_1) = r_1 (-\boldsymbol{L}^{\mathrm{T}}(q_1) \boldsymbol{K}_{\mathrm{p}} \boldsymbol{r}_{L1}) = -\boldsymbol{r}_{L1}^{\mathrm{T}} \boldsymbol{K}_{\mathrm{p}} \boldsymbol{r}_{L1} \leqslant 0$$

由于$\dot{V}$是半负定的，且 $\boldsymbol{K}_{\mathrm{p}}$ 为正定，则当$\dot{V} \equiv 0$ 时，有 $\boldsymbol{r}_{L1} \equiv 0$，$\dot{\boldsymbol{r}}_{L1} \equiv 0$；即 $r_1 \equiv 0$，$\dot{r}_1 \equiv 0$，$\ddot{e}_1 \equiv e_1 \equiv 0$。由 LaSalle 定理可知，$t \to \infty$时，$e_1 \to 0$，$\ddot{e}_1 \to 0$。

由于 $r_{L1} \equiv 0$，$r_1 \equiv 0$，$\dot{r}_1 \equiv 0$，根据式(9.41)可知，$\lambda - \lambda_{\mathrm{r}} \equiv 0$，再根据式(9.40)可知，$\boldsymbol{e}_\lambda \equiv 0$，由 LaSalle 定理知，$t \to \infty$时，$\lambda \to \lambda_{\mathrm{d}}$，其收敛速度取决于$(1 + K_\lambda)$。

### 9.5.5 仿真实例

选二关节机器人系统(不考虑摩擦力和干扰)，其动力学模型为

$$\boldsymbol{D}(\boldsymbol{q}) \ddot{\boldsymbol{q}} + \boldsymbol{C}(\boldsymbol{q}, \dot{\boldsymbol{q}}) \dot{\boldsymbol{q}} + \boldsymbol{G}(\boldsymbol{q}) + \boldsymbol{\tau}_{\mathrm{f}} = \boldsymbol{\tau}$$

其中

$$\boldsymbol{D}(\boldsymbol{q}) = \begin{bmatrix} p_1 + p_2 + 2p_3 \cos q_2 & p_2 + p_3 \cos q_2 \\ p_2 + p_3 \cos q_2 & p_2 \end{bmatrix}$$

$$\boldsymbol{C}(\boldsymbol{q}, \dot{\boldsymbol{q}}) = \begin{bmatrix} -p_3 \dot{q}_2 \sin q_2 & -p_3 (\dot{q}_1 + \dot{q}_2) \sin q_2 \\ p_3 \dot{q}_1 \sin q_2 & 0 \end{bmatrix}$$

$$\boldsymbol{G}(\boldsymbol{q}) = \begin{bmatrix} p_4 g \cos q_1 + p_5 g \cos(q_1 + q_2) \\ p_5 g \cos(q_1 + q_2) \end{bmatrix}$$

取 $\boldsymbol{p} = [2.90 \quad 0.76 \quad 0.87 \quad 3.04 \quad 0.87]^{\mathrm{T}}$。

如图 9-22 所示，末端在工作空间中的位置为

$$x_1 = 0$$

$$x_2 = \sqrt{l_1^2 + l_2^2 - 2 l_1 l_2 \cos(2q_1)}$$

如图 9-22 所示，约束函数为 $x_1 = \phi(\boldsymbol{x}) = 0$，即

$$\phi(q_1) = l_1 \cos q_1 + l_2 \cos(q_1 + q_2) = 0$$

由于约束方程为$\boldsymbol{\Phi}(q) = \phi(h(q)) = \phi(q_1) = l_1 \cos q_1 + l_2 \cos(q_1 + q_2)$，则根据式(9.30)，可得

$$\boldsymbol{J}_\phi(\boldsymbol{q}) = \frac{\partial \boldsymbol{\Phi}(\boldsymbol{q})}{\partial \boldsymbol{q}} = [-l_1 \sin q_1 - l_2 \sin(q_1 + q_2) \quad -l_2 \sin(q_1 + q_2)]$$

当 $q_1 + q_2 = \pi$ 时，$q_1 = 0$，$q_2 = \pi$，则 $\boldsymbol{J}_\phi(\boldsymbol{q}) = 0$，由图 9-22 可见，此时两个机械臂横向重叠放

置，显然，此时 $\lambda=0$。

当 $q_1+q_2\neq\pi$ 时，$\boldsymbol{J}_\phi(1)\neq 0$，$\boldsymbol{J}_\phi(2)\neq 0$，则可按式(9.36)或式(9.37)求 $\lambda$。

取 $l_1=l_2=1.0$，则由 $\phi(q_1)=l_1\cos q_1+l_2\cos(q_1+q_2)=0$ 可得 $\cos q_1+\cos(q_1+q_2)=0$，根据图 9-22 可知

$$q_1+q_2<\pi,\quad 0<q_1\leqslant\frac{\pi}{2},\quad 0\leqslant q_2<\pi$$

则

$$\cos(q_1+q_2)=\cos(\pi-q_1)$$

根据上式可得 $q_1+q_2=\pi-q_1$，即

$$q_2=\pi-2q_1$$

由于 $q_2=\Psi(q_1)$，则 $\Psi(q_1)=\pi-2q_1$，从而

$$L(q_1)=\begin{bmatrix}1\\ \dfrac{\partial\Psi(q_1)}{\partial q_1}\end{bmatrix}=\begin{bmatrix}1\\ -2\end{bmatrix}$$

可对性质(3)进行验证：

$$\begin{aligned}\boldsymbol{J}_\phi(q_1)\boldsymbol{L}(q_1)&=[-l_1\sin q_1-l_2\sin(q_1+q_2)\quad -l_2\sin(q_1+q_2)]\begin{bmatrix}1\\ -2\end{bmatrix}\\&=-l_1\sin q_1-l_2\sin(q_1+q_2)+2l_2\sin(q_1+q_2)\\&=-l_1\sin q_1+l_2\sin(q_1+q_2)\\&=-l_1\sin q_1+l_2\sin(\pi-q_1)=0\end{aligned}$$

被控对象为式(9.38)，被控对象 $q_1$ 及 $\dot{q}_1$ 初始状态为[1.4　0]。位置指令为 $q_{d1}=0.8+0.5\cos t$，理想的约束力为 $\lambda_d=10\sin t$。采用控制器式(9.39)，控制器参数为 $\boldsymbol{K}_p=\begin{bmatrix}10&0\\0&10\end{bmatrix}$，$K_\lambda=0.8$，$\Lambda=5.0$。仿真结果如图 9-23～图 9-25 所示。

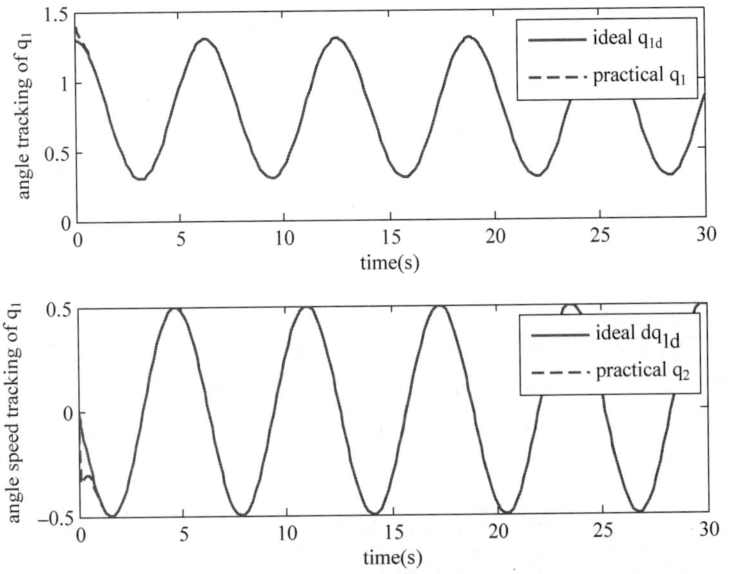


图 9-23　关节 1 的角度及角速度跟踪

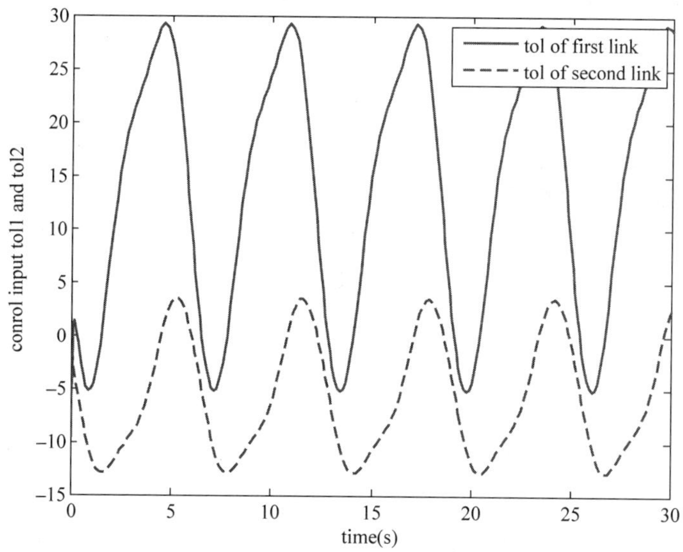


图 9-24　关节 1 和关节 2 的控制输入

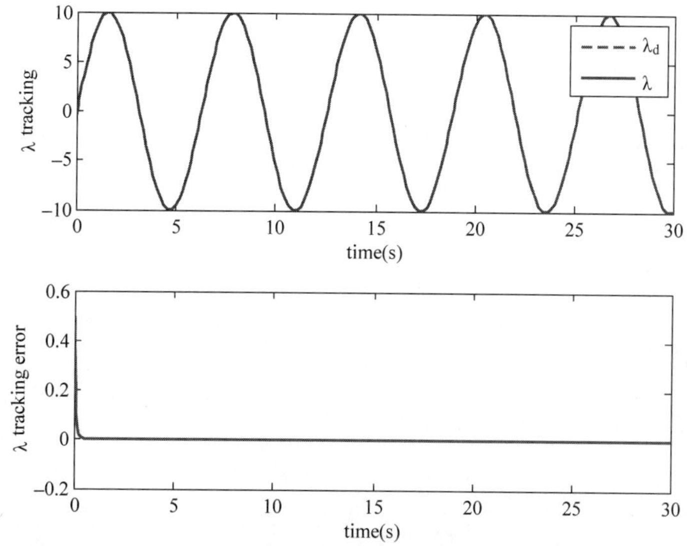


图 9-25　约束力的跟踪及跟踪误差

仿真程序如下：

（1）Simulink 主程序：chap9_5sim. mdl

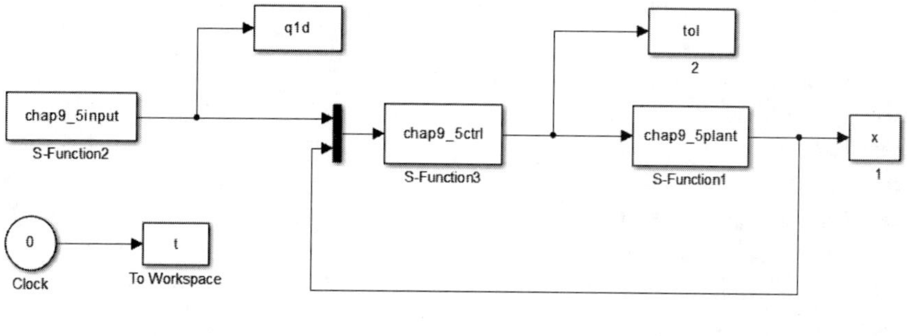

(2) 位置指令子程序：chap9_5input.m

```
function [sys,x0,str,ts] = spacemodel(t,x,u,flag)
switch flag,
case 0,
    [sys,x0,str,ts] = mdlInitializeSizes;
case 1,
    sys = mdlDerivatives(t,x,u);
case 3,
    sys = mdlOutputs(t,x,u);
case {2,4,9}
    sys = [];
otherwise
    error(['Unhandled flag = ',num2str(flag)]);
end
function [sys,x0,str,ts] = mdlInitializeSizes
sizes = simsizes;
sizes.NumContStates    = 0;
sizes.NumDiscStates    = 0;
sizes.NumOutputs       = 1;
sizes.NumInputs        = 0;
sizes.DirFeedthrough   = 1;
sizes.NumSampleTimes   = 1;
sys = simsizes(sizes);
x0 = [];
str = [];
ts = [0 0];
function sys = mdlOutputs(t,x,u)
q1d = 0.8 + 0.5 * cos(t);

sys(1) = q1d;
```

(3) 控制器子程序：chap9_5ctrl.m

```
function [sys,x0,str,ts] = s_function(t,x,u,flag)
switch flag,
case 0,
    [sys,x0,str,ts] = mdlInitializeSizes;
case 3,
    sys = mdlOutputs(t,x,u);
case {1,2, 4, 9 }
    sys = [];
otherwise
    error(['Unhandled flag = ',num2str(flag)]);
end
function [sys,x0,str,ts] = mdlInitializeSizes
sizes = simsizes;
sizes.NumContStates    = 0;
sizes.NumDiscStates    = 0;
sizes.NumOutputs       = 3;
sizes.NumInputs        = 6;
```

```
sizes.DirFeedthrough   = 1;
sizes.NumSampleTimes   = 0;
sys = simsizes(sizes);
x0 = [];
str = [];
ts = [];
function sys = mdlOutputs(t,x,u)
qd1 = u(1);
q1 = u(2);
dq1 = u(3);
q2 = u(4);
dq2 = u(5);

dqd1 = -0.5 * sin(t);
ddqd1 = -0.5 * cos(t);

l1 = 1;l2 = 1;
p = [2.9 0.76 0.87 3.04 0.87];
g = 9.8;

D = [p(1) + p(2) + 2 * p(3) * cos(q2) p(2) + p(3) * cos(q2);
     p(2) + p(3) * cos(q2) p(2)];
C = [ -p(3) * dq2 * sin(q2)  -p(3) * (dq1 + dq2) * sin(q2);
      p(3) * dq1 * sin(q2) 0];
G = [p(4) * g * cos(q1) + p(5) * g * cos(q1 + q2);
     p(5) * g * cos(q1 + q2)];

J = [ -l1 * sin(q1) - l2 * sin(q1 + q2)  -l2 * sin(q1 + q2)];

L = [1  -2]';

D1 = D * L;
C1 = C * L;
G1 = G;

e1 = qd1 - q1;
de1 = dqd1 - dq1;

Fai = 5.0;
dqr1 = dqd1 + Fai * e1;
ddqr1 = ddqd1 + Fai * de1;
r1 = de1 + Fai * e1;

lambda = u(6);
lambda_d = 10 * sin(t);

e_lambda = lambda_d - u(6);
r_L1 = L * r1;

K_lambda = 10;
lambda_r = lambda_d + K_lambda * e_lambda;
```

```
%%%%%%%%%%%%%%%%%%%%%%%%%

Kp = [5 0;0 5];
tol = D1 * ddqr1 + C1 * dqr1 + G1 + Kp * r_L1 + J' * lambda_r;

tolf = J' * lambda;

sys(1) = tol(1);
sys(2) = tol(2);
sys(3) = lambda;
```

(4) 被控对象子程序：chap9_5plant.m

```
function [sys,x0,str,ts] = s_function(t,x,u,flag)
switch flag,
case 0,
    [sys,x0,str,ts] = mdlInitializeSizes;
case 1,
    sys = mdlDerivatives(t,x,u);
case 3,
    sys = mdlOutputs(t,x,u);
case {2, 4, 9 }
    sys = [];
otherwise
    error(['Unhandled flag = ',num2str(flag)]);
end
function [sys,x0,str,ts] = mdlInitializeSizes
sizes = simsizes;
sizes.NumContStates   = 2;
sizes.NumDiscStates   = 0;
sizes.NumOutputs      = 5;
sizes.NumInputs       = 3;
sizes.DirFeedthrough  = 1;
sizes.NumSampleTimes  = 0;
sys = simsizes(sizes);
x0 = [1.4 0];
str = [];
ts = [];
function sys = mdlDerivatives(t,x,u)
tol = u(1:2);

q1 = x(1);q2 = pi - 2 * x(1);

dq1 = x(2);dq2 = - 2 * dq1;

p = [2.9 0.76 0.87 3.04 0.87];
g = 9.8;

D = [p(1) + p(2) + 2 * p(3) * cos(q2) p(2) + p(3) * cos(q2);
    p(2) + p(3) * cos(q2) p(2)];
C = [ - p(3) * dq2 * sin(q2)  - p(3) * (dq1 + dq2) * sin(q2);
```

```
      p(3) * dq1 * sin(q2) 0];
G = [p(4) * g * cos(q1) + p(5) * g * cos(q1 + q2);
     p(5) * g * cos(q1 + q2)];

L = [1  -2]';

DL = L' * D * L;
CL = L' * C * L;
GL = L' * G;

ddq1 = (L' * tol - CL * dq1 - GL)/DL;

sys(1) = dq1;
sys(2) = ddq1;
function sys = mdlOutputs(t,x,u)
l1 = 1;l2 = 1;
tol = u(1:2);

q1 = x(1);q2 = pi - 2 * x(1);

dq1 = x(2);dq2 = - 2 * dq1;

p = [2.9 0.76 0.87 3.04 0.87];
g = 9.8;

D = [p(1) + p(2) + 2 * p(3) * cos(q2) p(2) + p(3) * cos(q2);
     p(2) + p(3) * cos(q2) p(2)];
C = [ - p(3) * dq2 * sin(q2)  - p(3) * (dq1 + dq2) * sin(q2);
      p(3) * dq1 * sin(q2) 0];
G = [p(4) * g * cos(q1) + p(5) * g * cos(q1 + q2);
     p(5) * g * cos(q1 + q2)];

L = [1  -2]';

DL = L' * D * L;
CL = L' * C * L;
GL = L' * G;

ddq1 = DL\(L' * tol - CL * dq1 - GL);

D1 = D * L;
C1 = C * L;
G1 = G;

J = [ - l1 * sin(q1) - l2 * sin(q1 + q2)  - l2 * sin(q1 + q2)];
temp = tol - D1 * ddq1 - C1 * dq1 - G1;

if q1 + q2 == pi
    lambda = 0;
else
    lambda1 = temp(1)/J(1);lambda2 = temp(2)/J(2);      % lambda1 = lambda2
```

```
    lambda = lambda1;
end
sys(1) = x(1);
sys(2) = x(2);
sys(3) = pi - 2 * x(1);                    % q2
sys(4) = - 2 * x(2);                       % dq2
sys(5) = lambda;
```

（5）绘图子程序：chap9_5plot.m

```
close all;

figure(1);
subplot(211);
plot(t,q1d(:,1),'r',t,x(:,1),'b-- ','linewidth',2);
xlabel('time(s)');ylabel('Angle tracking of q1');
legend('ideal q_1_d','practical q_1');
subplot(212);
dqd1 = - 0.5 * sin(t);
plot(t,dqd1,'r',t,x(:,2),'b-- ','linewidth',2);
xlabel('time(s)');ylabel('Angle speed tracking of q_1');
legend('ideal dq_1_d','practical q_2');

figure(2);
plot(t,tol(:,1),'r',t,tol(:,2),'b-- ','linewidth',2);
xlabel('time(s)');ylabel('Conrol input tol1 and tol2');
legend('tol of first link','tol of second link');

figure(3);
subplot(211);
plot(t,10 * sin(t),'r-- ',t,x(:,5),'b','linewidth',2);
xlabel('time(s)');ylabel('\lambda tracking');
legend('\lambda_d','\lambda');
subplot(212);
plot(t,10 * sin(t) - x(:,5),'r','linewidth',2);
xlabel('time(s)');ylabel('\lambda tracking error');
```

# 参考文献


[1] Mohammad Pourmahmood Aghababa, Mohammad Esmaeel Akbari. A chattering-free robust adaptive sliding mode controller for synchronization of two different chaotic systems with unknown uncertainties and external disturbances. Applied Mathematics and Computation, 2012, 218: 5757-5768.

[2] M. M. Polycarpou, P. A. Ioannou. A robust adaptive nonlinear control design. Automatica, 1996, 32(3): 423-427.

[3] Petros A. Ioannou, Jing Sun. Robust Adaptive Control[M]. PTR Prentice-Hall, 1996,75-76.

[4] Ge S S, Hang C C, Woon L C. Adaptive Neural Network Control of Robot Manipulators in Task Space. IEEE Transactions on Industrial Electronics, 1997,44(6): 746-752.

[5] 申铁龙.机器人鲁棒控制基础.北京：清华大学出版社,2004.
[6] 大熊繁.机器人控制.卢伯英译.北京：科学出版社,2002.
[7] R. Ortega and M. W. Spong. Adaptive motion control of rigid robots. Automatica, 1989, 25(6): 877-888.
[8] N. Hogan. Impedance control: an approach to manipulation-Part Ⅰ: Theory; Part Ⅱ: Implementation; Part Ⅲ: Applications, Trans. ASME J. Dynamic Systems, Measurement and Control, 1985, 107(1): 1-24.
[9] N. Hogan. On the stability of manipulators performing contact tasks. IEEE Journal of Robotics and Automation, 1988, 4(6): 667-686.
[10] Ge S S, Lee T H, Harris C J. Adaptive Neural Network Control of Robotic Manipulators. World Scientific, London, 1998.
[11] C. Y. Su, T. P. Leung, Q. J. Zhou. Force/motion control of constrained robots using sliding mode. IEEE Trans. Automatic Control, 1992, 37(5): 668-672.
[12] Y. Karayiannidis, G. Rovithakis, Z. Doulgeri. Force position tracking for a robotic manipulator in compliant contact with a surface using neuro-adaptive control. Automatica,2007,43: 1281-1288.
[13] 王新华,刘金琨.微分器设计与应用——信号滤波与求导.北京：电子工业出版社,2010.

# 第10章 重复控制基本原理及设计方法

## 10.1 重复控制的基本原理

20世纪80年代开始，重复控制方法在日本兴起。重复控制(Repetitive Control)最先由日本学者内山(日本东北大学)在一篇有关机器人控制的文章中提出[1]。

重复控制方法的目标是设计一个针对周期信号的跟踪控制器或者扰动补偿器，只需基于过去周期的误差信号，除了使用当前控制误差外，还“重复”使用了上一周期的误差，并与当前控制误差叠加在一起，作为偏差控制信号。重复控制方法能够大大提高系统跟踪周期信号的能力，抑制周期性的干扰，具有较好的跟踪鲁棒性能。

重复控制最直接的解决方案是应用内模原理构造内模控制器。在控制器中包含周期信号的模型，以获得无差的渐近跟踪特性。如果输入信号模型具有无穷的谐波成分(例如方波信号)，则控制器必须包含无穷维的信号模型。在知道信号周期的情况下，通过具有延迟环节的正反馈回路形成信号模型，能够获得信号中的各种谐波频率成分。

重复控制方法的出现，为伺服系统的设计及解决重复轨迹高精度跟踪问题提供了新的手段。重复控制方法具有较强的实践基础，而且工程实现简单，重复控制方法在高精度伺服系统中得到了成功的应用，其研究成果在机器人控制中有着良好的应用前景。

### 10.1.1 重复控制的理论基础

重复控制方法是内模原理的一种应用，内模原理是指：如果控制系统的开环传递函数包含参考信号的模型，那么系统闭环输出的稳态误差为零。例如，$v$型反馈系统跟踪$v-1$阶参考输入信号无稳态误差，是因为其开环传递函数中包含了$\frac{1}{s^v}$，恰好是$v-1$阶输入信号的模型。

在工业应用中，时常会遇到指令信号或扰动信号是周期的例子。例如，工业机器人固定的运动轨迹，可以看作是在周期指令信号控制下完成的(如CD-ROM中盘片不规则部分造成周期性扰动)。

对于周期性指令输入或干扰，如果将周期信号的产生模型引入到系统闭环中，根据内模原理，便可实现重复控制。从频域的角度来看，重复控制方法是内模原理的一种应用，适于跟踪周期信号或抑制周期干扰。

周期信号的产生模型如图10-1所示，周期信号$R_0(t)$通过一个纯延迟环节(延迟$L$秒)构成正反馈，形成周期为$L$，波形如$R(t)$的周期信号。

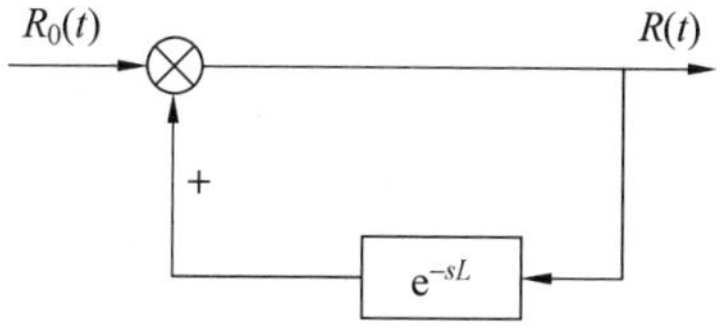


**图10-1　周期信号发生器**

由图10-1可知

$$R(s)e^{-sL}+R_0(s)=R(s)$$

该信号模型的传递函数为

$$D(s)=\frac{R(s)}{R_0(s)}=\frac{1}{1-e^{-sL}} \tag{10.1}$$

## 10.1.2　基本的重复控制系统结构

考虑一个SISO线性时不变系统，设被控对象为$P(s)$。将图10-1中的周期信号模型串联到控制回路中，构成基本重复控制系统，如图10-2所示。

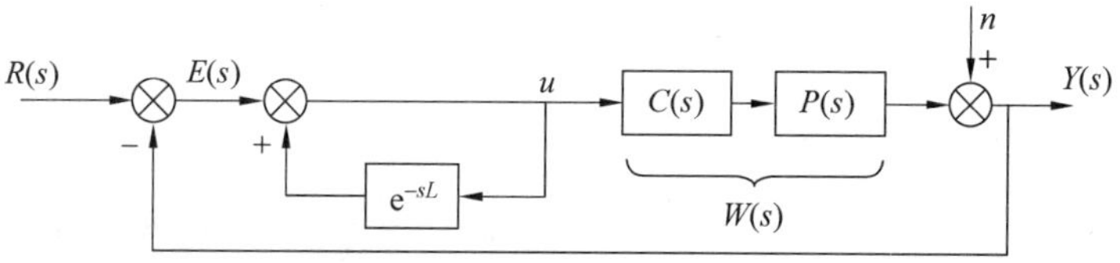


**图10-2　基本重复控制系统**

图10-2中，$C(s)$为基本控制器，$R(s)$为周期参考信号，周期为$L$，$n(s)$为相同周期的干扰信号。通常称闭环系统$\frac{C(s)P(s)}{1+C(s)P(s)}$为基本系统。

图10-2中的周期信号模型的前向通道是一个纯延迟环节，对闭环系统特性不利。因此，如果给周期信号模型并联一个前向通道，其上串比例环节或稳定的传递函数$\alpha(s)$，则有利于改善系统的稳定性和快速性。

## 10.1.3　基本重复控制系统稳定性分析

1. 基本重复控制系统的等效系统

图10-2中，基本控制系统开环传递函数为

$$W(s)=C(s)P(s) \tag{10.2}$$

基本闭环系统传递函数为

$$G(s)=\frac{C(s)P(s)}{1+C(s)P(s)} \tag{10.3}$$

则

$$E(s)=R(s)-Y(s) \tag{10.4}$$

$$Y(s) = W(s)U(s) + N(s) \tag{10.5}$$

$$U(s) = E(s) + \mathrm{e}^{-sL}U(s) \tag{10.6}$$

由式(10.6)得

$$U(s) = \frac{E(s)}{1-\mathrm{e}^{-sL}}$$

由式(10.4)和式(10.5)得

$$\begin{aligned} E(s) &= R(s) - W(s)U(s) - N(s) \\ &= R(s) - W(s)\frac{E(s)}{1-\mathrm{e}^{-sL}} - N(s) \end{aligned}$$

即

$$E(s)\left(1 + W(s)\frac{1}{1-\mathrm{e}^{-sL}}\right) = R(s) - N(s) \tag{10.7}$$

由式(10.2)和式(10.3)得

$$G(s) = \frac{W(s)}{1+W(s)}$$

即

$$W(s) = \frac{G(s)}{1-G(s)} \tag{10.8}$$

将式(10.8)代入式(10.7),得

$$E(s) = (1-G(s))(1-\mathrm{e}^{-sL})\frac{1}{1-(1-G(s))\mathrm{e}^{-sL}}(R(s)-N(s)) \tag{10.9}$$

由式(10.9)可得到图 10-2 的等效系统,如图 10-3 所示。

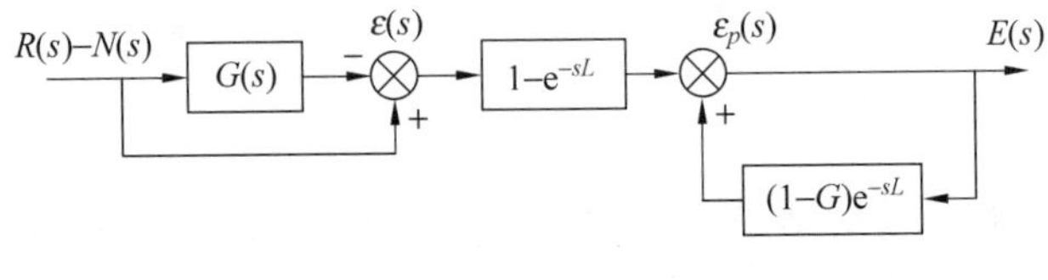


**图 10-3　基本重复控制系统的等效系统**

其中,图 10-3 中的第一个回路传递函数为 $1-G(s)$,第 2 个回路传递函数为 $\frac{1}{1-(1-G(s))\mathrm{e}^{-sL}}$,故可看出图 10-3 为式(10.9)的示意图,即为图 10-2 的等效系统。

2. 小增益定理的描述

**定理 10.1**[1]:在如图 10-4 所示的系统中,$A(s)$、$B(s)$都是稳定的,但所组成的闭环系统不一定稳定。如果有

$$\sup_{-\infty<\omega<\infty} |A(\mathrm{j}\omega)| \cdot |B(\mathrm{j}\omega)| < 1 \tag{10.10}$$

则图 10-4 所示的闭环系统稳定。

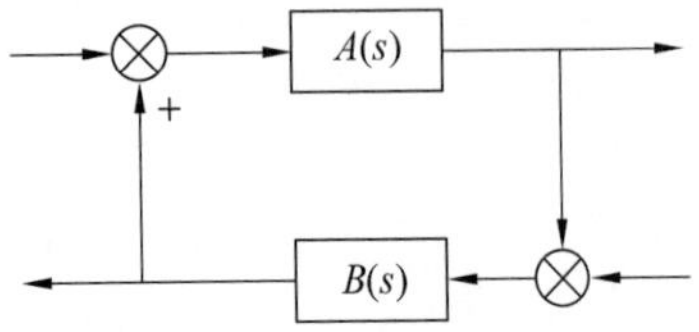


**图 10-4　闭环系统**

小增益定理也可描述为:“如果闭环系统的开环增益小于 1,则对应有界输入,输出有界。”

3. 基本重复控制系统稳定性证明

对于图 10-3 所示的等效系统，应用小增益定理，可得到基本重复控制系统的稳定性充分条件。

对图 10-3 所示的重复控制系统，若满足条件：

(1) $G(s)=\dfrac{C(s)P(s)}{1+C(s)P(s)}$渐近稳定；

(2) $\underset{\omega}{\mathrm{SUP}}|1-G(\mathrm{j}\omega)|<1$。

则图 10-2 所示的基本重复控制系统稳定。

对该闭环系统稳定性分析如下：首先，图 10-3 中第一个回路传递函数为 $1-G(s)$，由条件(2)可知，第一个回路稳定。图 10-3 中的输入 $R(s)$和 $n(s)$都是周期为 $L$ 的有界周期信号。注意到 $1-\mathrm{e}^{-sL}$ 是稳定的，$|\mathrm{e}^{-\mathrm{j}\omega L}|=1$。图 10-3 中第二项传递函数为 $1-\mathrm{e}^{-sL}$，则第二项稳定。最后，图 10-3 中第二个回路传递函数为$\dfrac{1}{1-(1-G(s))\mathrm{e}^{-sL}}$，则根据小增益定理，有

$$\begin{aligned}\underset{-\infty<\omega<\infty}{\mathrm{SUP}}|A(\mathrm{j}\omega)|\cdot|B(\mathrm{j}\omega)| &=\underset{\omega}{\mathrm{SUP}}|1|\cdot|(1-G(s))\mathrm{e}^{-sL}| \\ &=\underset{\omega}{\mathrm{SUP}}|1-G(s)|\cdot|\mathrm{e}^{-sL}|<1\end{aligned}$$

则第二个回路稳定。

通过上述分析可见，图 10-2 中的基本重复控制系统稳定。

## 10.1.4 仿真实例

被控对象为

$$P(s)=\frac{133}{s^2+25s}$$

采用图 10-3 所示的重复控制系统结构，设计基本控制器为

$$C(s)=s^2+10s$$

从以下两个方面证明所设计的重复控制系统的稳定性。

(1) 证明闭环系统 $G(s)$渐近稳定

基本控制系统开环传递函数为

$$W(s)=C(s)P(s)=133\frac{s^2+10s}{s^2+25s}$$

基本闭环系统传递函数为

$$G(s)=\frac{W(s)}{1+W(s)}=\frac{133s^4+4655s^3+33250s^2}{134s^4+4705s^3+33875s^2}=\frac{0.99254s^2(s+25)(s+10)}{s^2(s+25)(s+10.11)}$$

通过闭环系统稳定性测试程序 chap10_1test.m 也可以得到上述结论。由上式的极点分布可知，基本闭环系统 $G(s)$渐近稳定。

(2) 证明$\underset{\omega}{\mathrm{SUP}}|1-G(\mathrm{j}\omega)|<1$

由于 $1-G(s)=1-\dfrac{W(s)}{1+W(s)}=\dfrac{1}{1+W(s)}$，则

$$\mathop{\mathrm{SUP}}_{\omega}|1-G(\mathrm{j}\omega)|=\frac{1}{\mathop{\mathrm{SUP}}_{\omega}|1+W(\mathrm{j}\omega)|}$$

由于 $1+W(s)=1+133\dfrac{s^2+10s}{s^2+25s}=\dfrac{134s+1355}{s+25}$，则

$$|1+W(s)|_{s=\mathrm{j}\omega}=\frac{|134\mathrm{j}\omega+1355|}{|\mathrm{j}\omega+25|}=\frac{\sqrt{(134\omega)^2+1355^2}}{\sqrt{\omega^2+25^2}}>1$$

即 $\mathop{\mathrm{SUP}}_{\omega}|1+W(\mathrm{j}\omega)|>1$，从而 $\mathop{\mathrm{SUP}}_{\omega}|1-G(\mathrm{j}\omega)|<1$。

从以上两个方面分析可见，所设计的控制系统满足重复控制的稳定条件(1)和(2)，即所设计的重复控制系统是稳定的。

指令信号是频率 $F=0.5\mathrm{Hz}$，幅值为 0.5 的正弦信号。为保证 $LF=1$，重复控制回路的延迟时间为 $L=\dfrac{1}{F}=2$。取仿真时间为 20，仿真结果如图 10-5 和图 10-6 所示。

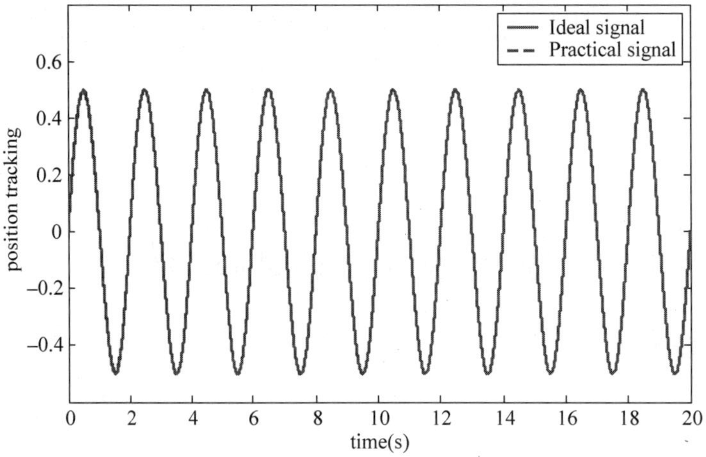


图 10-5　位置跟踪

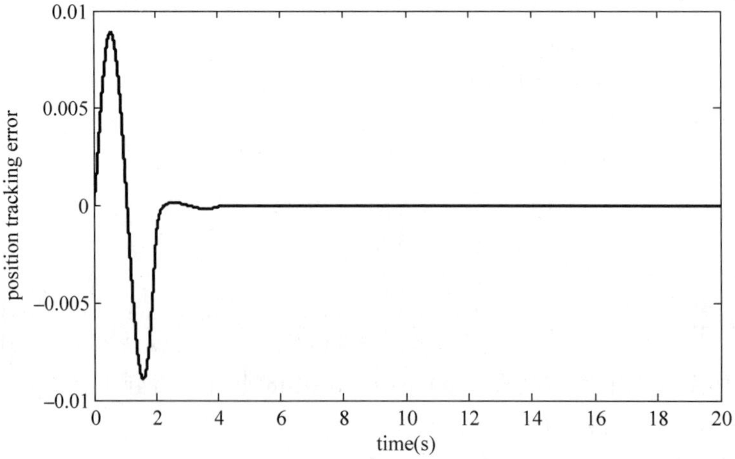


图 10-6　位置跟踪误差

仿真程序如下：

(1) 闭环系统稳定性测试程序：chap10_1test.m

```
% Repetitive Control for Servo System
clear all;close all;

P = tf([133],[1,25,0]);
C = tf([1 10 0],[1]);
W = C * P
G = W/(1 + W);
zpk(G)
```

(2) Simulink 主程序：chap10_1sim.mdl

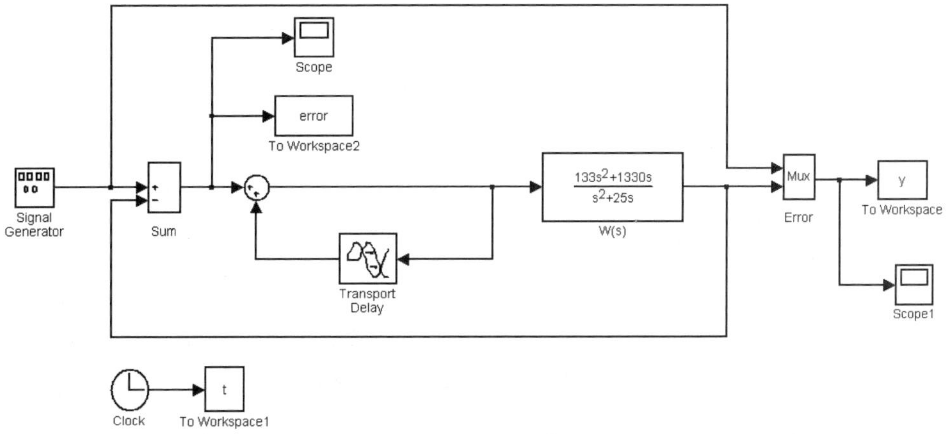


(3) 作图程序：chap10_1plot.m

```
close all;

figure(1);
plot(t,y(:,1),'r',t,y(:,2),'b');
xlabel('time(s)');ylabel('Position tracking');

figure(2);
plot(t,error(:,1),'r');
xlabel('time(s)');ylabel('Position tracking error');
```

## 10.2 一种具有多路周期指令信号的数字重复控制

将重复控制方法应用于实际伺服系统的数字控制中[2,3]，可实现伺服系统的高精度控制。本节通过对文献[2]的控制方法进行详细推导及仿真分析，研究一种具有多路周期指令信号的数字重复控制的设计、分析及仿真方法。

### 10.2.1 系统的结构

多路重复控制器相当于在控制系统的闭环回路中并行嵌入了多个重复控制回路。

各个重复控制回路只针对特定基频信号进行设计，因此整个重复控制系统所需的延时周期要远远小于只有一个重复控制回路的系统。同时，随着延时周期的减小，调节频率加快，误差收敛速度提高。多路重复控制器的结构如图 10-7 所示。

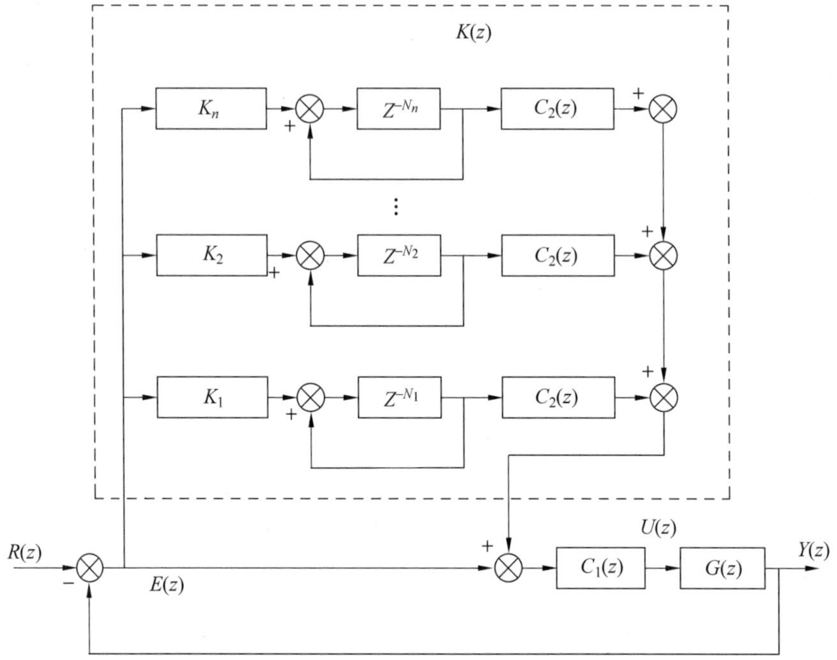


**图 10-7　数字多路重复控制系统**

如图 10-7 所示，输入指令信号或扰动信号为周期信号，被制对象 $G(z)$为一个 SISO 线性离散系统：

$$Y(z) = G(z)U(z)$$

其中，$G(z)$是最小相位系统。

设采样周期为 $T$，重复控制回路 $i$ 的延迟周期频率为 $F_i$，为保证 $N_iF_iT=1$，重复控制回路 $i$ 的延迟周期个数为

$$N_i = \frac{1}{F_iT},\quad i=1,\cdots,n \tag{10.11}$$

图 10-7 给出的数字重复控制系统，虚线内部为多回路重复控制器，可表示为

$$K(z) = C_2(z)\left(\sum_{i=1}^{n} K_i \frac{z^{-N_i}}{1-z^{-N_i}}\right) \tag{10.12}$$

图 10-7 中的 $C_1(z)$为串联补偿环节，通过设计 $C_1(z)$，可保证由 $G(z)$和 $C_1(z)$构成的反馈回路为渐近稳定的最小相位系统：

$$H(z) \triangleq \frac{C_1(z)G(z)}{1+C_1(z)G(z)} \tag{10.13}$$

理论上，存在 $H(z)$的逆系统 $C_2(z)$，使下式成立：

$$C_2(z)H(z) = 1 \tag{10.14}$$

上式是控制器 $C_2(z)$设计的依据。

### 10.2.2 重复控制器的设计

然而，在实际工程中，存在模型不确定性等因素，因此式(10.14)应表示为

$$C_2(z)H(z) = 1 + \Delta(z) \tag{10.15}$$

其中，$|\Delta(z)| \leqslant \varepsilon, \varepsilon > 0$。

**定理 10.2**[2]：如果各个重复控制回路得增益 $K_i$ 满足不等式

$$K_i > 0, \quad i = 1, 2, \cdots, n \quad 且 \quad \sum_{i=1}^{n} K_i < \frac{2}{1+\varepsilon} \tag{10.16}$$

其中，$\varepsilon > 0$。

则图 10-7 所示闭环系统渐近稳定。

对该定理的稳定性分析如下：图 10-7 所示的数字多路重复控制系统中，闭环系统的传递函数为

$$G_c(z) = \frac{(1 + K(z))C_1(z)G(z)}{1 + (1 + K(z))C_1(z)G(z)} \tag{10.17}$$

由式(10.13)得

$$C_1(z)G(z) = \frac{H(z)}{1 - H(z)} \tag{10.18}$$

将上式代入式(10.17)式中，并将式(10.15)代入，可得

$$\begin{aligned}
G_c(z) &= \frac{(1 + K(z))\dfrac{H(z)}{1 - H(z)}}{1 + (1 + K(z))\dfrac{H(z)}{1 - H(z)}} = \frac{H(z)(1 + K(z))}{1 - H(z) + H(z)(1 + K(z))} \\
&= \frac{H(z)(1 + K(z))}{1 + H(z)K(z)} = \frac{H(z)(1 + K(z))}{1 + H(z)C_2(z)\displaystyle\sum_{i=1}^{n} K_i \frac{z^{-N_1}}{1 - z^{-N_i}}} \\
&= \frac{H(z)\left(1 + C_2(z)\displaystyle\sum_{i=1}^{n} K_i \frac{z^{-N_1}}{1 - z^{-N_i}}\right)}{1 + (1 + \Delta(z))\displaystyle\sum_{i=1}^{n} K_i \frac{z^{-N_i}}{1 - z^{-N_i}}}
\end{aligned} \tag{10.19}$$

对于离散系统，如果分母的零点在单位圆之内，则系统稳定。利用这一原理，通过证明式(10.19)分母所有零点在单位圆之内，来证明图 10-7 所示的闭环系统渐近稳定。

取 $z = r\cos\varphi + i \cdot r\sin\varphi$，则

$$\begin{aligned}
z^{N_i} &= r^{N_i}\cos(N_i\varphi) + i \cdot r^{N_i}\sin(N_i\varphi) \\
\frac{z^{N_i}}{1 - z^{-N_i}} &= \frac{1}{z^{N_i} - 1} = \frac{1}{r^{N^i}\cos(N_i\varphi) + i \cdot r^{N_i}\sin(N_i\varphi) - 1} \\
&= \frac{r^{N_i}\cos(N_i\varphi) - 1 - i \cdot r^{N_i}\sin(N_i\varphi)}{(r^{N_i}\cos(N_i\varphi) - 1)^2 + (r^{N_i}\sin(N_i\varphi))^2}
\end{aligned}$$

从而得到$\dfrac{z^{-N_i}}{1-z^{-N_i}}$的实部为

$$\begin{aligned}
\mathrm{Re}\left(\frac{z^{-N_i}}{1 - z^{-N_i}}\right) &= \frac{r^{N_i}\cos(N_i\varphi) - 1}{(r^{N_i}\cos(N_i\varphi) - 1)^2 + (r^{N_i}\sin(N_i\varphi))^2} \\
&= \frac{r^{N_i}\cos(N_i\varphi) - 1}{r^{2N_i} - 2r^{N_i}\cos(N_i\varphi) + 1}
\end{aligned}$$

由 $|z|\geqslant 1$ 可知，$|r|\geqslant 1$ 即 $r^{2N_i}\geqslant 1$，则

$$2(r^{N_i}\cos(N_i\varphi)-1)\geqslant -(r^{2N_i}-2r^{N_i}\cos(N_i\varphi)+1)$$

即

$$\frac{r^{N_i}\cos(N_i\varphi)-1}{r^{2N_i}-2r^{N_i}\cos(N_i\varphi)+1}\geqslant -\frac{1}{2}$$

也即

$$\operatorname{Re}\left(\frac{z^{-N_i}}{1-z^{-N_i}}\right)\geqslant -\frac{1}{2}$$

考虑式(10.16)和 $|\Delta(z)|\leqslant\varepsilon$，则有

$$\begin{aligned}\min_{|z|\geqslant 1}\operatorname{Re}\left[\sum_{i=1}^{n}K_i z^{-N_i}/(1-z^{-N_i})\right]&=\min_{|z|\geqslant 1}\sum_{i=1}^{n}K_i\operatorname{Re}[z^{-N_i}/(1-z^{-N_i})]\\&\geqslant -\frac{1}{2}\min_{|z|\geqslant 1}\sum_{i=1}^{n}K_i>-\frac{1}{2}\,\frac{2}{1+\varepsilon}\\&\geqslant -\left|\frac{1}{1+\Delta(z)}\right|,\quad\forall\ |z|\geqslant 1\end{aligned}$$

即

$$\min_{|z|\geqslant 1}\operatorname{Re}\left[\sum_{i=1}^{n}K_i z^{-N_i}/(1-z^{-N_i})\right]+\left|\frac{1}{1+\Delta(z)}\right|>0,\quad\forall\ |z|\geqslant 1$$

于是可得

$$\frac{1}{1+\Delta(z)}+\sum_{i=1}^{n}K_i z^{-N_i}/(1-z^{-N_i})\neq 0,\quad\forall\ |z|\geqslant 1$$

反过来，可得最终结论：

$$\frac{1}{1+\Delta(z)}+\sum_{i=1}^{n}K_i z^{-N_i}/(1-z^{-N_i})=0,\quad\forall\ |z|<1$$

**定理 10.3**[3]：若图 10-7 所示的闭环系统是渐近稳定的，则误差渐近收敛到零。

对该定理的稳定性分析如下：将式(10.12)、式(10.13)、式(10.18)和式(10.15)代入，则图 10-7 所示的闭环系统的误差传递函数为

$$\begin{aligned}T(z)=\frac{E(z)}{R(z)}&=\frac{1}{1+(1+K(z))C_1(z)G(z)}=\frac{1}{1+\left(1+C_2(z)\left(\sum_{i=1}^{n}K_i\dfrac{z^{-N_i}}{1-z^{-N_i}}\right)\right)\dfrac{H(z)}{1-H(z)}}\\&=\frac{1-H(z)}{1-H(z)+\left(1+C_2(z)\left(\sum_{i=1}^{n}K_i\dfrac{z^{-N_i}}{1-z^{-N_i}}\right)\right)H(z)}=\frac{1-\dfrac{C_1(z)G(z)}{1+C_1(z)G(z)}}{1+C_2(z)H(z)\left(\sum_{i=1}^{n}K_i\dfrac{z^{-N_i}}{1-z^{-N_i}}\right)}\\&=\frac{1}{1+C_1(z)G(z)}\times\frac{1}{1+(1+\Delta(z))\left(\sum_{i=1}^{n}K_i\dfrac{z^{-N_i}}{1-z^{-N_i}}\right)}\end{aligned}\tag{10.20}$$

由上式可见，$T(z)$的分母由 $H(z)$分母和 $G_c(z)$分母相乘而得。由于 $H(z)$和 $G_c(z)$是渐近稳定的，即 $H(z)$和 $G_c(z)$分母的零点都在单位圆内，从而 $T(z)$分母的零点都在单位圆内，$T(z)$渐近稳定。

于是

$$|T(z)|=0,\quad\forall z^{N_i}=1$$

即误差渐近收敛到零。

### 10.2.3 仿真实例

假设机械手某关节电机带机械臂的模型为

$$G(s)=\frac{133}{s^2+25s}$$

设计 $C_1(s)$为

$$C_1(s)=s^2+100s$$

则

$$C_1G(s)=C_1(s)G(s)=133\frac{s^2+100s}{s^2+25s}$$

取采样周期 $T=0.001$,则

$$C_1G(z)=\frac{133-119.9z^{-1}}{1-0.9753z^{-1}}$$

根据式(10.13),有

$$H(z)=\frac{C_1G(z)}{1+C_1G(z)}=\frac{133-249.6z^{-1}+116.9z^{-2}}{134-251.5z^{-1}+117.9z^{-2}}$$

假设模型不匹配项为 $\Delta(s)=\dfrac{1+\dfrac{s}{2293}}{1+\dfrac{s}{2751}}-1$,将其离散化得 $\Delta(z)=\dfrac{0.8408-0.8408z^{-1}}{1+0.1581z^{-1}}$,则

由式(10.15)得

$$C_2(z)=\frac{1+\Delta(z)}{H(z)}=\frac{145.3-262.8z^{-1}+109.2z^{-2}+8.72z^{-3}}{133-228.6z^{-1}+77.45z^{-2}+18.48^{-3}}$$

指令信号由频率为 2Hz、2.5Hz 和 4Hz 三个正弦信号组成。则根据式(10.11),有 $N_1=500$,$N_2=400$,$N_3=250$。根据式(10.16),各个重复控制回路的增益取 $K_1=K_2=K_3=0.15$,取仿真时间为 20s,仿真结果如图 10-8 和图 10-9 所示,取仿真时间为 120,仿真结果如图 10-10 所示。

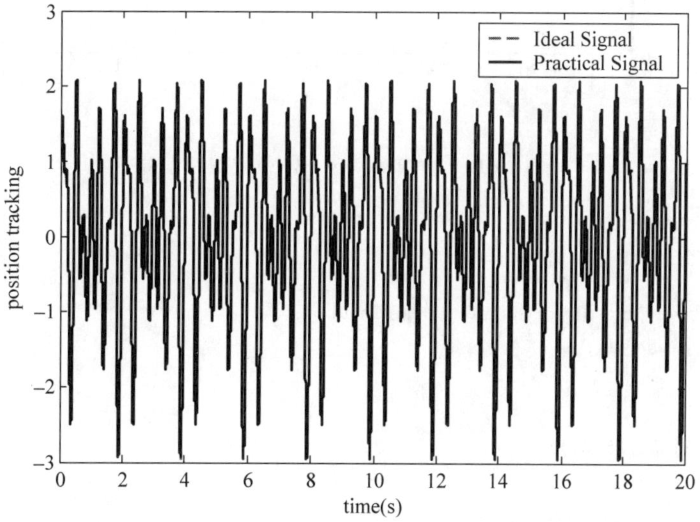


图 10-8 位置跟踪

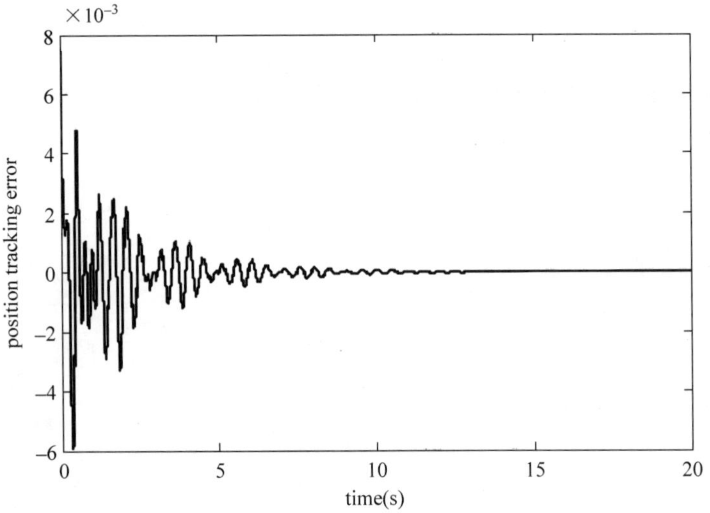


图 10-9　仿真时间为 20 的位置跟踪误差

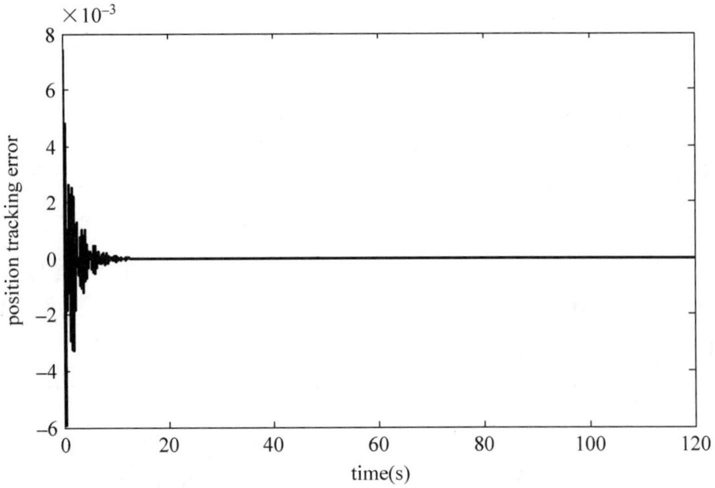


图 10-10　仿真时间为 120 位置跟踪误差

仿真程序如下：

(1) 初始化程序：chap10_2int.m

```
% Repetitive Control for Multi - route Input
clear all;close all;
ts = 0.001;

G = tf([133],[1,25,0]);

C1 = tf([1 100 0],[1]);
sys = C1 * G;
```

```
dsys = c2d(sys,ts,'z');
[num,den] = tfdata(dsys,'v');

H = sys/(1 + sys);
Hz = c2d(H,ts,'z');
zpk(Hz) % Zero point must be inside unit circle

delta_s = tf([1/2293 1],[1/2751,1]);
delta_z = c2d(delta_s,ts,'tustin') - 1;

C2z = (1 + delta_z)/Hz;
[numc,denc] = tfdata(C2z,'v');

F1 = 2;N1 = 1/F1 * 1/ts;
F2 = 2.5;N2 = 1/F2 * 1/ts;
F3 = 4;N3 = 1/F3 * 1/ts;
 % N1 = 1/F1 * 1/ts = 500
 % N2 = 1/F2 * 1/ts = 400
 % N3 = 1/F3 * 1/ts = 250

k1 = 0.15;k2 = 0.15;k3 = 0.15;

z1 = tf([1],[1 zeros(1,N1)],ts);
z2 = tf([1],[1 zeros(1,N2)],ts);
z3 = tf([1],[1 zeros(1,N3)],ts);

[numz1,denz1] = tfdata(z1,'v');
[numz2,denz2] = tfdata(z2,'v');
[numz3,denz3] = tfdata(z3,'v');
```

（2）Simulink 主程序：chap10_2sim.mdl

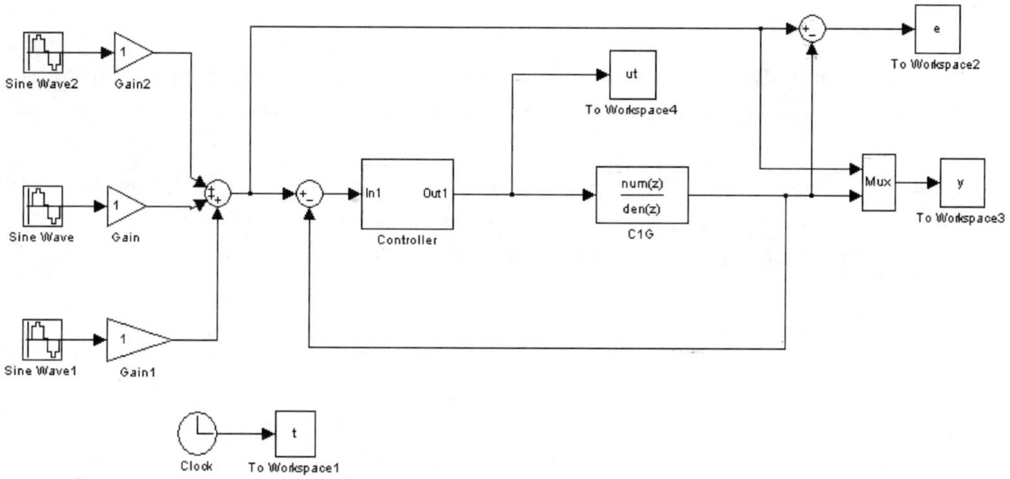


其中 Simulink 主程序中的控制器子模块如下：

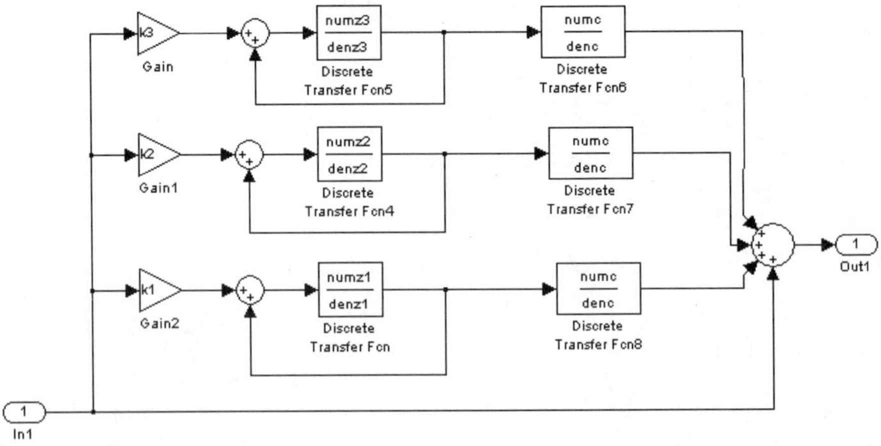


(3) 作图程序：chap10_2plot.m

```
close all;

figure(1);
plot(t,y(:,1),'r',t,y(:,2),'b');
xlabel('time(s)');ylabel('Position tracking');

figure(2);
plot(t,ut(:,1),'r');
xlabel('time(s)');ylabel('Control input');

figure(3);
plot(t,e(:,1),'r');
xlabel('time(s)');ylabel('Position tracking error');
```

## 参 考 文 献


[1] Inoue T, Nakano M, Iwai S. High accuracy control of servomechanism for repeated contouring. Proc. of 10th Annual Symposium on Incremental Motion Control System and Devices, 1981, 285-292.

[2] Chang W S, Suh I H, Oh J H. Synthesis and analysis of digital multiple repetitive control systems. American Control Conference, Proceedings of the 1998, 5: 2687-2691.

[3] 刘金琨,尔联洁.飞行模拟转台高精度数字重复控制器的设计.航空学报,2004, 25(1): 59-61.